Andreas Solymosi

Objektorientiertes Plug and Play

Andreas Solymosi

Objektorientiertes Plug and Play

Ein Programmierlehrbuch für Wiederverwendbarkeit und Softwarequalität in C++

Die Deutsche Bibliothek – CIP-Einheitsaufnahme

Solymosi, Andreas:
Objektorientiertes plug and play: ein Programmierlehrbuch
für Wiederverwendbarkeit und Softwarequalität in C++ /
Andreas Solymosi. – Braunschweig; Wiesbaden: Vieweg, 1997
ISBN 978-3-528-05569-1

ISBN 978-3-528-05569-1   ISBN 978-3-322-87246-3 (eBook)
DOI 10.1007/978-3-322-87246-3

Das in diesem Buch enthaltene Programm-Material ist mit keiner Verpflichtung oder Garantie irgendeiner Art verbunden. Der Autor und der Verlag übernehmen infolgedessen keine Verantwortung und werden keine daraus folgende oder sonstige Haftung übernehmen, die auf irgendeine Art aus der Benutzung dieses Programm-Materials oder Teilen davon entsteht.

Druck und buchbinderische Verarbeitung: Druckerei Hubert & Co., Göttingen
Gedruckt auf säurefreiem Papier

ISBN 978-3-528-05569-1

Inhaltsverzeichnis

Vorwort

Die Zeiten des Programmierens sind vorbei. Ebenso wie die Zeiten des Lötens.

Während vor einem Jahrzehnt Informatiker mit Lötkolben und Spannungsmeßgeräten ausgerüstet werden mußten, um zwei Rechner miteinander zu verbinden, ermöglicht heute die „plug-and-play"[1]-Technologie das Verbinden standardisierter Hardwarekomponenten im Handumdrehen. Vereinheitlichte Schnittstellen und Stecker machen die Kenntnisse über die internen Vorgänge überflüssig.

Vor 10 Jahren hatten auch Informatiker mit intensiven Programmierkenntnissen durchaus gute Berufschancen; heute sind solche viel weniger gefragt. Nur ein kleiner Teil der eingestellten Computerspezialisten beschäftigt sich mit der Formulierung neuer Algorithmen. Die überwiegende Anzahl wird eingesetzt, um vorhandene Hard- und Softwarebausteine[2] zusammenzustecken und den Bedürfnissen des Arbeitgebers anzupassen. Sie müssen das Innenleben dieser Bausteine nicht kennen - sie könnten es gar nicht in Anbetracht deren großer Anzahl und hoher Komplexität. Sie betrachten nur ihr Äußeres, eine Art Bedienungsanleitung, ihre Schnittstelle zur Umgebung. Sie müssen verstehen, welche Teile dieser Schnittstelle für die gegebene Aufgabe relevant sind und wie sie mit anderen Bausteinen zusammengefügt werden kann. Das traditionelle Programmieren von Verzweigungen und Schleifen, Bits und Bytes, Integers und Characters kommt nur am Rande vor.

Diese Erfahrung ist die Quelle des Konzepts, das diesem Lehrbuch zugrunde liegt, Programmiersprachen anders als bisher zu unterrichten: Im Mittelpunkt des *Objektorientierten „plug and play"* sollen nicht mehr die sprachlichen Strukturen, sondern das Zusammenfügen vorhandener Programmbausteine stehen. Dies bedeutet einerseits, daß der Lehrling zu Beginn mit den „höheren" Sprachkonzepten (wie *Module, Klassen, generische Einheiten*, usw.) konfrontiert wird. Also lernt man die Sprache *„von oben"*: Während man konventionell überwiegend mit Hilfe der „niedrigen" Sprachelemente (wie *Bits, Bytes, Ganzzahlen, Verzweigungen, Schleifen*) programmiert, fördert das *Programmieren von oben* das abstrakte Denken durch die Benutzung der Schnittstellen der Bausteine, ohne ihre Interna zu kennen.

Auf der niedrigen Ebene sollte man also nur dann programmieren, wenn keine geeigneten Bausteine vorhanden sind. Somit entspricht es durchaus dem gängigen Trend der modernen Softwareentwicklung: Das *Programmieren im Kleinen* sollte demnach reduziert und das *Programmieren im Großen* betont werden. Das projektübergreifende Programmieren - man könnte es *Programmieren im sehr Großen* nennen - steckt heute noch in Kinderschuhen, auch wenn die Entwicklung in diese Richtung (z.B. *OLE, Frameworks*, usw.) absehbar ist.

---

[1] auf deutsch etwa: *einstecken und loslegen*
[2] sog. Standardlösungen

Als Basis für diese Vorgehensweise wurde die Sprache *C++* ausgewählt. Die Ursache hierfür ist, daß ihre Vorgängerin *C* eine der populärsten Programmiersprachen ist. Ein Grund für ihre Verbreitung mag ihre Flexibilität sein. Der Programmierer hat mehr Möglichkeiten, seine kreativen Ideen zum Ausdruck zu bringen, als bei den meisten anderen Sprachen. Die in *C* geschriebenen Programme sind oft fast genauso schnell, als ob sie auf einer maschinennahen Sprache geschrieben worden wären. Weil *C* eine zeichenorientierte Sprache ist, schreibt der erfahrene Entwickler seine Programme sehr schnell. Die Sprache legt fast keine Lasten auf den Programmierer, daher gibt es viele Erfolgserlebnisse; es ist sehr angenehm und macht Spaß, in *C* Programme zu schreiben.

Dies hat allerdings auch unangenehme Nebeneffekte. Weil der Kreativität des Programmierers kaum Grenzen gesetzt werden, ist es auch sehr leicht, in *C* Fehler zu machen. Leistungsfähige und erfahrene Systementwickler kommen damit relativ gut zurecht, aber die Qualität der erstellten Software leidet oft daran, daß die Sprache zu wenig Einschränkungen beinhaltet.

Diese Erfahrungen haben zu Entwicklungen anderer Sprachen wie *Ada* geführt, die mehr Programmierdisziplin erzwingen. Weil es aber so unbequem ist, diszipliniert zu programmieren, haben sie sich kaum durchgesetzt. Wenn überhaupt, dann dort, wo die Bedeutung der Disziplin bekannt ist: beim Militär oder in sicherheitsrelevanten Aufgabenbereichen wie der Flug- oder Atomindustrie.

C++, die Weiterentwicklung von *C*, stellt eine Art Zwischenlösung dar. Einerseits behält sie, als Obermenge von *C*, ihre ganze Flexibilität. Andererseits ermöglicht sie denen, die qualitative Software erstellen möchten, nur die zuverlässigen Sprachelemente zu benutzen. Vermutlich nimmt *C++* auf der Popularitätsskala deswegen nach und nach den Platz von *C* ein.

Leider stellt so die Sprache das theoretisch mögliche Qualitätsminimum immer noch nicht sicher; es liegt nach wie vor im Ermessen des Programmierers, wie weit er die neuen Möglichkeiten für Einschränkungen nutzt oder sich die vollständige Kontrolle über seine eigene Freiheit vorbehält. Somit bleibt für zukünftige *C++*-Programmierer die Erziehung zur Selbstdisziplin im Rahmen ihrer Ausbildung die einzige Chance.

In diesem Lehrbuch wird der Versuch unternommen, *C++* auf unkonventionelle Weise zu unterrichten. Es werden weniger die Möglichkeiten der Sprache vorgestellt, vielmehr eine - nach Meinung des Autors vernünftige - Art von Programmierstil und -denken, sowie der Weg, wie dies in *C++* ausgedrückt werden kann. So können dem Studenten schon zu Anfang Konzepte offensichtlich werden, die sich andere erst als Fortgeschrittene oder gar nicht aneignen. Die Sprachelemente, die traditionell am Anfang des Unterrichts eingeführt werden, werden erst in den hinteren Kapiteln behandelt. Manche, die - nach Meinung des Autors - der Programmierdisziplin schaden, werden übergangen.

Daher ist dies kein Lehrbuch für die Sprache *C++*. Es ist vielmehr ein Lehrbuch für Programmieren - und zwar nach dem Prinzip *„plug and play"*: das Programmieren wird *„von oben"* gelernt.

Dieses Lehrbuch wird in Informatikstudiengängen von Hochschulen[1], an denen das Fach *Softwaretechnologie* einen Schwerpunkt bildet, zunehmend mit Erfolg eingesetzt. Die übliche Reihenfolge wird also umgekehrt, und zuerst werden die „höheren Konzepte" (ohne die einfacheren Sprachelemente) unterrichtet. Die Einführung von Fallunterscheidungen, Wiederholungen und sogar der Ganzzahltypen wird so weit wie möglich hinausgeschoben. Dafür werden Module, abstrakte Datentypen, Klassen und Schablonen gleich zu Anfang benutzt, ohne dabei zu erläutern, was sich hinter ihnen versteckt. Hierdurch soll das *abstrakte Denken* gefördert werden: Der Gebrauch von vorhandenen Programmbausteinen ist auch ohne die Kenntnisse ihrer Interna möglich. Professionelle Werkzeugkästen (wie etwa eine Unix-Toolbox) unterstützen diese Philosophie.

Der Ansatz zur *Vererbungsprogrammierung* ist dadurch naturgemäß. Die in *C++* neu eingeführten Konzepte für das *objektorientierte Programmieren* werden dabei genutzt; diese führen zum Konzept der *Wiederverwendbarkeit* beim Programmieren. Es wird angestrebt, daß sich die Studenten - im Gegensatz zur üblichen Praxis - daran gewöhnen, zuerst nach vorhandenen Bausteinen zu suchen, und erst wenn sie nichts finden, selber zu programmieren.

Das vorgestellte Unterrichtskonzept und das Programmierparadigma sind an sich sprachunabhängig. Ein ähnliches Lehrbuch existiert für die Sprache *Ada*[2] und *Pascal*; andere Sprachen wie *Oberon* und *Java* sind in Vorbereitung. Die *Objektorientierung* ist dabei eine Voraussetzung, auch wenn die Chancen der *Vererbung* und *Polymorphie* erst zum Schluß als Höhepunkt wirklich ausgenutzt werden. Nichtsdestotrotz wird der Hauptgedanke des objektorientierten Programmierens, nämlich die *Wiederverwendbarkeit*, von Anfang an stark betont.

Das Lehrbuch vermittelt keine Fähigkeiten zur Algorithmisierung; komplexe Ablaufvorgänge müssen in anderen Rahmen erlernt werden. Ebenfalls werden kaum Kenntnisse zum Entwurf einer Modul- oder Klassenhierarchie unterrichtet: Die Schnittstellen werden als gegeben vorausgesetzt. Es wird nur das Handwerkszeug vorgestellt, wie vorhandene Bausteine zusammengefügt werden können.

Eine Voraussetzung für die erfolgreiche Arbeit mit dem Lehrbuch ist das Vorhandensein eines Rechners mit einer *C++*-Entwicklungsumgebung, auf dem die Übungen durchgeführt werden können. Der *C++*-Compiler soll die *Ausnahmebehandlung* nach der ANSI-Spezifikation (`try`, `catch`, `throw`) übersetzen können.

Zu diesem Buch gehört eine *Begleitdiskette*. Sie enthält einige im Text aufgeführte Beispielprogramme und Musterlösungen für die Übungsaufgaben. Darüber hinaus enthält sie den Satz von Programmbausteinen sowie Dienstprogramme, die die vorgestellten Konzepte implementieren. Anweisungen für ihre Anwendung wurden in der Datei `INFO.TXT` aufgelistet.

---

[1] so auch an der *Technischen Fachhochschule Berlin*
[2] s. [Sol] im Literaturverzeichnis

Die im Lehrbuch aufgeführten Beispielprogramme sind mit dem Compiler *Borland C++* Version 4.5 ausgetestet worden.

Abgesehen von eventuell auftretenden Installationsproblemen des Compilers und der Bibliothek auf der Begleitdiskette ist das Buch auch fürs Selbststudium geeignet. Kenntnisse in *C++* oder in anderen Programmiersprachen stellen zwar Hindernisse dar, sie können aber bewußt überwunden werden.

Die Terminologie des Lehrbuches ist selbstgewählt; sie entspricht nur stellenweise dem üblichen Sprachgebrauch. Auf die Abweichungen wird jedoch immer hingewiesen. In den Erläuterungen wird von der Sprache *C* bei Konzepten gesprochen, die sowohl hier wie auch in *C++* Gültigkeit haben. Hinweise auf die Sprache *C++* gelten jedoch für *C* nicht.

Danksagungen

Für die Hilfe, die ich während des Verfassens dieses Lehrbuchs erhalten habe, bin ich meiner Kollegin *Prof. Dr. D. Weber-Wulff* sowie meinen Kollegen *Prof. Dr. W. Brecht, Prof. Dr. U. Grude* und *Prof. Chr. Knabe* von der *Technischen Fachhochschule Berlin*, sowie meinem ehemaligen Promotionsbetreuer *Prof. Dr. H.-J. Schneider* von der *Universität Erlangen-Nürnberg* sehr dankbar, die Teile meiner Entwürfe durchgelesen und durch ihre zahlreichen Bemerkungen zur inhaltlichen Qualität wesentlich beigetragen haben. Meine Diplomanden *O. Castro-Sandoval* und *Y. Azami* haben einen Teil der Arbeit übernommen, indem sie meine Beispielprogramme ergänzt und ausgetestet, sowie die Begleitdiskette zusammengestellt haben. Mein Bruder *P. Solymosi* hat wichtige fachliche und sprachliche Verbesserungsvorschläge gemacht. Nicht zuletzt danke ich meiner Frau *Dr. I. Solymosi*, die nicht nur die Belastungen meiner Arbeit neben 4 kleinen Kindern mitgetragen, sondern viele meiner Rechtschreib- und Deutschfehler beseitigt, d.h. meinen Entwurf Korrektur gelesen hat. Unser gemeinsamer Glaube an *Jesus Christus* gab ihr die Kraft dazu.

Der Autor

Die Begleitdiskette

Die für die Arbeit mit diesem Lehrbuch notwendige 3½"-Begleitdiskette kann über folgende Adresse bestellt werden:

APSIS GmbH, D-16727 Schwante

Der Preis von DM / sFr / US\$ 10,- bzw. ÖSch 100,- soll als Geldschein oder als Scheck eines deutschen Bankinstituts beigelegt werden. Alternativ reicht eine Bankgutschrift von DM 10,- mit Verwendungszweck „Begleitdiskette" und Postadresse an das Konto:

APSIS GmbH, Kto-Nr. 6650177604 bei der Hypobank Weilheim (BLZ 70320305)

Einfacher ist es aber, den Inhalt der Begleitdiskette kostenlos über das Internet an der folgenden Adresse abzuholen:

`http://www.tfh-berlin.de/~oo-plug`

Hier sind aktuelle Änderungen, Korrekturen und Programmversionen in anderen Sprachen erreichbar.

Für Hinweise, Kritik und gefundene Fehler ist der Autor über die elektronische Postadresse

`oo-plug@tfh-berlin.de` oder `solymosi@tfh-berlin.de`

dankbar. Hier können auch Fragen zum Lehrbuch gestellt werden.

1. Informelle Einführung

Dieses Kapitel vermittelt einige grundlegende Gedanken zum Thema Programmieren. Es dient als Hilfe für Anfänger, um ihnen eine Idee von elementaren Begriffen zu geben. Sie werden daher bewußt in vereinfachter Form, stellenweise naiv, vorgestellt. Insbesondere wird kein Anspruch auf Vollständigkeit oder Exaktheit gestellt. Vielmehr soll das Kapitel den Einstieg für Leser erleichtern, die wenig bis gar keine Erfahrung mit Programmieren haben.

Der eigentliche Sprachunterricht fängt erst im nächsten Kapitel an. Daher kann dieser Abschnitt beim ersten Lesen überflogen und später erst bei Bedarf über die Verweise in den Fußnoten betrachtet werden.

1.1. Dualität des Programmierens

Worin liegt der wesentliche *Vorteil* von elektronischen Rechenanlagen gegenüber einem denkenden Menschen? Die Antwort auf diese Frage hat zwei Aspekte.

Der erste ist die *Geschwindigkeit*: Computer sind - zumindest in einigen Bereichen - schneller als Menschen. Sie führen ihre Rechenoperationen mit einer um mehrere Größenordnungen höheren Geschwindigkeit aus, als der am schnellsten denkende Mensch. Dieser Vorteil beruht auf dem Unterschied zwischen der physikalischen Funktionsweise des menschlichen Gehirns und der Elektronik.

Dies war der historisch erste Grund für die Verwendung von Rechnern. Selbst die primitivsten Computer der ersten Generation berechneten mathematische Aufgaben, lösten Differentialgleichungen und Probleme aus Physik und Technik deutlich schneller als ihre Programmierer. Selbst die mühsame Programmierung dieser Aufgaben auf *Maschinensprache* war es wert, den Geschwindigkeitsvorteil zu erlangen.

Auch die älteste, weit verbreitete *höhere Programmiersprache*, die - im Gegensatz zu den *maschinenorientierten Programmiersprachen* - mehr am Menschen als an der Maschine orientiert war, nämlich *Fortran*[1], war für den Zweck entworfen, mathematisch formulierte Aufgaben in den Rechner einzugeben. Der Computer forderte dann die *Eingabedaten* an, rechnete eine Weile und gab die Ergebnisse als *Ausgabedaten* aus. Die langsamste Stelle dieses Prozesses war die Ein- und Ausgabe der Daten, die aus diesem Grund typischerweise - im Vergleich zu den Rechenoperationen, die mit ihnen ausgeführt worden sind - wenige waren. Man spricht in diesem Fall von *rechenintensiven* Programmen. Die *technisch-wissenschaftliche Datenverarbeitung* arbeitet mit solchen, und in diesem Bereich wird *Fortran* (wie manche meinen, leider) auch heute noch oft benutzt.

Später ermöglichte die Entwicklung der Technik die interne Speicherung von Daten, die auf diese Weise nicht immer über den Flaschenhals der Ein- und Ausgabe

---

[1] Abkürzung für *formula translation*, auf deutsch etwa *Formelübersetzung*

laufen mußten. Auf magnetbeschichteten Speichern (wie Bänder, Trommel, später Platten) konnten - nachdem sie eingelesen wurden - immer mehr Daten zwischengespeichert werden, die dann für spätere Verarbeitung zur Verfügung standen. Die Programme konnten die (notwendigerweise eingeschränkte Menge von) Ausgabedaten (z.B. den Druck von Rechnungen) aus einer wesentlich größeren Menge von gespeicherten Daten (z.B. alle Kunden eines Unternehmens) errechnen.

Auf diese Weise wurde der zweite Vorteil der elektronischen Datenverarbeitung[1] offensichtlich: die Fähigkeit, *große Datenmengen* zu bearbeiten. Mit menschlichen Anstrengungen ist es nur sehr schwer möglich, die Menge von Daten zu verwalten, die in einem (heutzutage schon kleinen) Computer vorhanden ist. Die zweite, auch heute noch häufig verwendete Programmiersprache *Cobol*[2] entstand für diesen Zweck der *kommerziellen Datenverarbeitung*. Charakteristisch dafür sind die große Datenmenge und relativ wenige Rechenoperationen, die damit ausgeführt werden. Diese Programme heißen *ein- und ausgabeintensiv*.

Im Sinne dieser Zweiteilung kann man von der *Dualität* des Programmierens sprechen: Zeit und Raum spielen dabei eine Rolle. Die Forderung nach Geschwindigkeit der Programme nimmt die Fähigkeit des Rechnens (etwa im *Zentralprozessor*) eines Computers in Anspruch, während die Forderung nach großen Datenmengen die Fähigkeit braucht, diese zu speichern. Dies geschieht außerhalb des Prozessors, etwa im internen oder externen Speicher (im *Arbeitsspeicher* und z.B. auf der Festplatte).

Diese Dualität spiegelt sich auch in der heutigen Programmiermethodik durch die Unterscheidung von *Algorithmen* und *Daten* wider.

1.2. Passive und aktive Programmelemente

Schon zur Anfangszeit des Programmierens wurde offensichtlich, daß jedes *Programm*[3] aus konstanten und variablen Teilen bestehen muß. Der *konstante Teil* wird vom Programmierer definiert und wird im Laufe der Lebenszeit des Programms nie wieder verändert; er ist für jede *Ausführung* (bei jeder Benutzung, bei jedem Programmlauf) des Programms gleich. Der *variable Teil* ist jedoch bei jeder Ausführung anders. Es gibt Programme ohne variablen Teil, ihr Ablauf ist jedesmal gleich. Zwei Beispiele dafür:

- Ein Programm, das auf den Bildschirm „Hallo" schreibt

- Ein Programm, das die Nullstellen der quadratischen Gleichung $25x^2 - 40x - 100 = 0$ berechnet und sie über den Drucker ausgibt

---

[1] abgekürzt *EDV*

[2] <u>c</u>ommon <u>b</u>usiness <u>o</u>riented <u>l</u>anguage, auf deutsch *allgemeine wirtschaftsorientierte Sprache*

[3] was ein *Programm* ist, wollen wir hier nicht genau definieren; jedenfalls ist das laufende Programm gemeint, nicht der Programmtext

Sie sind nicht allzu nützlich, da sie nur eine einzige Aufgabe erfüllen können. Sinnvoller ist es, Programme zu schreiben, die in verschiedenen Situationen unterschiedlich ablaufen. Zwei Beispiele:

- Ein Programm, das den Benutzer nach seinem Namen fragt, auf den Bildschirm „Hallo" und dann den Namen des Benutzers schreibt

- Ein Programm, das nach den Koeffizienten der quadratischen Gleichung $a_2x^2 + a_1x + a_0 = 0$ fragt, ihre Nullstellen berechnet und sie über den Drucker ausgibt

Diese Programme müssen variable Teile enthalten, z.B. um sich den Namen des Benutzers oder die Koeffizienten der Gleichung zu merken. Diese variablen Teile heißen *Daten*. Es gibt jedoch auch *konstante Daten* in einem Programm, z.B. der Text „Hallo" oder der Exponent *2* der Gleichung.

Die Daten stellen den *passiven Teil* eines Programms dar. Im Gegensatz dazu stehen die Anweisungen, die beschreiben, wie das Programm seine Aufgabe erledigen soll. Sie *operieren* über den Daten; sie bilden den *aktiven Teil* des Programms. Dieser Teil realisiert einen *Algorithmus*. Ein Algorithmus ist eine Vorschrift, welche *Aktionen* durchzuführen sind. Er wird aus einem (von den Daten abhängigen) Satz von Anweisungen konstruiert. Die Auswahl des geeigneten Anweisungssatzes und die Konstruktion des Algorithmus ist die eigentliche Aufgabe des Programmierers.

In den Anfangszeiten des Programmierens hat man auch variable Algorithmen geschrieben, also solche, die sich selbst modifizieren können. Es wurde aber erkannt, daß dadurch Programme entstehen, deren Ausführung schwer zu verstehen ist. Die *Wartung*[1] solcher Programme ist sehr teuer, oft teurer als neue zu schreiben. Moderne Programmiersprachen erlauben deshalb keine solchen selbstmodifizierenden Algorithmen. Wir unterscheiden zwischen konstanten und variablen Algorithmen nicht danach, ob sie sich selbst während des Programmlaufs verändern, sondern ob sie auf konstanten oder variablen Daten operieren.

Algorithmen, die über keine variablen Daten operieren (also gar keine oder nur konstante Daten haben), liefern bei jeder Ausführung gleiche Ergebnisse. Sie heißen *konstante Algorithmen*. Die ersten beiden, die die obigen Aufgaben lösen, sind Beispiele hierfür.

Sowohl die Daten wie auch die Algorithmen werden im *Speicher* des Rechners in *kodierter* (für die Hardware verständlicher) Form abgelegt. Der Speicher wird typischerweise in *Bytes*[2] aufgeteilt[3], wobei jedes Byte seine eigene *Adresse* hat. Ein Byte enthält 8 *Bits*[4]; jeder von ihnen enthält eine *0* oder eine *1*.

---

[1] Fehlerkorrektur und Modifikation nach Fertigstellung

[2] das englische Wort *byte* stammt vermutlich (nach [Web]) aus *bite*, auf deutsch *Biß* im Sinne eines abgebissenes Stückchen, ein *bißchen*

[3] früher gab es Rechner, deren Speichereinheit ein *Wort* aus 16, 24 oder 32 Bits darstellte

[4] *bit* ist eine Buchstabenwort aus *binary digit*, auf deutsch *binäre Ziffer*

Zusammenfassend, unsere Begriffsbildung ist folgende: Jedes Programm besteht aus einem aktiven und einem passiven Teil, aus Algorithmen und Daten. Es gibt variable und konstante Daten, je nachdem, ob sie während des Programmlaufs verändert werden oder nicht. Es gibt variable und konstante Algorithmen, je nachdem, ob sie bei jeder Ausführung gleich ablaufen oder nicht. Variable Algorithmen müssen über variablen Daten operieren.

1.3. Das Programmierparadigma

Auch in der weiteren Entwicklung der Programmiertechnologie ist diese Zweiteilung zwischen Daten und Algorithmen geblieben: In den meisten Programmiersprachen wie *Algol-60*, *PL/1*, *Pascal* oder *C* ist die Trennung zwischen den aktiven und passiven Elementen eines Programms, zwischen Algorithmen und Daten, stark vorhanden. Erst in der letzten Zeit setzt sich die Erkenntnis mehr und mehr durch, daß diese Aufteilung künstlich, nur von der Technologie[1] bestimmt ist, nicht aber zum Wesen der Programmierung gehört.

Algorithmen und Daten werden also zunehmend zusammengeführt. Man spricht von „intelligenten Daten", die selber „wissen", wie sie manipuliert werden dürfen; der Zugriff auf sie ist nicht möglich, ohne dieses „Wissen" zu benutzen. Der Begriff *abstrakter Datentyp* entstand schon sehr früh; dieser führte zum Begriff der *Klasse*, dem zentralen Konzept des heutzutage so gut klingenden Begriffs vom *objektorientierten Programmieren*. Seine Abkürzung *OOP* ist das Schlagwort der neunziger Jahre. Unter diesem Titel wird oft einiges verkauft, was höchstens durch das Erscheinungsbild etwas mit OOP zu tun hat. Aber auch viele gutgemeinte OO-Programme sind weit davon entfernt, die Grundkonzeption des objektorientierten Programmierens durchgängig und konsequent zu verwirklichen.

Die Ursache hierfür ist psychologischer Art. Die meisten Programmierer, die heute in *C++* objektorientierte Software schreiben wollen, haben vor 10 Jahren in *Basic* oder *Pascal* das Programmieren gelernt. Ihre Denkweise (ihr *Paradigma*) ist *prozedural*. Sie haben vielleicht die Möglichkeiten, die in der OOP stecken, erkannt, werden aber von ihrer Prägung doch nicht frei. Diese Ansicht wird durch folgendes Logikrätsel belegt.

1. **Aufgabe**[2]: Ein Bauer, der ein L-förmiges Feld besitzt, verstirbt. In seinem Testament hinterläßt er, daß es unter seinen vier Söhnen aufgeteilt werden soll, und zwar gleichförmig: Jeder Sohn soll eine Fläche gleicher Größe und gleicher Gestalt (ähnlich dem Originalfeld) erhalten. Die Aufgabe ist, das folgende Feld auf diese Weise in 4 gleichförmige Stücke aufzuteilen:

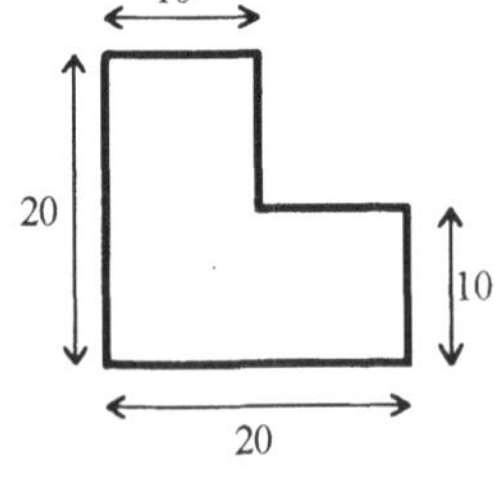

Abb. 1.1

---

[1] des sog. *Van-Neumann-Rechners*, der theoretischen Grundidee der heutigen Computer

[2] die *Aufgaben* aus diesem Lehrbuch sollen auf Papier, die *Übungen* jedoch am Rechner gelöst werden

Es wird dringend empfohlen, die 1. Aufgabe vollständig zu lösen[1], bevor die nächste in Angriff genommen wird.

2. **Aufgabe:** Später stirbt der Nachbar des obigen Bauern. Er hat fünf Söhne und ein quadratisches Feld. Er hinterläßt genauso ein Testament. Wie wird sein Feld aufgeteilt?

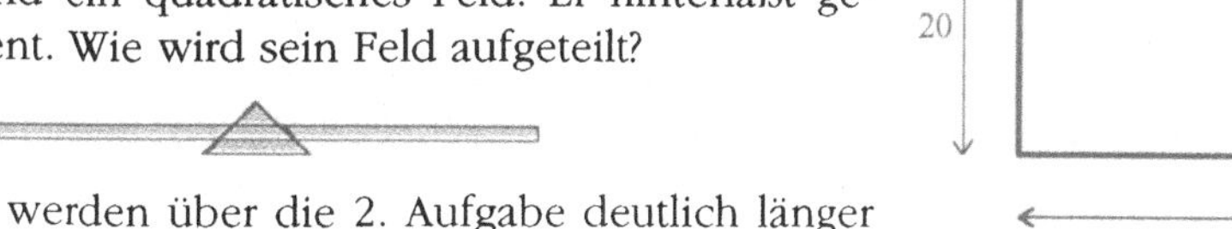

Abb. 1.2

Die meisten Leser werden über die 2. Aufgabe deutlich länger nachdenken müssen, bis sie die relativ einfache Lösung finden, als wenn sie an der 1. Aufgabe nicht gearbeitet hätten: Die komplexen Konzepte hindern sie, einfache zu entwickeln.

Die Lehre, die aus der <u>Arbeit</u> an diesen beiden Übungen gezogen werden kann, ist folgende: Die Prägung durch die in der Vergangenheit gelösten Probleme bestimmt die Denkweise (das *Paradigma*) des Menschen. Sie ist ein Hemmnis, andersartig zu denken und dadurch Problemlösungen auf anderen Wegen zu suchen, sich ein neues Paradigma anzueignen. Nur durch einen bewußten Verzicht auf das Gekonnte wird der Weg zu neuartigen Lösungen freigemacht. Ein Paradigmawechsel[2] ist in der Geschichte der Informatik bereits mehrfach angegangen worden. Obwohl es offensichtlich ist, daß unsere traditionelle Denkweise schon veraltet ist, wird heute immer noch überwiegend damit gearbeitet.

Die Absicht in diesem Lehrbuch für *C++* ist, die Technologie des Programmierens auf eine neue Basis der *Wiederverwendbarkeit* zu legen. Konventionelle Programmierkurse stützen sich alle auf eine bestimmte Sprache und fangen mit den einfachsten Sprachelementen (Ganzzahlen, Verzweigungen, usw.) den Unterricht an. Die Programmierkenntnisse werden „*von unten*" aufgebaut. Als Ergebnis entsteht ein *sprachbasiertes Programmierparadigma*: Man nimmt die primitiven Elemente der Sprache und konstruiert daraus Schicht für Schicht[3] sein Programm. Die Folge davon ist, daß ein Durchschnittsprogrammierer jährlich mehrere Hundert Schleifen[4] schreibt und sich jedesmal Gedanken über ihre Korrektheit machen muß. Es gibt aber nur ca. 5-6 verschiedene Schleifenarten, alle anderen sind im Wesentlichen gleichartig. Sehr ähnliche bis gleiche Algorithmen werden immer wieder programmiert und jede Neuprogrammierung bedeutet neben Unwirtschaftlichkeit auch weitere Fehlerquellen. Auch wenn der Begriff *Wiederverwendbarkeit* mehr und mehr ins Gespräch kommt, werden die Bemühungen durch die Prägung überschattet, die aus der konventionellen pädagogischen Idee des Programmierunterrichts stammt.

---

[1] oder zumindest ihre Lösung auf der Begleitdiskette zu untersuchen
[2] z.B. durch die Sprachen *APL, LISP, Prolog, SQL*
[3] s. Kapitel 1.6.
[4] s. Kapitel 12.2.

Im vorliegenden Lehrbuch wird ein entgegengesetztes Konzept vorgestellt: die Programmierung *„von oben"*. Statt mit sprachspezifischen Elementen anzufangen, werden dem Programmierlehrling Bausteine zur Verfügung gestellt, aus denen er seine ersten Erfolgserlebnisse zusammenbasteln kann. Der Vorteil dieser Vorgehensweise der *Wiederverwendbarkeit* beim Programmieren ist langfristig offensichtlich: Das Rad muß nicht immer wieder erfunden werden. Die Hemmschwelle dazu besteht darin, daß neu zu programmieren einem oft einfacher erscheint als nach Vorhandenem zu suchen. Es wird dabei der Aufwand für die Fehlersuche in den neuen Programmen übersehen. Die zweite Schwierigkeit ist der Zusatzaufwand beim *Archivieren*, beim Dokumentieren der erstellten Bausteine für die Zukunft auf eine Art und Weise, daß sie leicht zu finden und zu verstehen sind.

1.4. Algorithmen

Was ist nun ein Programm?

Alle technischen Geräte müssen durch den Menschen *gesteuert* werden, um ihre Aufgaben zu erledigen. Es kann keine echten *Automaten*[1] geben, die völlig selbständig ihre Aufgaben entdecken und die Lösungswege selber finden. Der Hersteller des Geräts muß dieses selbst definieren und in das Gerät *einprogrammieren*.

Sei es eine Taschenlampe, ein Zigarettenautomat oder ein Flugzeug, jeder Apparat ist fähig, auf bestimmte Anweisungen hin (z.B. Schalter umkippen oder Knopf drücken) bestimmte Aktionen durchzuführen (etwa: zu leuchten oder ein Fünfmarkstück zurückzugeben). Diese Fähigkeit wurde in den Apparat eingebaut[2] und wird durch ein von außen kommendes *Signal* des *Bedieners* aktiviert. Dabei kann es sich auch um eine *Reihe* von Signalen handeln, etwa mehrere Knöpfe müssen in einer bestimmten Reihenfolge gedrückt werden. Einfachere Telefonapparate oder Fernbedienungen haben für jede Funktion genau eine Taste, während kompliziertere mehrfach belegte Tasten haben. Welche Funktion durch den Tastendruck aktiviert wird, hängt von den vorher gedrückten Tasten ab.

Bei manchen Fernbedienungen kann der Käufer durch *Programmieren* festlegen, durch welche Taste welche Funktion ausgelöst wird. Um die Funktion des Programmierens auszulösen, gibt es entsprechende Tasten.

Ähnlich sind auch Rechenanlagen (Computer) gebaut. Sie besitzen bestimmte Fähigkeiten (wenn auch zahlreicher als ein Zigarettenautomat), die durch eine Signalreihe von außen (etwa Tastatureingaben) aktiviert werden. Welche Tastatureingaben (Befehle) welche Funktion auslösen, muß man (ähnlich wie bei einem Telefonapparat) in der Bedienungsanleitung nachlesen.

Bei einer Fernbedienung wird durch das *Programm* meistens nur eine einzige Funktion einer Taste zugeordnet. Beim Rechner ist es jedoch möglich, einem Befehl eine ganze Reihe von Funktionen zuzuordnen. Diese Reihe besteht aus einzelnen

---

[1] bedeutet auf altgriechisch: *Selbstlernender*
[2] auf einer *Maschinensprache*

Schritten, jeder Schritt ist eine elementare Fähigkeit, die dem Rechner von seinem Konstrukteur verliehen wurde. Diese heißen *Maschinenbefehle* oder *Maschinenanweisungen*. Ein Programm ist also eine Sequenz von Maschinenanweisungen.

Diese Sequenz liegt in Form von elektronischen und magnetischen Signalen vor; sie kann vom Rechner direkt gelesen und ausgeführt werden. Man spricht von *Maschinensprache*. Sie ist zwar sehr einfach, da sie nur aus Nullen und Einsen besteht, ist jedoch für den Menschen sehr schwer handhabbar. Auch wenn die allerersten Rechner noch in Maschinensprache durch Knopfdrücke programmiert werden mußten, gibt es heute schon bequemere Wege dafür.

Um einen Rechner leichter programmieren zu können, wurden *Programmiersprachen* entwickelt. Diese sind geeignet, eine Sequenz von Schritten auf eine für den Menschen verständlichere Weise auszudrücken, die jedoch auch vom Rechner verstanden und ausgeführt werden kann. Die Entwicklung von Programmiersprachen ist mit der Entwicklung der Rechnertechnologie verknüpft: Je billiger, je leistungsfähiger die Rechner geworden sind, desto umfangreicher wurden die Programme, desto schwerer wurde es für den Menschen, sie zu verstehen. Modernere Programmiersprachen ermöglichen es, verständlichere Programme mit weniger Aufwand zu erstellen.

Wir verstehen unter einem *Algorithmus* die Beschreibung einer Vorgehensweise in abstrakter Form, während ein *Programm* einen Algorithmus in einer Programmiersprache formuliert.

1.5. Programmiersprachen

Programmieren ist *Kommunikation*: Der Mensch vermittelt dem Rechner, was er zu tun hat. Ein Werkzeug der Kommunikation ist die *Sprache*. Sie ist ursprünglich entstanden, um die Kommunikation zwischen zwei Menschen zu erleichtern. Diese sind die *natürlichen Sprachen*. Ein ähnliches Werkzeug wurde entwickelt, um die Kommunikation von Mensch zu Maschine zu erleichtern, die *Programmiersprachen*.

Im Laufe der letzten fünfzig Jahre entstanden unzählige Programmiersprachen. Einige von ihnen sind mehr verbreitet als andere. Manche sind für Spezialaufgaben (Robotersteuerung, Druckereibetrieb u.ä.) entwickelt worden, andere sind generell einsetzbar; diese sind *Universalsprachen*. Sie sind einander teilweise ähnlich, zeigen aber auch deutliche Unterschiede auf.

Hier folgt eine Übersicht zur *Genealogie*[1] der - nach Meinung des Autors - wichtigsten Programmiersprachen:

---

[1] bedeutet auf altgriechisch: *Stammbaum*

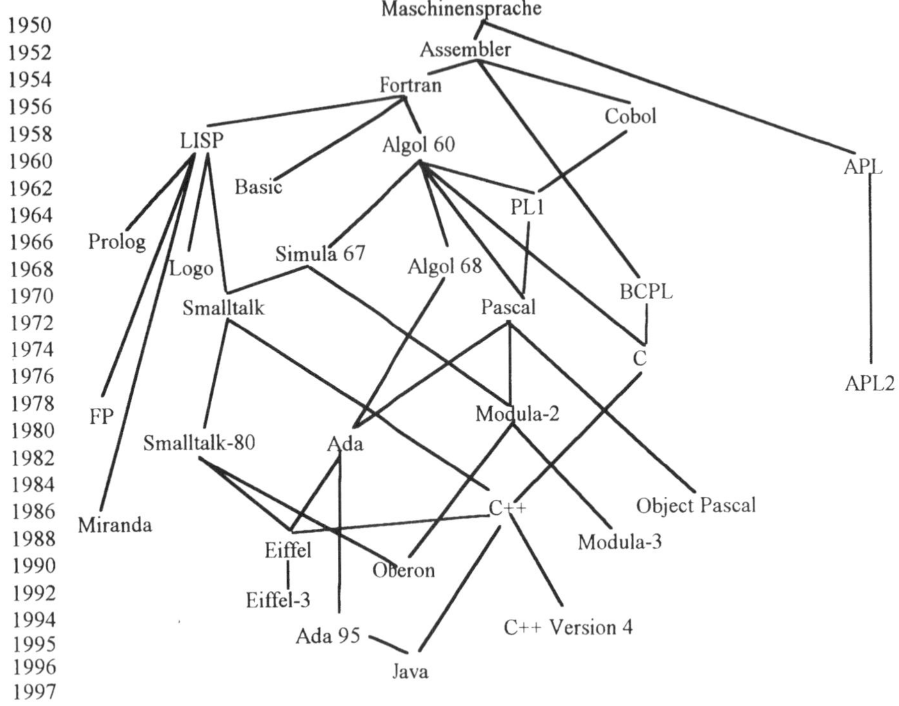

Abb. 1.3: Genealogie von Programmiersprachen

Die wesentlichen konzeptuelle Neuerungen in diesem Stammbaum, die auch in diesem Lehrbuch behandelt werden, sind folgende:

- *Fortran* und *Cobol* sind die ersten höheren, maschinen<u>un</u>abhängigen Sprachen.

- *Algol-60* hat das Blockkonzept und den Systemstapel (stack) eingeführt.

- In *Simula-67* erscheint die *Klasse*, die Idee zum objektorientierten Programmieren.

- Diese wurde in *Smalltalk* konsequent ausgearbeitet.

- Die beiden sehr frühen Sprachen *LISP* und *Prolog* erleben heute eine Renessaince in der künstlichen Intelligenz.

- *Algol-68* hat zwar nie praktische Bedeutung erlangt, ist aber der Prototyp für wissenschaftliche Sprachentwicklung.

- In *Pascal* wurde ein konsequentes, durchgängiges Typenkonzept verwirklicht.

- *Modula-2* führt konsequente Modularisierungselemente ein.

- *C++* ergänzt *C* mit objektorientierten Fähigkeiten, integriert aber ihre veralteten Sprachelemente.

- *Eiffel* realisiert zur Zeit das objektorientierte Programmierparadigma am saubersten.

- *Ada* ist eine auf theoretischen Grundlagen entwickelte, in der Praxis verbreitete Sprache.

- *Ada95* führt objektorientierte Konzepte sehr differenziert ein.

- *Oberon* ist (wie ihre Vorgängerinnen *Pascal* und *Modula*) eine sehr kompakte Sprache, entwickelt mit wenig Aufwand.
- *C++* bietet sehr viele und flexible Sprachelemente für OOP an.
- *C++* behandelt ab Version 4 die Ausnahmen.
- *Java* setzt auf die Popularität von *C++*, wirft aber den vielen Ballast von *C* ab.

1.6. Das Schichtenmodell

Moderne Programme sind sehr komplex. Schon relativ einfach erscheinende Aufgaben wie die Darstellung eines Zeichens am Bildschirm oder die Bearbeitung eines Tastendrucks beinhalten die Ausführung von einigen hundert Maschinenanweisungen. Ein komplexes Textverarbeitungsprogramm aus Maschinenanweisungen kann von keinem Menschen gelesen und verstanden werden. Müßte man bei der Lösung jeder Aufgabe den ganzen Prozeß immer vor Augen haben, würde man sehr schnell den Überblick verlieren.

Um den Durchblick zu erleichtern, werden Programme schichtweise angeordnet. Eine solche Schicht ist z.B. die *Hardware*, die Maschine, die in der Lage ist, die einzelnen Anweisungen der Maschinensprache auszuführen. Weil die einzelnen Maschinenanweisungen nur sehr einfache Operationen sind, können auf dieser Schicht nur relativ einfache Programme gebaut werden, ohne daß sie unüberschaubar groß werden.

Viele Anweisungsfolgen (wie z.B. das Schreiben eines Zeichens auf den Bildschirm) treten jedoch wiederholt auf. Es erschien sinnvoll, diese zusammenzufassen und über der Hardwareschicht eine höhere zu entwickeln: das *Betriebssystem*. Hinter einer einzigen Anweisung an das Betriebssystem verbergen sich komplexe Vorgänge auf der Maschinenebene, um die sich der Programmierer nicht zu kümmern braucht.

<table>
<tr><td>Programmbedienung</td><td></td></tr>
<tr><td>————————————————</td><td>Sprachelemente</td></tr>
<tr><td>Programmiersprache</td><td></td></tr>
<tr><td>————————————————</td><td>Systemaufrufe</td></tr>
<tr><td>Betriebssystem</td><td></td></tr>
<tr><td>————————————————</td><td>Maschinenanweisungen</td></tr>
<tr><td>Hardware</td><td></td></tr>
</table>

Abb. 1.4: Das Schichtenmodell

Auf Betriebssystemebene zu programmieren (z.B. auf einer *Assemblersprache*[1]) ist jedoch immer noch recht kompliziert. Es wurde eine weitere Schicht entwickelt, die

---

[1] *assemble* auf deutsch: *einsammeln* oder *zusammenfügen* (aus dem Lateinischen *ad* + *simul*, auf deutsch: *zusammen*) ; Maschinenbefehle werden vom Assembler „eingesammelt" bzw. „zusammengefügt"

Sprachebene von höheren Programmiersprachen, wie auch *C++*. Eine einzige Anweisung auf der Sprachebene kann komplexe Vorgänge auf der Betriebssystemebene auslösen. Der Bediener des fertigen Programms kennt die Anweisungen auch nicht, die auf seine Tastendrucke hin ausgeführt werden.

Die Erfahrung hat jedoch gezeigt, daß die Komplexität von heutigen Programmen auch auf der Sprachebene nicht beherrscht werden kann. Es wurde notwendig, weitere (diesmal eine beliebige Anzahl von) Schichten einzuführen. Dies ist durch die *modulare Struktur* von Programmsystemen möglich. Hinter einer einzigen Anweisung an ein *Modul* verbergen sich typischerweise komplexe Vorgänge auf darunterliegenden Ebenen. Ebenso wie der Assemblerprogrammierer nicht genau wissen muß, welche Maschinenanweisungen seine Betriebssystemaufrufe auslösen, kümmert sich der *Benutzer* eines Moduls auch nicht um die Details dieser Anweisung. Er muß nur die genauen Vorschriften kennen, wie er die gewünschte Wirkung erzielen kann. Diese werden in der *Schnittstelle* des Moduls angegeben. Seine *Implementierung*, d.h. die Art und Weise, wie diese Wirkung erzielt wird, bleibt dem Benutzer verborgen. Hierdurch wird das *Geheimnisprinzip* verwirklicht.

Dieses Schichtenmodell kann allerdings nicht nur oberhalb der Hardwareebene, sondern auch darunter ausgebaut werden. Die einzelnen Maschinenanweisungen lösen nämlich elektronische Operationen aus; der Hardwareprogrammierer kennt sie nicht, er verläßt sich dabei auf den Elektroniker: Er hat diese aus Kabeln, Widerständen, Kondensatoren und Röhren, später aus Transistoren, heute aus IC's, Halbleitern und anderen Bauteilen zusammengebaut. Er kennt deren Funktionalität, über ihre physikalischen Eigenschaften muß er nicht viel wissen: Der Physiker kümmert sich darum. Hinter den elektronischen Eigenschaften der Materie verbergen sich mikrophysikalische Eigenschaften, die Gesetze der Physik operieren auf den Bausteinen der Chemie, die wiederum aus Elementarteilchen bestehen; und so weiter, bis in die unbekannten Tiefen der Materie. Das Prinzip der *Abstraktion* ist überall dasselbe: Jede Ebene hat *Interna* und eine *Schnittstelle*, die von oben sichtbar ist. Auf diese können weitere, komplexere Funktionalitäten und somit eine neue Ebene aufgebaut werden.

Dieses Modell ist eine der wichtigsten Erkenntnisse des *Software Engineering*[1]. Die Sprache *C* wurde auf der Basis dieser Prinzipien zur *C++* weiterentwickelt.

1.7. Werkzeuge des Programmierens

Programmieren besteht - wie jede konstruktive Tätigkeit - aus dem Zusammenfügen von vorhandenen *Bausteinen* mit Hilfe von vorhandenen *Werkzeugen*. Die Bausteine und die Werkzeuge bestehen aus anderen, einfacheren Bausteinen und wurden auch mit anderen, einfacheren Werkzeugen gebaut. Selbst der Urmensch hat seine erste Axt aus den im Wald gefundenen Steinen und Knochen mit Hilfe von bearbeiteten Holzstücken angefertigt. So findet der Programmierer (auch der Anfän-

---

[1] auf deutsch etwa: *Softwareentwicklungstechnologie*

ger) einige Werkzeuge vor, mit deren Hilfe er aus den ihm zur Verfügung stehenden Bausteinen[1] sein Programm zusammenstellt.

Dieser Prozeß hat zwei wesentliche Phasen: die *Erfassung* des Programms (d.h. die Formulierung der Gedanken des Programmierers, wie die Aufgabe gelöst werden sollte, auf eine im Computer speicherbare Weise) und die *Ausführung* des Programms (das eigentliche Ziel des Programmierers).

Bei den meisten heutigen Programmiersystemen (wie auch in *C++*) werden diese beiden Grundschritte durch weitere, technisch bedingte Zwischenschritte ergänzt. Bei größeren Programmsystemen schließt die erste Phase auch ihre Konstruktion mit Werkzeugen des Software Engineerings mit ein; bei einfacheren Programmen, wie die meisten in diesem Lehrbuch, reicht es, darunter ein Werkzeug zu verstehen, mit dessen Hilfe der Programmtext geschrieben und gespeichert werden kann: den Editor. Die Gliederung der zweiten Phase kann vereinfacht folgendermaßen dargestellt werden:

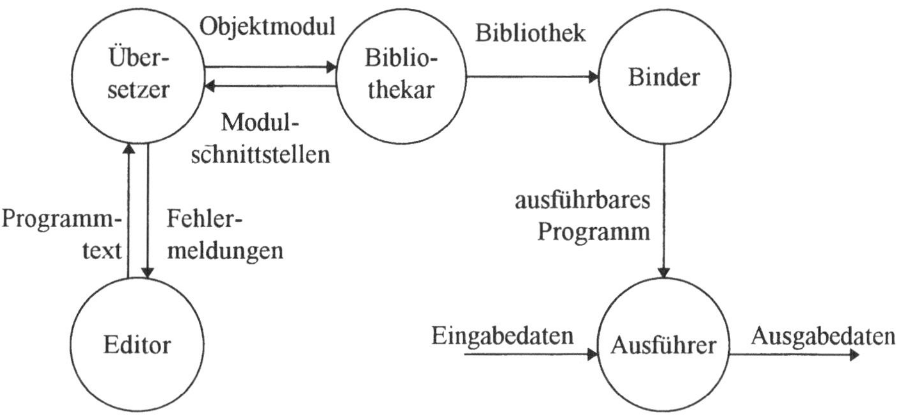

Abb. 1.5: Prozeß der Programmentwicklung

Die dargestellte Vorgehensweise ist charakteristisch für die heute gängigen Programmiersprachen und ihre Übersetzer. Es sind auch andere Wege vorstellbar, wie ein ausführbares Programm entsteht. Die Ausführung des Programms ist jedoch unabhängig vom Weg, wie es entstanden ist.

Jetzt wollen wir uns den einzelnen Werkzeugen der Programmentwicklung zuwenden, die zusammen die *Entwicklungsumgebung* bilden. Wir betrachten jetzt nur eine einfachere Umgebung, die für die Beispielprogramme dieses Lehrbuchs ausreicht.

1.7.1. Der Editor

Programme werden üblicherweise in einer für Menschen verständlichen und erlernbaren Sprache formuliert. Sie werden (zur Zeit üblicherweise) *textuell*[1] dargestellt.

---

[1] Befehlen, Standardbibliotheken, Prozeduren, usw.

Der Programmierer verbalisiert seine Gedanken mit Hilfe eines *Editors*[2]. Dies kann ein selbständiges, aufwendiges Textverarbeitungsprogramm sein, das für das Erfassen von beliebigen Texten geeignet ist, oder aber ein einfacheres, mit dem Betriebssystem ausgeliefertes Schreibprogramm. Für die Programmentwicklung ist es am besten, wenn die Entwicklungsumgebung des Compilers einen *integrierten Editor* hat, aus dem heraus die Übersetzung direkt aufgerufen werden kann. Im Falle eines Fehlers, den der Übersetzer entdeckt, wird die *Schreibmarke*[3] des Editors dann direkt auf die fehlerhafte Stelle positioniert. Der Programmierer korrigiert dann sein Programm (möglichst alle entdeckten Fehler) und versucht es mit einem neuen Übersetzergang, ohne den Editor verlassen zu müssen.

Das Ergebnis des Programmierens, das *Quellprogramm*[4] wird üblicherweise in einer *Textdatei* gespeichert, damit es nicht bei jeder Sitzung neu eingetippt werden muß. Ein Programm entsteht also als eine Folge von (druck- und lesbaren) Zeichen (Buchstaben, Ziffern und Sonderzeichen).

1.7.2. Der Übersetzer

Das zentrale Werkzeug für die Programmentwicklung ist der *Compiler*[5]. Er übersetzt den für Menschen verständlichen Text, das Quellprogramm, in eine für ihn kaum lesbare Sprache, in die *Maschinensprache*. Der Compiler verarbeitet die Textdatei. Er versucht dabei, die Gedanken des Programmierers (natürlich nur mechanisch) nachzuvollziehen, d.h. das Programm „zu verstehen" und in Maschinensprache zu übersetzen. Deswegen heißt der Compiler oft auch *Übersetzer*. Er kann dabei manche *Fehler* entdecken. Wenn dies geschieht, dann muß das Programm mit dem Editor korrigiert werden, bis der Compiler fehlerfrei durchläuft.

Die kleinste Menge von Text, die vom Compiler in einem Gang erfolgreich verarbeitet werden kann, heißt *Übersetzungseinheit*. Eine Programmdatei kann mehrere Übersetzungseinheiten enthalten; diese werden nacheinander übersetzt. Manche Compiler ermöglichen aber auch, daß eine Übersetzungseinheit aus mehreren Dateien zusammengestellt wird: So weist z.B. ein sog. *Einschlußbefehl*[6] den Compiler an, an dieser Stelle den Text aus einer anderen Datei[7] einzufügen.

---

[1] es gibt Bemühungen, Programme *grafisch* zu formulieren; in bestimmten Teilbereichen ist dies schon möglich

[2] auf deutsch: *Textredakteur*

[3] auf englisch: *cursor*

[4] auf englisch: *source code*

[5] *compile* auf deutsch: *zusammenlegen, einsammeln*; aus dem Lateinischen *compilare*, auf deutsch: *plündern*; der Compiler sammelt die Information aus verschiedenen Orten der Quellprogramme, wie der Plünderer seine Beute

[6] oft *include*-Befehl genannt; aus dem Lateinischen *in + claudere*, auf deutsch: *ein + schließen*

[7] aus der *include-Datei*

Einige Programmentwicklungsumgebungen enthalten auch einen *Interpreter*, der ein Programm ohne einen zusätzlichen Übersetzungsgang ausführt. Diese werden meistens in der Entwicklungsphase benutzt, da die Ausführungsgeschwindigkeit des Interpreters deutlich unter der eines übersetzten Programms liegt. Für die Sprache *C++* spielt diese Methode selten eine Rolle.

1.7.3. Der Binder

Das Ergebnis der Übersetzung heißt *Objektcode*, oft auch *Bindemodul* oder *Objektmodul* genannt. Dies ist genau das Abbild des zu entwickelnden Programms auf Maschinensprache, wie die Übersetzungseinheit es auf der Programmiersprache darstellt. Einige Compiler (wie auch viele *C++*-Compiler) schreiben es in eine eigene Datei, in eine Objektdatei; andere stellen aus den Objektmodulen *Bibliotheken*[1] zusammen. Die meisten *C*-Entwicklungssysteme verwirklichen die Kombination beider Methoden mit Hilfe eines Bibliothekars[2]: Er fügt vorhandene Objektdateien zu einer Bibliothek zusammen.

Das Objektmodul stellt noch kein fertiges Programm dar, da es nur jene Teile enthält, die in der entsprechenden Übersetzungseinheit enthalten sind. Die meisten Programme bestehen aus mehreren Modulen, die möglicherweise in mehreren Übersetzungseinheiten ausformuliert worden sind. Darüber hinaus nehmen selbst die einfacheren Programme Dienste von anderen, vielleicht von mit dem Compiler oder mit diesem Lehrbuch gelieferten Modulen in Anspruch. Das heißt, Bausteine werden benötigt, die im Quellprogramm nur benutzt, aber nicht definiert[3] worden sind. Die Texte dieser Module müssen - wenn nicht schon geschehen - ebenfalls übersetzt werden und als Objektmodul vorliegen, damit der *Binder*[4] sie zu einem *lauffähigen (ausführbaren) Programm* oder *Zielprogramm* zusammenbinden kann. Dieses Programm liegt auch in Maschinencode vor und wird fast immer in einer eigenen Datei, einer *ausführbaren Datei*[5] abgelegt. Dies kann bei Bedarf mit Hilfe des *Laders* in den Speicher des Rechners *geladen* und dann *ausgeführt* werden.

1.7.4. Der Ausführer

Nachdem ein Programm erfaßt und verschiedenartig bearbeitet (z.B. übersetzt und gebunden) wurde, kann es ausgeführt werden. Der *Ausführer* ist ein abstraktes Gebilde, das genau das tut, was im Programm für es bestimmt wurde. Der Ausführer kann der Prozessor eines Computers sein, der das vom Compiler übersetzte Programm ausführt, oder ein Student mit Papier und Bleistift, der Schritt für Schritt genau das nachvollzieht, was im Programm steht. Der *Interpreter*, die Alternative zu

---

[1] s. Kapitel 1.7.6.
[2] auf englisch: *library manager*
[3] wie es heißt, *importiert*
[4] oder *Linker*, nach dem englischen Ausdruck *linkage editor*, auf deutsch: *Verbinder-Redakteur*
[5] z.B. in DOS *exe-Datei*; seltener in einer Bibliothek

Übersetzer und Binder, kann ebenfalls die Rolle des Ausführers übernehmen. Welche Bestandteile des Programms welche Aktionen beim Ausführer bewirken, gehört zur *Semantik[1]* der Programmiersprache. Ihr Verständnis gehört zur Kenntnis der Sprache.

1.7.5. Das Laufzeitsystem

Manche Compilersysteme erstellen immer ein selbständig lauffähiges Programm. Oft sind diese aber sehr groß, da sie alle Funktionalitäten enthalten. Um ihre Größe zu reduzieren, wird manchmal nicht alles in das Programm eingebunden, sondern es wird vorausgesetzt, daß beim Ausführen des Programms das *Laufzeitsystem* vorhanden ist. Dies ist häufig der Fall z.B. bei Fehlerbehandlung: Kann ein Programm nicht ordnungsgemäß zu Ende laufen, werden Fehlerbehandlungsroutinen *nachgeladen,* um die Art des Fehlers dem Bediener des Programms zu melden und um evtl. weitere Anweisungen abzufragen.

Das Betriebssystem kann aus der Sicht des Programmierers als ein Teil des Laufzeitsystems betrachtet werden, da es auch bei der Ausführung des Programms verschiedene Dienste übernimmt.

Oft ist die Grenze zwischen dem Programm und dem Laufzeitsystem nicht eindeutig zu ziehen: Manchmal werden Teile des Laufzeitsystems in die Programmdatei eingebunden; manchmal befinden sie sich in *dynamischen Nachladebibliotheken[2].*

Bei der Ausführung eines Programms wird der Rechner[3] angewiesen, die im Programm enthaltenen einzelnen Anweisungen auszuführen. Dies ist das eigentliche Ziel des Programmierens: dem Rechner zu sagen, was er zu tun hat.

Die meisten Programme benötigen *Eingabedaten* und produzieren *Ausgabedaten.* Welche und wie sie verarbeitet werden, wird im Programmtext angegeben. Die Eingabedaten des Editors sind beispielsweise die Tasteneingabe, seine Ausgabedaten bilden die Textdateien. Diese wird vom Übersetzer als seine Eingabedaten gelesen, der seinerseits die Fehlermeldungen und evtl. das Objektmodul als Ausgabedaten schreibt. Der Binder (oder der Ausführer) liest dieses von hier heraus. Das Zielprogramm kann (muß aber nicht) ebenfalls Ein- und Ausgabedaten bearbeiten:

---

[1] s. Kapitel 1.8.3.
[2] auf englisch: *dynamic loading library,* abgekürzt: *DLL*
[3] üblicherweise mit Hilfe des *Betriebssystems*

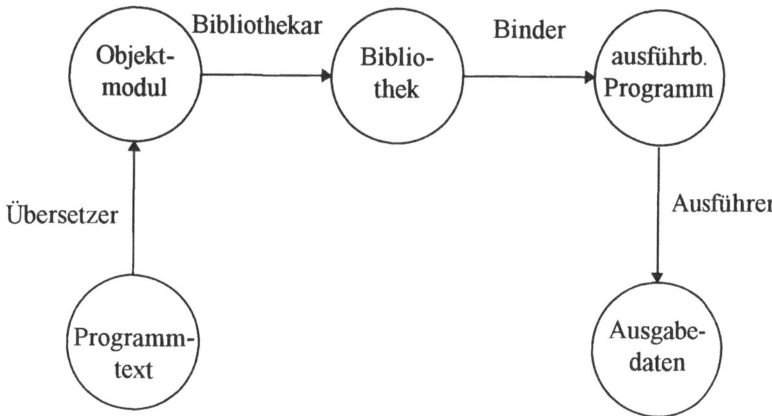

Abb. 1.6: Werkzeuge der Programmentwicklung

1.7.6. Der Bibliothekar

Die ersten drei Werkzeuge (der Editor, der Übersetzer und der Binder) reichen im Prinzip für die Produktion von Programmen auf einer höheren Programmiersprache. Viele Binder arbeiten aber auch noch mit der *Bibliotheksverwaltung* zusammen. Dies bedeutet, daß Objektmodule zusammengefaßt in einer *Bibliothek*[1] abgelegt werden. Das erspart vor allem Speicherplatz. Der Binder liest sie von da heraus und erzeugt das ausführbare Programm. Das Ergebnis des Bindens kann aber auch ein weiteres Objektmodul sein und auch in die Bibliothek abgelegt werden.

Es ist möglich, daß gleichzeitig mehrere Bibliotheken benutzt werden, insbesondere wenn vorgefertigte Programmbausteine in Anspruch genommen werden. So kann ein Softwarehaus seine käuflichen *C*++-Bausteine in Form von Bibliotheken zur Verfügung stellen; diese können mit der privaten Bibliothek des Benutzers und der *Standardbibliothek*[2] des Compilers zusammen benutzt werden. Dem Binder muß dabei mitgeteilt werden, wo sich diese Bibliotheken befinden. Dies kann im Rahmen der *Projektverwaltung* geschehen: Eine Projektdatei enthält alle Informationen, aus welchen Bibliotheken und Objektmodulen das Ergebnis zusammengebunden werden soll.

Wie dies konkret geschieht (z.B. ob durch ein Hilfsprogramm), muß aus der Bedienungsanleitung der Entwicklungsumgebung entnommen werden.

1.7.7. Testwerkzeuge

Meistens enthält das ausführbare Programm noch *logische Fehler.* Es tut nicht genau das, was sich der Programmierer vorgestellt hat. Um sie zu entdecken, muß das Programm *getestet* werden; dies ist durch aufwendige *Testverfahren* möglich. Einige

---

[1] meistens eine Datei, manchmal mit Hilfsdateien
[2] enthält viele, am häufigsten benutzte Bausteine; bei *C*++ durch die Sprachbeschreibung vorgeschrieben

Entwicklungsumgebungen unterstützen den Entwickler durch *Testgeneratoren*; es gehört aber zu seinen Aufgaben, diese mit *Testdaten* zu versorgen, d.h. *Testfälle* zu definieren. Tests können jedoch im allgemeinen die Fehlerfreiheit nicht beweisen, sie können nur einige (leider nicht alle) Fehler entdecken.

Nach dem Aufdecken von Fehlern müssen sie *lokalisiert* werden, d.h. ihre Ursache muß gefunden und beseitigt werden. Oft ist dies eine dem Auffinden von Fehlern ähnlich schwierige Aufgabe. Einige Entwicklungsumgebungen stellen Werkzeuge für *Ablaufverfolgung*[1], für die *Fehlersuche*, zur Verfügung, um zu sehen, was innerhalb des Programms geschieht. Der Programmierer kann mit ihrer Hilfe nachvollziehen, ob das Programm wirklich das tut, was er sich vorgestellt hat. Wenn dies nicht der Fall ist, muß er herausfinden, an welcher Stelle der Programmlauf von seinen Vorstellungen abweicht.

Der Programmierer soll sich aber nicht täuschen lassen, wenn sein Programm scheinbar richtig läuft. Viele Programme laufen in einigen Situationen (mit bestimmten Eingabedaten) richtig, in anderen falsch. Es gehört zum Prozeß der Programmentwicklung, das Programm *auszutesten*. Leider gibt es hier keinen hundertprozentigen Weg; viele kommerziell käufliche Programme enthalten noch Fehler, weil sie nicht vollständig ausgetestet werden können. Durch das Testen soll nicht die Fehlerfreiheit eines Programm nachgewiesen, sondern möglichst viele vorhandene Fehler sollen aufgespürt werden.

Nachdem ein Fehler entdeckt und (vielleicht mit Hilfe der Ablaufverfolgung) lokalisiert worden ist, muß das Quellprogramm korrigiert, das Programm neu übersetzt und gebunden werden, und alle Testläufe müssen wiederholt werden. Es ist durchaus möglich, daß durch die Korrektur des gefundenen Defekts ein neuer Fehler eingebaut worden ist.

Besonders schwierig ist es, Fehler zu finden, wenn sie sich nicht im eigenen Programmteil befinden, sondern aus einem verwendeten Baustein stammen. Deswegen ist es sehr wichtig, die Bausteine gut auszutesten. Andererseits darf die Korrektur eines Bausteins nicht dazu führen, daß alle Programme, die ihn benutzen, verändert werden müssen. Hierzu werden besondere Techniken gebraucht: Die *Schnittstelle* des Bausteins soll unverändert bleiben, die Veränderungen müssen an seiner *Interna*[2] durchgeführt werden. Moderne Programmentwicklungswerkzeuge und Programmiersprachen unterstützen die *Modularisierung*, um diese Trennung und die weitgehende Unabhängigkeit der Bausteine voneinander zu verwirklichen.

1.7.8. Generatoren

Es ist die Erfahrung jedes Programmierers, daß bestimmte Aufgaben immer wieder mühsam erledigt werden müssen. Um diese Tätigkeit zu optimieren, werden oft Programmgeneratoren zur Verfügung gestellt, die bestimmte Arten von Programmen (meistens grafisch gesteuert) erzeugen. Hierzu gehören z.B. die *Bildschirmobjektge-*

---

[1] auf englisch *debugger*
[2] gekapselte Teile, Implementierung; s. Kapitel 2.12.

neratoren, die Bildschirmobjekte wie Menüs, Masken oder Schaltflächen produzieren. Aus einem grafisch dargestellten Datenmodell kann ein *Datenbankgenerator* Programmteile erzeugen, die die Datenhaltung übernehmen. Ein *Testtreibergenerator* erzeugt leistungsfähige Testtreiber für einzelne Module aus ihrer Schnittstellenbeschreibung.

1.7.9. Die Entwicklungsumgebung

Alle diese Werkzeuge werden mit den modernen Compilern im Rahmen einer *Entwicklungsumgebung* ausgeliefert, die mindestens die drei wichtigsten Werkzeuge (Editor, Übersetzer und Binder) in ein menügesteuertes Programm integrieren. Neben der bequemen Bedienung ist deren großer Vorteil, daß die vom Compiler erkannten Fehlerstellen gleich lokalisiert und im Editor korrigiert werden können. Bessere Entwicklungsumgebungen schließen weitere Werkzeuge wie einen *Ablaufverfolger*, die *Projektverwaltung*[1], usw. ein.

1. **Übung:** Lernen Sie Ihren *C++*-Compiler und seine Entwicklungsumgebung kennen. Schreiben Sie einen Brief mit Hilfe des Editors. Speichern Sie den Brief in einer Datei. Kopieren Sie anschließend die Programmdatei namens `BRIEF.CPP` von der Begleitdiskette auf Ihre Festplatte. Lesen Sie ihren Inhalt und korrigieren Sie ihn mit Hilfe Ihres Editors, indem Sie im Programmtext den Namen „Petruschka" gegen Ihren eigenen austauschen. Übersetzen Sie das korrigierte Programm und binden Sie es. Führen Sie es zum Schluß aus, und teilen Sie ihm den Dateinamen des Briefes mit. Dieser Brief stellt die Eingabedaten für das Programm dar. Die Ausgabedaten sehen Sie am Bildschirm.

1.8. Struktur einer Programmiersprache

Eine Programmiersprache ist ähnlich aufgebaut wie eine natürliche Sprache, nur viel einfacher. Es gibt einen festen Wortschatz: Diese werden *reservierte Wörter* oder *Schlüsselwörter*[2] genannt, die typischerweise aus dem Englischen stammen und sinngemäß zu benutzen sind: z.B. `class` oder `while`. In diesem Buch werden sie fett gedruckt. Für neue Begriffe kann man nach bestimmten Regeln neue Wörter, *Bezeichner* oder *benutzerdefinierte Namen* (z.B. `alter` oder `telefonbucheintrag`) erfinden. Reservierte Wörter können meistens nicht als Bezeichner benutzt werden.

Alle Wörter des Programms werden aus bestimmten Zeichen zusammengesetzt; in natürlichen Sprachen sind dies die Laute oder in Schriftform die Buchstaben; bei Programmiersprachen (bei denen die Texte ja immer in schriftlicher Form vorliegen) kommen zu den (kleinen und großen) Buchstaben die zehn Ziffern und ein Satz von *Sonderzeichen*[3] dazu.

---

[1] für die Handhabung der Zusammenhänge zwischen den Bausteinen
[2] eine unglückliche Übersetzung des englischen *key word*
[3] z.B. das Pluszeichen + oder die Unterstreichung _

1.8.1. Zeichensatz

Im Gegensatz zu vielen Programmiersprachen sind in *C++* Klein- und Großbuchstaben nicht austauschbar. Die reservierten Wörter werden klein geschrieben, (z.B. `class` oder `while`); die benutzerdefinierten können Klein- und Großschreibung gemischt benutzen. Traditionell werden in den meisten Bezeichnern für Objekte und Unterprogramme Kleinbuchstaben benutzt (z.B. `alter` oder `telefonbucheintrag`), für Makros Großbuchstaben (z.B. `MAX`), während für Typen und Klassen gemischt (z.B. `TBool` oder `CFarbe`). Für die bessere Lesbarkeit sollen Unterstreichungen eingefügt werden: `telefon_buch_eintrag`. Eine Silbentrennung am Zeilenende, wie etwa tele-fonbucheintrag, ist verboten[1]. Das Zeilenende wird als *Trennzeichen* angesehen, genauso wie ein Leerzeichen[2], ein Tabulatorzeichen und einige andere, die reservierte Wörter und benutzerdefinierte Bezeichner abschließen.

Es sind auch andere Konventionen möglich, z.B. alle Bezeichner groß zu schreiben. Nicht die Wahl der Konvention das Wichtige, sondern die Konsequenz, sie durchgehend einzuhalten. Die Empfehlung des Autors ist darüber hinaus, in Programmen, die nur im deutschsprachigen Raum gelesen werden, für selbstdefinierte Bezeichner deutsche Wörter zu benutzen. Dadurch ist auch eine Unterscheidung zu den aus importierten Bibliotheken stammenden Namen möglich.

1.8.2. Syntax

Wie aus den reservierten Wörtern, Sonderzeichen und Bezeichnern sinnvolle Sätze (d.h. Programme) gebildet werden können, wird durch die *Syntax* der Sprache geregelt. Die Syntax besteht aus einem Satz von *syntaktischen Regeln*, meistens formal in einer *Metasprache* aufgezeichnet. Für die deutsche Sprache sind solche syntaktischen Regeln beispielsweise, daß das Prädikat im Aussagesatz an der zweiten Stelle steht, oder daß die Adjektive vor dem Substantiv stehen müssen[3]. In *C++* ist eine vergleichbare Regel, daß der Rumpf jeder Funktion mit dem Zeichen { eingeleitet werden muß oder daß Anweisungen mit einem Strichpunkt ; (Semikolon) abgeschlossen werden müssen.

Die Metasprache, in der die Syntax formal beschrieben wird, ist - im Vergleich zur Sprache selbst - relativ einfach. Sie besteht aus einer Reihe von *Metazeichen, syntaktischen Begriffen*[4] und *Endsymbolen*[5]. Das Programm selbst besteht aus den Endsymbolen. Ein Beispiel für syntaktische Begriffe ist `Ziffer`, während 1, 3 und 0 Endsymbole sind; diese kommen in der *Zielsprache*[6] als Sprachelemente vor.

---

[1] im laufenden Text werden wir jedoch Bezeichner am Zeilenende trennen
[2] auf englisch: *blank*; aus dem Mittelfranzösischen *blanc*, auf deutsch: *weiß*
[3] im Französischen können sie z.B. auch nach dem Substantiv stehen
[4] sie heißen auch *nichtterminale Symbole* oder *Zwischensymbole*
[5] sie heißen auch *terminale Symbole*; *terminal* auf deutsch: *abschließend*; aus dem Lateinischen *terminus*, auf deutsch: *Grenze, Ende*
[6] in der betrachteten Programmiersprache

Für jeden syntaktischen Begriff gibt es eine *Regel*, die beschreibt, welche Symbolfolgen für diesen Begriff eingesetzt werden können. Für den Begriff Ziffer sieht z.B. die Regel folgendermaßen aus:

```
Ziffer ::= 0 | 1 | 2 | 3 | 4 | 5 | 6 | 7 | 8 | 9
```

Hier sind das Zeichen | und die Zeichenfolge[1] ::= die *Metazeichen*. | bezeichnet die Alternative und wird als „oder" gelesen. Das Metazeichen ::= heißt *Definition* und kann gelesen werden wie „wird definiert als" oder „wird ersetzt durch".

Eine *syntaktische Ableitung* besteht daraus, daß ausgehend von einem ursprünglichen Begriff alle Begriffe durch je eine ihren Regeln entsprechende Symbolfolge ersetzt werden, bis man keine syntaktischen Begriffe mehr in der Folge hat. Das Ergebnis besteht also nur aus Endsymbolen und stellt einen syntaktisch gültigen Programmausschnitt dar, der dem ursprünglichen Begriff entspricht.

Im Regelsatz für die Bildung von Bezeichnern werden die weiteren Metazeichen { und } verwendet, sie definieren die *Wiederholung*; der Inhalt zwischen den zwei geschweiften Klammern kann beliebig oft[2] wiederholt werden.

```
Bezeichner ::= Buchstabe { Buchstabe_oder_Ziffer }
Buchstabe_oder_Ziffer ::= Buchstabe | Ziffer | Unterstrich
Buchstabe ::= Kleinbuchstabe | Großbuchstabe
Kleinbuchstabe ::= a | b | c | d | e | f | g | h | i | j | k | l |
    m | n | o | p | q | r | s | t | u | v | w | x | y | z
Großbuchstabe ::= A | B | C | D | E | F | G | H | I | J | K | L |
    M | N | O | P | Q | R | S | T | U | V | W | X | Y | Z
Ziffer ::= 0 | 1 | 2 | 3 | 4 | 5 | 6 | 7 | 8 | 9
Unterstrich ::= _
```

Hier sind Bezeichner, Buchstabe_oder_Ziffer, Buchstabe, Kleinbuchstabe, Großbuchstabe, Ziffer und Unterstrich sieben syntaktische Begriffe, die zweimal 26 Buchstaben, 10 Ziffern und der Unterstrich _ die Endsymbole. Wir haben diese fett gedruckt, um sie von den Zwischensymbolen zu unterscheiden.

Die erste Regel besagt, daß ein Bezeichner mit einem Buchstaben anfangen muß, worauf eine beliebige Anzahl[3] von Buchstabe_oder_Ziffern folgen kann. Nach der zweiten Regel ist Buchstabe_oder_Ziffer entweder ein Buchstabe oder eine Ziffer oder ein Unterstrich; die nächste Regel definiert, daß ein Buchstabe ein Kleinbuchstabe oder ein Großbuchstabe sein kann. Was ein Kleinbuchstabe, ein Großbuchstabe und eine Ziffer ist, beschreiben die letzten drei Regeln.

Für das Beispiel einer syntaktischen Ableitung wird untersucht, ob die Zeichenfolge Obj1 aus dem Begriff Bezeichner abgeleitet werden kann:

---

[1] obwohl sie aus drei Zeichen besteht, sagt man trotzdem *Zeichen* dafür
[2] null-mal, einmal, zweimal, usw.
[3] möglicherweise 0

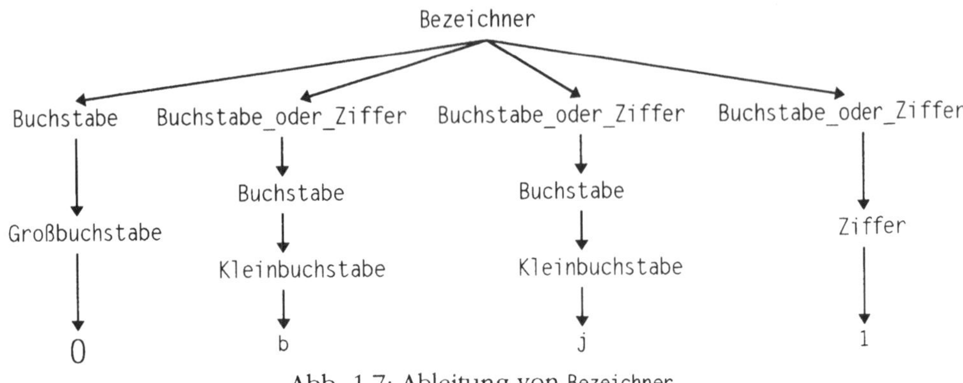

Abb. 1.7: Ableitung von Bezeichner

Hier wird zuerst Bezeichner seiner Regel entsprechend durch die Folge Buchstabe Buchstabe_oder_Ziffer Buchstabe_oder_Ziffer Buchstabe_oder_Ziffer[1] ersetzt. Anschließend wurde der erste Begriff Buchstabe_oder_Ziffer durch Buchstabe, der zweite durch Buchstabe und der dritte durch Ziffer ersetzt. Im nächsten Schritt wurden die drei Vorkommnisse des Begriffs Buchstabe jeweils durch Großbuchstabe, Kleinbuchstabe und Kleinbuchstabe ersetzt, schließlich wurden alle vier syntaktischen Begriffe durch Endsymbole ersetzt. Das Ergebnis ist, daß Obj1 ein syntaktisch gültiger Bezeichner ist.

Dieses einfache Beispiel zeigt, was man aus den obigen Regeln herauslesen kann: Jeder Bezeichner muß mit einem (kleinen oder großen) Buchstaben anfangen, auf den eine beliebige Anzahl von Buchstaben und Ziffern folgen kann. Es ist auch ersichtlich, daß deutsche Umlaute in Bezeichnern nicht akzeptiert werden.

C++-Bezeichner[2] können theoretisch beliebig lang sein, praktisch begrenzen aber Compiler ihre Länge.

In der Sprachdefinition[3] befindet sich die Syntaxbeschreibung von C++ in dieser Notation. Sie heißt nach ihren Entwicklern *Backus-Naur-Form* oder *BNF-Syntax*. Es gibt auch viele andere Wege, eine Syntax zu beschreiben, durch die eine Sprache genauer als in der BN-Form definiert werden kann.

Es gibt nämlich Quellprogramme, die der Syntax genau entsprechen, und trotzdem fehlerhaft sind. Zu den Regeln einer Sprache gehören nämlich auch noch die *Kontextbedingungen*, d.h. die Gesetze, die den Zusammenhang zwischen den einzelnen Sprachkonstruktionen beschreiben. Beispielsweise, wenn der an sich gültige Bezeichner Obj1 an einer Stelle benutzt wurde, muß er an einer anderen Stelle vereinbart worden sein. Obwohl es möglich ist, die Kontextbedingungen auch formal zu

---

[1] die durch die geschweiften Klammern dargestellte Wiederholung wurde dreimal genommen

[2] sie können auch mit einem Unterstrich beginnen

[3] z.B. in [Ell]

definieren[1], sind für den Alltagsbenutzer (und auch für manche Fachleute) solche Syntaxbeschreibungen unbrauchbar kompliziert. Deswegen werden diese zusätzlichen Regeln normalerweise in einer natürlichen Sprache (*verbal*) beschrieben.

1.8.3. Semantik

Neben der Syntax gehört zur Beschreibung einer Sprache die *Semantik*[2], die *Bedeutung* der einzelnen Sprachkonstruktionen. Sie definiert, wie der *Ausführer*[3] handeln muß, wenn er ein Sprachelement im Programm entdeckt: Was geschieht, wenn man einen Bezeichner definiert? Was wird eine bestimmte Anweisung im laufenden Programm bewirken? Das Verständnis der Semantik ist eine Voraussetzung dafür, daß man sinnvolle Programme schreibt, die genau das tun, was der Programmierer sich im voraus vorgestellt hat.

Die Semantik einiger Programmelemente ist von der Sprache her gegeben: Die reservierten Wörter wie `for` oder `protected` können nur mit einer bestimmten Bedeutung (wie „Zählschleife" oder „Zugriffschutz") benutzt werden. Andere Programmelemente, insbesondere die Namen (wie z.B. ein Bezeichner), werden vom Programmierer mit einer Bedeutung versehen.

In diesem Sinne unterscheiden wir zwischen *Vereinbarung*[4] und *Definition* eines Namens, auch wenn diese beiden oft zusammenfallen. Die Vereinbarung beschreibt die syntaktische Position eines Namens (z.B. die Anzahl und Typen der Parameter einer Prozedur), während die Definition (z.B. ihr Rumpf) die Semantik beschreibt (was die Prozedur eigentlich tut). Je mehr man von einem Namen auf seine Semantik assoziiert, desto lesbarer ist ein Programm. Dies wird erreicht, indem ein Name eine Abstraktion seiner Bedeutung ist.

1.9. Fehlerarten

Bei der Erstellung eines Programms werden oft Fehler gemacht. Die oben genannten Werkzeuge können einige dieser Fehler finden.

Der Compiler findet die sogenannten *Syntaxfehler*. Diese sind diejenigen, die der Definition der Sprache grob widersprechen. Sie entsprechen einem Grammatikfehler, z.B. ein fehlender Satzteil im Deutschen. Sie stammen oft aus Tippfehlern, aber auch oft aus der mangelnden Kenntnis der Sprache. Solche Art von Fehler ist z.B., wenn ein Wort falsch oder Wörter in falscher Reihenfolge geschrieben wurden. Ein Fehler ähnlicher Art ist es, wenn ein benutztes Programmobjekt nicht definiert oder in falschem Zusammenhang benutzt wurde.

---

[1] dies gehört zur wissenschaftlichen Definition einer Programmiersprache
[2] aus dem Altgriechischen σημα (*séma*), auf deutsch: *Zeichen*
[3] s. Kapitel 1.7.4.
[4] oft auch als *Deklaration* bezeichnet; *declare* auf deutsch: *formal bekanntgeben*;
    aus dem Lateinischen *de + clarus*, auf deutsch: *klar*

Der Compiler kann auch manche Denkfehler des Programmierers entdecken, wenn z.B. Äpfel mit Birnen addiert werden sollen. Diese heißen *Typfehler.* Es gibt auch noch weitere Fehlerarten, die vom Compiler aufgespürt werden. Findet er jedoch keine Fehler mehr in einem Programm, bedeutet dies noch bei weitem keine Fehlerfreiheit. Der Binder kann weitere Fehler identifizieren, z.B. wenn ein benutzter fremder Programmbaustein nicht gefunden oder falsch eingebunden wurde.

Ein *Laufzeitfehler* kann von einem fehlerfrei übersetzten und gebundenen Programm verursacht werden, wenn das Laufzeitsystem eine fehlerhafte Situation (z.B. unerlaubten Wert) wahrnimmt. Über geeignete Meldungen und Ausnahmebehandlung kann die Ursache dafür ermittelt werden.

Die problematischsten Fehler sind jedoch die *logischen Fehler.* Diese werden erst entdeckt, wenn das fertig gebundene, laufende Programm beim Ausprobieren nicht immer das tut, was es sollte. Es konnte mathematisch bewiesen werden, daß es keine Möglichkeit gibt, sie alle zu finden und zu garantieren, daß ein Programm fehlerfrei ist. Es ist nicht einmal möglich, eindeutig zu definieren, welches Verhalten eines Programms fehlerhaft ist und welches nicht. Durch Testverfahren kann nur das Ziel gestellt werden, möglichst viele dieser Fehler zu finden.

2. Objekte und Klassen

Es ist fast schon Tradition, jeden Programmierkurs mit dem sog. *Hallo-Programm* anzufangen, mit einem der einfachsten, das es nur gibt. Es gibt jedoch ein noch einfacheres Programm: dasjenige, das *gar nichts* tut. Betrachten wir es nun und gewinnen dadurch einen ersten Eindruck, wie ein *C*-Programm überhaupt aussieht.

2.1. Der leere Algorithmus

Der einfachste, *leere Algorithmus* tut nichts. Er erscheint im ersten Moment als nicht allzu nützlich, es gibt aber Situationen, wo er tatsächlich verwendet wird, z.B. um einen Wartezustand[1] zu programmieren. In *C* sieht ein leeres Programm folgendermaßen aus:

```
void main()                                                          // (2.1)
{}
```

Jedes *C*-Programm wird als eine *Funktion definiert*[2]. Das reservierte Wort `void` bedeutet hier, daß es sich hier um eine besondere Funktion[3], um eine *Prozedur*[4] handelt. `main` ist der von der Sprache vorgeschriebene *Name* der Funktion, aus der der Binder ein ausführbares Programm erzeugen soll[5]. Andere Funktionen und Prozeduren können andere Namen haben, die in jedem Fall *Bezeichner*[6] sind. Wie aus der Syntax[7] schon bekannt, besteht in *C* jeder Bezeichner aus Buchstaben, Ziffern und der Unterstreichung. Groß- und Kleinschreibung ist dabei relevant, d.h. es ist nicht egal, ob man `main`, `MAIN` oder `Main` schreibt.

Die leeren runden Klammern `()` nach dem Prozedurnamen drücken aus, daß diese Prozedur keine Parameter hat. Später werden wir Prozeduren mit Parametern kennenlernen. `main` ist hiernach eine *parameterlose Prozedur*.

Zwischen den geschweiften Klammern `{` und `}` steht der *Rumpf* der Prozedur, diesmal ein *leerer Rumpf*. Im Rumpf befinden sich normalerweise die *Anweisungen*; daß es hier keine gibt, drückt aus, daß die Prozedur nichts zu tun hat.

Die beiden Schrägstriche am rechten Rand der ersten Zeile dieses Programms bedeuten, daß der Rest der Zeile ein Kommentar ist; er hat keinen Einfluß auf das Verhalten des Programms. In diesem Lehrbuch werden Programme kapitelweise

---

[1] auf englisch: *busy waiting*

[2] sie wird dann auch *Hauptfunktion*, manchmal auch *Hauptprogramm* genannt

[3] ohne Ergebniswert

[4] in *C* werden die Prozeduren üblicherweise `void`-Funktionen genannt

[5] *Standard-C++* (s. [Ell]) schreibt zwar `int main()` vor, die meisten Compiler tolerieren aber `void main()`, das besser in unser Konzept paßt

[6] oder *Identifikator*, auf englisch *identifier*, aus dem Lateinischen *ident*, auf deutsch *dasselbe*

[7] s. Kapitel 1.8.2.

durchnumeriert; diese Nummer wird in der ersten Zeile als Kommentar aufgeführt. Sonst dienen Kommentare nur der Lesbarkeit des Programms.

Der leere Algorithmus kann durch viele Programme realisiert werden, z.B.

```
// LEER2.CPP                                                         (2.2)
/* Zweites
leeres Programm */
void main() {
}
```

wird als ein von dem ersten unterschiedliches Programm angesehen. Der Zeilenwechsel ist in einem *C*-Programm nirgendwo zwingend; er kann überall eingefügt werden, wo ein Leerzeichen stehen kann[1]. Man benutzt ihn um der besseren Lesbarkeit willen.

In der ersten Zeile wurde im Kommentar der Name der Datei LEER.CPP angegeben, in der der Programmtext gespeichert wurde[2]. Viele *C*-Compiler erzeugen ein ausführbares Programm in einer Datei, dessen Name aus dem Dateinamen des Programmtexts erzeugt wird, z.B. LEER.EXE. Deswegen ist es zweckmäßig, einen Dateinamen zu wählen, der auch der Name des fertigen Programms werden soll.

Hier wurde eine zweite Art der Kommentierung vorgestellt: Jeder Text zwischen /* und */ wird vom *C*-Compiler ignoriert, d.h. er hat keinen Einfluß auf das erzeugte Programm. Während ein //-Kommentar bis zum Zeilenende geht, kann sich ein /*-Kommentar über mehrere Zeilen erstrecken.

Jede lösbare Aufgabe hat grundsätzlich eine unendliche Anzahl von Lösungen, d.h. verschiedene Programme und Algorithmen, die sie lösen. Es ist ein entmutigendes Ergebnis der theoretischen Informatik, daß nicht immer entschieden werden kann, ob zwei Programme dieselbe Aufgabe lösen oder nicht (ob sie *äquivalent* sind oder nicht).

2. **Übung**: Tippen Sie das leere Programm mit Hilfe des Editors in Ihren Rechner ein. Speichern Sie es in einer Datei, geben Sie dabei der Datei einen neuen Namen. Es ist üblich, *C*-Programmen die Dateinamenergänzung .C, und *C*++-Programmen die Dateinamenergänzung .CPP zu vergeben; daher könnte die Datei mit Ihrem leeren Programm z.B. LEERPROG.CPP heißen.

Übersetzen Sie es mit Ihrem *C*-Compiler. Falls er - infolge von Tippfehlern - Fehler meldet, korrigieren Sie sie mit dem Editor. Nach fehlerfreier Übersetzung wird das Ergebnis in eine Datei namens LEERPROG.OBJ geschrieben. Sie müssen nun das Programm binden. Dem Binder müssen Sie irgendwie mitteilen, welche Datei Sie binden wollen; Sie müssen es in der Bedienungsanleitung Ihrer Entwicklungsumgebung nachlesen. Führen Sie das Produkt des Binders vom Betriebssystem aus, in-

---

[1] außer in einer Zeichenkette sowie im //-Kommentar
[2] eine gute Gewohnheit, damit man aus dem Programmausdruck die Datei finden kann

dem Sie den vom Binder mitgeteilten Dateinamen nennen. Als Ergebnis sehen Sie selbstverständlich nichts.

2.2. Programmbausteine

Da wir nun nicht nur selber Programme schreiben, sondern auch vorhandene Programmbausteine verwenden wollen, ist der nächste Schritt zu lernen, wie man einen Baustein in ein eigenes Programm *einbindet* oder, wie es auch heißt, *importiert*.

2.2.1. Das leere Modul

Der einfachste Fall ist der ähnlich nutzlose, mit diesem Lehrbuch ausgelieferte Baustein MLEER, der ebenfalls nichts tut. Wir werden ihn in unser leeres Programm einbinden. Hierzu dient in *C* das reservierte Wort #include:[1]

```
// LEER3.CPP                                          (2.3)
➡ #include "MLEER.HPP" // dieses Modul tut nichts²
   void main() {
   }
```

MLEER.HPP ist der Name einer Datei, in der das Modul spezifiziert wird[3]. In diesem Lehrbuch fangen die Modulnamen mit dem Buchstaben M (wie Modul) an. Ein Modul ist (neben anderen) eine Art *Baustein* oder *Übersetzungseinheit*. Eine andere Übersetzungseinheit ist das Programm (die Hauptprozedur) selbst.

Ein Modul wird über seine *Spezifikation* eingebunden, die in einer Datei (meistens mit der Dateinamenergänzung .H: in *C++* auch .HPP) abgelegt wird. Das Einbinden des Moduls wird mit Hilfe der sog. *Präprozessoranweisung* #include durchgeführt[4]. In dieser Anweisung muß der *Pfad*[5] der *Spezifikationsdatei*[6] im Dateisystem zwischen Anführungszeichen[7] angegeben werden. Alle Präprozessoranweisungen werden in *C* mit dem Zeichen # eingeleitet.

Es sei bemerkt, daß in der Sprachdefinition von *C* und *C++* der Begriff Modul nicht vorkommt. Auch die Namen unserer Module wie MLEER können in einem Pro-

---

[1] *include* auf deutsch: *einfügen*

[2] das Zeichen ➡ hebt die wichtigsten Programmzeilen hervor; es ist kein Teil des Programmtexts

[3] im Gegensatz zu anderen Sprachen, kennt *C/C++* den Begriff *Modul* nicht; es wird mit Hilfe anderer Sprachelementen wie #include nachgebaut

[4] #include kann auch für andere Zwecke benutzt werden, um beliebige Texte in ein Programm einzufügen

[5] betriebssystemabhängig; wenn nichts angegeben, im aktuellen Verzeichnis

[6] in *C*-Terminologie auf englisch: *header-file*; *head* auf deutsch: *Kopf*; Spezifikationsdateien werden typischerweise am Anfang eines *C*-Programms eingefügt

[7] einen Sonderfall stellen die mit dem Compiler ausgelieferten Module dar, deren Spezifikationsdateien zwischen < und > angegeben werden

grammtext nicht verwendet werden. Module werden durch ihre Spezifikationsdatei wie `MLEER.HPP` identifiziert.

3. **Übung**: Lesen Sie die Programmtextdatei, die Sie in der 2. Übung erstellt haben, in Ihren Editor ein. Vergeben Sie dem Programm (d.h. der Datei) einen neuen (selbsterfundenen) Namen, und binden Sie (mit `#include`) das Modul `MLEER` (wie oben) ein.

Sie können das so erstellte Programm nur dann übersetzen, wenn Sie die Spezifikationsdatei `MLEER.HPP` von der Begleitdiskette auf Ihre Festplatte kopiert haben. Ansonsten meldet der Compiler, daß er diese Datei nicht findet. Beachten Sie dabei die in der Datei `LIESMICH.TXT` enthaltenen Hinweise.

Beim Binden des Programms werden Sie feststellen, daß der Binder das Modul `MLEER` nicht kennt. Sie müssen die Bibliothek[1] `LEHRBUCH.LIB`, die dieses Modul enthält, dem Binder bekanntgeben. Das tun Sie, indem Sie sie von der Begleitdiskette auf Ihre Festplatte kopieren und sie - entsprechend der Bedienungsanleitung Ihrer Entwicklungsumgebung - den Bibliothekspfaden hinzufügen. Jetzt können Sie Ihr Programm binden. Beim Ausführen geschieht natürlich ebenfalls gar nichts.

2.2.2. Das Hallo-Modul

Nun sind wir aber so weit, unser erstes Hallo-Programm zu schreiben - allerdings ein viel schöneres, als es die konventionellen Programmierkurse anbieten. Wir werden anstelle des leeren Moduls denjenigen Baustein einbinden, der die Welt begrüßt:

```
// HALLO.CPP                                                (2.4)
#include "MHALLO.HPP"  // dieses Modul begrüßt die Welt mit Feuerwerk
void main() {
}
```

Unsere Programmierleistung ist nicht höher als zuvor - die Arbeit wurde schon von anderen erledigt. Wir mußten nur noch den geeigneten Baustein finden und einbinden. Das Ergebnis ist - wie Sie das nach Tippen, Übersetzen, Binden und Ausführen sehen können - farbenprächtig.

4. **Übung:** Binden Sie das Modul `MSPITZE` aus der Bibliothek `LEHRBUCH.LIB` in ein Programm mit leerem Anweisungsteil ein und überprüfen seine Wirkung. Schreiben Sie eine *Dokumentation* (auf deutsch) für das Modul, d.h. schreiben Sie eine möglichst exakte Bedienungsanleitung (seine Leistung und die Arbeit mit ihm) für jemanden, der es benutzen möchte. Als Muster verwenden Sie dafür die Dokumentation des Moduls `MLEER` in der Textdatei `MLEER.DOC`.

---

[1] s. Kapitel 1.7.6.

2.2.3. Datenbehälter

Die obigen Programme LEER.CPP und HALLO.CPP sind konstant, d.h. sie laufen jedesmal gleich ab[1]. Variable Programme müssen über variable Daten operieren[2]. Für diese variablen Daten stellen die meisten Programmiersprachen[3] *Datenbehälter*[4] zur Verfügung. Ein Datenbehälter ist ähnlich wie jeder andere Behälter (für Wasser, Schokoladen oder Tennisbälle), kann aber nur Daten aufnehmen. Er hat die Eigenschaft, daß in ihn etwas hineingetan (geschrieben) werden kann, und wenn etwas hineingetan wurde, kann es aus ihm herausgeholt (gelesen) werden.

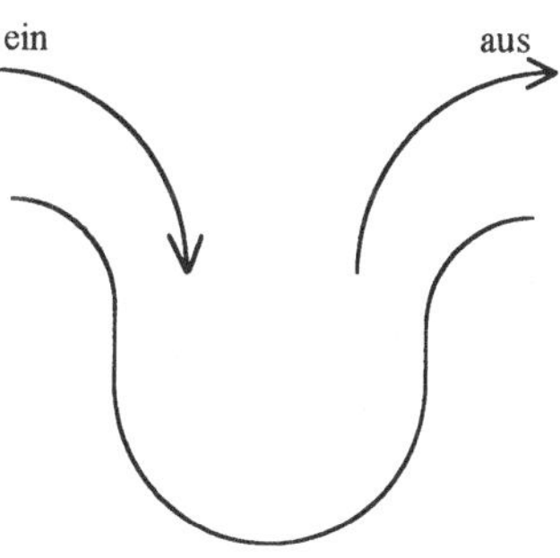

Abb. 2.1: Datenbehälter

Datenbehälter werden typischerweise von Modulen zur Verfügung gestellt. Um sich einen anzusehen, kann das Modul M1EIMER in unser leeres Programm eingebunden werden:

```
// EIMZEIG.CPP - Eimer zeigen                                              (2.5)
#include "M1EIMER.HPP" // dieses Modul stellt einen Eimer zur Verfügung
void main() {
}
```

Das Einbinden des Moduls M1EIMER im obigen Programm bewirkt, daß der Datenbehälter am Bildschirm angezeigt wird.

5. **Übung:** Wenn Sie die Spezifikationsdatei M1EIMER.HPP auf Ihre Festplatte kopiert haben, können Sie das Programm (2.5) übersetzen, binden und ausführen. Sie werden einen Datenbehälter am Bildschirm betrachten können: Das Programm selbst führt allerdings keine Operationen aus, es hat - nach wie vor - einen leeren Anweisungsteil und implementiert einen konstanten Algorithmus.

2.3. Operationen

Ein Datenbehälter an sich ist nicht viel wert, ohne daß man damit etwas machen könnte. Eine Aktion[5], die mit dem Datenbehälter durchgeführt werden kann, nennt man *Operation* oder oft auch *Methode*[6]. Ein Beispiel für solche Aktionen ist, etwas in den Datenbehälter hineinzutun (*schreiben*). Eine zweite Aktion ist, aus dem Behälter herauszunehmen (*lesen*), was hineingetan worden ist. Weitere Aktionen sind

---

[1] sie haben nur konstante Daten

[2] s. Kapitel 1.2.

[3] die sog. *prozeduralen* oder *imperativen* Sprachen

[4] oft heißen diese, zumindest in speziellen Fällen, *Variablen*; ein besserer, allgemeiner Name dafür ist *Datenobjekt*

[5] der vom Programmierer beabsichtigte Zweck des Datenbehälters

[6] in *C++* nur bei Datenbehältern, die mit Hilfe von Klassen implementiert wurden; s. Kapitel 2.9.

vorstellbar, z.B. aus dem Behälter etwas zu entfernen (*löschen*). Man kann abfragen, ob ein Behälter *leer* ist oder vielleicht *voll*, ob der gesamte Inhalt gelesen worden ist, usw. Zwei besondere Operationen, die manchmal automatisch[1] durchgeführt werden, sind: einen Datenbehälter zu *erzeugen* (*anlegen*) und ihn *auflösen*, d.h. den Speicherplatz von nicht mehr benötigten Behältern für andere Zwecke freigeben.

Zusammenfassend sind also folgende Operationen denkbar:
- einen Datenbehälter anlegen
- in den Datenbehälter einen Wert hineinschreiben
- aus dem Datenbehälter einen Wert auslesen
- aus dem Datenbehälter einen Wert entfernen (löschen)
- den gesamten Inhalt des Datenbehälters löschen
- Datenbehälter auflösen (freigeben)

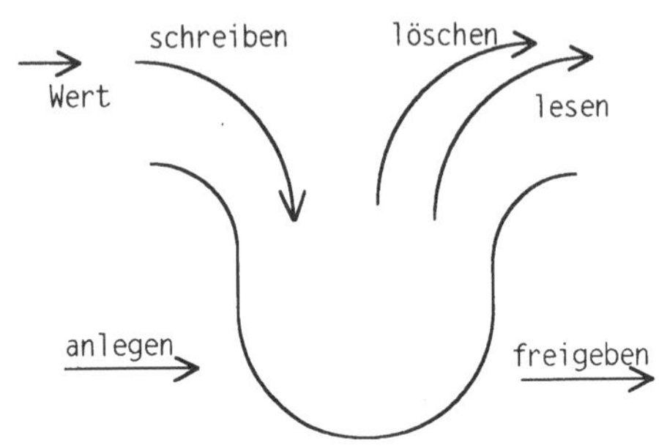

Abb. 2.2: Operationen

Einige dieser Operationen verändern den Zustand[2] des Behälters: Diese werden wir *Mutatoren*[3] nennen. Andere lassen ihn unverändert, sie liefern nur *Information* über seinen Inhalt, deswegen heißen sie *Informatoren*. In einigen Sprachen werden die Mutatoren in Form von *Prozeduren*, Informatoren als *Funktionen* dargestellt. Die beiden zusammen bilden den Begriff der *Unterprogramme*[4]. Die *Funktionen* haben mit den mathematischen Funktionen gemeinsam, daß sie oft zu einem oder mehreren *Argumenten* (wie x in *sin x*) ein Ergebnis, einen Wert (die gefragte Information) zuordnen und so in *Ausdrücken* (wie *sin x + cos x*) verwendet werden.

Im Gegensatz zur mathematischen Schreibweise, wo der Name der Funktion und das Argument einfach hintereinander geschrieben werden (wie bei *sin x*), benutzt man praktisch in allen Programmiersprachen eine geklammerte Schreibweise sin(x). Die Angabe zwischen den Klammern (hier x) heißt dann *aktueller Parameter* oder *Argument*[5] des Funktionsaufrufs.

Wenn eine Prozedur oder Funktion mehrere Parameter hat, werden die Argumente durch Kommata voneinander getrennt: temperatur(datum. uhrzeit). Es gibt Operationen auch ohne Parameter, dann ist der Aufruf ohne Argumente zu schreiben: tu_dies_und_jenes(), oder pi(), die immer den Wert 3.1415 liefert[6]. Die leeren Klammern müssen in *C* auch bei argumentlosen Funktionsaufrufen geschrieben werden.

---

[1] d.h. ohne besonderes Zutun des Programmierers
[2] z.B. den Inhalt
[3] *mutieren* stammt aus dem Lateinischen *mutare*, auf deutsch: *verändern*
[4] in *C* werden üblicherweise alle Unterprogramme einfach Funktionen genannt
[5] diese Terminologie wird nur in *C/C++* benutzt, nicht in anderen Sprachen
[6] nachdem sie ihn entweder errechnet oder aus einem Datenbehälter geholt hat

Für den Aufruf einiger Funktionen mit zwei Parametern gibt es eine andere Schreibweise. Der Name der Funktion steht dann nicht vor den beiden Argumenten, sondern zwischen ihnen. Die Funktion plus(3, 5), die die Summe zweier Zahlen errechnet, kann dann auf die mehr gewohnte Weise 3+5 geschrieben werden. Diese Funktionen heißen *Operatoren*. Weil sie zwei Parameter haben, heißen sie *diadische*[1] *Operatoren* oder auch *Infix*-Funktionen. Ähnlich werden für einige Funktionen mit einem Parameter *monadische*[2] Operatoren definiert, wie etwa der Minusoperator in -5 anstelle von minus(5). Später werden wir uns ausführlich mit ihnen beschäftigen[3].

Die Operationen, mit denen der Inhalt eines Datenbehälters manipuliert[4] werden kann, werden von jenem Modul *exportiert*, das auch den Datenbehälter zur Verfügung stellt. Dies bedeutet, daß das Programm, das dieses Modul einbindet, mit dem Behälter zusammen auch die Operationen bekommt und diese benutzen darf.

Mit Hilfe der Operationen kann man auf das Datenobjekt zugreifen, deswegen heißen sie oft auch *Zugriffsmethoden, Zugriffsfunktionen* und *-prozeduren* oder *Zugriffsoperationen*.

Die Liste der möglichen *Operationen* bekommt man zusammen mit dem Modul. Diese Liste (mit der ausführlichen Beschreibung der Wirkung der einzelnen Operationen und der Art und Weise, wie sie aufgerufen werden können, usw.) bildet die *Schnittstelle* des Moduls. Die Schnittstelle beinhaltet alle Information, die der Benutzer des Moduls jemals brauchen wird. Die für den Benutzer relevante Schnittstelle befindet sich meistens in der *Dokumentation* des Moduls, in einem mehr oder weniger formalen Stück Text, manchmal auf Papier, oft in einer Textdatei. Für das Modul M1EIMER kann sie z.B. auf der Begleitdiskette in der Datei M1EIMER.DOC gefunden werden.

Meistens wird die Schnittstelle eines Moduls in seiner *Spezifikationsdatei* bekanntgegeben. Dies ist ein *C*- oder *C*++-Programmtext, hoffentlich reichlich mit Kommentaren versehen. Beispiele dafür befinden sich in den Dateien MLEER.HPP und M1EIMER.HPP.

2.4. Algorithmen

Unsere Programmierleistung war bisher sehr gering. Jetzt lernen wir, wie man aus Operationen Algorithmen zusammenstellt.

---

[1] manchmal *binäre*; das lateinische *bini* heißt auf deutsch: *beide*
[2] manchmal *unäre*; das altgriechische μωνοσ (*mónos*) heißt auf deutsch: *einzig*
[3] z.B. in den Kapitel 5.5. und 10.4.
[4] gelesen oder geschrieben

2.4.1. Elementare Algorithmen

Nach dem einfachsten (dem leeren) Algorithmus lernen wir jetzt den nächstkompli-
zierten, den *elementaren Algorithmus* kennen. Der Anweisungsteil des Programms,
das ihn implementiert, besteht aus einer einzigen Anweisung. Unter einer *Anweisung* verstehen wir im Moment eine *einfache Anweisung[1]*, z.B. einen *Operationsaufruf[2]*. Die Operation, die aufgerufen wird, wird vom Modul mit dem Datenbehälter zusammen zur Verfügung gestellt.

Die Schnittstelle des Moduls beschreibt die Mutatoren, die den Zustand eines Datenbehälters verändern. Beispielsweise kann ein Datenbehälter gefüllt werden. Im
Modul M1EIMER dient dazu der Mutator `fuellen`, der einen Eimer vom leeren in den
gefüllten Zustand überführt:

```
// EIMFUELL.CPP - Eimer füllen                                        (2.6)
#include "M1EIMER.HPP"
void main() {
    fuellen();  // M1EIMER::fuellen
}
```

In diesem Programm wird also ein Mutator aufgerufen: Die leeren Klammern nach
dem Namen des Mutators - ähnlich wie bei `main` - deuten darauf hin, daß er *parameterlos* ist. Später werden wird Mutatoraufrufe mit Parametern kennenlernen.

Infolge des Aufrufs wird der (ursprünglich leere) Datenbehälter - wie am Bildschirm
sichtbar - gefüllt. Der Kommentar `M1EIMER::fuellen` ruft dem Leser des Programms in
Erinnerung, daß der Name des Mutators `fuellen` aus dem Modul M1EIMER stammt.
Hierbei wird die Zeichenfolge `::` *Bereichsoperator [3]* genannt, den wir später auch
noch zu anderen Zwecken benötigen werden.

Es sei nochmals vermerkt, daß die Zeichenfolge `M1EIMER::fuellen` keine Bedeutung in
C oder *C++* hat, da diese Sprachen den Begriff *Modul* nicht kennen. Der Name des
Moduls M1EIMER ist in *C* keine gültige Zeichenfolge, nur der Name der Spezifikationsdatei in Anführungszeichen `"M1EIMER.HPP"` kann von der `#include`-Anweisung verstanden werden.

Beim Ausprobieren dieses Programms wird allerdings ein kleiner Trick offensichtlich. Obwohl im Programm nur ein Operationsaufruf `fuellen` steht, geschehen eigentlich zwei Dinge: Zuerst wird der leere Datenbehälter angezeigt, anschließend
wird er langsam gefüllt. Unser Programm befiehlt aber nur den zweiten Schritt. Der
erste wird vom Modul selbst (sozusagen automatisch) ausgeführt. Ähnlich wie beim
Hallo-Programm: Wir haben nichts gesagt, nur das Modul eingebunden. Das Feu-
erwerk wurde vom Modul automatisch ausgelöst.

---

[1] im Kapitel 12. werden wir die *zusammengesetzten Anweisungen* kennenlernen:
   die Fallunterscheidung und die Wiederholung

[2] es gibt auch andere einfache Anweisungen, die von der Sprache zur Verfügung
   gestellt werden wie `goto`, `new`, `return`, usw.

[3] oder *Sichtbarkeitsoperator*, in *C*-Terminologie *scope operator*

Nicht alle Module tun das. Die meisten verhalten sich wie das Modul MLEER: Wenn sie eingebunden werden, tun sie von sich aus gar nichts. Üblicherweise muß man alles sagen, was der Programmierer von ihnen wünscht: Man ruft die zur Verfügung gestellten Operationen auf.

Der Entwickler des Moduls[1] entscheidet, ob es von sich aus etwas tun soll oder nicht. In vielen Programmiersprachen[2] muß er dann dem Modul einen *Initialisierungsteil* hinzufügen, der automatisch[3] ausgeführt wird. Während in anderen Sprachen wie *Pascal* dies durchaus üblich ist, ist dies in *C++* nur durch Tricks[4], in *C* gar nicht möglich.

Auch vom Modul MHALLO gibt es eine Version, die ohne Operationsaufruf nichts tut: Bei der Benutzung von MFAUL sehen wir nur dann etwas, wenn die Operation feuer aufgerufen wird:

```
// FAULWELT.CPP - Hallo faule Welt!                                            (2.7)
#include "MFAUL.HPP" // dieses Modul begrüßt die Welt, wenn eine Operation aufgerufen wird
void main() {
    feuer(); // MFAUL::feuer
}
```

Es ist auch möglich (sogar üblich), daß ein Modul mehrere Operationen zur Verfügung stellt. Dann hat der Programmierer die Wahl, welche Operationen er aufrufen möchte.

6. **Übung:** Beim Modul MFAUL besteht die Alternative, statt feuer die Operation hallo_welt aufzurufen. Probieren Sie beide Möglichkeiten aus, indem Sie zwei (ähnliche) Programme schreiben: Die erste Version soll wie das obige Programm FAULWELT.CPP sein. In der zweiten Version rufen Sie nicht feuer, sondern hallo_welt auf. Sie sollen beide Programme übersetzen und ausführen. Das obige funktioniert wie das bekannte Feuerwerk-Programm (2.4), nur diesmal nicht ohne Operationsaufruf. Das andere ist bescheidener: Na ja, es muß nicht alles so farbenprächtig sein.

2.4.2. Sequentielle Algorithmen

Die exportierten Operationen eines Moduls können nicht nur alternativ, sondern auch nacheinander aufgerufen werden. Somit lernen wir nach dem zweiteinfachsten (elementaren) Algorithmus kompliziertere, *sequentielle Algorithmen* kennen. Die sequentiellen Programme bestehen aus einer Reihe, aus einer Sequenz von Operationsaufrufen.

Als Beispiel bietet sich an, einen Datenbehälter nach dem Füllen zu entleeren:

---

[1] etwa der Programmierer, z.B. für dieses Lehrbuch der Autor oder seine Studenten
[2] wie in *Pascal* oder *Ada*
[3] alleine durch das Einbinden
[4] Aufruf eines Klassenkonstruktors in der Spezifikationsdatei, s. Kap. 6.4.1.

```
// EIMSEQ.CPP - Eimer-Sequenz                                        (2.8)
#include "M1EIMER.HPP"
   void main() {
➡      fuellen();  // erstes Glied der Sequenz
➡      entleeren();  // zweites Glied der Sequenz
   }
```

Eine Sequenz kann auch länger sein, und eine Operation kann auch öfters aufgerufen werden:

```
// DREIFUEL.CPP - dreimal füllen                                     (2.9)
#include "M1EIMER.HPP"
void main() { // Sequenz aus 6 Gliedern
    fuellen(); entleeren();
    fuellen(); entleeren();
    fuellen(); entleeren();
}
```

Dieses Programm füllt und entleert einen Datenbehälter dreimal hintereinander.

Die moderne Programmiertechnologie fördert das Entwickeln von Programmeinheiten, die als kurze Sequenzen implementiert werden können.

2.4.3. Statisches und dynamisches Ende

Der Anfang des Algorithmus[1], der in einer Prozedur programmiert wurde, ist durch das Zeichen { gekennzeichnet. Das Zeichen } bezeichnet ihr *statisches Ende*, d.h. das Ende des Programmtextes. Typischerweise fällt dies mit ihrem *dynamischen Ende* zusammen, d.h. die Ausführung der Prozedur wird an dieser Stelle abgeschlossen. Es ist aber oft sinnvoll, ein anderes dynamisches Ende zu definieren. Hierzu dient das reservierte Wort return[2]:

```
   void main() {                                              // (2.10)
       fuellen(); // M1EIMER::fuellen
       entleeren();
➡      return; // die Ausführung der Prozedur wird abgeschlossen
       fuellen(); // wird nicht mehr ausgeführt
➡   } // statisches Ende
```

Dieses Beispiel ist nicht übermäßig sinnvoll, aber wir werden später Fälle kennenlernen, wo die Benutzung von return durchaus vernünftig[3] ist.

2.5. Importprozeduren

Der Compiler legt das Ergebnis jeder Übersetzung als Objektdatei ab, die u.U. in eine Bibliothek eingetragen wird. Der Binder liest es von hier heraus, um daraus ein ausführbares Programm zu erzeugen[1].

---

[1] d.h. der Tätigkeiten, der Aktionen

[2] auf deutsch: *zurückkehren*; gemeint ist die Rückkehr zur aufrufenden Stelle, hier zum Betriebssystem

[3] allerdings gilt dann der Algorithmus als unstrukturiert, s. Kapitel 12.3.

Eine übersetzte Prozedur kann auch von einem anderen Programm als Baustein (wie ein Modul) benutzt (importiert) und aufgerufen werden. Dazu muß sie aber nicht als main, sondern mit einem anderen Namen benannt werden. Die importierbare Version des Programms (2.9) ist

```
// IMPDREIF.CPP - importierbare Version von DREIFUEL.CPP           (2.11)
#include "M1EIMER.HPP"
➡ void dreimal_fuellen() { // diesmal nicht main
      fuellen(); entleeren();
      fuellen(); entleeren();
      fuellen(); entleeren();
  }
```

Um diese Prozedur nun einbinden zu können, muß ihre *Schnittstelle* in der Datei IMPDREIF.HPP vorliegen. Sie enthält die *Vereinbarung*[2] der Prozedur, die durch den *Prototyp*[3] beschrieben wird. Der Prototyp besteht aus dem Prozedurkopf[4], d.h. ohne den Abschnitt zwischen { und }. Dieser wird durch einen Doppelpunkt ersetzt. Das Fehlen von Parametern wird durch das leere Klammerpaar gekennzeichnet:

```
// IMPDREIF.HPP - Schnittstelle der Prozedur dreimal_fuellen       (2.12)
void dreimal_fuellen(); // Prototyp
```

In *C* (nicht aber in *C++*) ist es üblich, im Prototyp von parameterlosen Funktionen das reservierte Wort void anzugeben[5]:

```
void dreimal_fuellen(void); // Prototyp
```

Jetzt kann die Prozedur in eine Hauptprozedur eingebunden werden:

```
// NEUNFULL.CPP - neunmal füllen                                   (2.13)
➡ #include "IMPDREIF.HPP" // Baustein (2.11) wird eingebunden
  void main() {
➡     dreimal_fuellen(); // eingebundene Prozedur wird dreimal aufgerufen
      dreimal_fuellen();
      dreimal_fuellen();
  }
```

Die als Objektdatei vorliegenden Prozeduren mit Spezifikationsdatei heißen *Importprozeduren*. Sie sind neben den Modulen eine zweite Art von *Bausteinen*. Wenn sie in eine Bibliothek eingetragen wurden, heißen sie auch *Bibliotheksprozeduren*.

In den nächsten Beispielen werden wir unseren Prozeduren einen anderen Namen als main geben. Dann können sie als Bausteine überall eingebunden werden. Sollten sie vom Betriebssystem aus als Programme aufgerufen werden, dann kann der Name vor der Übersetzung auf main ausgetauscht werden. Eine Alternative ist, für die Prozedur einen einfachen *Testtreiber* zu schreiben: eine main-Prozedur, die nichts

---

[1] s. Kapitel 1.7.3.

[2] oder *Deklaration*; Deklaration und Vereinbarung sind Synonyme

[3] auf deutsch: *Urmuster*, aus dem Griechischen πρωτοσ (*prótos*) + τυποσ (*typos*), auf deutsch: *erste* + *Modell*; τυπτω (*typtó*) heißt auf deutsch: *schlagen*

[4] aus dem Text der Prozedurdefinition ohne ihren Rumpf

[5] in *C* akzeptiert die leere Parameterliste eine beliebige Anzahl von Argumenten

anderes tut, als die zu testende Prozedur aufzurufen. Für die Prozedur `dreimal_fuellen` ist das Programm (2.13) mit nur einmaligem Aufruf ein geeigneter Testtreiber.

7. **Übung**: Gestalten Sie die `main`-Prozedur des Programms (2.13) zu einer importierbaren Prozedur um (Sie können sie z.B. `neunmal_fuellen` nennen), und schreiben Sie einen Testtreiber dafür.

2.6. Ausnahmebehandlung

Was geschieht aber, wenn ein leerer Behälter geleert oder ein voller gefüllt wird?

```
// EIMFEHL.CPP - Eimer-Fehler                                        (2.14)
#include "M1EIMER.HPP"
void eimer_fehler() {
    fuellen();
    entleeren();
    entleeren(); // Fehler
    fuellen(); // wird nicht mehr ausgeführt
}
```

Wenn Sie dieses Programm übersetzen, binden und ausführen, werden Sie feststellen, daß es mit einer Fehlermeldung abbricht und die letzte Anweisung `fuellen` nicht mehr ausgeführt wird. Logisch, da Sie einen leeren Eimer entleeren wollten. Der Programmierer des Moduls `M1EIMER` hat diesen Fehler des Benutzers vorhergesehen und dafür die *Ausnahme* `EEimer_leer`[1] exportiert.

Mit Hilfe einer Ausnahme kann nun verhindert werden, daß das Programm infolge eines Fehlers (z.B. durch Fehlbedienung oder durch Programmierfehler) abgebrochen wird. Dies geschieht, indem derjenige, der den Fehler feststellt (in diesem Fall das Modul `M1EIMER`, in einem anderen möglicherweise das Betriebssystem oder die Hardware), statt einen generellen Abbruch des Programms[2] nur den Ablauf der aktuellen Prozedur (im obigen Beispiel die Prozedur `entleeren`) unterbricht und eine Ausnahme *auslöst*. Auch die aufrufende Prozedur (im obigen Fall `main`) wird unterbrochen. Sie hat aber die Möglichkeit, die Ausnahme am Ende der Prozedur in einem *Fehlerausgang*[3] aufzufangen[4]. Dadurch erhält sie Kenntnis über den aufgetretenen Fehler.

Hierzu ist es nötig, die im Normalfall auszuführenden Anweisungen mit geschweiften Klammern in einen *Block* zusammenzufassen, der mit dem Schlüsselwort **try**[5] versehen wird. Der Fehlerausgang wird mit dem Schlüsselwort **catch**[6] gekennzeich-

---

[1] in diesem Lehrbuch fangen die Namen der selbstdefinierten Ausnahmen mit dem Buchstaben E (wie *exception*) an

[2] z.B. mit einer Anweisung der Art **exit**

[3] Ausnahmebehandlungsteil, auf englisch: *exception handler*

[4] oder „abzufangen"

[5] auf deutsch: *versuchen*

[6] auf deutsch: *fangen*

net und beinhaltet die Anweisungen (ebenfalls mit { und } geklammert), die im Fehlerfall auszuführen sind:

```
// FEHLABF.CPP - Fehler abfangen                              (2.15)
#include "M1EIMER.HPP"
void fehler_abfangen() {
    try { // Anweisungen für den Normalfall
        entleeren(); // Fehler, da Eimer zu Anfang leer
        fuellen(); // wird nicht mehr ausgeführt
    }
    catch(EEimer_leer) { // Anweisungen für den Fehlerfall
        fuellen(); // oder andere Aktion für den Fehlerfall
    }
}
```

Dieses Programm „bricht nicht ab", sondern geht „normal" zu Ende, da die Ausnahme `EEimer_leer` im Programmteil nach dem **catch** des Normalteils aufgefangen wurde. Die zweite Anweisung `fuellen` wird jedoch nicht mehr ausgeführt: Die Sequenz wird durch die Ausnahme unterbrochen, und die Anweisungen im Ausnahmeteil werden aktiviert. Normalerweise würde hier eine Art Notbremseaktion stattfinden: z.B. Information darüber gespeichert, an welcher Stelle des Programms der Fehler geschehen ist, damit er leicht gefunden und - falls er infolge eines Programmierfehlers entstanden ist - repariert werden kann.

Der Modulprogrammierer kann aber für einen Fehlerfall andere Maßnahmen vorsehen, wie dies auch im Modul MTOLEIM[1] der Fall ist. Wenn Sie es in das obige Programm (2.14) anstelle von M1EIMER einbinden, dann sehen Sie zwar eine Fehlermeldung, Ihr Programm geht aber normal zu Ende.

8. **Übung**: Übersetzen und binden Sie die Programme (2.14) und (2.15). Vergleichen Sie ihre Abläufe. Verändern Sie anschließend das Programm (2.14), indem Sie anstelle von M1EIMER das Modul MTOLEIM einbinden und die Operationen tol_fuellen und tol_entleeren aufrufen. Führen Sie die Sequenz

```
tol_fuellen(); // MTOLEIM::tol_fuellen                        (2.16)
tol_fuellen(); // Fehler, wird behandelt
tol_entleeren(); // läuft normal weiter
```

aus. Beim Ablauf werden Sie merken, daß der Fehler ebenso vom Modul MTOLEIM aufgefangen und die darauffolgende Anweisung ordnungsgemäß ausgeführt wird. Führen Sie dieselbe Sequenz auch mit dem Modul M1EIMER aus. Um den Abbruch zu unterdrücken, führen Sie in einer weiteren Ergänzung die Ausnahmebehandlung am Ende Ihrer Prozedur durch. Vergleichen Sie den Ablauf Ihrer 4 Programme.

Das unterschiedliche Verhalten der beiden Module wird in der Schnittstellenbeschreibung[2] erklärt. Hierzu gehören auch die *Reihenfolgebedingungen*, wie die einzelnen Operationen aufgerufen werden dürfen:

---

[1] Abkürzung für *toleranter Eimer*
[2] in der Datei M1EIMER.HPP auf der Begleitdiskette

```
fuellen(); // am Anfang oder nach entleeren aufrufen, ansonsten Ausnahme EEimer_voll
entleeren(); // nur nach fuellen aufrufen, ansonsten Ausnahme EEimer_leer
```

Es ist aber möglich, daß der Programmierer des Moduls sich anders entscheidet und erlaubt, seine Operationen zum beliebigen Zeitpunkt[1] aufzurufen. Dann muß er aber Maßnahmen für die evtl. fehlerhafte Benutzung seines Moduls treffen. Diese heißen *Fehlerbehandlung*. Dadurch ergeben sich *fehlertolerante* Programme oder Module. Das Modul MTOLEIM ist ein Beispiel dafür.

2.7. Abstrakte Objekte

Die meisten Programme kommen mit nur einem Datenbehälter nicht aus. Brauchen wir z.B. zwei Eimer, müssen wir ein anderes Modul, nämlich M2EIMER zu Hilfe nehmen. Dieses implementiert zwei Eimer oder, wie man auch sagt, zwei *abstrakte Datenobjekte*[2], oder einfach zwei *Objekte*. Aus der Schnittstellenbeschreibung von M2EIMER[3] erfahren wir, daß er die vier Mutatoren fuellen_links, fuellen_rechts, entleeren_links und entleeren_rechts fehlertolerant exportiert, mit denen jeweils der linke oder rechte Eimer gefüllt oder entleert werden kann:

```
// ZWEIEIM.CPP - zwei Eimer                                          (2.17)
#include "M2EIMER.HPP" // dieses Modul stellt zwei Eimer zur Verfügung
void zwei_eimer() {
    fuellen_links();
    fuellen_rechts();
    entleeren_rechts();
    entleeren_links(); // in beliebiger Reihenfolge
}
```

9. **Übung**: Tippen Sie dieses Programm in eine Datei ein. Übersetzen Sie es, binden Sie das Ergebnis und führen Sie es aus. Beobachten Sie seine Wirkung.

Sie werden dabei feststellen, daß nichts geschieht - obwohl Sie Anweisungen geschrieben haben. Nicht ganz richtig - es geschieht sehr wohl, was sie programmiert haben, Sie sehen nur nichts am Bildschirm. Warum? Der Vergleich der Kommentare in der Schnittstelle der Module M1EIMER und M2EIMER gibt die Antwort: Der erste zeigt den Eimer durch seinen Initialisierungsteil an, der zweite nicht. Hier müssen dafür extra Operationen aufgerufen werden. Die Eimer sind also sehr wohl da, im Inneren des Programms[4], sie wurden nur nicht angezeigt. Es ist eher üblich, daß Module der Art wie M2EIMER ihre Daten erst nach Anforderung[5] anzeigen und nicht automatisch wie M1EIMER.

---

[1] d.h. ohne Reihenfolgebedingungen
[2] später werden wir andere, *konkrete Datenobjekte* kennenlernen
[3] in der Datei M2EIMER.HPP
[4] im Speicher des Rechners
[5] nach dem Aufruf einer dafür vorgesehenen Operation

Aus diesem Grund exportiert das Modul die Operationen `anzeigen_rechts` und `anzeigen_links`, die aufgerufen werden müssen, um die zwei Eimer und ihren jeweiligen Zustand (leer oder gefüllt) auf dem Bildschirm sichtbar zu machen:

```
anzeigen_rechts; // der rechte Eimer wird sichtbar
```

Es ist möglich, in einem Programm nur einen der beiden Datenbehälter sichtbar zu machen:

```
void zwei_eimer_mit_fehler() {                          // (2.18)
    anzeigen_links();
    fuellen_links(); // sichtbar
    fuellen_rechts(); // unsichtbar
    anzeigen_rechts(); // voller Eimer wird sichtbar
    fuellen_links(); // Fehler, aber wird behandelt
    entleeren_links(); // sichtbar
}
```

Wie es aus den Kommentaren ersichtlich, ist das Modul M2EIMER auch fehlertolerant.

2.8. Datentypen

Es ist vorstellbar, für drei, vier oder irgendwieviele Eimer jeweils ein extra Modul anzufertigen. Es ist eine alternative Idee, eine Art „Eimerfabrik" zu haben, ein Modul namens MEIMER, das eine beliebige Anzahl von Datenbehältern produzieren kann.

2.8.1. Konkrete Datenobjekte

Hierzu braucht man aber neue Sprachelemente, die die Begriffe *Datentyp* und *konkretes Datenobjekt* realisieren. Vom Modul wird der Datentyp zur Verfügung gestellt: Dies ist der Name der „Fabrik", in der die einzelnen Objekte erzeugt werden. Die Namen der Objekte werden vom Programmierer nach den Regeln für Bezeichner konstruiert und sind in der Prozedur *lokal*[1]. Die Datenbehälter heißen *lokale Objekte*[2]. Sie heißen auch *Instanzen, Ausprägungen* oder *Inkarnationen* des Datentyps.

In unserem folgenden Beispiel exportiert das Modul MEIMER den *abstrakten Datentyp*[3] TEimer[4]. Zwei *konkrete Datenobjekte*[5] von diesem Typ werden *vereinbart, deklariert, definiert* oder *angelegt*[6]: linker_eimer und rechter_eimer. Konkrete Datenobjekte besitzen - im Gegensatz zu den abstrakten Datenobjekten - einen *Namen*[7] und einen *Datentyp*.

---

[1] d.h. von anderen Übersetzungseinheiten aus nicht ansprechbar

[2] manchmal auch *lokale Variablen* genannt

[3] abgekürzt *ADT*; später werden wir andere, *konkrete Datentypen* kennenlernen

[4] in diesem Lehrbuch fangen alle Typnamen mit dem Buchstaben T an

[5] wie wir sie auch nennen, *Datenbehälter*

[6] in diesem Zusammenhang sind das Synonyme

[7] möglicherweise einen internen, für den Benutzer nicht sichtbaren, s. Kapitel 4.6.

Alle *Vereinbarungen* (*Deklarationen*) befinden sich im Rumpf der Prozedur. In *C++*[1] dürfen sie unter die Anweisungen vermischt werden, aber jeder Name muß vor seiner Benutzung in einer Anweisung vereinbart werden.

Im folgenden Beispiel werden die Operationen des Datentyps TEimer aufgerufen: fuellen und entleeren. Die Operation anzeigen wird benötigt, um einen Eimer sichtbar zu machen. Ruft man jedoch eine dieser Operationen auf, muß man ihm mitteilen, welches Objekt gefüllt werden soll. Dies ist durch einen *aktuellen Parameter*, oder, wie es in *C* heißt, durch ein *Argument* möglich, durch den in Klammern gesetzten Namen des Objekts:

```
// ZWEIOBJ.CPP - zwei Objekte                                      (2.19)
#include "MEIMER.HPP" // dieses Modul stellt den abstrakten Datentyp TEimer zur Verfügung
void zwei_objekte() {
    TEimer linker_eimer, rechter_eimer; // MEIMER::TEimer (zwei Objekte wurden angelegt)
    anzeigen(linker_eimer); // Operationsaufruf mit Argument
    anzeigen(rechter_eimer);
    fuellen(linker_eimer);
    fuellen(rechter_eimer);
    entleeren(linker_eimer);
    entleeren(rechter_eimer);
}
```

Schematisch gesehen hat eine Hauptprozedur folgende Struktur:

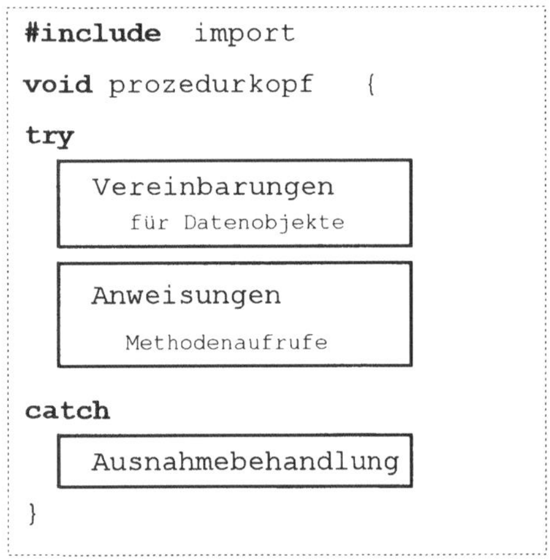

Abb. 2.3: Prozedurstruktur

Der Effekt des obigen Programms ist derselbe wie der von (2.17): Zwei Eimer werden abwechselnd gefüllt und geleert. Der Unterschied ist, daß wir dort das Modul M2EIMER und hier das Modul MEIMER benutzt haben. Offensichtlich ist das letztere viel flexibler, weil damit eine beliebige Anzahl von Eimern angelegt (erzeugt) werden kann:

```
TEimer erster_eimer, zweiter_eimer, dritter_eimer, vierter_eimer; // vier Objekte
```

---

[1] im Gegensatz zu den meisten anderen Sprachen

Das erste ist jedoch etwas bequemer, weil damit die Objekte nicht extra erzeugt und benannt, sowie für die Operationen keine Argumente (die Objektnamen) angegeben werden müssen.

Der Begriff *abstrakter Datentyp* soll nicht mit dem Begriff *abstraktes Datenobjekt* verwechselt werden. Ein abstraktes Datenobjekt[1] hat keinen Namen und keinen Datentyp. Ein konkretes Datenobjekt[2] hat einen Namen und hat einen Datentyp. Dieser kann ein abstrakter Datentyp[3] oder ein konkreter Datentyp[4] sein.

2.8.2. Abstrakte Datentypen und Datenabstraktionsmodule

Mit Hilfe von MEIMER ist es möglich, das Programm (2.8) neu zu schreiben, d.h. das Modul M1EIMER zu ersetzen:

```
    void eimer_sequenz_2() {                                             // (2.20)
➡       TEimer eimer; // ein Objekt wird angelegt
        anzeigen(eimer); // sonst sieht man nichts
➡       fuellen(eimer); // Argument nötig
        entleeren(eimer);
    }
```

Man sagt, daß das Modul MEIMER den *abstrakten Datentyp* TEimer mit den dazugehörigen Operationen wie fuellen und entleeren exportiert, während das Modul M1EIMER ein *abstraktes Datenobjekt* und das Modul M2EIMER eben zwei abstrakte Datenobjekte zur Verfügung stellt. Module wie die beiden letzten heißen aus historischen Gründen oft *Datenabstraktionsmodule*.

10. **Übung**: Das Modul MKREIS exportiert den abstrakten Datentyp TKreis. Legen Sie nun zwei Kreise an. Mit der exportierten Operation zeichnen können Sie einen Kreis auf dem Bildschirm sichtbar machen. Der Mutator bemalen färbt denjenigen Kreis, welchen Sie ihm als Argument angeben. Rufen Sie den Mutator bemalen für einen Kreis wiederholt auf, erhält er eine neue Farbe. Mit dem Mutator verstecken wird Ihr

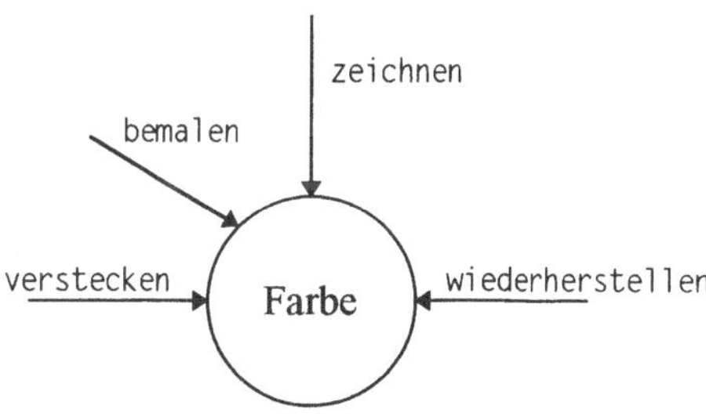

Abb. 2.4: Datenbehälter Kreis

Kreis unsichtbar. Ein anschließender Aufruf von zeichnen läßt ihn wieder erscheinen, allerdings farblos. Der Mutator wiederherstellen bringt ihn in derselben Farbe auf den Bildschirm, in der er versteckt wurde.

Eine genauere Beschreibung der Schnittstelle des Moduls MKREIS finden Sie in seiner Dokumentation auf der Begleitdiskette in der Datei MKREIS.DOC.

---

[1] z.B. vom Modul M1EIMER realisiert
[2] wie in diesem Kapitel, z.B. linker_eimer
[3] wie z.B. TEimer, i.A. von einem Modul exportiert, hier vom MEIMER
[4] wie wir es später kennenlernen werden

2.8.3. Anlegen von Objekten

Mit Hilfe von abstrakten Datentypen kann also eine beliebige Anzahl von Datenobjekten erzeugt werden:

```
TEimer eimer_1, eimer_2, eimer_3, eimer_4; // vier Objekte
```

Manchmal ist die Anzahl der nötigen Objekte dem Programmierer bekannt. Dann kann er so viele Exemplare (oder, wie es oft heißt, *Instanzen*) anlegen, wie viele er braucht. Jedem Exemplar gibt er einen Namen (einen Bezeichner), durch den es identifiziert werden kann. Diese heißen in *C automatische*[1], manchmal (auf etwas verwirrende Weise[2]) *statische Objekte*. Wir nennen sie - aus Gründen, die später erläutert werden - *Stapelobjekte*.

Wir werden außerdem Möglichkeiten kennenlernen, *dynamische Objekte* zu erzeugen, deren Anzahl im Programmtext nicht festgelegt ist, sondern zur Laufzeit variiert werden kann. Einige von diesen werden nicht durch Namen, sondern durch *Zeiger* identifiziert. Wir wollen diese *Haldenobjekte* nennen.

Es ist schon erwähnt worden, daß es für (manche) Datenbehälter zwei besondere Operationen gibt: eine für das *Anlegen*[3] und eine für das *Auflösen* (Löschen) eines Objekts. Für die automatischen Datenbehälter laufen diese zwei Operationen automatisch ab. Mit dem Zeichen { ist die Stelle im Programm gekennzeichnet, wo alle vereinbarten Objekte angelegt werden, und beim Erreichen des diesem entsprechenden Zeichen }[4] werden sie wieder freigegeben. Dynamische Objekte müssen jedoch explizit[5] erzeugt und gelöscht werden.

2.8.4. Passende Datentypen

Wird eine Operation mit einem Datenobjekt aufgerufen, muß das Objekt genau von dem Datentyp sein, welcher von der Operation bedient wird. Ein Objekt von einem anderen Datentyp verursacht Typfehler, der vom Compiler meistens (!) gemeldet wird:

```
    datentyp_1 objekt_1;
    datentyp_2 objekt_2;
    operation_fuer_datentyp_1(objekt_1); -- paßt
➡   operation_fuer_datentyp_1(objekt_2); -- Typfehler
    operation_fuer_datentyp_2(objekt_1); -- Typfehler
```

Da diese Aussage in *C* und *C++* nur in bestimmten Fällen (z.B. für Klassen) gilt, sagt man, daß diese Sprachen *schwach typisiert* sind. *Stark typisierte* Sprachen (wie z.B. *Ada*) erlauben das Mischen unterschiedlicher Datentypen nicht.

---

[1] das reservierte Wort **auto** wird in der Vereinbarung implizit vorausgesetzt

[2] nicht zu verwechseln mit Objekten, die als **static** vereinbart werden

[3] erzeugen, auf englisch *allocate*

[4] oder evtl. einer **return**-Anweisung

[5] durch den Aufruf von geeigneten Operationen

2.8.5. Duplikat eines Datentyps

Mit Hilfe des reservierten Wortes `typedef` kann ein neuer Datentyp erzeugt werden. Im einfachsten Fall ist dies das *Duplikat* eines vorhandenen. Ein Objekt des neuen Datentyps kann in C^1 durch die Operationen des alten Datentyps manipuliert werden:

```
void datentyp_duplikat() {
    TEimer eimer; // ein Objekt
➡   typedef TEimer TBottich; // ein neuer Datentyp
    TBottich bottich; // ein gleichartiges Objekt
    fuellen(eimer);
➡   fuellen(bottich); // Typfehler, leider nicht in C
}
```

Wegen der schwachen Typisierung in *C* dient hier das Duplikat eines Datentyps oft nur der besseren Lesbarkeit.

2.9. Klassenobjekte

Das bisher gelernte gilt sowohl für C^2, wie auch in *C++*: In *C* war dies die einzige Möglichkeit, abstrakte Datentypen zu programmieren, während die zentrale Erweiterung in *C++*, der Begriff der *Klasse*, einen bequemeren, modernen Weg eröffnet hat.

Unter einer *Klasse* verstehen wir einen abstrakten Datentyp zusammen mit seinen Operationen. Diese Operationen werden in *C++* die *Methoden* der Klasse genannt.

Klassen werden in *C++* typischerweise, ähnlich wie abstrakte Datentypen, von Modulen exportiert. Gegenüber dem bisher Gelernten ist nur die Syntax des Methodenaufrufs anders: Statt das Klassenobjekt als Argument anzugeben, wird es mit einem Punkt vor dem Methodennamen benannt. Somit ist die Klassenversion der Programme (2.8) und (2.20):

```
#include "CEIMER.HPP" // dieses Modul exportiert eine Klasse für Eimer          (2.21)
void anzeigen_klasse() {
➡   CEimer eimer; // ein Klassenobjekt wird angelegt³
➡   eimer.anzeigen(); // argumentloser Methodenaufruf für das Klassenobjekt
    eimer.fuellen();
    eimer.entleeren();
}
```

Ein Modul kann Verschiedenes realisieren, z.B. ein oder einige Datenobjekte (wie `M1EIMER` und `M2EIMER`), eine Funktionalität (wie `MHALLO`), vielleicht gar nichts (wie `MLEER`), oder einen (evtl. mehrere) abstrakten Datentypen oder Klassen (wie `MEIMER` und `CEIMER`). Mischmodule sind auch nicht selten, die z.B. sowohl Datenobjekte wie auch Datentypen anbieten.

---

[1] nicht aber in manchen anderen Sprachen
[2] außer der Module mit Initialisierungsteil
[3] in diesem Lehrbuch fangen alle Namen von selbstdefinierten Klassen mit c an

In diesem Lehrbuch werden wir abstrakte Datentypen für Konzepte benutzen, die auch in *C* in der vorgestellten Weise anwendbar sind. Für fortschrittliche Konzepte, die nur in *C++* realisierbar sind, greifen wir zu den Klassenversionen dieser ADT.

2.10. Prozeduren

Unsere bisherigen Sequenzen waren alle „aus einem Guß": Sie waren kurz, deswegen war es sinnvoll, sie in einem Stück hinzuschreiben. Längere Sequenzen können jedoch mit Hilfe von *Prozeduren* gegliedert werden. Die einfachsten Prozeduren sind die Makros und die Subroutinen.

2.10.1. Makros

Es ist ein häufiges Phänomen, daß eine bestimmte Folge (von Zeichen oder von Anweisungen) in einem Programm öfters vorkommt. Ein Beispiel dafür war das Programm (2.11) DREIFUEL.CPP, wo der einfache Eimer dreimal hintereinander gefüllt und entleert wurde. In *C* kann das wiederholte Schreiben desselben Programmausschnitts mit Hilfe von *Makros* erspart bleiben.

Die *Makrodefinition* enthält den Namen und den Inhalt: die zu wiederholende Folge. Nachdem das Makro definiert wurde, kann es als *Makroaufruf* benutzt werden: Der Name des Makros wird überall im Programm durch seinen Inhalt ersetzt. In *C* wird ein Makro mit Hilfe der *Präprozessoranweisung* `#define` definiert[1]:

```
#define FUELLEN_UND_ENTLEEREN fuellen(); entleeren();
```

Wenn im Programm an einer späteren Stelle die Zeichenfolge

```
FUELLEN_UND_ENTLEEREN
```

steht, wird sie noch vor[2] der Übersetzung durch den Inhalt des Makros

```
fuellen(); entleeren();
```

ersetzt.

In Assemblersprachen werden Makros oft verwendet, um auch längere Anweisungsfolgen zu benennen und sie an verschiedene Stellen im Programm hineinzukopieren. Dadurch kann das Schreiben des Programms deutlich abgekürzt werden.

Makros können in *C* nicht nur als vollständige Anweisungen verwendet werden, sondern auch als Teile von Anweisungen.

```
#define MWST 0.15

...
zahlen (netto + netto * MWST);
```

---

[1] traditionsgemäß werden die Namen von Makros groß geschrieben, damit sie im Programmtext als solche erkannt werden

[2] deswegen ist `#define` eine Präprozessoranweisung

Hier wird der Name des Makros MWST durch seinen Inhalt 0.15 ersetzt, und somit versteht der Compiler die obige Anweisung, als ob dort

```
zahlen (netto + netto * 0.15);
```

stünde[1]. Diese Ersetzung findet vor der Übersetzung statt.

Wird der Mehrwertsteuersatz in Deutschland von zur Zeit *15%* verändert, muß nur das Makro korrigiert werden und nicht jede Programmzeile, wo dieser Wert benutzt wird. Es ist eine vernünftige Gewohnheit, keine anderen Zahlen als 0 und 1 in den Programmtext zu schreiben, sondern für alle Zahlen Makros oder Konstanten zu definieren, wie wir es im Kapitel 10.2. lernen werden.

2.10.2. Subroutinen

Das wiederholte Schreiben von Anweisungen kann auch mit Hilfe von *Subroutinen* verkürzt werden. Mit Hilfe dieser Sprachkonstruktion[2] wird die wiederholte Anweisungsfolge nur einmal aufgeschrieben, sie kann aber öfters ausgeführt werden. Die Subroutine (ähnlich wie das Makro) bekommt durch ihre Definition einen Namen, mit dessen Hilfe sie *aufgerufen* werden kann. Dies bedeutet, daß an der Stelle im Programm, wo der Name der Subroutine steht, die Anweisungen, die in der Definition der Subroutine stehen, nicht wie bei Makros (vor der Übersetzung) hinkopiert, sondern nur (zur Laufzeit) ausgeführt werden: An der Stelle des Aufrufes steht eine Sprunganweisung zum Anfang der Subroutine und an deren Ende ein Rücksprung auf die Anweisung nach dem Aufruf.

In den meisten Programmiersprachen wie *C* heißen Subroutinen *parameterlose Prozeduren*. In diesem Sinne sind unsere bisherigen Hauptprogramme auch Subroutinen, die nach der Übersetzung beliebig oft[3] ausgeführt werden können.

Mit Hilfe einer Prozedurdefinition kann das Programm (2.11) DREIFUEL.CPP wie folgt geschrieben werden:

```
void fuellen_und_entleeren() { // Definition der Subroutine          (2.22)
    fuellen();
    entleeren();
} // Ende der Subroutinen-Definition

void dreimal_subroutine() { // Hauptprozedur
    fuellen_und_entleeren(); // Aufruf der Subroutine
    fuellen_und_entleeren();
    fuellen_und_entleeren(); // Subroutine wurde dreimal aufgerufen
} // Ende der Hauptprozedur
```

Subroutinen werden vor einer Prozedur *definiert* (oder zumindest vereinbart) und im Rumpf durch die Angabe ihres Namens *aufgerufen*. Die Definition (mit dem Rumpf) der Subroutine kann auch nach der Hauptprozedur stehen[1].

---

[1] die Addition +, die Multiplikation * und der Bruchliteral 0.15 werden im Kapitel 11. eingeführt

[2] sie wurde schon in *Fortran* und *Cobol* eingeführt

[3] z.B. durch Aufrufe vom Betriebssystem heraus

Selbstverständlich können mehrere Subroutinen in einem Programm definiert und in beliebiger Reihenfolge aufgerufen werden.

2.10.3. Inline-Subroutinen

Wenn eine Subroutine aufgerufen wird, erfolgt <u>zur</u> <u>Ausführungszeit</u> ein Sprung auf die erste Anweisung der Subroutine; nach der letzten Anweisung erfolgt ein Rücksprung auf die Anweisung, die auf den Aufruf folgt. Für kurze Subroutinen, die häufig aufgerufen werden, ist es günstiger, wenn kein Sprung ausgeführt wird, sondern die Anweisungen der Subroutine selbst anstelle des Aufrufs kopiert werden. Solche Subroutinen heißen *Inline-Prozeduren*; sie entsprechen genau den *Makros*. Dem *C*++-Übersetzer kann dies durch das reservierte Wort `inline` ausgedrückt, verordnet werden:

```
inline void fuellen_und_entleeren();
    /* inline weist den Compiler an, alle Aufrufe von fuellen_und_entleeren()
       durch die Anweisungen der Prozedur zu ersetzen */
```

Der Unterschied zwischen einer Subroutine und einem Makro (bzw. einer Inline-Prozedur) wird in der folgenden Zeichnung dargestellt:

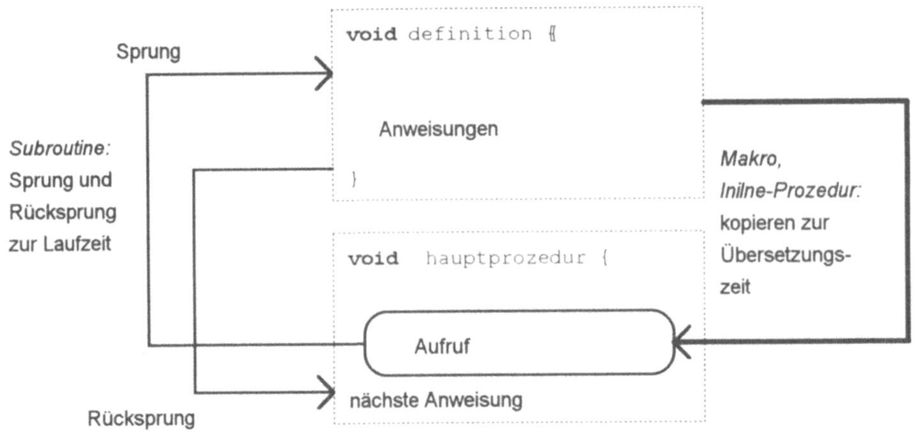

Abb. 2.5: Subroutine und Makro

Der Unterschied zwischen einem Makro und einer Inline-Subroutine besteht darin, daß eine Subroutine eine komplette syntaktische Einheit ist, während ein Makro eine beliebige (i.a. kürzere) Zeichenkette sein kann.

11. **Übung:** Schreiben und testen Sie eine Version des Programms (2.11) mit Hilfe eines Makros und mit Hilfe einer Inline-Subroutine[2]. Versuchen Sie, die Größe des erzeugten Objektmoduls und des ausführbaren Programms in Ihrem Betriebssystem aufzuspüren und mit der Größe der Version ohne `inline` zu vergleichen.

---

[1] die meisten *C/C*++-Programme sind traditionell so strukturiert

[2] da nicht alle Compiler modularisierte Inline-Subroutinen bewältigen können, schreiben Sie alle Ihre Prozeduren in eine Datei

2.10.4. Lokale Prozeduren

Subroutinen[1] werden oft verwendet. Noch häufiger ist jedoch, daß die zu wiederholenden Anweisungen textuell nicht vollkommen identisch sind: Beispielsweise werden sie an verschiedenen Datenbehältern ausgeführt. In diesem Fall muß die Anweisungsfolge mit Parametern versehen werden. Solche Subroutinen nennen wir *lokale Prozeduren*[2].

In unserem Beispiel ist es sinnvoll, lokale Prozeduren zu verwenden, wenn verschiedene Eimer gefüllt und dann entleert werden sollen:

```
void fuellen_und_entleeren(TEimer & e) {                                    // (2.23)
        // Definition der lokalen Prozedur; ihr Parameter ist e vom Typ TEimer
    fuellen(e);
    entleeren(e);
}

void fuenfmal_fuellen() { // kann zu main umbenannt werden
    TEimer eimer_1, eimer_2, eimer_3; // drei Datenbehälter
    // evtl. Eimer anzeigen
    fuellen_und_entleeren(eimer_1); // Aufruf der Prozedur mit Argument eimer_1
    fuellen_und_entleeren(eimer_2); // Aufruf mit Argument eimer_2
    fuellen_und_entleeren(eimer_1);
    fuellen_und_entleeren(eimer_3);
    fuellen_und_entleeren(eimer_3); // lokale Prozedur wurde fünfmal aufgerufen
}
```

Die lokale Prozedur `fuellen_und_entleeren` hat einen *Parameter* namens e vom Typ `MEIMER::TEimer`. Dies ist kein Objekt[3], sondern kann als eine Art *Platzhalter* angesehen werden, in den beim Aufruf von `fuellen_und_entleeren` ein *Argument*[4] eingesetzt wird. Beim ersten Aufruf ist dies z.B. `eimer_1`. Dieses Argument wird dann im Prozedurrumpf an die Stelle des Parameters e eingesetzt: Alle Operationen im Rumpf werden am Argument ausgeführt. Diese Sicht der Übergabe von Argumenten gilt nur dann, wenn sie Datenbehälter sind. Später, wenn wir komplexere Argumente kennenlernen, müssen wir die Parameterübergabe-Mechanismen präzisieren.

---

[1] mit oder ohne Inline-Übersetzung

[2] im Gegensatz zu von Modulen *exportierten Funktionen*, die nicht nur lokal verfügbar sind (in *C/C++* ist die Benennung nicht ganz berechtigt)

[3] es gibt kein Objekt namens e

[4] ein reell existierendes Objekt

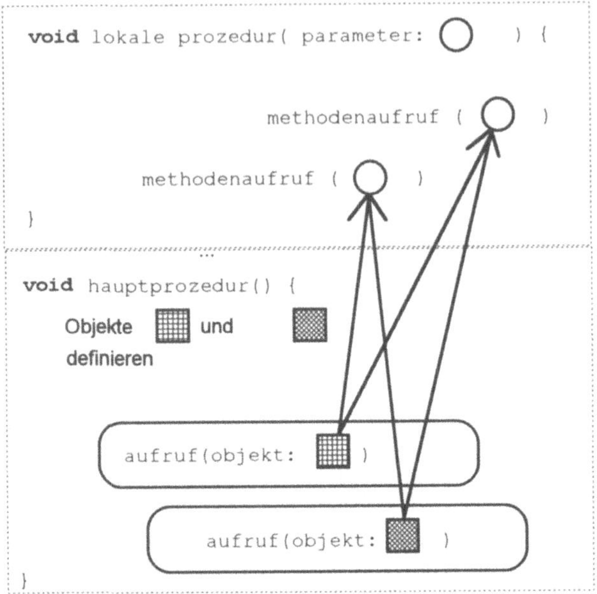

Abb. 2.6: Aufruf

Das *Referenzzeichen* & zwischen dem Typ und dem Namen des Parameters bedeutet, daß alle Mutatoraufrufe am Parameter e am Argumentobjekt ausgeführt werden, d.h. alle Veränderungen in das Argument übernommen werden. Solche Parameter heißen *Schreibparameter*, da sie das Argument mit einem neuen Wert beschreiben können. *Leseparameter* werden demgegenüber in die Prozedur übernommen, etwaige Veränderungen wirken sich aber auf das Argumentobjekt nicht aus:

```
void prozedur(Typ parameter); // Leseparameter, Veränderungen bleiben in der Prozedur
```

Die Eigenschaft eines Parameter, Lese- oder Schreibparameter zu sein, wird seine *Übergaberichtung* genannt. Schreibparameter werden typischerweise als *Referenzparameter* (mit dem Referenzzeichen &) definiert; dies bedeutet, daß beim Aufruf der Prozedur nur die Adresse des Argumentobjekts übergeben wird. Referenzparameter wurden in *C++* eingeführt; in *C* benutzt man an dieser Stelle *Zeigerparameter* (anstelle von & mit dem Zeichen *). Leseparameter können als *Werteparameter* (ohne extra Zeichen) oder als *konstante Referenzparameter* (durch das reservierte Wort const) übergeben werden:

```
void prozedur(Typ parameter);        // Werteparameter, Veränderungen bleiben in der Prozedur
void prozedur(Typ& parameter);       // Referenzparameter, Veränderungen am Argumentobjekt
void prozedur(const Typ& parameter); // konstante Referenz, Veränderungen unmöglich
```

Hierdurch wird eine (versehentliche) Veränderung des Parameters (und dadurch auch des Arguments) verhindert. Während beim Werteparameter eine Kopie des Argumentobjekts angefertigt wird (wenn es groß ist, eine aufwendige Angelegenheit), werden die (Lese-) Operationen an einem konstanten Referenzparameter am Argumentobjekt ausgeführt, es ist also keine Kopie notwendig.

Die Eigenschaft eines Parameters, Werte-, Referenz- oder Zeigerparameter zu sein, heißt sein *Übergabemechanismus*.

Der Parameter der Prozedur `fuellen_und_entleeren` ist demnach ein Referenzparameter und ein Schreibparameter, da die Veränderung am Parameterobjekt e in das Argumentobjekt, z.B. `eimer_1`, übernommen werden soll: Nach dem Verlassen des Prozeduraufrufs ist der Zustand des Arguments genau das, was innerhalb des Prozedurrumpfs im Parameter hinterlassen wurde.

Leseparameter werden manchmal *Eingabeparameter* genannt, Schreibparameter werden auch *Ausgabeparameter* genannt.

2.11. Schnittstellen

Nun sind wir in der Lage, den Teil einer *Modulspezifikation* zu betrachten, die die *formale Schnittstelle* enthält. Hierbei werden die exportierten Operatoren ähnlich wie lokale Prozeduren (ohne oder mit Parametern) vereinbart.

Jede Modulspezifikation wird in einer Spezifikationsdatei[1], meistens mit der Dateinamenergänzung .H oder in *C++* oft .HPP abgelegt. Sie enthält u.a. die *Prototypen* der exportierten Operationen und andere Namen (wie wir später kennenlernen werden). Sie beinhaltet - neben privaten, d.h. nichtöffentlichen Teilen - die (öffentliche) Schnittstelle des Moduls. Manchmal weicht die *veröffentlichte Schnittstelle* des Moduls etwas von seiner Spezifikation ab. Meistens wird aber der öffentliche Teil der Modulspezifikation dem Benutzer in die Hand gegeben. Deswegen sollte sie reichlich kommentiert werden. So sollten am Anfang Sinn und Zweck, der Name des Entwicklers, Versionsnummer, usw. stehen. Insbesondere sollen dem Leser alle Informationen zur Verfügung gestellt werden, die er zur sinnvollen Nutzung braucht.

2.11.1. Modulschnittstellen

Die Spezifikation des Moduls MLEER ist einfach:

```
// MLEER.HPP  - leeres Modul                                               (2.24)
// das Modul exportiert nichts und führt keine Anweisungen aus
```

Die Spezifikation des Moduls MHALLO ist ebenfalls leer; sie enthält nur Kommentare über die angebotene Funktionalität:

```
// MHALLO.HPP                                                              (2.25)
// dieses Modul exportiert ebenfalls nichts, es wird jedoch ein Initialisierungsteil ausgeführt,
// d.h. beim Start des einbindenden Programms wird die Welt mit Feuerwerk begrüßt
... // hier stehen weitere Anweisungen, die nicht mehr zur Schnittstelle gehören
```

Das Modul MFAUL exportiert zwei parameterlose Operationen, hat jedoch keinen Initialisierungsteil:

---

[1] in *C* heißt sie meistens *header file*

```
// MFAUL.HPP                                                              (2.26)
➡ void feuer(); // bunt (wie der Initialisierungsteil von MHALLO)
➡ void hallo(); // bescheiden (Textausgabe: Hallo Welt!)
```

Jede Operation wird mit Hilfe ihres *Prototyps* exportiert; dieser beschreibt das *Profil* der Operation: ihren Namen (hier: `feuer` bzw. `hallo`) sowie die Anzahl, die Typen und die Übergabemechanismen der Parameter (hier: 0). Der Prototyp enthält darüber hinaus den Rückgabetyp (hier: `void`) und die auslösbaren Ausnahmen (hier keine).

Das Modul `M1EIMER`, wie wir es im Programm (2.8) benutzt haben, besitzt folgende Spezifikation:

```
// M1EIMER.HPP                                                           (2.27)
// Stellt einen leeren Datenbehälter zur Verfügung. Zu Anfang wird ein Eimer am Bildschirm ange-
   zeigt
➡ void fuellen() throw(EEimer_voll); // der Eimer wird gefüllt; Ausnahme, wenn voll
➡ void entleeren() throw(EEimer_leer); // der Eimer wird entleert; Ausnahme, wenn leer
   /* Reihenfolgebedingungen: Als erstes darf nur fuellen aufgerufen werden. Anschließend dürfen
      entleeren und fuellen nur abwechselnd aufgerufen werden, ansonsten Ausnahme */
   ... // weiterer Export
```

In *C++* werden die auslösbaren Ausnahmen im Prototyp einer Operation mit Hilfe des reservierten Wortes **throw**[1] ausgedrückt.

Die Modulspezifikationen enthalten nur die Vereinbarungen der exportierten Operationen, nicht aber ihre Rümpfe. Somit veröffentlichen sie ihre Prototypen und stellen sie den Benutzern zur Verfügung. Er muß auf die richtige Verwendung achten: Er kann nur die exportierten Namen (Operationen, usw.) verwenden und beim Aufruf einer Operation die ihrem Profil entsprechenden Argumente übergeben:

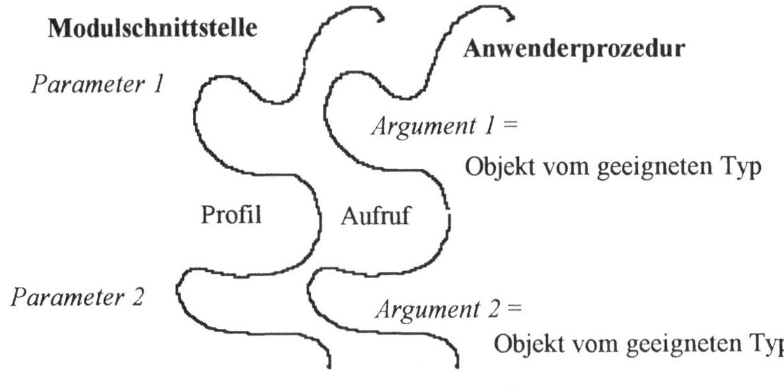

Abb. 2.7: Modulschnittstelle

Die Operationsrümpfe werden nicht in der Spezifikation, sondern im *Modulrumpf* definiert, dessen Programmtext i.a. nicht mit dem Modul zusammen ausgeliefert wird. Somit weiß der Benutzer nicht, <u>wie</u> die von ihm aufgerufenen Operationen

---

[1] auf deutsch: *auswerfen*; gemeint ist, daß eine Ausnahme aus der Prozedur „herausgeworfen" wird, um sie außerhalb der Prozedur mit **catch** „aufzufangen"

arbeiten; er weiß nur, <u>was</u> sie tun. Damit verwirklichen diese Module das *Geheimnisprinzip*.

Der vom Modul `MEIMER` exportierte abstrakte Datentyp `TEimer` wird in der Schnittstelle durch das reservierte Wort `typedef` vereinbart. In der Typvereinbarung steht anschließend die Beschreibung (die Definition) des Datentyps, wie wir dies später kennenlernen werden. Im folgenden Programmtext stehen hier nur drei Punkte. Sie drücken die Abstraktheit des Datentyps aus, d.h. es ist eine private Angelegenheit des Moduls: Der Benutzer hat über seinen Namen hinaus damit nichts zu tun.

Der *private Teil* der Spezifikation enthält die Definition dieses Datentyps (z.B. als Duplikat eines anderen), er gehört jedoch nicht mehr der Schnittstelle an. *C* ermöglicht nicht, den öffentlichen und den privaten Teil eines Moduls[1] zu trennen. In einem übersetzbaren Programmtext muß anstelle der drei Punkte eine Typdefinition stehen; ein Kommentar soll jedoch andeuten, daß hier compilerbedingt der private Teil steht, der Benutzer soll diese Beschreibung nicht zu Kenntnis nehmen. Wenn der Text nur vom Modulbenutzer gelesen wird, sollte man die Typdefinition weglassen:

```
    typedef ... TEimer // der exportierte ADT; seine Definition ist nicht Teil der Schnittstelle   (2.28)
 ➡  void fuellen(TEimer &) throw(EEimer_voll); // Eimer wird gefüllt, wenn leer
    void entleeren(TEimer &) throw(EEimer_leer); // Eimer wird entleert, wenn voll
    // Reihenfolgebedingungen wie bei M1EIMER
 ➡  void anzeigen(TEimer&);
    ...
```

Beim Begriff *Schnittstelle* müssen wir zwischen *formaler* und *verbaler Schnittstelle* unterscheiden. Die formale Schnittstelle ist ein Programmtext, der vom Compiler gelesen und übersetzt wird. Sie ist ein Teil der Spezifikation. Die verbale Schnittstelle wird für einen Programmierer, für den Benutzer des Moduls auf eine natürliche Sprache geschrieben, und enthält alles, was er zu wissen braucht, um das Modul richtig benutzen zu können. Die beiden können kombiniert werden, indem die verbale Schnittstelle als Kommentar zur formalen Schnittstelle hinzugefügt wird.

Desweiteren unterscheiden wir noch zwischen *veröffentlichter* und eigentlicher Schnittstelle. Oftmals ist die formale Schnittstelle, die der Benutzer zu lesen bekommt, nicht identisch mit dem, was der Compiler übersetzt. Dies kann technische oder kommerzielle Gründe haben: Entweder möchte der Modulprogrammierer (im Sinne des *Geheimnisprinzips*) seinem Benutzer nicht verraten, wie er die Schnittstelle programmiert hat, oder möchte er nicht die volle Leistung des Moduls zur Verfügung stellen (um es z.B. billiger verkaufen zu können).

Bei solcher Diskrepanz muß jedoch darauf geachtet werden, daß die beiden Schnittstellen kompatibel sind, weil Abweichungen vom Compiler nicht überprüft werden können.

---

[1] wohl aber einer Klasse

2.11.2. Klassenschnittstellen

Im Programm (2.21) haben wir die Klassenversion des Eimers benutzt. Mit Hilfe des abstrakten Datentyps TEimer können wir nun die Klasse CEimer vereinbaren:

```
#include "MEIMER.HPP" // Zuhilfenahme des vorhandenen Moduls          (2.29)
class CEimer { public:
    CEimer();
    void anzeigen();
    void fuellen() throw(EEimer_voll);
    void entleeren() throw(EEimer_leer);
protected: // gehört nicht mehr der Schnittstelle an
    TEimer eimer; // Klassenkomponente vom Typ MEIMER::TEimer
};
```

Die Klassenvereinbarung fängt also mit dem reservierten Wort class an. Zwischen den geschweiften Klammern werden die *Komponenten, Elemente* oder *Attribute*[1] der Klasse aufgelistet. Hierbei gibt es *Datenelemente* und *Methoden*. Die Elemente der Klasse haben einen *Zugriffschutz*: private, protected[2] oder public[3]. Dies definiert, wer Zugriff auf diese Elemente hat. Auf private Elemente kann man nur aus den Klassenmethoden heraus zugreifen, auf geschützte Elemente können die Erben[4] zugreifen, auf öffentliche Attribute können alle zugreifen, die ein Klassenobjekt vereinbaren. Die Schnittstelle der Klasse enthält nur die öffentlichen Elemente.

Die Methoden anzeigen, fuellen und entleeren bewirken dasselbe wie die vom TEimer. Neu ist die Methode CEimer, die denselben Namen hat wie die Klasse. Er heißt *Konstruktor* der Klasse; er wird immer automatisch aufgerufen, wenn ein Klassenobjekt angelegt (erzeugt) wird. Er wird hauptsächlich zur Initialisierung des Klassenobjekts benutzt. Es fällt auf, daß der Konstruktor - im Gegensatz zu den anderen Methoden - nicht mit void gekennzeichnet wird.

Mit Hilfe der obigen Spezifikation können *C*++-Programme mit einem solchen Objekt übersetzt werden wie z.B. das Programm (2.21). Sie können aber nur dann gebunden werden, wenn auch der *Rumpf der Klasse* übersetzt und in eine Objektdatei oder Bibliothek abgelegt wurde.

2.12. Modulrümpfe

Ein Modul besteht aus zwei Teilen, die oft in zwei Dateien abgelegt werden: aus der *Spezifikation* (typischerweise eine .H-Datei, in *C*++ oft .HPP) und dem *Rumpf* (typischerweise eine .C-Datei, in *C*++ oft .CPP). Die Spezifikation kann einen *öffentlichen Teil* und einen *privaten Teil* haben. Der öffentliche Teil der Spezifikation (mit ausreichenden Kommentaren versehen) bildet die *Schnittstelle* des Moduls. Der private Teil und der Rumpf bilden die *Implementierung* des Moduls:

---

[1] in diesem Zusammenhang sind das Synonyme
[2] auf deutsch: *geschützt*
[3] auf deutsch: *öffentlich*
[4] s. Kapitel 13.

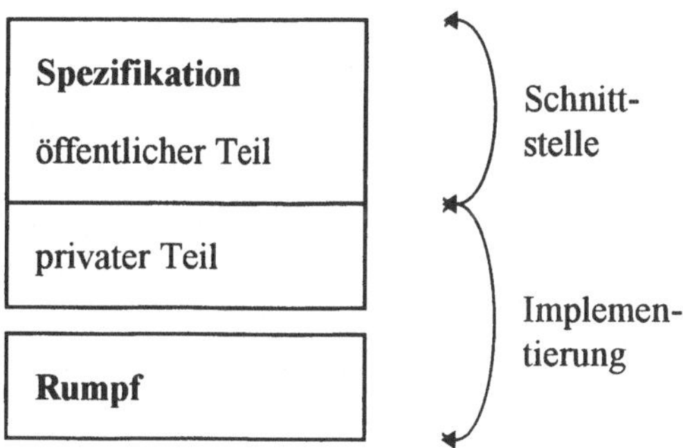

Abb. 2.8: Teile eines Moduls

2.12.1. Die Entwicklung eines Moduls

Der Benutzer des Moduls gewinnt alle Information aus dem öffentlichen Teil der Schnittstelle, um ein Modul in sein Programm einbinden und seinen Export benutzen[1] zu können. Damit der Compiler dieses Programm übersetzen kann, muß die Spezifikation (meistens in Form einer .HPP-Datei) mit `#include` eingebunden worden sein. Hieraus gewinnt der Compiler z.B. die Information, welche Profile die Methoden haben[2] und wieviel Speicherplatz für ein Objekt vom exportierten ADT oder der Klasse reserviert werden soll. Das Programm kann aber erst dann gebunden werden, wenn auch der Modulrumpf übersetzt und dem Binder[3] zur Verfügung gestellt wurde. Dieses Prinzip gilt genauso auch für Klassen; Ihre Spezifikation wird typischerweise in einer .HPP-Datei, ihr Rumpf in einer .CPP-Datei gespeichert:

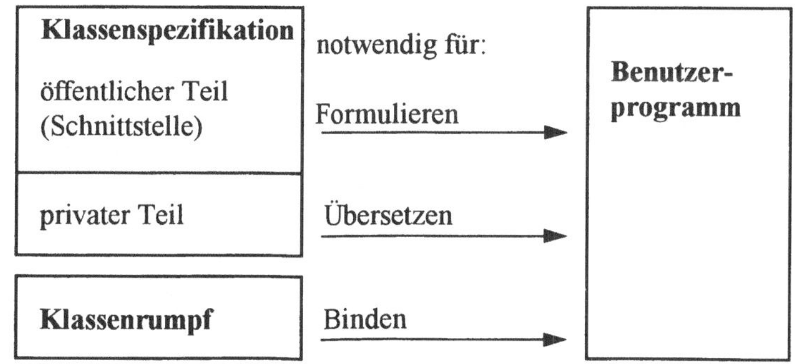

Abb. 2.9: Verwendung eines Moduls

2.12.2. Fremdleistung

Im Kapitel 2.11. haben wir die Spezifikation von Modulen kennengelernt. Sie enthalten die Prototypen aller exportierten Operationen. Der *Modulrumpf* (typischer-

---

[1] z.B. Methoden aufrufen
[2] ob sie richtig (mit den richtigen Argumenten) aufgerufen wurden
[3] z.B. als Kommandozeilenparameter oder über die Projektverwaltung

weise eine gesondert übersetzte Einheit) enthält die Rümpfe dieser Operationen. Im *Operationsrumpf* können lokale Objekte und andere Namen (z.B. Makros) vereinbart werden. Die Anweisungen hier beschreiben den Algorithmus, der beim Aufruf der Operation ausgeführt werden soll.

Als erstes Beispiel für einen Modulrumpf betrachten wir das Modul M1EIMER, das ein abstraktes Datenobjekt realisiert. Wir implementieren es zuerst in der Annahme, daß das Modul MEIMER, das den abstrakten Datentyp TEimer exportiert, zur Verfügung steht und benutzt werden kann. Im Rumpf von M1EIMER legen wir nun mit seiner Hilfe ein Eimerobjekt an; für die Implementierung seiner Zugriffsoperationen benutzten wir die exportierten Operationen von MEIMER:

```
// M1EIMER.CPP - erste Version                                    (2.30)
#include "M1EIMER.HPP"; // eigene Schnittstelle
#include "MEIMER.HPP"; // für die Implementierung importiertes Modul
TEimer eimer; // modulinternes Objekt
void fuellen() throw(EEimer_voll) {
    fuellen(eimer); // throw EEimer_voll;
}
void entleeren() throw(EEimer_leer) {
    entleeren(eimer); // throw EEimer_leer;
}
... // die weiteren Methoden ähnlich: Die Leistung von MEIMER wird benutzt
```

Der Modulrumpf wird typischerweise in eine .C oder .CPP-Datei abgelegt. Er bindet zuallererst die eigene Schnittstelle mit #include ein. Hier findet der Compiler die Prototypen der exportierten Operationen und stellt sicher, daß das Profil ihrer Implementierung diesen entspricht. Die Korrektheit der Aufrufe im Benutzerprogramm kann über die Spezifikationsdatei geprüft werden; somit passen die Aufrufe und Definitionen zusammen.

Die Spezifikation eines anderen Moduls MEIMER wird ebenfalls eingebunden, um seine Leistung in Anspruch zu nehmen. Das Wesentliche am Modulrumpf ist die Definition (Implementierung) der exportierten Prozeduren, die in der Spezifikation vereinbart worden sind. Sie müssen selbstverständlich dasselbe Profil aufweisen.

Ein Modulrumpf kann auch lokale Prozeduren enthalten. Diese werden nicht exportiert, d.h. ihre Prototypen erscheinen in der Spezifikationsdatei nicht. Sie können nur innerhalb des Modulrumpfs von anderen Prozeduren benutzt werden.

Darüber hinaus können im Modulrumpf wie auch in einer Prozedur lokale Objekte angelegt werden, die ebenfalls nur aus dem Modulrumpf heraus erreichbar[1] sind. Sie sind lokal aus dem Modul, global aus den Operationsrümpfen heraus gesehen.

Im Gegensatz zu den lokalen Objekten in einer Prozedur, existieren (leben) diese Objekte auch dann, wenn Programmteile gerade außerhalb des Moduls ausgeführt werden. Die Information, die von einer Prozedur dort abgelegt wurde, kann bei einem späteren Aufruf von dort geholt werden. Sie stellen sicher, daß das Modul

---

[1] in *C/C++* stimmt es leider nicht ganz: In anderen Modulen können diese Namen als **extern** vereinbart und so erreicht werden

sich an seine Vergangenheit „erinnert". Aus diesem Grund stellen sie das *Gedächtnis* des Moduls dar.

In der obigen Implementierung sind noch die Ausnahmen zu erwähnen. Wird im Benutzerprogramm die Methode `M1EIMER::fuellen` zweimal nacheinander aufgerufen, ruft sie `MEIMER::fuellen` für das modulinterne Objekt `eimer` im gefüllten Zustand auf. `MEIMER` löst hierauf die Ausnahme `EEimer_voll` aus. Diese wurde im `M1EIMER` nicht aufgefangen, wird also an das Benutzerprogramm weitergereicht. Dort kann sie aufgefangen oder an das Laufzeitsystem weitergereicht werden:

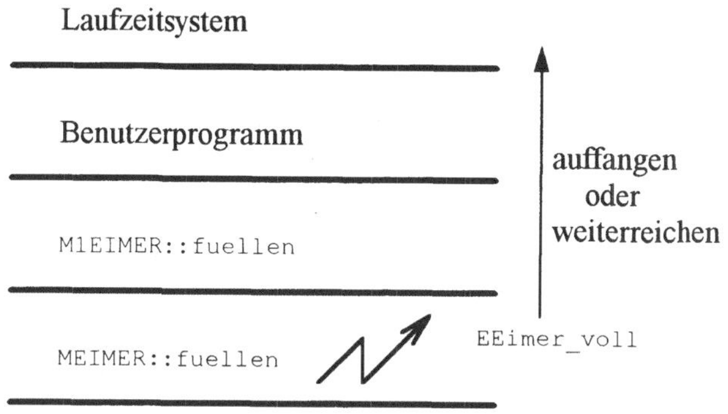

Abb. 2.10: Verbreitung einer Ausnahme

Jetzt muß noch das (an und für sich ungewöhnliche) Problem gelöst werden, daß der abstrakte Eimer gleich beim Programmstart am Bildschirm erscheint. Dies ist mit der vorgestellten Methode in *C* nicht möglich: Hierzu muß ein Klassenobjekt angelegt und sein Konstruktor aufgerufen werden. Die Lösung in *C++* werden wir später untersuchen.

2.12.3. Klassenrümpfe

Ähnlich können die *Methodenrümpfe* der Klasse `CEimer` mit Hilfe des Moduls `MEIMER` programmiert werden. Während ihre Spezifikation (mit öffentlichem und privatem Teil) in einer `.HPP`-Datei vereinbart wird, befinden sich die Rümpfe ihrer Methoden in einer `.CPP`-Datei. Im Gegensatz zu den Modulen enthalten aber Klassen ihr Gedächtnis nicht als modul-, sondern als klasseninterne Objekte[1]: Der private Teil[2] der Klassenspezifikation enthält ein Objekt vom Typ `TEimer`, wie im Programm (2.29). Der Klassenrumpf enthält die Methodenrümpfe, die auf diese Klassenkomponente - wie auf alle `private` oder `protected` Komponenten - zugreifen dürfen:

---

[1] es ist auch denkbar, wenn auch unüblich, daß Klassen modulinterne globale Objekte benutzen; es gibt aber einen besseren Weg: die klassenspezifischen (`static`) Objekte, s. Kapitel 8.4.2.

[2] gekennzeichnet durch das reservierte Wort `protected`

```
    // CEIMER.CPP - erste Version                                        (2.31)
    #include "CEIMER.HPP" // eigene Schnittstelle
➡   void CEimer::fuellen() throw(EEimer_voll) {
➡       ::fuellen(eimer); // Bereichsoperator :: erreicht MEIMER::fuellen
    }
    void CEimer::entleeren() throw(EEimer_leer) {
➡       ::entleeren(eimer);
    }
    void CEimer::anzeigen() {
➡       ::anzeigen(eimer);

    }
```

Eine Besonderheit der Methodendefinitionen ist, daß sie mit dem Klassennamen
über den Bereichsoperator :: gekennzeichnet werden. Andererseits wird auch der
Bereichsoperator gebraucht, um die Operationen fuellen, entleeren und anzeigen aus
dem Modul MEIMER zu erreichen.

Die Leistung des Programmierers dieser Klasse ist nicht übermäßig groß: nur die
Methoden aus dem Modul MEIMER werden für das private Datenelement aufgerufen.
Es wäre jedoch überflüssig, diese neu zu programmieren, wenn sie schon vorliegen.
Das Prinzip der *Wiederverwendbarkeit* wurde hier verwirklicht, das von diesem
Lehrbuch gefördert wird.

Im Kapitel 6.4. werden wir lernen, wie wir ein Modul oder eine Klasse ohne Zuhil-
fenahme eines anderen Moduls Programmieren können.

12. **Übung**: Programmieren Sie den Rumpf des Moduls M2EIMER mit Hilfe des ADT-
Moduls MEIMER. Wie schon angemerkt, ist es fehlertolerant, d.h. die von MEIMER aus-
gelösten Ausnahmen müssen innerhalb der Operationsrümpfen von M2EIMER aufgefangen werden. Als Maßnahme im Fehlerfall können Sie die Operation fehler_leer
bzw. fehler_voll aus dem Modul MEIMER aufrufen: Diese geben eine entsprechende
Fehlermeldung auf dem Bildschirm aus.

2.13. Zusammenfassung

2.13.1. Terminologie

In diesem Kapitel haben wir folgende Begriffe kennengelernt:

- Der *leere Algorithmus* ist der einfachste Algorithmus. Er tut nichts.
- Der *elementare Algorithmus* besteht aus einer Anweisung (einem Operationsauf-
  ruf).
- Der *sequentielle Algorithmus* besteht aus einer Reihe von Anweisungen.
- Eine *Prozedur* wird in *C* als eine *Funktion* mit dem Ergebnistyp void vereinbart.
- Der *Prozedurname* (ein *Bezeichner*) wird vom Programmierer vergeben.
- Eine Hauptprozedur wird vom Betriebssystem aufgerufen.
- Sie muß in *C/C++* main genannt werden.
- Der *Rumpf* einer Prozedur enthält eine Reihe von *Anweisungen*.
- Eine *Anweisung* kann der Aufruf einer *Operation* sein.

- Die Operationen werden von Modulen *exportiert*.
- Sie heißen auch *Zugriffsprozeduren* oder *Zugriffsoperationen*.
- Der benötigte Teil des Exports eines Moduls wird *importiert*.
- *Kommentare* stehen nach zwei Schrägstrichen bis zum Zeilenende oder zwischen den Zeichenfolgen /* und */.
- Die *Spezifikationsdatei* eines *Moduls* wird in *C* mit #include *eingebunden*.
- Darin befindet sich eine formale Beschreibung seiner *Schnittstelle*.
- Der Benutzer eines Moduls muß nur seine *Schnittstelle* kennen.
- Seine *Dokumentation* beschreibt die Funktionalität und gibt informelle Anleitung für die Benutzung.
- Eine Prozedur kann von einer anderen Prozedur *importiert* werden.
- Hierzu braucht man ihre *Spezifikationsdatei* mit ihrem *Prototyp*.
- Importierbare Prozeduren und Module sind *Bausteine* oder *Übersetzungseinheiten*.
- Der *Testtreiber* einer importierbaren Prozedur ist eine Hauptprozedur, die sie aufruft.
- *Präprozessoranweisungen* fangen mit dem Zeichen # an.
- *Abstrakte Datenobjekte (ADO)* werden von Modulen zur Verfügung gestellt.
- Die abstrakten Objekte haben keinen Namen und keinen Datentyp.
- Der Benutzer kennt nur seine *Operationen*, die *exportiert* werden.
- Sie können im *importierenden* Programm *aufgerufen* werden.
- ADO haben ein *Gedächtnis*, i.A. im Modulrumpf.
- Ein Modul kann einen *Initialisierungsteil* haben, der ohne Aufruf durchs Einbinden des Moduls aktiviert wird (jedoch nicht in *C*).
- Die Verletzung der *Reihenfolgebedingungen* kann einen *Laufzeitfehler* verursachen.
- Er unterbricht die sequentielle Ausführung einer Prozedur durch eine *Ausnahme*.
- Ausnahmen können in einem *Fehlerausgang aufgefangen* werden.
- *Fehlertolerante* Module und Programme behandeln die Ausnahmen selber und reichen sie nicht dem Benutzer (Aufrufer) weiter.
- Im *Rumpf* eines Prozedur können *lokale Objekte* vereinbart werden.
- Die lokalen Objekte sind *konkrete Objekte*, d.h. für den Benutzer sichtbar. Sie sind *automatisch* und haben einen *Namen*.
- Die konkreten Objekte haben immer einen *Datentyp*.
- Dieser kann ein *abstrakter Datentyp (ADT)* sein.
- Abstrakte Datentypen werden von Modulen exportiert.
- Die Operationen eines ADT müssen mit *Argumenten* aufgerufen werden.
- Ein Modul kann auch eine *Klasse* exportieren.
- Hiervon können *Klassenobjekte* angelegt werden.
- Die Bestandteile (Struktur, interne Darstellung) eines ADT, ADO oder einer Klasse sind für den Benutzer nicht sichtbar.
- Solche Objekte können nur über *Operationen* manipuliert werden.
- Die Operationen einer Klasse heißen ihre *Methoden*.

- Der *Konstruktor* wird automatisch aufgerufen, wenn ein Klassenobjekt angelegt wird.
- Das Klassenobjekt wird nicht als Argument, sondern mit einem Punkt vor der Methode angegeben.
- Die *Attribute* einer Klasse sind Daten und Methoden.
- Die Attribute werden als *privat, geschützt* oder *öffentlich* vereinbart.
- Der Gebrauch von *Prozeduren* erspart das wiederholte Schreiben von (Anweisungs-) Folgen.
- Der Inhalt von *Makros* wird an die Stelle des *Makroaufrufs* hineinkopiert (wie in der *Makrodefinition* angegeben).
- *Inline*-Prozeduren werden wie Makros an die Aufrufstelle kopiert.
- Zu den *Subroutinen* wird zur Ausführungszeit ein *Sprung* ausgeführt. Nach Beendigung erfolgt der *Rücksprung*.
- Subroutinen sind *parameterlose* Spezialfälle von *lokalen Prozeduren*.
- In der Prozedurdefinition können *Parameter* genannt werden, die im Rumpf wie Objekte benutzt werden.
- Beim Aufruf werden diese durch die *Argumente* ersetzt.
- Die zwei Arten von *Übergaberichtungen* Lese- und Schreibparameter bestimmen die Richtung des Informationsflusses.
- In *C* gibt es zwei, in *C++* drei *Übergabemechanismen*: Werteparameter, Referenzparameter und Zeigerparameter.
- Das *Profil* einer Prozedur beschreibt die Anzahl, Typen und Übergaberichtung der Parameter.
- Es wird im *Prototyp* der Prozedur definiert, der darüber hinaus auch den Ergebnistyp und die auslösbaren Ausnahmen und die Namen die enthalten kann.
- Die *Modulspezifikation* enthält die formale Schnittstelle mit den Prototypen der exportierten Operationen.
- Die *Schnittstelle* ist der *veröffentlichte* Teil der Modulspezifikation.
- Sie kann auch einen *privaten Teil* enthalten.
- Die *Implementierung* besteht aus dem privaten Teil der Modulspezifikation und dem *Modulrumpf*.
- Die Implementierung wird nicht veröffentlicht, um das *Geheimnisprinzip* zu wahren.
- Das *dynamische Ende* eines Algorithmus kann vom *statischen Ende* abweichen.

2.13.2. Aufgaben

Es ist vorgesehen, daß die Aufgaben - im Gegensatz zu den Übungen - nicht am Rechner, sondern auf Papier gelöst werden. Sie können als Klausuraufgaben in einer Hochschulsituation angesehen werden.

3. Aufgabe: Eine *C*-Prozedur heißt `tutnix`. Schreiben Sie nun ein *C*-Programm `TUT3XNIX.CPP`, in dem Sie diese Prozedur einbinden und dreimal aufrufen. Was ist die Voraussetzung, damit der Compiler dieses Programm übersetzen kann?

4. Aufgabe: Das Modul MFOURIER ist geeignet, Fourier-Kurven[1] auf dem Bildschirm darzustellen. In seinem Initialisierungsteil bietet es dem Benutzer einen ersten Geschmack darüber, was Fourier-Kurven sind. Schreiben Sie nun eine *C*-Prozedur auf, die ihren Aufrufer über die Art und Weise der Fourier-Kurven informiert. Schreiben sie auch die Betriebssystemkommandos auf, mit deren Hilfe Ihre Prozedur übersetzt, gebunden und aufgerufen werden kann.

5. Aufgabe: Das Modul MFOURIER stellt auch einen abstrakten Datenbehälter zur Verfügung, in dem eine Fourier-Kurve gespeichert werden kann. Dazu muß seine Operation speichern aufgerufen werden. Die Operation anzeigen läßt die gespeicherte Kurve auf dem Bildschirm sichtbar werden. Die Operation loeschen entfernt die Fourier-Kurve aus dem Datenbehälter.

Entwickeln Sie nun eine *C*-Prozedur, die eine Fourier-Kurve darstellt. Machen Sie sie zuerst sichtbar; nachdem Sie diese gelöscht haben, machen Sie sie wieder sichtbar. Löschen Sie schließlich wieder.

6. Aufgabe:. Das Modul MFOURIER stellt nicht nur einen abstrakten Datenbehälter für Fourier-Kurven zur Verfügung, sondern exportiert auch den abstrakten Datentyp TFourier, um eine beliebige Anzahl von Fourier-Behältern anlegen zu können. Es exportiert auch eine Klasse CFourier zum selben Zweck.

Entwickeln Sie nun eine *C*++-Hauptprozedur mit drei Fourier-Kurven. Die erste soll keinen Namen haben, die zweite soll ein Objekt vom abstrakten Datentyp, die dritte ein Klassenobjekt sein.

Machen Sie zuerst die erste sichtbar; nachdem Sie diese gelöscht haben, machen Sie die zweite und die dritte sichtbar. Löschen Sie schließlich auch die beiden letzten.

7. Aufgabe: Schreiben Sie die Schnittstelle eines Moduls mit dem Namen MQUATSCH in *C*++ auf, das nichts tut und nichts exportiert.

2.13.3. Prüfungsfragen

Entscheiden Sie, ob die folgenden Aussagen richtig oder falsch sind. Geben Sie dazu auch eine Begründung an. Im Zweifelsfall finden Sie die Antwort auf der Begleitdiskette.

- Abstrakte Datenbehälter werden immer mit Hilfe von abstrakten Datentypen erzeugt.
- Algorithmen mit Ausnahmebehandlung sind nicht sequentiell.
- Das Anlegen eines Datenbehälters ist eine mögliche Operation.
- Das Ausführen zweier sequentieller Algorithmen nacheinander ergibt einen sequentiellen Algorithmus.
- Datenabstraktionsmodule exportieren immer einen abstrakten Datentyp.
- Der Aufruf einer Operation ergibt einen elementaren Algorithmus.
- Der Aufruf jeder Operation verändert den Zustand eines Datenobjekts.

---

[1] es ist nicht nötig zu wissen, was eine Fourier-Kurve ist; sie ist *abstrakt*

- Es gibt Datenabstraktionsmodule, die sowohl einen abstrakten Datenbehälter als auch einen ADT zur Verfügung stellen.
- Es gibt keine Datenabstraktionsmodule, die mehrere abstrakte Datenobjekte zur Verfügung stellen.
- Es gibt Module, die ohne den Aufruf einer ihrer Operationen etwas tun.
- Es gibt Module, die ohne den Aufruf einer ihrer Operationen nichts tun.
- In ein Programm können nur Module eingebunden werden.
- Klassen werden immer von Modulen exportiert.
- Jedes Modul löst im Fehlerfall eine Ausnahme aus.
- Konkrete Datenbehälter werden nur mit Hilfe von konkreten Datentypen erzeugt.
- Module, die einen ADT exportieren, stellen nie abstrakte Datenbehälter zur Verfügung.
- Ein Klassenobjekt ist ein abstraktes Objekt.

3. Werte

Bis jetzt haben unsere Datenbehälter zwei Zustände haben können: leer und gefüllt. Egal, ob die Datenbehälter direkt von einem Modul zur Verfügung gestellt
(wie M1EIMER oder M2EIMER) oder als Objekte eines abstrakten Datentyps (wie MEIMER)
oder Klasse (wie CEimer) angelegt wurden, konnten diese Zustände mit den exportierten Operationen (Mutatoren) manipuliert werden. Mit jedem Behälter ist also ein
Satz von aufrufbaren Operationen verbunden.

Viele Module exportieren eine besondere Sorte
von Operationen: Namen, die in die Behälter
passende Werte darstellen; dementsprechend
nennen wir diese *Werte*. Führt man so eine
Operation aus, erhält man ein *Datum*, mit dem
z.B. die Operation schreiben ausgeführt werden
kann. Was genau ein Wert ist, ist unbekannt
und auch unwichtig[1]. Wir wissen von ihm nur,
daß er von seinem Namen dargestellt wird und
in einem Datenbehälter gespeichert werden
kann. Sie können auch als die verschiedenen
Zustände des Datenbehälters angesehen wer-

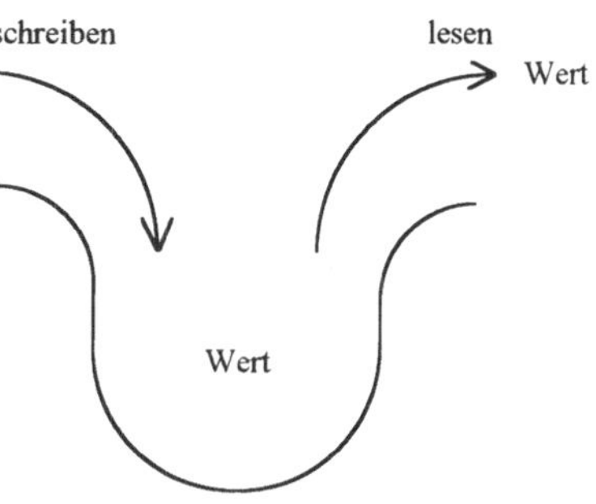

Abb. 3.1 Wert im Datenbehälter

den. Zu jedem Datenbehälter gibt es eine definierte Menge von Werten, genannt
die *Wertemenge*, deren Elemente vom Datenbehälter aufgenommen werden können. Ihre Anzahl nennen wir *Kardinalität* des Datenobjekts bzw. -typs.

Während die einzelnen Namen der Werte syntaktische[2] Konstruktionen des Moduls
sind, gehören die dazugehörigen Werte zu seiner Semantik[3]. Es ist möglich, daß
mehrere Namen denselben Wert liefern. Syntaktisch sind sie dann unterschiedlich,
semantisch jedoch gleich.

3.1. Parametrisierte Operationsaufrufe

Die Werte werden oft in Zusammenarbeit mit Mutatoren benutzt: Beim Aufruf des
Mutators kann man einen Wert als Argument angeben. Aus der Dokumentation[4] des
Moduls M1EIMER ist ersichtlich, daß die Eimer nicht nur einfach so, sondern auch mit
dem Inhalt wein oder wasser gefüllt werden können. Den gewünschten Wert gibt
man als Argument des Mutators fuellen an:

```
    void wasser_wein() {                                               // (3.1)
        fuellen(wasser); // M1EIMER::fuellen, M1EIMER::wasser // Argument ist ein Wert
        entleeren();
```

---

[1] man sagt, der Wert ist *abstrakt*
[2] s. Kapitel 1.8.2.
[3] Bedeutung, s. Kapitel 1.8.3.
[4] mit der vollständigen verbalen Schnittstelle in der Datei M1EIMERV.DOC

```
➡    fuellen(wein); // M1EIMER::wein ist ein anderer Wert
     entleeren();
}
```

Die Werte wasser und wein werden auch vom Modul M1EIMER exportiert. Im Kommentar wird hierauf hingewiesen.

In der Spezifikation wird auch angegeben, welche Argumente beim Aufruf einer Operation angegeben werden dürfen. Ein Aufruf mit anderen Argumenten wird vom Compiler als Fehler gemeldet:

```
fuellen(M1EIMER); // Fehler: falsches Argument
```

Die Beschreibung der Operation in der Schnittstelle und ihr Aufruf müssen wie Puzzleteile ineinander passen:

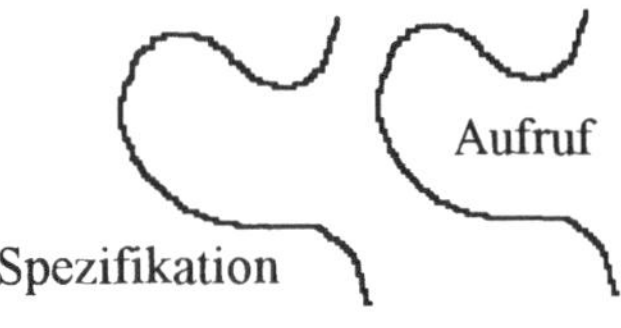

Abb. 3.2: Aufruf

3.1.1. Import

Die folgende Zeichnung stellt den Vorgang dar, woher die in einem Programm benutzten Namen stammen können:

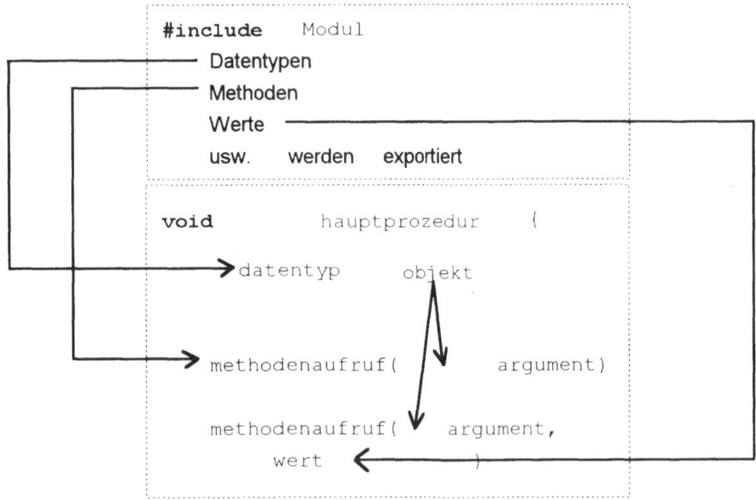

Abb. 3.3: Import

Das Modul *exportiert* genau das, was in seiner Schnittstelle steht. Im Kapitel 2.3. haben wir kennengelernt, wie dies einem Benutzer angeboten wird. Eine Prozedur, die das Modul einbindet, kann einiges aus seiner Schnittstelle *importieren* (d.h. benutzen): exportierte Datentypen, Operationen, Werte, usw.

3.1.2. Mutatoraufrufe mit mehreren Argumenten

Die Dokumentation[1] des Moduls MEIMER beschreibt die Möglichkeit des Füllens mit
verschiedenen Getränken; ähnlich wie M1EIMER dies anbietet. Da hier das Argument
des Mutators fuellen für den gewünschten Datenbehälter schon benutzt wird, gibt
man das Getränk als zweites Argument an:

```
void wasser_wein_adt() {                                              // (3.2)
    TEimer eimer;
➡    fuellen(eimer, wasser); // zwei Argumente
    entleeren(eimer);
➡    fuellen(eimer, wein); // bis jetzt sieht man nichts
    anzeigen(eimer);
}
```

An dieser Stelle wird deutlich, warum die Schreibweise mit Klassen nützlich ist: Die
Asymmetrie zwischen den beiden Argumenten wird aufgelöst. Beim *C*-Aufruf fuel-
len(eimer, wasser); ist das erste Argument der Name eines Datenbehälters, dessen
Inhalt (Zustand) durch die Aktion verändert wird, das zweite ist der Name eines
Wertes; hier wird nichts verändert. Aus der *C*++-Anweisung eimer.fuellen(wasser); ist
demgegenüber ersichtlich, daß nur das Objekt eimer verändert wird. Somit wird die
Klassenversion des vorherigen Programms folgendermaßen formuliert:

```
void wasser_wein_mit_klasse() {                                       // (3.3)
    CEimer eimer;
➡    eimer.fuellen(wasser); // Klassenobjekt und Argument
    eimer.entleeren();
➡    eimer.fuellen(wein);
    eimer.anzeigen();
}
```

Nichtsdestotrotz bleiben wir bei der *C*-Schreibweise so lange, bis wir von speziellen
Fähigkeiten der Klassen, die es in *C* nicht gibt, Gebrauch machen wollen.

13. **Übung:** Ergänzen Sie Ihr Programm aus der 10. Übung mit Mutatoraufrufen bemalen für Ihre Kreise, wobei Sie als zusätzliches Argument eine Farbe rot, gruen oder
blau angeben[2].

3.1.3. Inhalt eines Behälters

Wir brauchen Datenbehälter nicht nur, um sie mit Inhalt zu füllen, sondern im wesentlichen, damit wir ihren Inhalt zu einem späteren Zeitpunkt herauslesen können.
Dazu dient zum Beispiel die vom Modul MEIMER exportierte Operation inhalt_ausgeben.
Wenn wir diese Operation benutzen, können wir den Inhalt eines Eimers überprüfen, auch ohne ihn anzuzeigen:

```
void eimer_inhalt_ausgeben() {                                        // (3.4)
    TEimer eimer;
    fuellen(eimer, wein); // nichts ist sichtbar
```

---

[1] in der Datei MEIMER.DOC auf der Begleitdiskette
[2] diese Farbennamen werden auch vom Modul MKREIS exportiert

➡   `inhalt_ausgeben(eimer);` // Ausgabe im Meldungsfenster als Text
  `}`

Das Modul `M1EIMER` exportiert auch noch die Operation `ausgeben`, die mit einem Argument (einem Getränk) aufgerufen werden soll. Der Aufruf

    `ausgeben(wein);` // Wein erscheint im Meldungsfenster als Text

bewirkt also dasselbe, wie die beiden Aufrufe im obigen Programm.

3.1.4. Informatoren

Meistens möchten wir uns über den Inhalt eines Datenbehälters nicht nur am Bildschirm informieren, sondern ihn auch im Programm benutzen. Dies ist durch geeignete *Informatoren*[1] möglich. Das Modul `M1EIMER` exportiert für diesen Zweck den Informator `inhalt`:

```
void eimer_ausgeben() {                                                    // (3.5)
    ausgeben(wasser); // Ausgabe im Meldungsfenster als Text: WASSER
    fuellen(wein);
➡   ausgeben(inhalt()); // der aktuelle Inhalt, hier wein, wird im Meldungsfenster ausgegeben
}
```

Der wesentliche Unterschied zwischen einem Wert wie `wasser` oder `wein` und eines Informators wie `inhalt` ist, daß die ersten ein *konstantes* Ergebnis liefern (immer `wasser` bzw. `wein`), während das Ergebnis eines Informators immer vom aktuellen Inhalt des Behälters abhängt, somit *variabel* ist. Aus diesem Grund wird `inhalt` ähnlich wie eine Prozedur (mit Klammern) aufgerufen.

3.1.5. Parametrisierte Informatoraufrufe

Im obigen Beispiel realisiert das eingebundene Modul `M1EIMER` nur einen Datenbehälter, somit muß der Informator `inhalt` nicht mit Argumenten versehen werden. Wird der Informator eines Datenbehälters aufgerufen, der als Objekt eines abstrakten Datentyps definiert wurde, muß ihm als Argument der Name des Datenbehälters übergeben werden:

```
void zwei_eimer_ausgeben() {                                               // (3.6)
    TEimer eimer_1, eimer_2;
    fuellen(eimer_1, wasser);
    fuellen(eimer_2, wein);
➡   ausgeben(inhalt(eimer_1));
    ausgeben(inhalt(eimer_2));
} // die Eimer selbst sind in diesem Programm nicht sichtbar
```

Es sei wieder[2] darauf hingewiesen, daß hinter der geschachtelten *C*-Schreibweise

    `ausgeben(inhalt(eimer_1));`

die den Tatbestand besser darstellende Klassensicht

---

[1] oder wie es manchmal auch heißt, *Zustandsfunktionen*
[2] s. Kapitel 3.1.2.

```
ausgeben(eimer_1.inhalt);
```

zu verstehen ist. Hierzu ist es jedoch nötig, das Objekt `eimer_1` nicht vom Typ `TEimer`, sondern von der Klasse `CEimer` zu definieren, die vom Modul `CEIMER` exportiert wird:

```
CEimer eimer_1, eimer_2; // CEIMER::CEimer
```

3.2. Duplizieren von Inhalten

Informatoren sind besonders geeignet, um den Inhalt eines Datenbehälters in einen anderen zu *kopieren*, d.h. die enthaltene Information zu *duplizieren*.

3.2.1. Kopie

Dies geschieht, indem wir dem Mutator `fuellen` als Argument nicht einen Wert, sondern einen Informator übergeben:

```
void eimer_kopieren() {                                          // (3.7)
    TEimer eimer_1, eimer_2;
    ... // beide Eimer anzeigen
    fuellen(eimer_1, wasser);
    fuellen(eimer_2, wein);
    entleeren(eimer_2);
    fuellen(eimer_2, inhalt(eimer_1)); // hier wird kopiert
}
```

14. **Übung:** Ergänzen Sie Ihr Programm aus der 12. Übung mit einem Aufruf, durch den der Inhalt eines Ihrer Kreise in einen anderen kopiert wird. Dazu brauchen Sie den Informator `MKREIS::inhalt`, den Sie mit einem Kreisnamen als Argument aufrufen können. Da der Informator einen Farbenwert liefert, können Sie den Aufruf genau an der Position einsetzen, wo auch Farbennamen[1] stehen können. Das Ergebnis des Kopiervorgangs sehen Sie am Bildschirm: Ihre beiden Kreise zeigen dieselbe Farbe.

3.2.2. Zuweisung

Praktisch alle[2] Programmiersprachen ermöglichen das Kopieren des Inhalts aus einem in einen anderen Datenbehälter auf einem einfacheren Wege, allerdings mit einer schwerwiegenden Gefahr, auf die meistens nicht hingewiesen wird. Die entsprechende Sprachkonstruktion heißt *Zuweisung*. Sie stammt aus älteren Programmiersprachen, die nicht mit Objekten gearbeitet haben und wurde aus Tradition und aus Gewohnheit in die neuen übernommen. Um die damit verbundene Gefahr zu vermeiden, sollte bei der Arbeit mit komplexen Datenobjekten auf die Benutzung der von der Sprache definierten Zuweisung[3] weitgehend verzichtet werden, oder aber man sollte sie zumindest stark eingeschränkt (nur in bestimmten Fällen) benutzen.

---

[1] etwa als zweiter Parameter des Mutators `MKREIS::bemalen`
[2] zumindest die *prozeduralen* oder *imperativen*
[3] d.h. ohne sie zu *überladen* (neu zu definieren)

Die Zuweisung in *C* wird durch das Gleichheitszeichen[1] = gekennzeichnet, auf dessen linker und rechter Seite je ein Objekt vom selben Typ geschrieben werden muß. Das Objekt auf der linken Seite (das *Ziel* der Zuweisung) wird dabei verändert, und zwar genau auf den Wert des Objekts auf der rechten Seite (der *Quelle*), das unverändert bleibt:

```
zielobjekt = quellobjekt; // beide müssen vom selben Typ sein
```

Als Beispiel führen wir anstelle von Kopieren im Programm (3.7) eine Zuweisung durch:

```
void eimer_zuweisen() {                                            // (3.8)
    TEimer eimer_1, eimer_2;
        ... // beide Eimer anzeigen
    fuellen(eimer_1, wasser);
    fuellen(eimer_2, wein);
    eimer_2 = eimer_1; // der Inhalt wird kopiert, am Bildschirm ist nichts sichtbar
    anzeigen(eimer_2); // erst jetzt wird der kopierte Wert sichtbar
}
```

Wenn Sie das obige Programm ohne die letzte Anweisung anzeigen ausführen, sehen Sie zum Schluß am Bildschirm einen mit Wasser und einen mit Wein gefüllten Eimer, obwohl am Ende des Programms (infolge der Zuweisung) beide Eimer mit Wasser gefüllt sind. Der Grund dafür ist, daß der Datenbehälter eimer_2 über die Veränderung seines Inhalts durch die Zuweisung nicht „benachrichtigt" wurde. Deswegen wurde seine Darstellung am Bildschirm nicht verändert. Erst ein zusätzlich hinzugefügter Operationsaufruf anzeigen(eimer_2); macht diese Veränderung sichtbar.

Zwischen den Anweisungen eimer_2 = eimer_1; und fuellen(eimer_2, inhalt (eimer_1)); gibt es also einen wichtigen Unterschied. Im ersten Fall wird der Speicherbereich von eimer_2 mit dem Inhalt des Speicherbereichs eimer_1 stur „überschmiert", ohne das Objekt eimer_2 selbst darüber zu informieren. Zur Anfangszeit des Programmierens, wo zwischen dummen Daten und intelligenten Algorithmen unterschieden wurde, war die Zuweisung angebracht, da sie nur die Daten betraf. Die moderne Programmiertechnik, die Daten und Algorithmen miteinander zu Datenobjekten verbindet, erfordert aber, daß jegliche Veränderung am Zustand eines Datenbehälters nur von seinen eigenen Mutatoren durchgeführt werden darf.

Darüber hinaus funktioniert der Aufruf fuellen(eimer_2, inhalt(eimer_1)); nicht, wenn eimer_2 voll ist. Die Zuweisung eimer_2 = eimer_1; „merkt" dies nicht, und der Inhalt von eimer_2 geht dann ersatzlos und ohne Warnung verloren.

Deswegen ist es notwendig, daß jedem Datenbehälter ein Mutator[2] zur Verfügung steht, der genau dasselbe tut wie die Zuweisung, eventuell aber auch mehr[3].

---

[1] in anderen Programmiersprachen häufig mit der Zeichenfolge :=

[2] z.B. mit dem Namen kopieren oder copy

[3] z.B. im vorliegenden Fall den veränderten Inhalt des Eimers am Bildschirm anzeigen

15. **Übung:** Ersetzen Sie in Ihrem Programm aus der 14. Übung das Kopieren durch eine Zuweisung. Das Ergebnis sehen Sie am Bildschirm nicht: Nach der Zuweisung weisen Ihre beiden Kreise unterschiedliche Farben auf. Sie können das Ergebnis erst sehen, nachdem Sie den Kreis mit dem kopierten Inhalt mit `MKREIS::wiederherstellen` erneut anzeigen lassen.

3.2.3. Kompatibilität von Objekten

Zwei Objekte eines Datentyps sind *kompatibel* zueinander, d.h. sie können einander zugewiesen und miteinander verglichen werden, oder als Parameter sind sie austauschbar. In schwach typisierten Sprachen wie *C* und *C++* sind oft Objekte unterschiedlicher Datentypen kompatibel. Wenn sie nicht kompatibel sind, dann können sie einander nicht zugewiesen werden:

```
void unkompatible_objekte() {                                           // (3.9)
    TEimer eimer;
    TKreis kreis;
    fuellen(eimer);
    fuellen(kreis); // Typfehler
    eimer = kreis; // Typfehler
}
```

3.3. Prozeduren mit mehreren Parametern

Eine lokale Prozedur kann (ähnlich wie eine Operation[1]) ebenfalls mehrere Parameter haben. Sollte beispielsweise der Eimer aus einem anderen Eimer aufgefüllt werden, dann müssen beim Aufruf der lokalen Prozedur zwei Eimer als Argumente übergeben werden. Bei der Definition der lokalen Prozedur, wo noch nicht bekannt ist, für welche Eimer (welche Argumente) sie aufgerufen wird, werden diese `ziel` und `quelle` genannt. In der Definition der Prozedur werden diese durch ein Komma getrennt aufgeführt:

```
void fuellen_nach_entleeren(TEimer & quelle, TEimer & ziel) {          // (3.10)
    // Der Eimer ziel wird mit dem Inhalt des Eimers quelle gefüllt, nachdem er entleert wurde.
    entleeren(ziel);
    fuellen(ziel, inhalt(quelle));
}
```

Eine genauere Untersuchung von `fuellen_nach_entleeren` ergibt, daß die Richtung des Parameters `quelle` kein Schreib-, sondern nur Leseparameter ist: Sein Wert wird nur in die Prozedur eingegeben, um den Wert von `ziel` diesem gleichzusetzen. Der Wert des ersten Parameters wird aber nicht verändert. Deswegen wird er als konstante Referenz übernommen:

```
void fuellen_nach_entleeren(const TEimer & quelle, TEimer & ziel) { ...
```

Es wäre durchaus eine Alternative, ihn als Werteparameter zu definieren:

```
void fuellen_nach_entleeren(TEimer quelle, TEimer & ziel) { ...
```

---

[1] sie ist keine lokale, sondern eine *exportierte Prozedur*

In diesem Fall wird aber bei jedem Aufruf eine Kopie von `quelle` angefertigt. Da es sich um einen abstrakten Datentyp handelt, dessen Größe dem Benutzer verborgen bleibt, kann es eine lange Kopieroperation werden. Deswegen ist die erste Lösung (konstante Referenz) besser.

Ein Aufruf dieser Prozedur lautet in beiden Fällen:

```
fuellen_nach_entleeren(eimer_1, eimer_2);
```

Der Aufruf bewirkt, daß beide in der Definition aufgeführten Mutatoraufrufe `fuellen` sowie `entleeren` ausgeführt werden. Vorher aber wird anstelle des Parameters `quelle` die Adresse des Argumentobjekts `eimer_1` eingesetzt, anstelle von `ziel` das Argumentobjekt `eimer_2`. Die Reihenfolge der Parameter und der Argumente ist also entscheidend.

Die Anzahl, die Typen und die Übergabemechanismen der Parameter einer Prozedur bilden ihr *Profil*[1]. Auch eine Operation[2] hat ihr Profil[3], das beschreibt, wie sie aufgerufen werden kann. Das Profil der Operation und ihr Aufruf (sowohl die Anzahl wie auch die Typen der Parameter) müssen wie Puzzleteile ineinander passen:

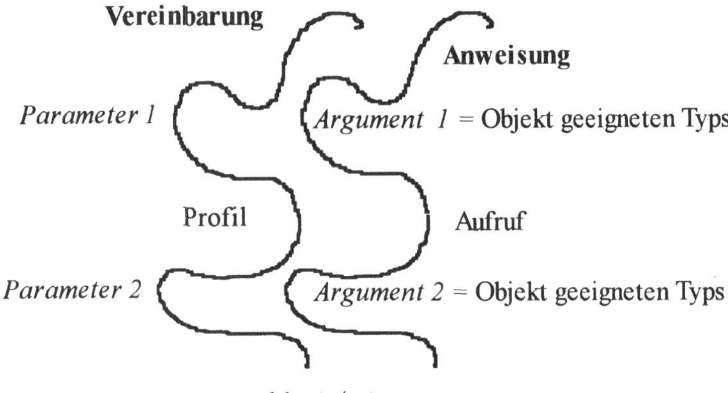

Abb. 3.4: Argumente

Der Aufrufer muß die Anzahl und die Datentypen sowie die Reihenfolge oder die Namen der Parameter kennen, um die Prozedur aufrufen zu können. Ihre (hoffentlich sprechenden) Namen erleichtern ihm das Verständnis über die Wirkung der Prozedur. Ansonsten braucht er diese Namen nicht.

Lokale Prozeduren können vor ihrer Definition vereinbart[4] werden. Dies ist dann nötig, wenn der Prozedurname in einer weiteren Vereinbarung benötigt wird. Beispiele hierzu, wie die Rekursion, werden wir im Kapitel 12.5. kennenlernen. Die

---

[1] auch *Signatur* genannt
[2] die im Modul genauso wie lokale Prozeduren definiert werden, nur auch exportiert
[3] aus dem Lateinischen *pro* + *filare*, auf deutsch: *vorwärts* + *spinnen*
[4] oder *deklariert*

Vereinbarung einer lokalen Prozedur enthält ihr Profil, nicht jedoch ihren Rumpf. Er wird vom *Prototyp* beschrieben:

```
void fuellen_nach_entleeren(const TEimer & quelle, TEimer & ziel);
    ... // weitere Vereinbarungen
void fuellen_nach_entleeren(const TEimer & quelle, TEimer & ziel) {
    ... // die Definition der lokalen Prozedur
```

Die Definition muß ein mit der Vereinbarung gleiches Profil aufweisen.

Im Prototyp müssen die Namen der Parameter nicht[1] aufgeführt werden, wohl aber ihre Typen und die Übergabemechanismen:

```
void fuellen_nach_entleeren(const TEimer &, TEimer &);
```

In der Definition müssen natürlich die Parameter mit Namen versehen werden, damit man auf sie im Rumpf zugreifen kann.

Der Grund für diese - manchmal etwas umständliche - doppelte Aufführung ist die Tradition in *C*, daß in einem Programm als erstes der Rumpf der main-Prozedur[2] aufgeführt wird. Wenn darin aber lokale Prozeduren aufgerufen werden, muß ihr Profil zuvor schon vereinbart worden sein. Deswegen stehen vor dem main-Rumpf die Prototypen der lokalen Prozeduren. Ihre Definitionen folgen dem main-Rumpf.

Die Vereinbarung einer Prozedur wird durch einen Strichpunkt ; abgeschlossen, während in ihrer Definition ihr Rumpf[3] mit dem Zeichen { eingeleitet wird.

16. **Übung:** Definieren Sie in Ihrem Programm aus der 10. Übung eine lokale Prozedur, die den in ihrem Parameter angegebenen Kreis nacheinander in drei verschiedenen Farben (Ihrer Wahl) malt. Rufen Sie die lokale Prozedur je zweimal für Ihre beiden Kreise auf. Definieren Sie eine zweite lokale Prozedur mit zwei Parametern (Zielkreis und Quellkreis), die in den Zielkreis die Farbe eines zweiten (Quell-) Kreises hineinkopiert und anschließend die Farbe des Quellkreises verändert. Rufen Sie Ihre lokalen Prozeduren mit verschiedenen Argumentkombinationen auf.

3.4. Schachtelungen

Die Struktur eines Programmtexts wird durch statische und dynamische Schachtelungen charakterisiert. Dies ist eng verbunden mit dem Systemstapel, in dem die Schachtelungen abgearbeitet werden.

3.4.1. Lokale und globale Objekte

In einer lokalen Prozedur können, genauso wie in der Hauptprozedur, Objekte vereinbart werden. Diese sind dann nur innerhalb der Prozedur, nicht aber aus anderen Prozeduren heraus erreichbar. Deswegen heißen sie *lokale Objekte*.

---

[1] höchstens zu Dokumentationszwecken
[2] oder einer anderen, exportierten Funktion
[3] die Vereinbarung lokaler Objekte und die auszuführenden Anweisungen

Darüber hinaus ist es in *C* möglich, außerhalb der Prozeduren *globale Objekte* zu definieren, die aus allen Prozeduren heraus erreichbar sind[1]:

```
    ... // Definition der globalen Objekte                          (3.11)
void lokale_prozedur() {
    ... // Definition der lokalen Objekte von lokale_prozedur
    ... // Benutzung der lokalen und globalen Objekte
}
void main() {
    ... // Definition der Objekte im Hauptprogramm
    ... // Benutzung der Objekte
    // ein Zugriff auf die lokalen Objekte von lokale_prozedur ist nicht möglich
    lokale_prozedur(); // Aufruf; lokale Objekte werden auf den Stapel gelegt
    ...
    lokale_prozedur(); // ein weiterer Aufruf
}
```

Die lokalen Objekte werden beim Eintritt in die lokale Prozedur erzeugt, noch bevor ihre erste Anweisung ausgeführt wird[2]. Beim Verlassen[3] der Prozedur werden sie wieder aufgelöst. Bei einem eventuellen nächsten Aufruf der lokalen Prozedur werden sie wiederholt angelegt; Werte, die beim vorherigen Verlassen der lokalen Prozedur in ihnen enthalten waren, stehen nicht mehr zur Verfügung.

Wird ein Wert beim nächsten Aufruf wieder benötigt, muß ein globales Objekt angelegt werden. Die Gefahr besteht dabei, daß hierauf auch andere Prozeduren zugreifen und den Wert (vielleicht versehentlich) verändern können. Einen Schutz hiergegen bieten Module und Klassen, auf deren globale Objekte nur von innerhalb des Moduls zugegriffen werden kann.

Wenn ein lokales Objekt seinen Wert über mehrere Aufrufe hindurch erhalten soll, kann es als **static** gekennzeichnet werden. Hierauf haben dann aber keine weiteren Unterprogramme Zugriff:

```
void statisches_objekt() {
    static TEimer eimer; // Wert ist vom vorherigen Aufruf erhalten
    ...
```

Alle Objekte sollen, wenn nur möglich, lokal vereinbart werden. Der Gebrauch von globalen Objekten muß also auf das Nötigste eingeschränkt werden.

3.4.2. Statische Schachtelung

In *C* und *C++* ist es - im Gegensatz zu vielen anderen Sprachen - nicht möglich, eine (lokale) Prozedur innerhalb einer anderen Prozedur[4] (ähnlich wie ein Objekt) zu definieren. Es können globale Objekte (außerhalb aller Prozedurrümpfe) defi-

---

[1] aufgrund von Prinzipien aus dem Software Engineering wird von dieser Möglichkeit abgeraten
[2] auch wenn sie textuell weiter hinten vereinbart wurden
[3] z.B. beim Erreichen des Blockendes } oder bei **return**; oder bei einer Ausnahme
[4] wohl aber innerhalb einer Klasse (in *C++*)

niert werden, die aus allen Prozeduren erreichbar sind; innerhalb der Prozeduren definiert man die lokalen Objekte:

```
globales_objekt
anderes_objekt

    prozedur_1()
        lokales_objekt

    prozedur_2()
        lokales_objekt
        anderes_objekt

    hauptprozedur()
        lokales_objekt
```

Abb. 3.5: Statische Schachtelung

Hier sind zwar die beiden Prozeduren prozedur_1 und prozedur_2 global, werden - im allgemeinen - nur lokal (in der hauptprozedur) benutzt. Deswegen nennen wir sie *lokale Prozeduren*.

3.4.3. Blöcke

Lokale Objekte kann man nicht nur in einer lokalen Prozedur vereinbaren. Innerhalb einer Prozedur können geschachtelte *Blöcke* mit weiteren lokalen Objekten angelegt werden. Diese sind von außerhalb des Blocks nicht erreichbar. Ein Block wird zwischen geschweiften Klammern definiert:

```
    ... // Definition der globalen Objekte                              (3.12)
void main() {
        ... // Definition der Objekte im Hauptprogramm
        ... // Benutzung der Objekte
    { // Beginn des ersten geschachtelten Blocks
            ... // Definition der lokalen Objekte im Block
            ... // Benutzung der lokalen Objekte und derer aus dem Hauptprogramm
        { // ein zweiter geschachtelter Block
            ... // alle Objekte erreichbar
        } // Ende des zweiten Blocks
        { // ein dritter geschachtelter Block
            ... // Objekte aus dem zweiten Block nicht erreichbar
        }
    }
    // Objekte aus den Blöcken sind hier nicht erreichbar
}
```

Wie es aus dem Programmtext ersichtlich ist, sind die globalen Objekte von innen heraus erreichbar. Ebenso können sich die lokalen Prozeduren gegenseitig[1] aufrufen.

---

[1] und so auch sich selbst, d.h. *rekursiv*

Von dieser Möglichkeit wird jedoch eher abgeraten, da wir bemüht sind, kurze und übersichtliche Prozedurrümpfe zu entwickeln.

Ähnlich wie lokale Prozeduren werden alle im ganzen Rumpf gültigen Namen[1] im Vereinbarungsteil einer Prozedur vereinbart und im Rumpf *benutzt.*

An dieser Stelle soll bemerkt werden, daß die Begriffe *lokal* bzw. *global* relativ zu den Blöcken sind. Ein Objekt, das oben im zweiten Block definiert wurde, ist vom dritten Block heraus gesehen ein globales Objekt[2], während von der Hauptprozedur heraus es überhaupt nicht sichtbar (erreichbar) ist.

Der Sinn der Verwendung von Blöcken ist, die Sichtbarkeit von Objekten - im Sinne des Prinzips der Lokalität - in die Nähe zu ihrer Benutzung einzuengen. Eine weitere Verwendung ist, die Wirkung der Ausnahmebehandlung einzuschränken[3].

Generell gilt das Schachtelungsprinzip für alle Namen: Jeder Name ist in dem Block bekannt, in dem er vereinbart wurde, und in allen darin geschachtelten Blöcken, außer, wenn derselbe Name im inneren Block erneut (für einen anderen Zweck) vereinbart wurde. In diesem Fall sagt man, daß der Name *verdeckt* wurde. Ein verdecktes globales Objekt kann dennoch mit dem *Bereichsoperator* :: erreicht werden:

```
TEimer e; // ein globales Objekt
void prozedur() {
    TEimer e; // ein lokales Objekt desselben Namens
    fuellen(e); // das lokale Objekt wird gefüllt, das erste ist verdeckt
➡   fuellen(::e); // das globale Objekt kann auch erreicht werden
}
```

3.4.4. Dynamische Schachtelung

Das dynamische Schachtelungsprinzip für lokale Objekte lautet: Jedes Objekt lebt (existiert) vom Zeitpunkt des Eintritts bis zum Verlassen des Blockes, in dem es vereinbart wurde. Es lebt auch in geschachtelten Blöcken, selbst dann, wenn sein Name verdeckt wurde und es so nicht erreichbar (nicht *sichtbar*) ist. Somit kann zwischen *Lebensdauer* und *Sichtbarkeit* von Objekten unterschieden werden. Die Lebensdauer von Objekten ist jedoch breiter als ihre Sichtbarkeit.

Lokale Objekte werden in einem speziellen Speicherbereich, dem *Systemstapel*[4] gespeichert, somit nennen wir sie auch *Stapelobjekte*[5]. Hier werden die Datenbereiche der aktiven Blöcke übereinander gestapelt:

---

[1] von Objekten, Prozeduren, usw.
[2] und somit sichtbar
[3] s. ein Beispiel im Kapitel 4.4.1.
[4] auf englisch: *stack*, oft auch *Keller* genannt
[5] im Gegensatz zu den (dynamisch angelegten) *Haldenobjekten*, s. Kap. 9.

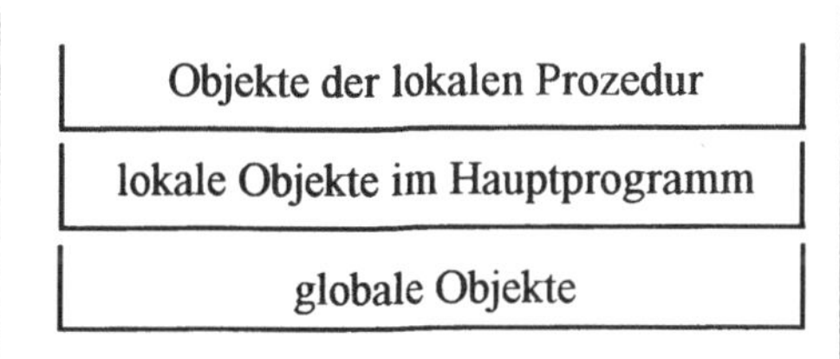

Abb. 3.6: Dynamische Schachtelung

Sobald eine Prozedur (oder Operation) aufgerufen wird, werden alle ihre lokalen Objekte (und evtl. auch Argumente) auf dem Systemstapel angelegt. Diese existieren hier solange, bis die Prozedur beendet wird. Werden weitere Blöcke aktiviert oder Prozeduren aufgerufen, werden diesen weitere Abschnitte des Systemstapels zugewiesen, in dem alle ihre lokalen Objekte (und evtl. auch Argumente) Platz haben. Durch das Schachtelungsprinzip muß immer der innerste[1] Block zuerst abgeschlossen, d.h. der oberste Stapeleintrag gelöscht werden.

Diese Vorgehensweise ermöglicht auch die Programmierung *rekursiver* Prozeduren, die sich selbst aufrufen. Später im Kapitel 12.5. werden wir sie kennenlernen. In älteren Programmiersprachen wie *Cobol* und *Fortran*, die Objekte nicht stapeln, ist Rekursion nicht möglich.

Dynamische Objekte, die nicht aufgrund einer Vereinbarung, sondern explizit erzeugt werden, können nicht auf dem Systemstapel gelagert werden, weil sie das Blockende möglicherweise überleben. Für diese wird ein anderer Speicherbereich reserviert, die *Halde*[2]. Dies ist das Thema der späteren Kapitel 4.6. und 9.

3.5. Zusammenfassung

3.5.1. Terminologie

In diesem Kapitel haben wir folgende Begriffe kennengelernt:

- Die *Namen* von Werten können auch exportiert werden.
- Die *Werte* selbst können in einem Behälter gespeichert werden.
- Alle Werte zusammen bilden die *Wertemenge*.
- Ihre Größe ist die *Kardinalität* des Datentyps.
- Werte liefern ein *konstantes*, Informatoren ein *variables* Ergebnis.
- Werte können entweder durch eine *Zuweisung*, oder mit einem dafür vorgesehenen Mutator *kopiert* werden.
- Die Zuweisung ist für das *Ziel* (linke Seite) ein Infix-Mutator, für die *Quelle* (rechte Seite) jedoch ein Informator.
- In lokalen Prozeduren können *lokale Objekte* vereinbart werden.

---

[1] d.h. zuletzt eröffnete

[2] auf englisch: *heap*

- In lokalen Prozeduren können *globale Objekte* (die außerhalb der Prozedur vereinbart wurden) benutzt werden.
- Die Schachtelung von *Blöcken* ergibt eine *statische Programmstruktur*.
- Geschachtelte Prozeduraufrufe ergeben die *dynamische Programmstruktur*.
- Lokale Objekte werden dieser entsprechend am *Systemstapel* gespeichert.
- Die *Lebensdauer* von Objekten ist jedoch breiter als ihre *Sichtbarkeit*.
- Über den *Bereichsoperator* :: können unsichtbare Objekte erreicht werden.
- *Konstruktoren* einer Klasse sind Methoden ohne Ergebnistyp.

3.5.2. Aufgaben

8. Aufgabe: Finden Sie die 10 Fehler im folgenden *C++*-Programm. Schreiben Sie sie unter Angabe der Zeilennummer mit der richtigen Programmzeile auf:

```
1.  #include MEIMER.HPP;
2.  void fuellen_und_entleeren(TEimer e) {
3.      fuellen(TEimer);
4.      entleeren(TEimer)
5.  }
6.  void main {
7.      Teimer eimer_1; eimer_2; eimer_3;
8.      Fuellen_und_entleeren(eimer1);
9.      Fuellen_und_entleeren(eimer2)
10. end
```

9. Aufgabe: Schreiben Sie die Schnittstelle eines Musikmoduls mit dem Namen MHALLELUJAH in *C++* auf, das nichts exportiert, jedoch Händels *Hallelujah* über die Midi-Schnittstelle abspielt.

10. Aufgabe: Schreiben Sie die Prototypen der Operationen aus der Schnittstelle eines Musikmoduls mit dem Namen MMUSIK auf, dessen Operationen abspielen, noten_drucken und transponieren je ein Musikstück mit den Namen bach, beethoven, haendel und mozart abspielen, drucken oder transponieren. Zum Transponieren muß auch die Tonart (c, cis, d, dis, e, f, fis, g, gis, a, b oder h) angegeben werden.

11. Aufgabe: Schreiben Sie ein Testprogramm für das obige Musikmodul MMUSIK, das beethoven zuerst in der Originaltonart abspielt, dann in fis transponiert, wieder abspielt und ausdruckt.

12. Aufgabe: Das Musikmodul exportiert auch einen abstrakten Datentyp TMusik, in dessen Objekte Musikstücke geladen werden können. Schreiben Sie seine vollständige Schnittstelle auf.

13. Aufgabe: Schreiben Sie ein Musikprogramm, in dem zwei Musikobjekte angelegt und mit unterschiedlichem Inhalt geladen werden. Lassen Sie die beiden abspielen. Setzen Sie anschließend den Inhalt der beiden Objekte gleich, und überprüfen Sie den Erfolg durch erneutes Abspielen.

14. Aufgabe: *Definieren* Sie eine *lokale Prozedur* mit einem Schreibparameter vom Typ TSteuersatz, den Sie aus dem Modul MFINANZ importieren. Rufen Sie darin die

Operation netto aus diesem Modul auf, nachdem über eingabe der Steuersatz eingelesen wurde. Die nötigen Schnittstellen sind:

```
// MFINANZ.HPP
typedef ... TSteuersatz;
void netto(const TSteuersatz brutto_satz,
    TSteuersatz& netto_satz); // errechnet netto_satz aus brutto_satz
void eingabe(TSteuersatz& steuersatz);
    // liest steuersatz über Eingabemaske ein
```

15. Aufgabe: *Programmieren* Sie die *Klasse* CSteuersatz mit den Methoden netto und eingabe mit Hilfe des ADT TSteuersatz.

16. Aufgabe: Die Operation feuer aus dem Modul MFAUL kann ohne Argument oder mit einem Argument aufgerufen werden. Als Argument muß ein Wert, eine Zeichenkette zwischen Anführungszeichen angegeben sein. Der Inhalt dieser Zeichenkette wird in der Animation angezeigt[1]. Schreiben Sie nun ein *C*-Programm, das Ihre Oma (oder jemand anderen) grüßt.

3.5.3. Prüfungsfragen

Entscheiden Sie, ob die folgenden Aussagen richtig oder falsch sind. Geben Sie dazu auch eine Begründung an.

- Alle Namen müssen entweder im aktuellen Programm definiert oder von einem importierten Modul exportiert werden.
- Blöcke werden verwendet, um die Laufzeit von Programmen zu verbessern.
- Das Argument der Operation M1EIMER::fuellen muß der Name eines Werts sein.
- Dynamische Schachtelung wird durch den Speicherbereich namens *Systemstapel* realisiert.
- Die Kardinalität eines Datentyps kann zur Laufzeit verändert werden.
- Die Reihenfolge der Argumente muß immer mit der Reihenfolge der Parameter übereinstimmen.
- Die Schnittstelle definiert, wie eine Operation aufgerufen werden kann.
- Die Vereinbarung einer Prozedur beschreibt, welche Anweisungen beim Aufruf ausgeführt werden.
- Die Zuweisung ist eine vom Modulprogrammierer definierte Operation.
- Durch die Verwendung von Zuweisung können Inkonsistenzen entstehen.
- Ein Informator vergleicht den Inhalt zweier Datenbehälter.
- Ein Modul, das ein abstraktes Datenobjekt realisiert, exportiert - im Gegensatz zu einem ADT-Modul - keinen Datentyp.
- Eine Modulspezifikation enthält immer Operationsprototypen.
- Eine Subroutine ist dasselbe wie ein parameterloses Makro.
- Lokale Objekte einer Prozedur sind von geschachtelten Blöcken aus nicht erreichbar.

---

[1] der Vorbesetzungswert ist "Hallo Welt"

- Im Prototyp können Ausnahmen benannt werden, die beim Aufruf der Operationen ausgelöst werden können.
- Lokale Prozeduren können als Makros aufgerufen werden.
- Lokale Prozeduren können höchstens zwei Parameter haben.
- Mehrere Argumente eines Aufrufs werden durch Strichpunkte getrennt.
- Lokale Prozeduren können nur Lese-, aber keine Schreibparameter haben.

4. Ereignissteuerung

Unsere bisherige Programme waren alle *konstante Programme*. Dies heißt, daß ihr Ablauf nach dem Übersetzen und Binden jedesmal gleich war. *Variable Programme* müssen *Eingabedaten* haben[1].

Eingabedaten können entweder steuern, welche Teile des Programms ablaufen sollen, oder bestimmen, mit welchen Werten seine Behälter gefüllt werden. Dementsprechend spielen sie entweder die Rolle der *Steuerung* oder der *Daten*. Die Eingabedaten können entweder schon vor dem Ablauf des Programms z.B. in Dateien vorliegen, oder werden *interaktiv* während des Programmlaufs eingegeben. Im ersten Fall sprechen wir von einem *Stapelprogramm*, im zweiten von einem *Dialogprogramm*. Ein Dialogprogramm muß bedient werden: Der Bediener sitzt vor dem Bildschirm, die Ausgabedaten des Programms beobachten und (typischerweise aufgrund der Ausgaben) sich entscheiden, welche Eingabedaten (Steuerung oder Daten) über die Tastatur das Programm erhalten soll.

Im Gegensatz zur geläufigen Terminologie verstehen wir in diesem Lehrbuch unter *Benutzer* den Programmierer[2], der die Leistungen eines fertigen Bausteins in Anspruch nimmt, während derjenige, der mit dem fertigen Programm arbeitet, ohne es zu programmieren, *Bediener*[3] genannt wird. Als nächstes lernen wir einige Bausteine für die Arbeit mit dem Bildschirm und der Tastatur kennen, über die ein Programm mit seinem *Bediener* kommunizieren kann.

Die Steuerung des Programms kann über *Menüs* erfolgen; Menüs werden von Menüprozeduren erzeugt: Die Auswahl des Bedieners vom Menü steuert den Programmablauf.

Solche interaktive Steuerung des Programmablaufs, wie die Auswahl eines Menüpunktes, ist der Spezialfall eines *Ereignisses*. Ereignisse können externe oder interne Ereignisse sein, d.h. ihre Quelle kann außerhalb oder innerhalb des Programms liegen. Ein internes Ereignis wird durch einen Teil des Programms ausgelöst, durch das andere Teile aktiviert werden; in diesem Sinne können wir das Auftreten einer Ausnahme als Ereignis ansehen. Ein externes Ereignis ist die Ankunft von Steuerdaten, wie auch eine Menüauswahl, aber auch z.B. das Anklicken eines Steuerelements durch die Maus.

In diesem Kapitel beschäftigen wir uns mit der Steuerung des Programms durch Menüauswahl und mit anderen Werkzeugen der *Bedienerkommunikation*.

---

[1] s. Kapitel 1.2.
[2] wir nennen ihn auch *Importeur*
[3] häufig heißt er auch *Benutzer* oder auch *Anwender*

4.1. Menüs für Programmsteuerung

Die Menüs in diesem Kapitel werden von Prozeduren erzeugt. Einige Menüprozeduren (z.B. `menue`) sind parameterlos. Andere (wie `eimer_menue`) können Argumente
haben. Durch das Einbinden mit `#include` wird ihr Name dem Compiler bekannt
gegeben, und sie kann wie jede im Programm selbst definierte Prozedur benutzt
werden.

Wer also eine Menüprozedur einbindet und aufruft, bekommt ein Menü auf seinem
Bildschirm, aus dem er verschiedene Menüpunkte entweder mit der Tastatur oder
mit der Maus auswählen kann.

Um einen Eindruck über das Aussehen eines menügesteuerten Programms zu ge-
ben, befindet sich in der Bibliothek `LEHRBUCH` auf der Begleitdiskette die Prozedur
`leer_menue`. Die Auswahl der Menüpunkte (außer "Ende") bewirkt allerdings keine
Aktionen; die einzige Aufgabe des Moduls ist die Gestaltung des Bildschirms. Ihr
Prototyp in der Datei `LEHRBUCH.HPP` ist einfach:

```
void leer_menue();
```

17. **Übung:** Binden Sie die Prozedur `leer_menue` in ein Programm ein, und rufen Sie
sie auf. Betrachten Sie das Ergebnis. Den Aufruf können Sie mit der Auswahl des
Menüpunkts "Ende" verlassen.

Bemerkung: Dieses ist das erste *variable Programm*, das Sie im Laufe dieses Pro-
grammierkurses erstellt haben. Die bisherigen Programme waren alle konstant, die
bei jeder Ausführung identisch abgelaufen sind. Hier hängt der Ablauf von Ihren
Menüauswahlen[1] ab.

18. **Übung:** Die Prozedur `eimer_menue` mit zwei Eimerparametern ist geeignet, das
Füllen und Entleeren von zwei Eimern zu steuern. Binden Sie ihre Schnittstelle in
der Datei `EIMMENUE.HPP` in ein Programm ein, um sie aufrufen zu können. Hierbei
müssen Sie ihr zwei (von Ihnen vereinbarte) Datenbehälter vom Typ `TEimer` als Argumente angeben (die Parameter heißen `linker_eimer` und `rechter_eimer`). Durch die
Menüauswahl "Füllen links Wasser" wird der erste[2] Eimer mit Wasser gefüllt, durch
die Auswahl "Füllen rechts Wein" wird der zweite mit Wein gefüllt. Mit "Entleeren
links" und "Entleeren rechts" kann der erste bzw. der zweite entleert werden. Der
letzte Menüpunkt "Ende" bewirkt das Verlassen des Prozeduraufrufs[3]. Entleeren Sie
zum Schluß beide Eimer. Fangen Sie auch noch die Ausnahmen `EEimer_voll` und
`EEimer_leer` auf, die durch Bedienungsfehler[4] ausgelöst werden. Am Bildschirm sehen Sie selbstverständlich nur jene Eimer, die Sie vor dem Aufruf von `eimer_menue` mit
`anzeigen` sichtbar gemacht haben.

---

[1] auch wenn dadurch nichts bewirkt wird

[2] auch wenn er rechts am Bildschirm steht

[3] d.h. anschließend werden die Anweisungen ausgeführt, die Sie nach dem Aufruf
`eimer_menue` in Ihrem Programm geschrieben haben

[4] durchs Füllen eines vollen oder Entleeren eines leeren Eimers

Der Prototyp von `eimer_menue` in der Datei `EIMMENUE.HPP` ist:

```
void eimer_menue(TEimer& linker_eimer, TEimer& rechter_eimer);
    // Menü für zwei Eimer
    // Ein Menü für Füllen und Entleeren wird am Bildschirm dargestellt.
    // Der Aufruf kann mit der Auswahl von "Ende" verlassen werden.
```

Die Lösung dieser Übung ist ein echtes *variables Programm*, da die Eimer in Abhängigkeit der Menüauswahlen gefüllt oder entleert werden.

4.2. Meldungsfenster

Mit Hilfe von Menüs greift also der Bediener in den Programmablauf *interaktiv* ein. Das Ergebnis des Ablaufs beobachtet er am Bildschirm, z.B. wenn das Programm die betroffenen Eimer sichtbar macht. Ein anderer Weg, dem Bediener Information aus dem Programm auszugeben, ist ein *Meldungsfenster*. Es ist ein viereckiger, umrahmter Bereich am Bildschirm; in der obersten Zeile erscheint dabei der *Titel*[1] des Meldungsfensters; weiter unten steht die eigentliche *Meldung*.

Im Modul `LEHRBUCH` befindet sich die Prozedur namens `meldungsfenster`. Ihr Aufruf bewirkt, daß am Bildschirm ein Meldungsfenster erscheint. Es bleibt solange stehen, bis der Bediener die Meldung zur Kenntnis genommen und dies mit der Eingabetaste bestätigt hat.

In die Prozedur `meldungsfenster` können Argumente eingesetzt werden, die eine bis jetzt unbekannte Form haben. Sie werden durch eine zwischen Anführungszeichen gesetzte Zeichenfolge, auch *Textzeile* oder *Zeichenkette*[2] dargestellt. Sie wird oft mit der Typbezeichnung `char*` oder `char[]` aufgeführt. Später werden wir dieses Gebilde ausführlicher untersuchen; jetzt reicht es zu wissen, daß sie der Prozedur `meldungsfenster` als Argument übergeben werden kann, damit sie am Bildschirm als Meldung erscheint:

```
meldungsfenster("Füllen ist nicht zulässig");
```

Man kann die Prozedur in einem Programm aufrufen, um damit eine neue Version des Hallo-Programms zu erzeugen:

```
void hallo_mit_meldungsfenster() {                              // (4.1)
    meldungsfenster("Hallo Welt!");
}
```

Die Prozedur `meldungsfenster` kann auch mit zwei Argumenten (beides Zeichenketten) aufgerufen werden. Die zweite Zeichenkette erscheint dann in der obersten Zeile des Fensters als Titel. Eine besonders nützliche Verwendung von Meldungsfenstern ist die Fehlermeldung bei der Ausnahmebehandlung:

---

[1] meistens ein Hinweis, woher die Information stammt, oder die Art der Information, z.B. „Fehler"

[2] auf englisch: *String*; *String* heißt auf deutsch *Schnur*

```
catch(EEimer_leer) {
    meldungsfenster("Eimer leer", "Bedienungsfehler");
}
```

4.3. Hierarchie von Bausteinen

Es ist häufig der Fall, daß Meldungsfenster im Laufe eines Programms ausgegeben werden, um den Bediener über die aktuelle Situation im Programmablauf zu informieren. Dazu werden meistens neben der Prozedur auch Module und andere Bausteine (Übersetzungseinheiten) eingebunden:

```
#include "EIMMENUE.HPP" // für eimer_menue                         (4.2)
#include "MEIMER.HPP" // für TEimer
#include "LEHRBUCH.HPP" // für meldungsfenster
void zwei_eimer_mit_menue() {
    try {
        TEimer eimer_1, eimer_2; // MEIMER::TEimer
        meldungsfenster("Guten Tag!"); // LEHRBUCH::meldungsfenster
        anzeigen(eimer_1); // Eimer werden sichtbar gemacht
        anzeigen(eimer_2);
        meldungsfenster("Füllen und leeren Sie Ihre Eimer übers Menü");
        meldungsfenster("Verlassen Sie das Menü mit vollen Eimern");
        eimer_menue(eimer_1, eimer_2); // EIMMENUE::eimer_menue
        entleeren(eimer_2); // eimer_2 wird entleert
        fuellen(eimer_2, inhalt(eimer_1)); // und dann wieder gefüllt
        meldungsfenster("Auf Wiederrechnen"); // Verabschiedung
    }
    // Ausnahmen durch Bedienungsfehler werden aufgefangen:
    catch(EEimer_leer) { // MEIMER::EEimer_leer
        meldungsfenster("Eimer leer", "Bedienungsfehler");
    }
    catch(EEimer_voll) {
        meldungsfenster("Eimer voll", "Bedienungsfehler");
    }
    catch(...) { // alle andere Ausnahmen
        meldungsfenster("Wartung holen", "Programmfehler");
    }
}
```

Die letzten Zeilen dieses Programms zeigen, wie unterschiedliche Ausnahmen aufgefangen werden. Eine solche Konstruktion heißt *Verteiler*. Im jeweiligen Ausnahmeblock kann eine Sequenz von Anweisungen stehen, die beim Auftreten der Ausnahme ausgeführt werden. Die letzte Alternative des Verteilers wird durch drei Punkte gekennzeichnet: Hierdurch werden alle, auch nach Namen nicht bekannte Ausnahmen aufgefangen.

Ausnahmen, die eventuell bei der Ausführung des Ausnahmebehandlungsteils auftreten, können in dieser Prozedur nicht mehr aufgefangen werden, sondern werden an den Aufrufer (in diesem Fall an das Laufzeitsystem) weitergereicht.

Durch die Verwendung mehrerer Bausteine entsteht eine *Hierarchie*, eine sehr typische Struktur in der modernen Programmiertechnologie:

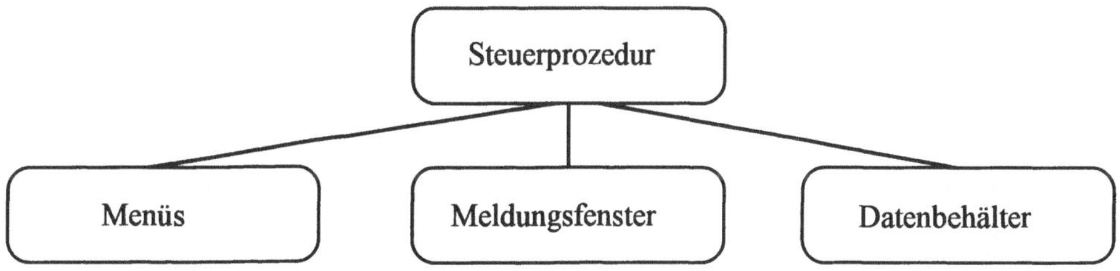

Abb. 4.1: Einfache Hierarchie von Bausteinen

Die Steuerprozedur wird i.a. vom Programmierer entwickelt. Im obigen Beispiel heißt sie `zwei_eimer_mit_menue`. Ihre Hauptaufgabe besteht oft darin, die nötigen Datenbehälter[1] anzulegen, Informationen ein- und auszugeben[2] und die der Menüauswahl entsprechenden Aktionen durchzuführen[3].

Auch wenn der Entwickler der Steuerprozedur (Benutzer der Module) nichts davon sieht, benutzen diese Module weitere darunterliegende Bausteine. Daher ist die eigentliche Bausteinhierarchie komplexer:

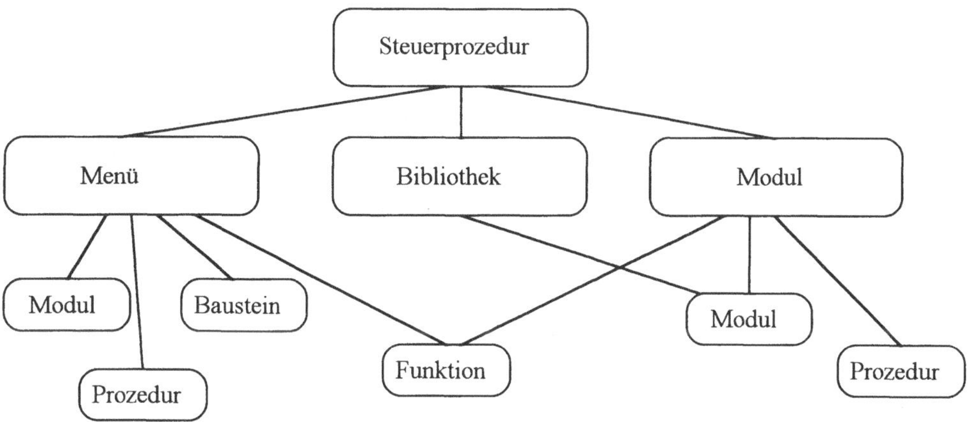

Abb. 4.2: Hierarchie von Bausteinen

Es wird angestrebt, in der Hierarchie vorhandene Bausteine zu verwenden. In komplexeren Programmsystemen werden jedoch vom Entwickler (oder von den Entwicklern) auch eigene[4] Module entworfen, die eine recht komplexe Modulhierarchie bilden. Einzelne Module können selbst mehrere weitere Module beinhalten; diese Hierarchie wird gesondert entworfen. Das Ziel der Hierarchisierung ist, die im Endeffekt sehr komplizierte Struktur des Gesamtsystems in übersichtliche, kleinere Einheiten aufzugliedern.

---

[1] hier mit Hilfe von `MEIMER`
[2] hier nur Ausgabe mit Hilfe von `meldungsfenster`
[3] hier wird dies von der Menüprozedur selbst erledigt
[4] möglichst in anderen Projekten wiederverwendbare

4.4. Rückruf

Eine aufgerufene Prozedur kann in ihrem Rumpf eine weitere Prozedur aufrufen. Diese kann im selben Modul oder in einem anderen Modul definiert worden sein. Falls sie in dem Modul definiert wurde, von dem heraus der erste Aufruf kam, sprechen wir von einem *Rückruf.*

4.4.1. Prozedurparameter

In der Prozedur `eimer_menue` wurde die Wirkung der einzelnen Menüpunkte fest einprogrammiert: Die Eimer können mit verschiedenen Getränken gefüllt oder entleert werden. Der Benutzer, der das Modul einbindet, kann daran nichts[1] ändern.

Interessanter sind Menüprozeduren, die dem Programmierer die Möglichkeit geben, eigene Aktionsfolgen (Prozeduren) zu definieren und diese durch die Auswahl eines Menüpunktes anzustoßen. Dies ist möglich, indem der Menüprozedur per *Prozedurparameter* mitgeteilt wird, welche Subroutine durch welchen Menüpunkt aufgerufen werden soll.

Als ein einfaches Beispiel betrachten wir die Prozedur `frei_menue`. Ihr Erscheinungsbild ist dem schon bekannten `eimer_menue` sehr ähnlich, außer daß zusätzlich der Menüpunkt "Frei" erscheint. Der Programmierer von `frei_menue` hat es dem Benutzer der Prozedur offengelassen, welche Aktionsfolge bei der Auswahl dieses Menüpunktes ausgeführt werden soll. Der Benutzer soll also eine eigene Prozedur definieren und ihren Namen der Prozedur `frei_menue` übergeben.

Der Parameter dieser Operation ist der Name einer Prozedur. Wenn f der Name einer (z.B. lokalen) Prozedur ist, dann kann dieser Name Aufruf einer weiteren Prozedur (z.B. g) als Argument mitgegeben werden:

```
g(f);
```

Im Rumpf der Prozedur g kann die Parameterprozedur aufgerufen werden. Als Effekt wird die Argumentprozedur f ausgeführt. Der Prototyp der Prozedur g ist in diesem Fall:

```
void g(void p()); // Argument muß eine parameterlose Prozedur sein
```

In unserem nächsten Beispiel wird eine lokale Prozedur `umfuellen` definiert, deren Name an `frei_menue` als Argument weitergegeben wird. Die Menüprozedur ruft nun unsere Prozedur `umfuellen` dann auf, wenn der Bediener den Menüpunkt "Frei" wählt:

```
void umfuellen(TEimer& von, TEimer& nach) { // lokale Prozedur            (4.3)
    // Inhalt von wird nach übertragen; anschließend von geleert
    fuellen(nach, inhalt(von));
    entleeren(von);
}
```

---

[1] außer, daß er den Aufruf mit seinen Parameter-Eimern versieht

```
void umfuellen_mit_prozedurparameter() {
    TEimer links, rechts;
        ... // evtl. Eimer anzeigen
    meldungsfenster("Menüpunkt 'Frei' = Füllen + Entleeren");
    frei_menue(links, rechts, umfuellen); // umfuellen = Prozedurparameter
}
```

Solche Prozeduren, deren Namen als Parameter übergeben werden, um aufgerufen zu werden, heißen *Rückrufprozeduren*[1]. Dadurch wird ausgedrückt, daß eine (z.B. vom Hauptprogramm) aufgerufene Prozedur (hier: frei_menue) eine weitere (aus dem Hauptprogramm, hier: umfuellen) *zurückruft*:

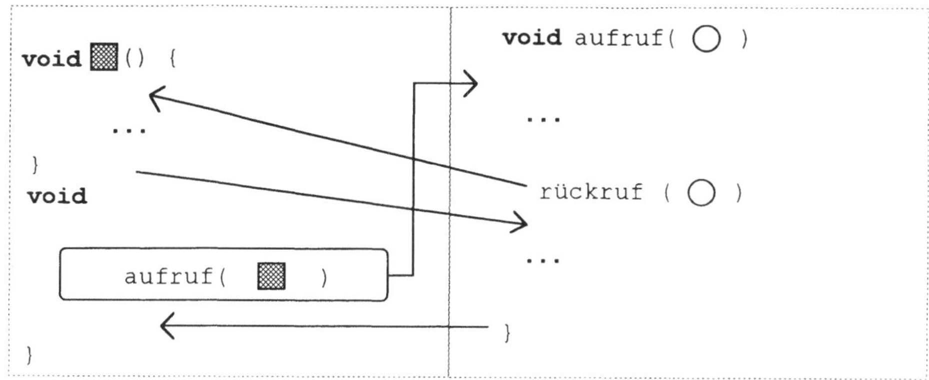

Abb. 4.3: Rückrufprozeduren

Der Prototyp von frei_menue befindet sich in der Datei FREIMENU.HPP:

```
void frei_menue(TEimer&, TEimer&, // MEIMER::TEimer                    // (4.4)
    void rueckrufprozedur(TEimer&, TEimer&));
```

Es ist möglich, auch eine zweite lokale Prozedur zu definieren und bei einem zweiten Aufruf von frei_menue ihr diese zu übergeben:

```
    ... // wie zuvor                                                       (4.5)
void umfuellen_nach_entleeren(TEimer& quelle, TEimer& ziel) {
    // quelle wird zuerst geleert, dann umgefüllt wie zuvor
    entleeren(ziel);
    fuellen(ziel, inhalt(quelle));
    entleeren(quelle);
}
void umfuellen_mit_zwei_prozedurparametern() {
        ... // evtl. Eimer anzeigen
    meldungsfenster("Menüpunkt 'Frei' = füllen + entleeren");
➡       frei_menue(links, rechts, umfuellen); // wie zuvor
    meldungsfenster("Menüpunkt 'frei' = entleeren + füllen + entleeren");
        // das Menü erscheint wieder, jedoch mit anderer Funktionalität:
➡       frei_menue(links, rechts, umfuellen_nach_entleeren); // neu
}
```

---

[1] auf englisch: *call back procedure*

19. **Übung:** Tippen Sie zuerst das Programm (4.3) mit Ihren eigenen Bezeichnern[1] ein. Versuchen Sie dabei, seine Arbeitsweise zu verstehen. Testen Sie es. Entwickeln Sie anschließend Ihr eigenes Programm auf folgende Weise. Sie werden dabei verstehen, wie an ein Menüpunkt verschiedene lokale Prozeduren mit Hilfe von Parameterprozeduren angehängt werden:

Definieren Sie zwei Eimer, die Sie zu Anfang durch anzeigen sichtbar machen sollen. Schreiben Sie zwei verschiedene Rückrufprozeduren (alle mit je zwei Eimerparametern): Sie sollen den Eimer, gegeben im ersten Argument, mit wasser bzw. wein[2] füllen. Diese Rückrufprozeduren sollen Sie nun zwei Aufrufen der Prozedur frei_menue nacheinander übergeben. Informieren Sie den Bediener zuvor über die jeweilige Auswirkung des Menüpunktes "Frei" in einem Meldungsfenster vor dem Menüaufruf.

Ihre Rückrufprozeduren können Sie mit der Auswahl des Menüpunkts "Frei" aktivieren. Die einzelnen Aufrufe können Sie mit der Auswahl des Menüpunkts "Ende" verlassen. Vergleichen Sie das am Bildschirm sichtbare Ergebnis (die Wirkung der Menüauswahl "Frei") der verschiedenen Rückrufprozeduren.

4.4.2. Mehrere Prozedurparameter

Das folgende Programm demonstriert, wie die Menüprozedur menue4[3] vier lokale Subroutinen als Parameter zurückruft. Über die vier Menüpunkte werden zwei mit Hilfe von MEIMER angelegte Eimer gefüllt bzw. entleert:

```
TEimer links, rechts; // zwei globale Objekte                          (4.6)
// Definition der 4 lokalen Subroutinen
void fuellen_links() {
    try {
        ::fuellen(links, wasser); // MEIMER::fuellen
    }
    catch(EEimer_voll) {
        meldungsfenster("Eimer voll", "Fehler");
    }
}
void fuellen_rechts() { ... // ähnlich für rechts mit wein
void entleeren_links() {
    try {
        ::entleeren(links); // MEIMER::entleeren
    }
    catch(EEimer_leer) {
        meldungsfenster("Eimer leer", "Fehler");
    }
}
void entleeren_rechts { ... // ähnlich für rechts
```

---

[1] anstelle von umfuellen_mit_prozedurparameter, links, rechts, und umfuellen
[2] unabhängig vom Inhalt des zweiten Parameter-Eimers
[3] in die keine eigene Funktionalität (außer "Ende") eingebaut wurde

```
void menue_zwei_eimer() {
    ... // evtl. Eimer anzeigen
    menue4(fuellen_links, fuellen_rechts, entleeren_links, entleeren_rechts);
        // Aufruf der Menüprozedur mit den vier Prozedurparametern
        // Rückruf der 4 lokalen Subroutinen durch Menüauswahl
    ... // evtl. mit dem vom Bediener hinterlassenen Zustand weiterarbeiten
}
```

Beachtenswert ist hier die Ausnahmebehandlung: Sie findet in den Rückrufprozeduren statt. Wenn der volle linke Eimer infolge eines Bedienungsfehlers gefüllt werden soll, wird die Subroutine `fuellen_links` durch die Ausnahme `EEimer_voll` unterbrochen, die von `fuellen`[1] ausgelöst wird. Die Ausnahme wird durch die Fehlerbehandlung innerhalb von `fuellen_links` aufgefangen und „repariert"[2], deswegen nicht weitergereicht: Die Prozedur `menue4`, die `fuellen_links` aufgerufen hat, wird über den Fehler nicht informiert, da er sie „nicht betrifft". Sie macht ihre Arbeit weiter, als ob kein Fehler geschehen wäre: Der nächste Menüpunkt kann ausgewählt werden, das Programm läuft störungsfrei weiter.

Es ist also zweckmäßig, die Ausnahmebehandlung in den Rückrufprozeduren durchzuführen.

Der Prototyp dieser Menüprozedur ist:

```
// MENUE4.HPP                                                     (4.7)
void menue4(void erster_menuepunkt(), void zweiter_menuepunkt(),
    void dritter_menuepunkt(), void vierter_menuepunkt());
```

4.5. Werkzeuge für Bedienerkommunikation

Ältere Programme kommunizieren mit ihrem Bediener *textorientiert*: Eine Meldung belegt eine Textzeile, Eingaben werden zeilenweise angefordert, in einer nächsten Zeile werden sie eingelesen. Die moderne Alternative hierzu ist der *fensterorientierte Dialog*: Rechteckige Bildschirmobjekte zeigen die Ausgabedaten an, Eingabedaten werden über geeignete Masken eingelesen oder - vielleicht mit Hilfe der Maus - aus einer Liste ausgewählt.

Die Werkzeuge für den textorientierten Dialog sind für jeden *C*- und für jeden *C++*-Compiler gleich, da die Sprache selbst hierfür geeignete Prozeduren definiert. Die fensterorientierten Werkzeuge müssen jedoch auf jeder Plattform gesondert programmiert werden. Wir werden jetzt einige als einfache Beispiele kennenlernen, die vom Autor entworfen wurden.

4.5.1. Menügeneratoren

Solche ganz oder halb vorgefertigten Menüs wie `leer_menue`, `eimer_menue` oder `frei_menue` sind nicht allzu nützlich, da ihre Verwendungsmöglichkeiten stark eingeschränkt sind: Die einzelnen Menüpunkte und die Wirkung der meisten wurde

---

[1] die Operation „merkt" den Fehler und löst die Ausnahme aus
[2] indem der Bediener über seinen Fehler informiert wird

schon vom Autor fest einprogrammiert. Sie sind nur für die Arbeit mit zwei Eimern geeignet. `menue4` ist etwas nützlicher, da hier vier beliebige Subroutinen eingebunden werden können, aber die Anzahl und der Text der Menüpunkte stehen auch hier fest.

Menügeneratoren sind in der Lage, Menüs mit beliebigen Einträgen und beliebiger Struktur zu erzeugen. An die einzelnen Menüpunkte müssen dann über Argumentprozeduren die benutzerdefinierten Subroutinen angehängt werden.

Mit dem auf der Begleitdiskette ausgelieferten Hilfsprogramm `MENUEGEN.EXE` kann so ein Menü für *C++*-Programme interaktiv erzeugt werden. Lesen Sie dazu die Bedienungsanleitung in der Datei `MENUEGEN.DOC`. Das Ergebnis eines erfolgreichen Aufrufs ist der Programmtext des Menüs in den Dateien `MENUE.HPP` und `MENUE.CPP`. Dieser ist abhängig von den dem Menügenerator angegebenen Menüpunkten. Er muß übersetzt werden. Anschließend kann das Menü in eine Prozedur eingebunden und dort nach der Vereinbarung der den Menüpunkten gehörenden Subroutinen aufgerufen werden.

Der Aufruf der generierten Prozedur bewirkt das Erscheinen eines Menüs mit den gewünschten Menüpunkten. Die Auswahl der einzelnen Menüpunkte aktiviert die entsprechenden Subroutinen aus dem Benutzerprogramm. Der zusätzlich generierte Menüpunkt "Ende" bewirkt das Verlassen des Aufrufs und die Fortsetzung des Programms nach dem Aufruf.

Bemerkung: Die Menüprozeduren `eimer_menue` und `frei_menue` können nicht vom Menügenerator direkt erzeugt werden, da sie selber mit Eimern arbeiten[1]. `MENUEGEN.EXE` erzeugt eine Menüprozedur, das durch die Menüauswahl <u>nur Subroutinen</u> aktiviert. Diese müssen vom Benutzer definiert und als Argumente der generierten Prozedur übergeben werden.

Ihr Prototyp sieht folgendermaßen aus:

```
void menue(void menuepunkt_1(), ...);                                    // (4.8)
    // die Anzahl der Prozedurparameter hängt von der Anzahl der Menüeinträge ab
```

Für jeden Menüpunkt müssen Sie eine Subroutine (eine parameterlose Prozedur) definieren, die als Argument beim Aufruf eingesetzt wird. Oft tut diese Subroutine nichts anderes, als eine importierte Operation[2] aufzurufen. Wenn die importierte Operation selber keinen Parameter hat, kann sie direkt[3] als Argument verwendet werden. Ein Beispiel ist hierfür das Modul `M2EIMER`, das parameterlose Operationen wie `fuellen_links` exportiert. Somit kann das Programm (4.6) auch ohne die Definition eigener Rückrufprozeduren gelöst werden:

```
// IMPRUECK.CPP                                                          // (4.9)
#include "M2EIMER.HPP" // ADO-Modul für zwei Eimer
#include "MENUE4.HPP" // für menue4
```

---

[1] sie importieren `MEIMER` für den Parametertyp `TEimer`
[2] u.U. mit geeigneten Parametern versehen
[3] nicht über den Umweg der Definition einer parameterlosen Subroutine

```
void importierte_rueckrufprozeduren() {
      ... // evtl. Eimer anzeigen
➡    menue4(fuellen_links, fuellen_rechts, entleeren_links,
          entleeren_rechts); // M2EIMER::fuellen_links, usw.
      // Einsetzen importierter Rückrufprozeduren
}
```

Wenn die importierten Operationen jedoch Parameter verlangen wie die von MEIMER, ist die direkte Übergabe an den Aufruf nur nach der Modifikation der generierten Datei MENUE.CPP möglich. Für fortgeschrittene Programmierer besteht die Möglichkeit, die Parameterprozedur mit einem anderen Profil[1] zu versehen, für die dann parametrisierte Prozedurparameter eingesetzt werden können. Es soll dabei jedoch beachtet werden, daß die zu bedienenden Objekte dann über den Aufruf der Menüprozedur an die Rückrufprozeduren weitergereicht werden müssen, also auch mit diesen Parametern versehen werden[2].

20. **Übung:** Entwickeln Sie ein menügesteuertes Programm für das Anzeigen von Gedichtzeilen oder Sprüchen. Generieren Sie dafür von MENUEGEN.EXE ein Menü mit 4 Menüpunkten (außer "Ende"). Übersetzen Sie die generierte Datei MENUE.CPP, und binden Sie es in Ihr Programm ein. Verbinden Sie die einzelnen Menüpunkte mit Subroutinen; jede soll nacheinander zweimal die Prozedur meldungsfenster mit jeweils einer Textzeile (2 Zeilen Ihres Lieblingsgedichts oder 2 Sprüche) aufrufen. Insgesamt programmieren Sie also 8 Meldungsfenster, zwei pro Menüpunkt. Beachten Sie die Bedienungsanleitung (z.B. Längeneinschränkungen) der verwendeten Prozeduren menue und meldungsfenster für Bildschirmobjekte.

4.5.2. Auswahllisten

Interaktive Programme bedürfen häufig nicht nur der Auswahl der gewünschten Aktion[3], sondern auch der Eingabe von Werten[4]. Wenn die Anzahl der in Frage kommenden Werte nicht sehr groß (bis zu 10) ist, wird hierfür am besten eine *Auswahlliste* verwendet. Der Bediener erhält in einem Fenster die Namen aller Werte, aus denen er eine mit Hilfe der Tastatur (oder der Maus) auswählen kann.

Ein Beispiel hierfür ist die vom MEIMER exportierte Prozedur getraenkwahl. Ihr einziger Parameter ist ein Eimerobjekt, in das das gewählte Getränk gefüllt wird[5]. Ihr Prototyp ist aus der Schnittstelle von MEIMER:

```
void getraenkwahl(TEimer&); // Eimer wird mit dem ausgewählten Getränk gefüllt
```

Ein einfaches Beispiel für die Verwendung der Auswahlliste ist:

```
   TEimer eimer;                                                         // (4.10)
➡  getraenkwahl(eimer); // hier wird die Auswahlliste aufgerufen
   anzeigen(eimer); // das Ergebnis der Auswahl wird angezeigt
```

---

[1] mit Parametern

[2] wie dies auch bei eimer_menue und frei_menue der Fall ist

[3] z.B. über ein Menü

[4] z.B. ein Getränk, mit dem ein Eimer gefüllt werden soll

[5] konsequenterweise ist er also ein Schreibparameter

21. **Übung:** Programmieren Sie mit Hilfe der vom Modul MKREIS exportierten Operation

```
void farbenwahl(TKreis&); // Kreis wird mit der ausgewählten Farbe gefüllt
```

ein menügesteuertes Programm mit einem sichtbaren und einem unsichtbaren Kreis. Dieser letztere soll als Speicher dienen. Die Operationen zeichnen, bemalen, verstecken und wiederherstellen aus dem Modul MKREIS sollen für den sichtbaren Kreis durch Menüauswahl aufgerufen werden können. Generieren Sie mit dem Hilfsprogramm MENUEGEN[1] ein Menü, diesmal mit englischen Bezeichnungen[2]: "Draw" (Zeichnen), "Paint" (Bemalen), "Hide" (Verstecken) und "Redraw" (Wiederherstellen). Bei der Auswahl von "Paint" soll die gewünschte Farbe über die (von farbenwahl angebotene) Auswahlliste vom Bediener eingegeben werden. Darüber hinaus sollen die Menüpunkte "Save" (Speichern) und "Load" (Laden) die Farbe des ersten Kreises in den zweiten speichern bzw. zurückladen. Fangen Sie auch die Ausnahmen auf, die durch Fehlbedienung entstehen.

Bemerkung: Die Operationen getraenkwahl und farbenwahl funktionieren sehr ähnlich; sie unterscheiden sich nur darin, daß die erste für Eimer mit Getränken, die zweite für Kreise mit Farben zuständig ist. Die Idee liegt nahe, die beiden nicht gesondert zu programmieren. In der Tat, sie stammen von einer Prozedurschablone namens auswahlliste, die wir demnächst kennenlernen werden.

4.5.3. Eingabemasken

Wenn die Anzahl der in Frage kommenden Werte für eine Auswahlliste zu groß ist, gibt es am Bildschirm nicht genügend Platz für alle. Eine Möglichkeit ist, sie in einem Fenster mit *Rollbalken* darzustellen, mit dem der Bediener blättern und nach dem gewünschten Wert suchen kann. Bei einer sehr großen Anzahl von Werten ist es jedoch sinnvoller, ihn den Wert einfach eintippen zu lassen. Hierzu dienen *Eingabemasken* oder *Eingabefenster*.

Ein Beispiel hierfür ist die vom MEIMER exportierte Prozedur getraenk_eingabe:

```
void getraenk_eingabe(TEimer&) throw(EDatenfehler);
    // Getränk muß in die Eingabemaske eingetippt werden
```

Wird ein Text eingegeben, der nicht dem Namen eines Getränks entspricht[3], wird die Ausnahme EDatenfehler ausgelöst.

```
TEimer Eimer;                                                        // (4.11)
getraenk_eingabe(eimer); // ein Wert für Getränke muß eingetippt werden
anzeigen(eimer); // das Ergebnis wird angezeigt
```

---

[1] Anleitung hierfür finden Sie in der Datei MENUEGEN.DOC
[2] die angehängten Subroutinen sollten Sie trotzdem mit deutschen Namen versehen
[3] Groß- oder Kleinschreibung ist dabei irrelevant

4.5.4. Ausgabefenster

Wir haben schon die Prozedur `meldungsfenster` kennengelernt, mit deren Hilfe eine Textzeile dem Benutzer angezeigt werden kann. Ähnlich funktionieren die Methoden `getraenk_ausgabe` und `ausgabe` aus dem Modul `MEIMER`, die den Inhalt eines Eimers ebenfalls in einem Fenster textuell erscheinen lassen.

Ein allgemeines Ausgabefenster, in dem Werte eines beliebigen diskreten Typs ausgegeben werden können, werden wir als Prozedurschablone demnächst kennenlernen.

4.6. Objektwahl

Die im Programm (4.6) benutzte Menüprozedur `menue4` erwartet vier parameterlose Prozeduren, die bei der Auswahl ihrer vier Menüpunkte aktiviert werden. Im Programm (4.6) haben wir deshalb 4 Subroutinen vereinbart: `fuellen_links`, `fuellen_rechts`, `entleeren_links` und `entleeren_rechts`: Füllen und Entleeren für jeweils den linken und den rechten Eimer. Wer mit mehreren Eimern arbeiten möchte und vielleicht mit jedem Eimer auch noch andere Aktionen (z.B. umfüllen) ausführen möchte, muß für jede Aktion mit jedem Eimer einen eigenen Menüpunkt und in seinem Hauptprogramm eine recht große Anzahl von Subroutinen definieren.

4.6.1. Aktion nach Vorwahl

Man kann auf die Idee kommen, vor der Auswahl der Aktion einen Eimer vorzuwählen, mit dem alle folgenden Aktionen durchgeführt werden. Dann muß (unabhängig von der Eimerzahl) für jede Aktion nur ein Menüpunkt[1] definiert werden. Wir nennen diese Vorgehensweise *Aktion nach Vorwahl*.

Wenn wir versuchen, das Programm (4.6) auf diese Weise zu implementieren, brauchen wir von `MENUEGEN.EXE` eine Prozedur `menue` mit den Menüpunkten: "Linker Eimer", "Rechter Eimer", "Füllen", "Entleeren" sowie "Ende"[2]. Für die ersten vier vereinbaren wir entsprechende Subroutinen `linker_eimer`, `rechter_eimer`, `fuellen` und `entleeren`. Bei ihrer Programmierung stoßen wir jedoch auf das folgende Problem: Wie erfährt z.B. `fuellen`, ob zuvor der linke oder der rechte Eimer ausgewählt wurde? Sie muß einen der beiden füllen, sie muß entweder `fuellen(links)` oder `fuellen(rechts)` aufrufen.

Eine Idee zur Lösung ist, den Programmtext zur Laufzeit zu verändern: Die Auswahl des Menüpunkts "Linker Eimer" bewirkt, daß der Name des linken Eimers als Parameter des Operationsaufrufs `fuellen` (und dann auch von `entleeren`) geschrieben wird, während "Rechter Eimer" den Namen des rechten hinschreibt:

---

[1] und dementsprechend nur eine Subroutine
[2] "Ende" wird automatisch, d.h. ohne gesonderte Angabe immer generiert

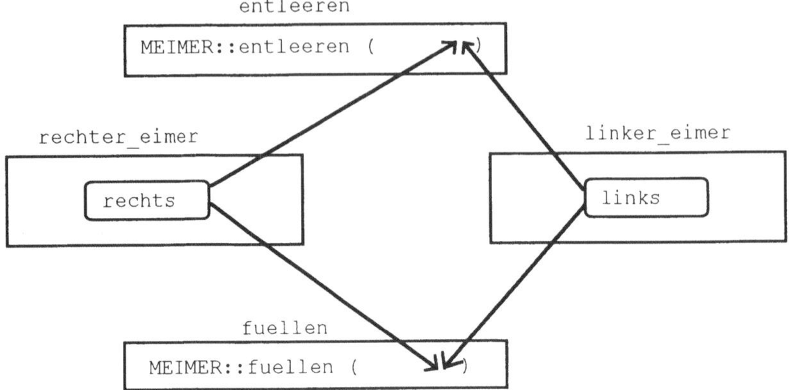

Abb. 4.4: Überschreiben vom Programmtext

4.6.2. Zeiger auf Stapelobjekte

In *C++* ist es nicht möglich[1], selbstmodifizierende Programme zu schreiben, aber wir können einem Operationsaufruf unterschiedliche Namen als Parameter übergeben. Hierzu wurden die *Zeigerobjekte*[2] eingeführt: In ein Zeigerobjekt kann zur Laufzeit der „interne Name"[3] verschiedener Objekte geschrieben und von dort gelesen[4] werden:

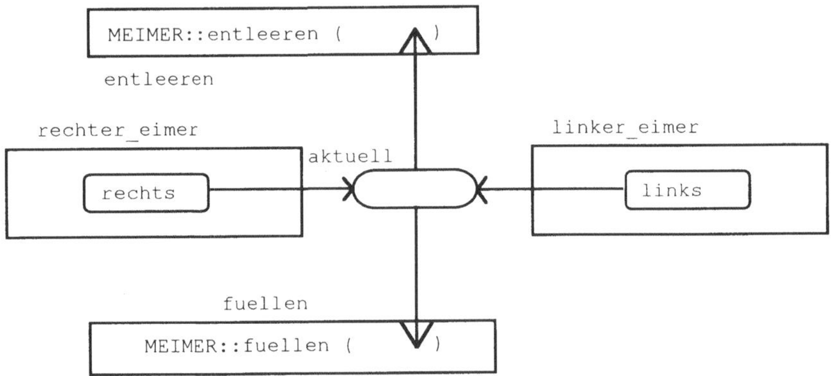

Abb. 4.5: Zeiger

In ein bestimmtes Zeigerobjekt können Namen von Objekten nur eines definierten Datentyps gespeichert werden. Um ein Zeigerobjekt anlegen zu können, kann ein Zeigertyp definiert werden. In *C++* geschieht dies mit Hilfe des reservierten Wortes

---

[1] zumindest mit legalen Mitteln

[2] oder einfach *Zeiger*, auch *Verweise*, *Referenzen* oder auf englisch *pointer* genannt

[3] oft „Adresse"; keine Zeichenkette jedoch, wie üblicherweise ein Name dargestellt wird

[4] d.h. auch als Parameter eines Methodenaufrufs übergeben

typedef und des Zeichens *. Der Name eines Behälters kann dann mit Hilfe des *Adressenoperators* & einem Zeigerobjekt zugewiesen werden:

```
typedef Typ* PZeiger; // Zeigertyp[1]
PZeiger zeigerobjekt; // gleichwertig mit Typ* zeigerobjekt;
Typ objekt;
zeigerobjekt = &objekt; // & ist "Adresse" von Objekt
```

Der Zugriff auf das Objekt, dessen Name gespeichert wurde[2], erfolgt über den Namen des Zeigerobjekts und des Zeichens *[3]:

```
operation(objekt);
operation(*zeigerobjekt); // gleichwertig
```

Mit Hilfe eines Zeigerobjekts, in das die Namen von Eimern gespeichert werden, kann nun die Aufgabe gelöst werden:

```
#include "MEIMER.HPP"                                              // (4.12)
#include "MENUE.HPP" // erzeugt durch MENUEGEN.EXE mit 4 Menüpunkten ( + "Ende")
typedef TEimer* PEimer; // Zeigertyp
TEimer linker_eimer, rechter_eimer; // zwei globale Objekte // werden vom Zeiger referiert!
PEimer aktuell; // globales Zeigerobjekt
void links() { // vorgewählt: aktuell referiert den linken Eimer
    aktuell = &linker_eimer;
}
void rechts() { // vorgewählt: aktuell referiert den rechten Eimer
    aktuell = &rechter_eimer;
}
void fuellen() { // Aktion: Der vom aktuell referierte Behälter wird gefüllt
    fuellen(*aktuell); // diesmal ohne Ausnahmebehandlung
}
void entleeren() { // ähnlich
    entleeren(*aktuell);
}

void aktion_nach_vorwahl() {
    ... // evtl. die zwei Eimer anzeigen, und dann:
    menue(links, rechts, fuellen, entleeren);
} // Ausnahmebehandlung wird hier nicht durchgeführt
```

Zeigerobjekte sind *einfache Datenobjekte*, daher ist die Zuweisung gefahrlos verwendbar. Im Gegensatz dazu sind Eimer *komplexe Datenobjekte*, wie alle ADT- und Klassenobjekte.

4.6.3. Zeiger auf Haldenobjekte

Ein Zeiger, der ein Stapelobjekt referiert, ist jedoch mit einer Gefahr verbunden: Normalerweise wird der Inhalt eines Objekts nur dort verändert, wo auch sein Na-

---

[1] in diesem Lehrbuch fangen die Namen von Zeigertypen mit P an, als Hinweis auf den Ausdruck *pointer*

[2] man sagt auch, daß das Zeigerobjekt den Datenbehälter *referiert*, aus dem lateinischen *referre*, auf deutsch *zurückbringen, berichten*

[3] dieser Vorgang heißt *Dereferenzierung*

me vorkommt. Dies ist wichtig bei der Fehlersuche: Stellt der Programmierer fest, daß ein Objekt nicht den Wert enthält, den es haben sollte, muß er nur seinen Namen im Programmtext suchen und nur dort untersuchen, warum der falsche Wert eingetragen wurde. Wenn jedoch sein Name auch in ein Zeigerobjekt geschrieben werden kann, kann sein Inhalt auch an Stellen verändert werden, wo der Name nicht vorkommt. Aus diesem Grund müssen in einigen Sprachen wie *Ada* Objekte, deren Namen in ein Zeigerobjekt gespeichert werden können, bei der Vereinbarung gesondert gekennzeichnet werden. In *C* wird an die Vernunft des Programmierers apelliert, diese Fälle durch Kommentare hervorzuheben, wie auch im Programm (4.12).

Es gibt aber einen besseren Weg. Zu diesem Zweck werden *dynamische Objekte* eingeführt, die nicht vom Programmierer benannt werden, sondern vom Laufzeitsystem einen *internen Namen* erhalten. Diese sind weder dem Programmierer noch dem Bediener bekannt; sie dienen nur dazu, in Zeigerobjekten gespeichert zu werden. Dynamische Objekte werden nicht (wie die automatischen) infolge der Vereinbarung ihrer Namen angelegt, sondern durch eine vom Programmierer aufgerufene *Erzeugerfunktion*[1].

```
zeigerobjekt = new Typ; // Erzeugeranweisung, legt ein neues Haldenobjekt vom Typ an
             // sein interner Name wird ins zeigerobjekt geschrieben
```

Dynamische Objekte werden nicht (wie automatische) beim Blockausgang freigegeben, sondern erst, wenn sie „nicht mehr gebraucht werden", durch einen expliziten Aufruf der Löschanweisung delete[2]:

```
delete zeigerobjekt; // referiertes Objekt wird aufgelöst
```

Es ist eine vernünftige Gewohnheit, zu jedem new in einem Programm ein genau entsprechendes delete an einer anderen Stelle zu schreiben.

In *C++* sieht also die Lösung der Aufgabe folgendermaßen aus:

```
typedef TEimer* PEimer;                                              // (4.13)
        // keine automatischen Eimer werden jetzt vereinbart, nur 3 Zeigerobjekte:
➡  PEimer linker_zeiger, rechter_zeiger, aktuell;
        // aktuell referiert den linken oder den rechten Eimer
    void links() { // aktuell referiert den linken Eimer
➡      aktuell = linker_zeiger; // Übertragung des Inhalts von Zeigerobjekten
    }
    void rechts() { // aktuell referiert den rechten Eimer
        aktuell = rechter_zeiger;
    }
    void fuellen() { // der von aktuell referierte Eimer wird gefüllt
➡      ::fuellen(*aktuell);
    }
    void entleeren() { // der von aktuell referierte Eimer wird entleert
        ::entleeren(*aktuell);
    }
```

---

[1] oder *Allokator*; nur in *C++*; in *C* wird die Standardprozedur malloc o.ä. benutzt
[2] nur in *C++*; in *C* wird die Standardprozedur free benutzt

```
    void aktion_nach_vorwahl_zeiger() {
➡       linker_zeiger = new TEimer; // zwei Objekte dynamisch angelegt
        rechter_zeiger = new TEimer;
➡       aktuell = linker_zeiger; // Startwert, um null_pointer_reference vorzubeugen
        anzeigen(*links); // Eimerobjekt wird erreicht und angezeigt
        anzeigen(*rechts);
        menue(links, rechts, fuellen, entleeren);
        delete rechts; // die zwei dynamische Objekte werden gelöscht
        delete links;
    }
```

Wenn die Zuweisung aktuell = linker_zeiger; (nach dem dynamischen Anlegen der beiden Eimerobjekte) nicht vorhanden wäre, würde die Auswahl "Füllen" oder "Entleeren" ohne vorherige Eimerwahl dazu führen, daß das Zeigerobjekt Eimer keines der beiden Eimerobjekte referiert. Man sagt, es enthält einen undefinierten Wert[1]. Der Versuch, durch aktuell* ein Eimerobjekt zu referieren, würde zu unvorhersehbarem Verhalten des Programms führen. Teile des Betriebssystems können auf diese Weise überschrieben und der Rechner zum Absturz gebracht werden. Leider gibt es in *C* keine Möglichkeit, diesem vorzubeugen. Deswegen muß jedes Zeigerobjekt gleich nach seiner Erzeugung mit gültigen Werten besetzt werden.

C läßt zu, daß Zeiger Stapelobjekte referieren; von dieser Möglichkeit sollte aber nur im begründeten Fall gebraucht gemacht werden.

22. **Übung:** Schreiben Sie ein Programm für drei Kreise nach der Strategie „Aktion nach Vorwahl": Rufen Sie menügesteuert die von MKREIS exportierten Operationen zeichnen, bemalen, verstecken und wiederherstellen für den Kreis auf, der vorgewählt wurde. Die Farbe für bemalen lassen Sie über eine Auswahlliste (farbenwahl für ein lokales Objekt) angeben.

4.7. Zusammenfassung

4.7.1. Terminologie

In diesem Kapitel haben wir folgende Begriffe kennengelernt:

- Der *Bediener* arbeitet (meistens *interaktiv*) mit einem Programm.
- Der *Benutzer* eines Moduls ist ein Programmierer, der seine Leistungen in Anspruch nimmt.
- Die *Bedienerkommunikation* kann durch *textorientierten* oder *fensterorientierten Dialog* erfolgen.
- *Menüs, Meldungsfenster, Auswahllisten, Eingabemasken* und *Ausgabefenster* sind Fensterarten.
- Ein *Menügenerator* erzeugt eine Menüprozedur.
- Wenn mehrere Bausteine benutzt werden, bilden sie eine *Hierarchie*.
- Operationen können eine *Textzeile* (*Zeichenkette*) als Parameter haben.

---

[1] er zeigt irgendwohin im Speicher, vielleicht ins Betriebssystem

- *Prozedurparameter* werden einer Operation übergeben, damit sie diese *zurückruft*.
- In einem *Zeigerobjekt* wird der interne Name eines anderen Objektes gespeichert.
- Von einem Zeiger können *dynamische* (*Halden-*) *Objekte* und *automatische* (*Stapel-*) *Objekte* referiert werden.
- Die Adresse eines Stapelobjekts wird mit Hilfe des *Adressenoperators* in ein Zeigerobjekt gespeichert.
- Mit der *Erzeugeranweisung* new wird ein Haldenobjekt erzeugt.
- In der *Ausnahmebehandlung* sollen Fehler entweder *repariert* oder an die aufrufende Stelle *weitergereicht* werden.
- Ein *Verteiler* wird benutzt, um bei verschiedenen Ausnahmen unterschiedliche Aktionen durchzuführen.
- Die *Aktion nach Vorwahl* ist eine Bedienungslogik-Strategie.
- Die *Objektwahl* kann vor oder nach der Auswahl einer Aktion erfolgen.

4.7.2. Aufgaben

17. Aufgabe: Die Prozedur menue wurde mit einem Menüpunkt "Anzeigen" generiert. Rufen Sie sie in einem Programm so auf, daß die Auswahl dieses Menüpunkts Ihren Lieblingsspruch auf dem Bildschirm anzeigt. Für die Anzeige können Sie die Prozedur meldungsfenster (mit einem oder zwei Zeichenketten-Argumenten) verwenden.

18. Aufgabe: Schreiben Sie ein menügesteuertes Programm (mit Hilfe des Moduls für zwei abstrakte Datenobjekte M2FOUR), das zwei Fourier-Kurven bedient. Die Auswahl der zwei Menüpunkte soll jeweils für eine Kurve die Operationen fürs Speichern, Anzeigen und Löschen aufrufen. Entwickeln Sie eine geeignete Schnittstelle für das Modul M2FOUR.

19. Aufgabe: Realisieren Sie das vorherige menügesteuerte Programm mit Hilfe von zwei konkreten Datenbehältern vom Typ MFOURIER::TFourier. Die Auswahl der zwei Menüpunkte soll jeweils für eine Kurve die Operationen speichern, anzeigen und loeschen aufrufen.

20. Aufgabe: Schreiben Sie ein menügesteuertes Programm mit 4+1 Menüpunkten, das die Operation abspielen des Musikmoduls MMUSIK mit den Musikstücken bach, beethoven, haendel und mozart zuerst abspielt, dann in dis transponiert und wieder abspielt.

4.7.3. Prüfungsfragen

Entscheiden Sie, ob die folgenden Aussagen richtig oder falsch sind. Geben Sie dazu auch eine Begründung an.

- Bei jedem Aufruf einer Menüprozedur muß dasselbe Prozedurargument übergeben werden.
- Das Profil einer Prozedur definiert, welche Prozeduren als Argumente geeignet sind.
- Die Auswahl eines Menüpunktes kann eine Operation aktivieren.

- Eine von MENUEGEN erzeugte Menüprozedur kann nach dem Einbinden eines Moduls aufgerufen werden.
- Als Argumente der Menüprozedur können keine importierten Operationen, nur lokale Prozeduren verwendet werden.
- Mit Hilfe der Operation **new** können neue Datenobjekte erzeugt werden.
- Rückrufprozeduren werden in C++ mit Hilfe von Prozedurparametern realisiert.
- Stapelobjekte können in C++ nicht von Zeigerobjekten referiert werden.
- Prozeduren oder Datentypen können als Argumente benutzt werden.

5. Aufzählungen

Wir kennen nun den Begriff *abstrakter Datentyp*, der von einem Modul exportiert wird. Dieses Modul (wie MEIMER) wurde von einem Programmierer erstellt und einem anderen, seinem Benutzer, über die Schnittstelle zur Verfügung gestellt. Die Benutzung des abstrakten Datentyps setzt das Vorhandensein des exportierenden Moduls voraus. Dasselbe gilt, wenn das Modul nicht einen ADT, sondern eine Klasse exportiert.

Nicht nur abstrakte Datentypen und Klassen können von einem Modul exportiert werden, sondern auch *konkrete Datentypen*. Der Aufzählungstyp ist ein Beispiel dafür.

5.1. Importierte Aufzählungstypen

Im Kapitel 3. haben wir die von den Modulen M1EIMER und MEIMER exportierten Werte wasser und wein kennengelernt. Sie können als Argumente der Operation fuellen übergeben werden. Diese Werte werden in den beiden Modulen mit Hilfe von *Aufzählungstypen* definiert und in die Schnittstelle aufgenommen. Somit kann das importierende Programm die Werte benutzen.

Der Name dieses Aufzählungstyps ist TGetraenk. Er ist - im Gegensatz zu TEimer - ein konkreter Datentyp, weil seine Struktur dem Benutzer verraten wird. In diesem Fall ist sie ganz einfach: eine Speicherzelle[1], in der ein Wert wasser oder wein gespeichert[2] werden kann. Datentypen solcher einfachen Struktur heißen *skalare Datentypen*. Wenn die Werte eines skalaren Datentyps in eine Reihe gestellt werden können, sind sie *diskrete Datentypen* (ein Spezialfall der skalaren Datentypen).

Ein wichtiger Unterschied zwischen skalaren und komplexen Datentypen ist das Fehlen einer Prozedur der Art von inhalt. In der Situation, wo aus einem Eimer mit Hilfe von inhalt sein Inhalt geholt werden würde, schreibt man einfach den Namen des Objekts. Dies ist charakteristisch für ein *skalares Datenobjekt*: Sein Name steht für seinen Inhalt. Ein skalares Datenobjekt ist immer von einem *skalaren Datentyp*. Wir haben schon die Zeigertypen und -objekte kennengelernt; diese verhalten sich ähnlich wie die skalaren Datentypen und Objekte. In *C* gelten sie als solche[3], in anderen Sprachen nicht. Auf jeden Fall sind sie *einfache Datentypen*.

---

[1] typischerweise ein *Byte*

[2] üblicherweise als zwei unterschiedliche Bitkombinationen, z.B. 00000000 und 00000001

[3] z.B. der Operator < kann in *C* für Zeigerobjekte aufgerufen werden

5.2. Aufzählungsobjekte

Wie auch vom abstrakten Datentyp TEimer, können auch vom konkreten Datentyp TGetraenk Datenobjekte[1] angelegt werden und hierin der Inhalt eines Eimers übertragen werden:

```
    void getraenk_ausgeben() {                                    // (5.1)
        TEimer eimer_1, eimer_2;
            ... // evtl. Eimer anzeigen
        eimer_menue(eimer_1, eimer_2); // Eimer werden mit Getränken gefüllt
        ausgeben(inhalt(eimer_1)); // das Getränk wird im Fenster ausgegeben
➡       TGetraenk getraenk_1, getraenk_2; // zwei Aufzählungsobjekte
➡       getraenk_1 = inhalt(eimer_1); // Inhalt wird in ein Aufzählungsobjekt übertragen
        ausgeben(getraenk_1); // Getränk wird in Textform ausgegeben
    }
```

Was ist nun der Unterschied zwischen den Datenbehältern eimer_1 und getraenk_1? Der erste ist ein komplexer Datenbehälter, der mit Hilfe von anzeigen am Bildschirm in grafischer Form angezeigt werden kann. Diese Möglichkeit besteht für den skalaren Datenbehälter getraenk_1 nicht. Dieser kann ohne Bedenken auf der linken Seite einer Zuweisung (wie in der vorletzten Anweisung) stehen. Für eimer_1 wäre so eine Zuweisung ein *logischer Programmfehler*[2]: Der Compiler würde keinen Fehler anzeigen, das Programm würde auch ohne Fehlermeldung laufen. Am Bildschirm wäre aber der Zustand des Eimers falsch dargestellt.

Mit Hilfe der vom Modul MEIMER exportierten Prozedur getraenkwahl können Aufzählungsobjekte vom Typ TGetraenk von der Tastatur mit Werten gefüllt:

```
    void getraenkobjekt_fuellen() {                               // (5.2)
➡       TGetraenk getraenk; // Aufzählungsobjekt
        getraenkwahl(getraenk); // Aufzählungsobjekt wird über eine Auswahlliste gefüllt
            ...
```

Aufzählungsobjekte sind ihrem Typ entsprechend *diskrete* und *skalare* Objekte. Sie sind - wie alle Objekte von einem bestimmten Typ - auch *konkrete Objekte*.

5.3. Definition von Aufzählungstypen

Aufzählungstypen kann man nicht nur aus einem Modul importieren, sondern auch selber definieren. Dafür gibt es in *C*++ das reservierte Wort enum[3]. Jeder Aufzählungstyp hat einen Namen und einen Satz von Werten[4]. Die Werte eines Aufzählungstyps heißen *Aufzählungsliterale*.

---

[1] selbstverständlich (in beiden Fällen) *konkrete* Datenobjekte, da sie einen Datentyp haben

[2] s. Kapitel 1.9.

[3] Abkürzung für *enumeration*, auf deutsch: *Aufzählung*; aus dem lateinischen *numerare*, auf deutsch *zählen*

[4] eigentlich sind Aufzählungen in *C*++ Ganzzahlen; wir werden sie jedoch von ihnen unterscheiden, wie auch in anderen Sprachen üblich

```
enum Typ { aufzaehlungswert_1, aufzaehlungswert_2, ... };
```

Von einem solchen selbstdefinierten Aufzählungstyp können Datenbehälter angelegt werden. Zwischen Aufzählungsobjekten desselben Typs ist auch die Zuweisung erlaubt:

```
aufzaehlugsobjekt_1 = aufzaehlugsobjekt_2;
```

Die Aufzählungswerte werden auch mit Hilfe einer Zuweisung in ein Aufzählungsobjekt geschrieben:

```
aufzaehlugsobjekt = aufzaehlugswert;
```

Als Beispiel definieren wir im folgenden Programm einen eigenen Farbentyp, dessen Name nur zufällig dem vom Modul MKREIS exportierten TFarbe gleich ist:

```
void eigener_aufzaehlungstyp() {                                     // (5.3)
    enum TFarbe {rot, gelb, gruen, blau}; // Aufzählungstyp mit vier Werten
    TFarbe farbbehaelter_1, farbbehaelter_2; // zwei Aufzählungsobjekte
    farbbehaelter_1 = blau; // schreiben(farbbehaelter_1, blau);
    farbbehaelter_1 = farbbehaelter_2; // eigentlich schreiben von inhalt
}
```

Die Definition eines Aufzählungstyps und der dazugehörigen Aufzählungsobjekte kann man in einer Programmzeile zusammenfassen:

```
enum TFarbe {rot, gelb, gruen, blau} behaelter_1, behaelter_2;
```

Wenn der Name des Aufzählungstyps im Programm nicht mehr benutzt wird, kann man ihn weglassen:

```
enum {rot, gelb, gruen, blau} farbbehaelter_1, farbbehaelter_2;
```

Man sagt in diesem Fall, die Datenobjekte farbbehaelter_1 und farbbehaelter_2 sind von einem *anonymen*[1] *Aufzählungstyp*. Von einem anonymen Datentyp können dann keine weiteren Objekte definiert werden.

5.3.1. Vorbesetzungswert

Oft ist zweckmäßig, ein skalares Datenobjekt beim Anlegen mit einem *Vorbesetzungswert*[2] zu versehen. Dieser wird im allgemeinen später durch Informatoren gelesen und durch Mutatoren verändert:.

```
TFarbe farbe = gruen; // Vorbesetzungswert ist gruen
      ...
farbe = gelb; // Inhalt wurde verändert
```

Für ein Datenobjekt ohne Vorbesetzungswert muß als erster immer ein Mutator[3] aufgerufen werden. Ein Informatoraufruf vor einem Mutator ist ein logischer Fehler, der möglicherweise schwer zu entdecken ist. Im Speicherbereich des Objekts kann

---

[1] auf deutsch: *namenlosen*; aus dem Griechischen α + ονυμα (*onyma*), auf deutsch: *Name*

[2] oft auch *Anfangswert* oder *Initialwert* genannt

[3] der einen Wert in es schreibt, z.B. die Zuweisung

nämlich vom früheren Gebrauch „Müll" hinterlassen worden sein, der während eines Tests zufällig auch als sinnvoller Inhalt erscheinen kann. Bei einem späteren Ablauf steht dann hier ein sinnloser Inhalt, der das Programm zum Absturz oder zu Fehlverhalten bringt. Aus diesem Grund empfiehlt es sich, Objekte bei der Vereinbarung (möglichst) mit einem Vorbesetzungswert zu versehen oder für ihn gleich am Anfang einen Mutator[1] aufzurufen.

Obwohl die Vorbesetzung wie eine Zuweisung aussieht, ist sie keine. Eine Zuweisung verändert den Wert eines existierenden Objekts. Die Vorbesetzung setzt den Wert eines gerade zu erzeugenden Objekts.

Leseparameter von Prozeduren können auch Vorbesetzungswerte bekommen:

```
void prozedur(TFarbe f = gelb);
```

Wird dieser Parameter beim Aufruf der Prozedur durch ein Argument besetzt, spielt die Vorbesetzung keine Rolle. Die obige Prozedur kann aber auch ohne dieses Argument aufgerufen werden, dann wird der Vorbesetzungswert dem Parameter zugewiesen:

```
prozedur();
```

Dieser Aufruf hat dann die gleiche Wirkung wie

```
prozedur(rot);
```

Ein Beispiel hierfür ist die Operation `MEIMER::fuellen` mit folgendem Prototyp:

```
void fuellen(TEimer& eimer, const TGetraenk getraenk = wasser);
```

Wenn Sie diese Prozedur mit nur einem Argument aufrufen, wird der zweite Parameter `getraenk` mit dem Wert `wasser` besetzt. Wenn Sie aber auch ein zweites Argument angeben, ersetzt er den Vorbesetzungswert.

5.3.2. Konstruktoren

Eine Eigenschaft aller konkreten Typen ist, daß es für sie *Literale* gibt; sie sind geeignet, um die Objekte bei der Definition mit einem Vorbesetzungswert zu versehen. Abstrakte Datentypen und Klassen besitzen keine Literale, daher ist bei ihren Objekten keine Vorbesetzung möglich.

Für Klassen und für Datentypen, die mit Hilfe von Klassen implementiert werden, können Vorbesetzungswerte im Modul angegeben werden, mit denen jedes Objekt automatisch initialisiert wird. Beispielsweise wird jeder Eimer vom Typ `MEIMER::TEimer` beim Anlegen in den Zustand leer gebracht.

Objekte von abstrakten Datentypen werden im allgemeinen[2] nicht in einem definierten Zustand erzeugt. Für diese Datentypen liegen oft geeignete Operationen,

---

[1] z.B. einen Konstruktor, s. Kapitel 5.3.2.
[2] im Gegensatz z.B. zu `TEimer`

sog. *Konstruktoren* vor, durch die die Objekte mit Vorbesetzungswerten versehen werden können:

```
Typ objekt;
konstruktor(objekt); // besetzt die Werte des Objekts
```

Für Klassenobjekte werden die Konstruktoren automatisch beim Erzeugen des Klassenobjekts aufgerufen:

```
CKlasse klassenobjekt; // Konstruktor CKlasse() wird aufgerufen
```

Die Konstruktoren werden in der Klassendefinition programmiert; typischerweise bringen sie das Objekt in einen definierten Zustand. Sie können auch mit Parametern versehen werden, die dann beim Anlegen des Objekts durch Argumente ersetzt werden:

```
CKlasse klassenobjekt(argumente); // parametrisierter Konstruktor wird aufgerufen
```

5.3.3. Konstante Objekte

Soll für einen Behälter kein Mutator aufgerufen werden dürfen, wird er als *konstantes Objekt* vereinbart. Konstante Objekte müssen (sinnvollerweise) immer mit einem Vorbesetzungswert versehen werden:

```
const TFarbe mein_auto = rot; // konstantes Objekt, kein Mutator aufgerufen     // (5.4)
TFarbe regenschirm; // variables Objekt, kann durch einen Mutator verändert werden
regenschirm = mein_auto; // Mutator für regenschirm, Informator für mein_auto
mein_auto = blau; // verboten; der Compiler meldet Fehler
```

5.4. Logische Datentypen

Im Modul LEHRBUCH wurde der Aufzählungstyp TBool vereinbart[1]. Mit diesem Datentyp zusammen werden zwei Werte True und False[2] ebenfalls exportiert. Sie sind geeignet, um Datenbehälter vom Typ TBool[3] mit Werten zu füllen, ähnlich wie die Werte wasser oder wein Datenbehälter vom Typ TGetraenk füllen können:

```
TBool log_behaelter_1, log_behaelter_2; // zwei Datenbehälter     // (5.5)
log_behaelter_1 = True; // Wert; eigentlich so was wie:
   // fuellen(log_behaelter_1, True);
log_behaelter_2 = False;
log_behaelter_2 = log_behaelter_1; // Zuweisung = Kopieren
```

Da TBool ebenfalls ein skalarer Datentyp ist, kann die Zuweisung ohne die befürchteten Konsequenzen fürs Kopieren von Inhalten benutzt werden.

---

[1] andere Programmiersprachen definieren einen ähnlichen Standard-Datentyp Boolean

[2] wir schreiben sie mit großem Anfangsbuchstaben, weil in den geplanten Erweiterungen von *C++* sind die reservierten Worte true und false vorgesehen

[3] sog. Boolesche Objekte, benannt nach dem englischen Mathematiker *G. Boole*

5.4.1. Logische Informatoren

Die meisten abstrakten Datentypen und Klassen benutzten Datentypen wie `TBool`, um Informationen von sich zu veröffentlichen, die zwei mögliche Zustände des Datenbehälters widerspiegeln. Dazu gehört z.B. das Vorhandensein oder Fehlen von Daten oder Fehlern, Ergebnisse, ob etwas gefunden wurde, ob eine Aktion durchgeführt wurde, usw.

Dies geschieht durch die schon kennengelernten *Informatoren*. Ein Informator ist eine *Funktion*, deren Ergebnis - im Gegensatz zu einem Wert, der immer dasselbe Ergebnis liefert - vom Zustand des Datenbehälters abhängt. So ein Informator war der Informator `inhalt`, der als Ergebnis das Getränk lieferte, mit dem der in seinem Parameter angegebene Datenbehälter gefüllt war. Es ist allerdings möglich, daß ein Eimer noch gar nicht gefüllt ist, weil sein Mutator `fuellen` noch nicht oder der Mutator `entleeren` zuletzt aufgerufen wurde. Für einen nicht gefüllten Eimer den Informator `inhalt` aufzurufen, löst die Ausnahme `EEimer_leer` aus.

Es ist also sinnvoll, mit dem abstrakten Datentyp `TEimer` auch den Informator `gefuellt` zur Verfügung zu stellen, mit dem abgefragt werden kann, ob ein Datenbehälter einen Inhalt hat oder nicht[1]. Da zwei verschiedene Zustände möglich sind, kann das Ergebnis dieses Informators in einen Datenbehälter vom Typ `TBool` gespeichert werden. Das Ergebnis kann auch mit Hilfe von `ausgabefenster` auf den Bildschirm geschrieben werden. Später werden wir die *Verzweigungen* kennenlernen, mit deren Hilfe in Abhängigkeit des Zustandes unterschiedliche Aktionen durchgeführt werden können[2].

Betrachten wir zuerst den Informator `gefuellt` des Datenbehälters, der vom Modul `M1EIMER` exportiert wird:

```
// LOGINF.CPP - Logischer Informator                                       (5.6)
#include "M1EIMER.HPP"
#include "LEHRBUCH.HPP" // für ausgabefenster
void log_inf() { // leerer Eimer erscheint
    ... // hier wird ein Zustand "gefüllt" oder "leer" eingestellt
➡   ausgabefenster(gefuellt()); // und hier das Ergebnis True oder False ausgegeben
}
```

Der logische Informator `gefuellt` wurde also hier ohne Argument aufgerufen. Sein Prototyp befindet sich in der Schnittstelle des Moduls `M1EIMER`:

```
TBool gefuellt();
```

5.4.2. Parametrisierte Informatoren

Im vorigen Beispiel gab es nur einen Eimer, dessen Zustand durch den Informator `gefuellt` abgefragt werden konnte. Arbeitet man mit dem abstrakten Datentyp `TEimer`,

---

[1] ob er voll oder leer ist
[2] z.B. ein leerer Datenbehälter kann nur gefüllt, ein voller nur entleert werden

kann es mehrere Eimer geben. Der Informator gefuellt braucht einen Parameter, um ihm mitzuteilen, von welchem Eimer der Zustand abgefragt wird:

```
TEimer linker_eimer, rechter_eimer;                                    // (5.7)
TBool fuell_zustand;
eimer_menue(linker_eimer, rechter_eimer); // Eimerzustand wird eingestellt
```
➡ `fuell_zustand = gefuellt(rechter_eimer);`
     // das Ergebnis wird in einen logischen Behälter gespeichert
➡ `ausgabefenster(gefuellt(rechter_eimer));` // oder durch geschachtelten Aufruf ausgegeben

Der Prototyp des Informators befindet sich in der Schnittstelle des Moduls MEIMER:

```
TBool gefuellt(const TEimer&);
```

Das reservierte Wort **const** deutet darauf hin, daß die Operation (wie jeder Informator) den Zustand ihres Argumentobjekts nicht verändert. Das Referenzzeichen verhindert das (möglicherweise umfangreiche) Kopieren des Argumentobjekts beim Aufruf des Informators: nur seine Adresse wird übergeben[1].

5.4.3. Informatoren für Klassen

Die Benutzung von Klassen vermeidet an dieser Stelle wieder die Schachtelung der Parameter: Wenn nicht der ADT TEimer, sondern die Klasse CEimer benutzt wird, wird anstelle von gefuellt(rechter_eimer) der parameterlose Informatoraufruf rechter_eimer.gefuellt() geschrieben. Er wird mit dem Objektnamen vor der Methode aufgerufen:

```
CEimer rechter_eimer;
      . . .
```
➡ `ausgabefenster(rechter_eimer.gefuellt());`

Der Klasseninformator gefuellt wird also auch argumentlos (ähnlich wie der Informator M1EIMER::gefuellt) aufgerufen. Dem Argument des ADT entspricht das Klassenobjekt, für das der Informator aufgerufen wird (im obigen Beispiel: rechter_eimer).

Der Prototyp des Klasseninformators befindet sich in der Schnittstelle der Klasse CEimer. Er sieht dem Informator des abstrakten Datenobjekts M1EIMER ähnlich, enthält jedoch den Zusatz **const**, der besagt, daß das Klassenobjekt beim Aufruf - wie bei jedem Informator - nicht verändert wird.

```
TBool gefuellt() const;
```

5.5. Operationen für Aufzählungen

Mit der Definition von Aufzählungstypen zusammen erhält man standardmäßig einige Operationen, die man mit Aufzählungsobjekten dieser Datentypen ausführen kann. Zusätzlich hierzu können weitere Operationen im exportierenden Modul definiert werden.

---

[1] s. Kapitel 2.10.4.

5.5.1. Mutatoren für Aufzählungsobjekte

Das Modul MEIMER exportiert zum Aufzählungstyp TGetraenk die Operation verwandeln[1],
das ein Getränkwert wein in wasser bzw. umgekehrt verwandelt:

```
void getraenk_verwandeln() {                                             // (5.8)
    TEimer eimer;
        ... // Eimer mit Werten füllen, evtl. anzeigen
    ausgeben(inhalt(eimer)); // hinterlassenes Getränk wird im Fenster ausgegeben

    TGetraenk getraenk = inhalt(eimer); // Aufzählungsobjekt mit Vorbesetzungswert
➡    verwandeln(getraenk); // Wert verändern
    ausgeben(getraenk); // veränderten Wert ausgeben
}
```

Daher ist die Operation verwandeln ein Mutator. Sein Prototyp aus der Schnittstelle
des Moduls MEIMER beinhaltet das Referenzzeichen &, das einen Schreibparameter -
wie jedes Mutators - kennzeichnet:

```
void verwandeln(TGetraenk&);
```

5.5.2. Berechnungsfunktionen

Die vom Modul MEIMER exportierte weitere Operation mit dem Namen verwandelt wird
wie ein Informator benutzt. Ihr Ergebnis hängt zwar vom Zustand des Behälters ab,
doch wird als Ergebnis nicht dieser Zustand, sondern ein anderer, ein berechneter
Zustand geliefert. Dieser kann z.B. über eine Zuweisung in ein anderes Objekt
gespeichert, oder einer anderen Operation als Argument mitgegeben werden:

```
TGetraenk getraenk; // Aufzählungsobjekt                                  // (5.9)
TEimer eimer;
fuellen(eimer);
getraenk = inhalt(eimer);
➡ getraenk = verwandelt(getraenk); // veränderten Wert zuweisen
ausgeben(getraenk); // veränderten Wert ausgeben
    ... // evtl. Eimer anzeigen
➡ fuellen(eimer, verwandelt(getraenk));
    // das veränderte Getränk wird eingefüllt
    ...
```

Diese Funktion verwandelt ist ähnlich wie ein Informator für das Aufzählungsobjekt,
liefert aber als Wert nicht seinen Zustand, sondern berechnet aus diesem einen
anderen. Wir nennen solche Operationen *Berechnungsfunktionen* oder einfach
Funktionen[2].

Ihr Prototyp aus der Schnittstelle des Moduls MEIMER kennzeichnet const einen Leseparameter:

```
TGetraenk verwandelt(const TGetraenk);
```

---

[1] in Anlehnung an das erste Wunder Jesu Christi nach dem Johannesevangelium,
    indem er Wasser in Wein verwandelte
[2] die meisten Funktionen wie *sin x* sind von dieser Art

5.5.3. Monadische Operatoren

Das Modul LEHRBUCH exportiert zum Aufzählungstyp TBool eine Operation, die syntaktisch anders aufgerufen wird als die bis jetzt kennengelernten Funktionen. Ihre Wirkung ist ähnlich, wie die von verwandeln: Der aktuelle Wert vom Typ TBool wird in den jeweils anderen Wert verwandelt. Ihr Name ist jedoch kein Bezeichner, sondern ein Zeichen, und das Argument wird nicht in Klammern geschrieben. Solche Operationen heißen *Operatoren*. Der Verwandlungsoperator von TBool heißt *Negation* und wurde mit Hilfe des Ausrufezeichens ! bezeichnet:

```
    TBool log_1, log_2;                                          // (5.10)
        ... // die Behälter werden mit True oder False gefüllt
➡   log_2 = ! log_1; // Operator !, Negation
    ausgabefenster(log_2); // das Ergebnis des Operators wird ausgegeben
➡   log_2 = ! log_2; // erneut Operator ! Ergebnis bleibt in log_2
    ausgabefenster(log_2); // veränderten Wert ausgeben
```

Der Aufruf eines Operators ist durchaus wie der Aufruf einer Funktion zu verstehen. *C*++ erlaubt für Klassenobjekte sogar den Aufruf in Funktionssyntax mit Hilfe des reservierten Wortes operator:

```
    log_2 = operator ! (log_1); // Operatoraufruf wie Funktion
```

Der Operator ! heißt im Gegensatz zu den *diadischen Operatoren* im Kapitel 5.5.7. *monadisch*, weil er einen Parameter (auf seiner rechten Seite) hat.

Bemerkung: Der Operator ! darf eigentlich nur für Klassen definiert werden. Er wird von der Sprache nur für den Standardtyp int definiert. Für TBool kann er benutzt werden, weil dieser Typ im Modul MEIMER eigentlich als int definiert wurde.

5.5.4. Vergleichsoperationen

Die bisherigen Operationen haben immer an einem Datenbehälter eines bestimmten Datentyps operiert: Sie waren entweder Mutatoren oder Informatoren. Es gibt aber auch Operationen, die an zwei Datenobjekten arbeiten, z.B. um ihren Inhalt zu vergleichen. Diese Operationen sind keine Informatoren, da sie nicht über den Zustand <u>eines</u> Datenbehälters berichten, sondern *relationale Operationen*, da sie das Verhältnis (Relation) <u>zweier</u> Datenbehälter untersuchen. Die einfachste Operator dieser Art ist die *Gleichheit*. Die von MEIMER exportierte Prozedur vergleich untersucht den Inhalt zweier Objekte vom Typ TEimer und speichert in ein TBool-Objekt den Wert True oder False, je nach dem, ob sie den gleichen oder einen unterschiedlichen Inhalt haben. Ihr Prototyp ist daher:

```
    void vergleich(const TEimer&, const TEimer&, TBool&);
```

Sie wird also mit zwei Eimerargumenten aufgerufen, die sie (wie const andeutet) nicht verändert. Das dritte Argument vom Typ TBool wird jedoch verändert; hier wird das Ergebnis abgespeichert:

```
TEimer eimer_1, eimer_2;                                                    // (5.11)
    ... // eimer_1 und eimer_2 werden mit Werten gefüllt, z.B. über ein Menü
TBool vergleichswert;
➡  vergleich(eimer_1, eimer_2, vergleichswert);
    ausgabefenster(vergleichswert);
        ...
```

5.5.5. Vergleichsfunktionen

Das Modul MEIMER exportiert eine weitere Operation gleich, die ähnlich wie ein Informator aufgerufen wird: Das Ergebnis wird nicht in ein TBool-Argument abgelegt, sondern, wie man sagt, von der Funktion *geliefert* oder *zurückgegeben*. Das gelieferte Ergebnis kann durch eine Zuweisung in einem TBool-Objekt abgelegt oder anderweitig verarbeitet (z.B. direkt ausgegeben) werden:

```
TBool vergleichswert;                                                       // (5.12)
➡  vergleichswert = gleich(eimer_1, eimer_2); // Funktionswert in Zuweisung
    ausgabefenster(vergleichswert);
➡  ausgabefenster(gleich(eimer_1, eimer_2)); // Funktionswert direkt ausgeben
```

Eigentlich wäre es richtiger, so was wie schreiben(vergleichswert, gleich(eimer_1, eimer_2); zu benutzen, aber TBool ist ein skalarer Datentyp, deswegen ist die Zuweisung auch ausreichend.

23. **Übung:** Rufen Sie die Operationen verwandeln, verwandelt, vergleich und gleich aus dem Modul MEIMER in einem Testprogramm auf.

5.5.6. Vergleichsoperatoren

Der Vergleich zweier Behälter auf Gleichheit steht als Operator zur Verfügung. Sein Name ist Gleichheit und wird durch die Zeichenfolge == bezeichnet:

```
TBool vergleichswert;                                                       // (5.13)
➡  vergleichswert = eimer_1 == eimer_2; // Operator-(Funktions)wert in Zuweisung
    ausgabefenster(vergleichswert);
➡  ausgabefenster(eimer_1 == eimer_2); // Funktionswert direkt ausgeben
```

Ein häufiger Fehler in *C*-Programmen ist, daß anstelle des Vergleichsoperators == das Zuweisungszeichen = verwendet[1] wird.

Mit dem Gleichheitsoperator == zusammen wird der Operator *Ungleichheit* definiert. Sein Name ist die Zeichenfolge != und er liefert das umgekehrte Ergebnis: True wenn seine Operanden keinen gleichen Inhalt haben und False, wenn sie gleich sind[2].

---

[1] wie in den meisten Programmiersprachen üblich

[2] eigentlich liefern == und != nicht True und True, sondern Ganzzahlwerte 0 und 1; s. Kapitel 10.

5.5.7. Diadische Operatoren

Die Untersuchung, ob zwei Datenbehälter den gleichen Inhalt haben oder nicht, ist eine so häufige Operation, daß die Sprache *C++* für (fast) jeden Datentyp einen solchen relationalen Operator standardmäßig[1] zur Verfügung stellt. In ihr verbergen sich jedoch ähnliche Gefahren wie in der Zuweisung.

Für skalare Datentypen ist die Benutzung dieses Standard-Gleichheitsoperators ebenso unproblematisch wie die Benutzung der Zuweisung. Bei komplexen Datentypen wie etwa TEimer muß der standardmäßig vorhandene Operator == mit Vorsicht genossen werden. Bei der Programmzeile

```
b = eimer_1 == eimer_2:
```

ist mit dem Zeichen == der Aufruf dieses von der Sprache her gegebenen Operators mit zwei Parametern (links und rechts) vom Typ TEimer gemeint, dessen Ergebnis mit Hilfe der Zuweisung = in den logischen Behälter b geschrieben wird. Wenn aber diese Anweisung anstelle von

```
b = gleich(eimer_1, eimer_2):
```

benutzt wird, kann es zu unangenehmen Überraschungen kommen. Es kann nämlich vorkommen, daß in das TBool-Objekt b im zweiten Falle True, im ersten jedoch False übertragen wird[2]. Dies kann z.B. geschehen, wenn der Inhalt der beiden Eimer wasser ist, anzeigen aber nur für eimer_1, nicht aber für eimer_2 aufgerufen wurde. Dann wird die relationale Funktion gleich den Wert True liefern, da sie nur Inhalte vergleicht, der Gleichheitsoperator == aber False, da er den gesamten Zustand der Datenbehälter untersucht, u.a. auch, ob sie am Bildschirm angezeigt wurden. Wenn sich die beiden nur in einer „nebensächlichen" Eigenschaft unterscheiden, liefert der Operator == den Wert False, auch wenn seine „wesentlichen" Inhalte übereinstimmen.

Aus diesem Grund ist es zweckmäßig, für komplexe Datentypen neben den standardmäßig vorhandenen Operationen *Zuweisung* und *Gleichheit* einen Mutator fürs Übertragen von Inhalten[3] und eine relationale Funktion für die Gleichheit[4] zu exportieren. Steht sie nicht zur Verfügung, kann der Informator inhalt als Ausweichmöglichkeit benutzt werden:

```
b = inhalt(eimer_1) == inhalt(eimer_2):
```

Diadische Operatoren heißen auch *Infix-Funktionen,* weil der Name der Funktion *zwischen* den beiden Operanden steht.

---

[1] d.h. ohne besondere Definition und Export

[2] allerdings, von besseren Compilern mit einer Warnung, da == eigentlich kein TBool, sondern int liefert; s. Kapitel 10.

[3] etwa: copy

[4] etwa: equal, oder aber gleich

5.5.8. Überschreiben von Operatoren

Für Klassen ist es in *C*++ erlaubt, den Vergleichsoperator == umzudefinieren und ihm einen neuen Sinn[1] zuzuordnen. Diese Akt heißt *überschreiben*[2] eines Operators. Für die Klasse CEimer ist dies tatsächlich vernünftig:

```
class CEimer { public:                                                   // (5.14)
    ...
    TBool operator == (const CEimer&) const;
}
```

Beim Aufruf dieses Operators für zwei Klassenobjekte in der Form

```
b = eimer_1 == eimer_2;
```

wird also nicht der Standardvergleich (inkl. Füllzustand), sondern die in der Klasse definierte Funktion (ähnlich wie für TEimer die relationale Funktion gleich, d.h. nur für den Inhalt) aufgerufen.

Das reservierte Wort const <u>vor</u> dem Parameter drückt aus, daß das Argumentobjekt (auf der rechten Seite des Operators) durch den Aufruf nicht verändert wird. Das reservierte Wort const <u>nach</u> der Parameterliste drückt aus, daß das aktuelle Objekt (für das die Methode aufgerufen wurde, auf der linken Seite des Operators) auch nicht verändert wird. Daher kann er auch für konstante Objekte aufgerufen werden:

```
const CEimer argument;
const CEimer aktuell;
TBool b = aktuell == argument;
```

Fehlt in der Operatorvereinbarung const, meldet der Compiler beim Aufruf für konstante Objekte einen Fehler.

Überschriebene Operatoren dürfen mit Hilfe des reservierten Wortes operator auch als Funktionen mit geklammerten Parametern aufgerufen werden:

```
CEimer eimer_1, eimer_2;
    ... // fuellen und entleeren
b = eimer_1.operator == (eimer_2); // Aufruf als Funktion
```

Ein weiteres interessantes Beispiel wäre, die „Gleichheit" zweier Farben für eine monochrome Anwendung anders zu definieren, die zwar verschieden farbig, aber gleich hell sind.

Für Klassen darf in *C*++ nicht nur der Vergleich, sondern auch die Zuweisung überschrieben werden. Hiermit können die Nachteile vermieden werden, die bei abstrakten Datentypen erwähnt wurden:

```
class CEimer { public: ...
    void operator = (const CEimer&);
}
```

---

[1] einen neuen Algorithmus

[2] auf englisch *override*

Hier fehlt - im Gegensatz zum operator == das const <u>nach</u> der Parameterliste: logisch, da das Zielobjekt verändert wird. Der Klassenprogrammierer bestimmt, wie weit (z.B. ob auch die Bildschirmposition übertragen wird) und welche weitere Aktionen hierdurch ausgelöst werden (z.B. die Darstellung auf dem Bildschirm).

24. **Übung:** Ergänzen Sie Ihr menügesteuertes Programm aus der 22. Übung so, daß der Unterschied zwischen gleich und == für Kreise am Bildschirm sichtbar wird. Fügen Sie drei zusätzliche Menüpunkte hinzu: "Gleich", "==" (je ein ausgabefenster mit einem Parameter vom Typ TBool über das Ergebnis von gleich bzw. "==") und "Zuweisen" (bewirkt die Zuweisung des zweiten Kreises auf den ersten).

5.5.9. Seiteneffekt

In *C++* ist es üblich, die Zuweisung nicht als Prozedur, sondern als Funktion zu definieren:

```
CEimer& operator = (const CEimer&);
```

Dadurch wird die *Kettenzuweisung* möglich:

```
eimer_1 = eimer_2 = eimer_3 = eimer_4;
```

Hier wird zuerst die letzte Zuweisung durchgeführt, d.h. der Inhalt von eimer_3 in Abhängigkeit vom Inhalt von eimer_4 verändert. Das Ergebnis dieses Funktionsaufrufs ist (ihrem Profil entsprechend) ein Objekt vom Typ CEimer& - nämlich die Adresse des Objekts eimer_3. Dessen Inhalt wird nun durch den zweiten Aufruf von = ins Objekt eimer_2 übertragen; das Ergebnis ist die Adresse von eimer_2. Sein Inhalt wird durch den dritten Aufruf in Objekt eimer_2 weitergeleitet; das Ergebnis, die Adresse von eimer_2, wird diesmal „vergessen". Dies ist möglich, weil *C* den Aufruf einer Funktion als Anweisung erlaubt[1]:

```
eimer_1.gefuellt(); // ist erlaubt
```

Dies hat allerdings nur für Funktionen mit *Seiteneffekt* einen Sinn. Das sind Funktionen mit Parametern, die nicht als const vereinbart wurden[2], d.h. die ihre Argumentobjekte verändern. Funktionen mit anderen Seiteneffekten sind nicht unüblich, sind jedoch zu vermeiden. Hierzu gehört die Veränderung globaler Objekte oder des Zustands einer Datei, des Bildschirms, usw.; diese sollten typischerweise mit Prozeduren (d.h. mit void-Funktionen) durchgeführt werden.

Unsere konsequente Trennung von Mutatoren und Informatoren verbietet jedoch die Verwendung von Funktionen mit Seiteneffekt. Aus diesem Grund werden wir die Zuweisung immer als Prozedur benutzen.

---

[1] nicht aber die meisten anderen Sprachen, so auch in *C/C++* nicht empfohlen
[2] oder - noch schlimmer - die globale Objekte verändern

5.5.10. Ordnungsoperatoren

Die Gleichheit und die Ungleichheit werden also mit jedem *C++*-Datentyp standardmäßig definiert, so auch für TBool oder TFarbe. Ihre Operanden[1] müssen Objektnamen oder Funktionsaufrufe vom gleichen Typ sein. Für die Aufzählungstypen[2] werden noch weitere relationale Operatoren definiert: die *Ordnungsoperatoren*. Diese
werden durch die Zeichen(folgen) <, <=, > und >= benannt[3]. Sie alle liefern (wie ==
und !=) ein Ergebnis vom Typ TBool[4]:

```
TBool b1, b2;
TFarbe f1, f2; // 4 skalare Datenbehälter
    ... // Werte in die Behälter übertragen
b1 = f1 < f2; // kleiner ist der Aufzählungswert, der weiter vorne in der Typdefinition steht
b1 = b1 <= b2; // False ist kleiner als True
```

Die Werte der Aufzählungstypen werden in der Typdefinition aufgelistet; die Reihenfolge definiert den Wert der Ordnungsoperatoren. Für Klassen können sie vom
Klassenprogrammierer definiert werden. Er kann z.B. zwei Eimer vergleichen (z.B.
nach Inhalt oder Position) und sagen, welcher größer ist[5]:

```
class CEimer { public: ...
    TBool operator < (const CEimer&) const;
}
```

25. Übung: Schreiben Sie ein menügesteuertes Programm, das die Reihenfolge der
Kreisfarben offenlegt: Legen Sie zwei Kreise an und machen Sie sie am Bildschirm
sichtbar. Folgende Menüpunkte sollen Sie anbieten: "Bemalen links", "Bemalen
rechts" (Farbe über auswahlliste oder farbenwahl, importiert aus geeigneten Modulen),
"Vergleich" (ausgabefenster mit einem Parameter vom Typ TBool über das Ergebnis
des Vergleiches < vom inhalt Ihrer beiden Kreise).

5.5.11. Logische Operatoren

Für den Datentyp TBool werden einige weitere relationale Operatoren vom Modul
LEHRBUCH exportiert, durch die die Operationen der mathematischen Logik[6] berechnet
werden. Diese heißen *logische* oder auch *Boolesche Operatoren*. Zwei von ihnen
wurden mit Infix-Schreibweise definiert und werden durch die Zeichenfolgen &&
und || benannt[7]. Die Ergebnisse dieser Operatoren sind aus der folgenden Tabelle
ersichtlich:

---

[1] wie die Argumente jeder Funktion

[2] und manche anderen, sogenannte *geordnete Typen*

[3] sie werden als „kleiner", „kleiner oder gleich", „größer" und „größer oder gleich"
    gelesen

[4] eigentlich: int

[5] auch wenn dies intuitiv keinen Sinn ergibt

[6] der *Booleschen Algebra*

[7] „und" sowie „oder"; sie heißen *Konjunktion* und *Disjunktion*; aus dem lateini-
    schen *con* bzw. *dis* + *jugum* , auf deutsch *zusammen* bzw. *auseinander* + *Joch*

Wert im linken Behälter	Wert im rechten Behälter	Ergebnis von && („und")	Ergebnis von || („oder")
True	True	True	True
True	False	False	True
False	True	False	True
False	False	False	False

Abb. 5.1: Diadische logische Operatoren

Mit Hilfe dieser Funktionen können komplexe logische Berechnungen durchgeführt werden.

```
TBool b1, b2, b3;                                          // (5.15)
   ... // Datenbehälter füllen
b1 = b2 && b3; // True, wenn beide True, sonst False
b1 = b2 || b3; // False, wenn beide False, sonst True
```

Dies ist aber nicht der Grund, warum der Datentyp TBool so wichtig ist, sondern weil mit Hilfe von logischen Werten kompliziertere, *nichtsequentielle Algorithmen*[1] konstruiert werden können.

Die Operanden eines Operators können nicht nur Namen logischer Datenbehälter sein, sondern z.B. auch Informatoraufrufe. Hinter diesen können sich u.U. auch aufwendige Berechnungen verbergen. Wenn der erste Operand einer Konjunktion False oder der zweite einer Disjunktion True ergibt, wird der zweite Operand nicht berechnet. In *C* werden also die logischen Operatoren in *kurzgeschlossener Form* ausgewertet[2]. In anderen Sprachen wird vom Programmierer gesteuert, ob immer beide Operanden errechnet werden oder nicht.

Die relationalen Operatoren haben zwei Operanden. Deswegen heißen sie *diadische*, manchmal auch *binäre Operatoren*. Wie im Kapitel 5.5.3. schon erwähnt, wird für den Datentyp TBool ein weiterer, *monadischer* (manchmal heißt er auch *unärer*) *Operator*[3] namens ![4] exportiert. Er kehrt einen TBool-Wert in sein Gegenteil um. Unüblicherweise wird er aber nach dem Funktionsnamen nicht in Klammern gesetzt, sondern einfach nach dem Namen geschrieben[5]. Dies ist die *Präfix-Schreibweise*[6]: ! True oder ! logischer_behaelter. Ihre Wertetabelle ist:

---

[1] mit *Fallunterscheidungen* und *Wiederholungen*, s. Kapitel 12.
[2] nicht alle Compiler handhaben die Auswertung kurzgeschlossen
[3] d.h. mit einem Parameter, der rechts davon steht
[4] „nicht" oder *Negation*; aus dem lateinischen *negare*, auf deutsch: *leugnen*
[5] wie in der Mathematik sonst üblich, z.B. $sin\,x$
[6] in Analogie zur Infix-Schreibweise

Wert im rechten Behälter	Ergebnis von ! („nicht")
True	False
False	True

Abb. 4.6 Monadische logische Operatoren

Ein Beispiel für seine Verwendung ist in der folgenden Programmzeile:

```
b1 = ! b2; // b1 wird True wenn b2 False ist
```

Für Klassen dürfen auch die logischen Operatoren überschrieben werden. Auch wenn das auf den ersten Moment nicht sinnvoll erscheint, kann der Klassenprogrammierer etwa die „Vereinigung" und den „Schnitt" zweier Eimer definieren[1]:

```
class CEimer { public:
    . . .
    TBool operator || (const CEimer&) const; // Vereinigung
    TBool operator && (const CEimer&) const; // Schnitt
}
```

5.6. Zeichen

Jede Programmiersprache bietet einen Satz von Datentypen von sich aus an. Traditionsgemäß heißen diese *Standard-Datentypen*, obwohl es keinen prinzipiellen Unterschied zu den selbstdefinierten oder abstrakten Datentypen gibt. Die Unterscheidung ist eher historisch bedingt: Abstrakte Datentypen sind eine Errungenschaft moderner Programmiertechnologie, während die Standard-Datentypen schon in den ersten Programmiersprachen, die überhaupt Datentypen kannten, bekannt waren. *C++* unterscheidet zwischen den beiden Begriffen auch, aber wir wollen sie auf einen gemeinsamen Nenner bringen.

5.6.1. Zeichenbehälter

Wir lernen nun ein weiteres Datenobjekt kennen: den Zeichenbehälter. Im Gegensatz zu den bis jetzt benutzten Datenbehältern können in diesem nicht Getränke oder Farben, sondern *Schriftzeichen*[2] gespeichert werden.

Das Modul MZEICHEN[3] exportiert den abstrakten Datentyp TZeichen. Wie auch bei den Eimern für Getränke kann jeder (vom Benutzer angelegte) Datenbehälter vom Typ TZeichen mit Hilfe der Operation anzeigen am Bildschirm sichtbar gemacht werden. Der Mutator fuellen füllt so einen Datenbehälter, jedoch nicht mit einem Getränk, sondern mit einem Zeichen. Mit welchem Zeichen, wird zur Laufzeit über die Tastatur nach der auf dem Bildschirm erscheinenden Frage eingegeben.

---

[1] was auch immer das bedeuten mag

[2] Buchstaben, Ziffern, Satz- und Sonderzeichen, wie z.B. ein Komma, ein Fragezeichen oder ein Schrägstrich

[3] mit der Spezifikation in der Datei MZEICHEN.HPP auf der Begleitdiskette

Wie auch ein Eimer für Getränke kann der Inhalt eines Zeichenbehälters mit Hilfe der Zuweisung in einen anderen Zeichenbehälter kopiert werden. Das Ergebnis wird am Bildschirm nicht sichtbar - der bekannte Nachteil der Zuweisung.

Wird statt der Zuweisung der Mutator `fuellen` (über den Informator `inhalt`) für das Kopieren verwendet, wird die Veränderung des Eimerinhalts am Bildschirm sofort wahrnehmbar.

26. **Übung:** Entwickeln Sie ein *C++*-Programm mit zwei Datenbehältern vom Typ `TZeichen`. Lassen Sie die leeren Zeichenbehälter zu Anfang mit `anzeigen` sichtbar werden. Rufen Sie den Mutator `fuellen` (ohne zweiten Parameter) für den ersten Eimer auf: Seine Wirkung ist, daß ein Zeichen über eine Eingabemaske angefordert wird. Dieses wird in den Eimer gefüllt.

Kopieren Sie den Inhalt des ersten Eimers in den zweiten mit Hilfe des Mutators `fuellen` und des Informators `inhalt` (als zweiter Parameter von `fuellen`). Das Ergebnis des Kopiervorgangs wird sofort sichtbar.

Füllen Sie nun den zweiten Eimer mit einem anderen Zeichen von der Tastatur. Kopieren Sie ihn mit Hilfe einer Zuweisung in den ersten. Um das Ergebnis sichtbar zu machen, benutzen Sie erneut die Operation `anzeigen`.

5.6.2. Der Standard-Datentyp für Zeichen

Abstrakte Datentypen werden von Modulen exportiert. *Konkrete Datentypen* können *skalar* oder *zusammengesetzt* sein. Einige skalare Datentypen werden von der Sprache vorgegeben. Sie verhalten sich aber genauso, als ob sie auch von einem Modul exportiert werden würden.

Zu diesem gehört der Datentyp `char`[1], der dem Datentyp `MZEICHEN::TZeichen` in vieler Hinsicht sehr ähnlich ist. Jeder Datenbehälter vom Typ `char`[2] ist geeignet, um ein von der Tastatur eingegebenes Schriftzeichen[3] zu speichern.

Die Namen von Datentypen, die nicht vom Autor stammen, fangen nicht unbedingt mit `T` an. In *C* sind die Namen von Standard-Datentypen wie `char` reservierte Wörter; deswegen werden sie in diesem Buch fett gedruckt.

Ein wichtiger Unterschied ist das Fehlen der Operation `anzeigen` und somit der Behältergestalt; ein Datenbehälter vom Typ `char` kann nicht so einfach auf dem Bildschirm sichtbar gemacht werden. Vielmehr stellt man sich ein `char`-Objekt als eine Zelle im Speicher des Rechners vor, in die ein Schriftzeichen geschrieben und dort gespeichert werden kann.

---

[1] Abkürzung für *character*, auf deutsch: *Zeichen*; das lateinische *character* heißt *Marke* oder *unterscheidende Qualität*, aus dem griechischen χαρασσω (*charassó*), auf deutsch *eingravieren*

[2] kurz: `char`-*Objekt*

[3] oder weitere Zeichen, die es auf der Tastatur nicht gibt

Ebenso fehlt der Mutator `fuellen`. Um ein Zeichen von der Tastatur in ein `char`-Objekt zu übertragen, wird die Operation aus einem mit dem Compiler ausgelieferten Modul `stdio` benutzt: Sie heißt `getchar`:

```
#include <stdio.h>
    . . .
char zeichen_behaelter = getchar();
    // liest ein Zeichen von der Tastatur und speichert es im zeichen_behaelter
```

Ein weiterer wichtiger Unterschied ist das Fehlen des Informators `inhalt`. In der Situation, wo aus einem Zeichenbehälter sein Inhalt geholt werden muß, schreibt man einfach den Namen des Zeichenobjekts. Dies ist charakteristisch für ein *einfaches Datenobjekt*: Sein Name steht für seinen Inhalt. Ein einfaches Datenobjekt ist immer von einem *einfachen Datentyp*; `char` ist so ein einfacher Datentyp, während `MEIMER::TEimer` oder `MZEICHEN::TZeichen` keine einfache Datentypen sind.

Um den Inhalt eines Datenbehälters vom Typ `char` auf den Bildschirm zu bringen, wird die Operation[1] `putchar` aus dem Standardmodul `stdio`[2] benutzt. Die übliche Schreibweise

```
putchar(zeichen_behaelter); // zeigt das gespeicherte Zeichen am Bildschirm an
```

steht also inhaltlich für den Aufruf

```
anzeigen(inhalt(zeichen_behaelter));
```

Da es auch keinen Mutator `fuellen` gibt, kann der Inhalt eines Zeichenobjekts nur mit Hilfe der Zuweisung in ein anderes Zeichenobjekt übertragen werden. Dies ist - in Anbetracht der schon bekannten und weiterer Nachteile der Zuweisung - eine Schwäche der Sprache *C*; es beruht auf Tradition. Es wäre - wie im Kapitel 3.2.2. in Zusammenhang mit Eimern gezeigt - konsequenter, einen Mutator wie z.B. `copy` für Zeichenobjekte zu haben. Da dies nicht der Fall ist, müssen wir mit der (zugegeben einfacheren) Zuweisung leben, im Bewußtsein dessen, daß sie nur den Inhalt „überschmiert", ohne das Objekt zu benachrichtigen. Allerdings führt dies im Falle von skalaren Datenobjekten nicht zu den bekannten Nachteilen. Die einfache Zuweisung

```
zeichen_behaelter_1 = zeichen_behaelter_2;
```

bedeutet also eigentlich die konsequentere

```
fuellen(zeichen_behaelter_1, inhalt(zeichen_behaelter_2));
```

In diesem Zusammenhang ist noch zu bemerken, daß bei skalaren Datenobjekten auch ein Mutator wie `fuellen` oder `getchar` den Zustand[3] des Datenobjekts nicht untersucht, sondern einen vorher gespeicherten Wert einfach löscht[4].

---

[1] mangels anzeigen
[2] Abkürzung für *standard input-output,* auf deutsch *standard-Ein-/Ausgabe*
[3] gefüllt oder nicht
[4] ähnlich wie die Zuweisung

Zusammenfassend unterscheiden sich die skalaren Datentypen wie `char` von den komplexen wie `TEimer` im folgenden:

- kein `anzeigen`, keine sichtbare Darstellung am Bildschirm (außer, wenn gesondert programmiert)
- kein Informator `inhalt`, statt dessen steht der Name des Objekts
- kein Informator `gefuellt`, Mutatoren untersuchen den Füllzustand nicht, daher
- keine Ausnahmen der Art `EBehaelter_voll` oder `EBehaelter_leer`
- kein eigener Mutator `fuellen`, statt dessen die (gefahrlose) Zuweisung
- standard-Ein-/Ausgabemodule

Nun steht nichts mehr im Wege, ein Programm mit dem Datentyp `char` zu schreiben:

```
#include <stdio.h> // putchar und getchar für char-Objekte          // (5.16)
     void zeichen_manipulieren() {
➡        char zeichen_behaelter_1, zeichen_behaelter_2;
             // zwei Datenbehälter für Zeichen, jedoch nicht sichtbar wie Eimer
➡        zeichen_behaelter_1 = getchar(); // stdio::getchar
➡        putchar(zeichen_behaelter_1);
         zeichen_behaelter_2 = zeichen_behaelter_1; // Kopieren ohne zu benachrichtigen
➡        putchar(zeichen_behaelter_2);
             . . .
     }
```

27. **Übung:** Schreiben Sie ein Programm mit einer geeigneten Anzahl von `char`-Objekten: Lesen Sie in diese die Buchstaben Ihres Namens von der Tastatur ein. Geben Sie sie in umgekehrter Reihenfolge auf dem Bildschirm aus.

5.6.3. Zeichenliterale

Wie für jeden Aufzählungstyp, so steht auch für den Standard-Datentyp `char` eine Menge von Werten zur Verfügung, die in Objekte dieses Typs gespeichert werden können. Für logische Datenbehälter vom Typ `TBool` sind dies die Werte `True` und `False`, für Farbenbehälter sind dies die Namen der Farben, usw.; sie können mit Hilfe des Mutators *Zuweisung* in die Behälter übertragen werden.

Logischerweise müssen für einen Aufzählungstyp mindestens so viele Wertenamen zur Verfügung stehen, wie viele unterschiedliche Werte ein Datenbehälter von diesem Typ aufnehmen kann. Bei `TBool` und beim Eimer sind das zwei, beim Kreis drei, bei `TFarbe` vier. Ähnlich sieht es bei `char` aus: Hier ist es jedoch eine nicht so klar definierte Anzahl, und die Werte von `char` können eine spezielle Form aufnehmen.

Der *C*-Compiler wird für einen bestimmten Rechner und für ein bestimmtes Betriebssystem ausgeliefert. Es gibt leider für verschiedene Rechner und für verschiedene Betriebssysteme unterschiedliche Sätze von Zeichen, die von der Tastatur eingegeben oder auf anderem Wege erzeugt werden können. Es gibt einige internationale Vereinbarungen, sogenannte Standards über die verwendeten Zeichensätze. Ein solcher Standard ist der *ASCII-Zeichensatz*, mit dem Personalcomputer (PC's) üblicherweise arbeiten. Mit der Verbreitung der Oberfläche *MS-Windows* wird er jedoch zunehmend von dem - etwas unterschiedlichen - *ANSI-Zeichensatz* abgelöst. Bei Großrechnern ist der *EBCDIC-Zeichensatz* verbreitet.

Die Entwickler der Sprache *C* haben den Begriff *Zeichenliteral* definiert. Ein Zeichenliteral ist der Name eines Werts mit besonderer Syntax: Es wird durch ein Schriftzeichen zwischen zwei Apostrophen[1] dargestellt:

```
zeichen_behaelter = ':';  // Zeichenliteral als Wertname, Argument des Mutators =
putchar(':');  // Zeichenliteral als Argument: ein Doppelpunkt erscheint am Bildschirm
```

Ähnlich können beliebige andere Schriftzeichen zwischen Apostrophen in einen `char`-Behälter geschrieben oder über `putchar` ausgegeben werden:

```
zeichen_behaelter = 'a';  // Kleinbuchstabe
zeichen_behaelter = 'A';  // Großbuchstabe, Unterschied zum vorherigen
zeichen_behaelter = '1';  // Ziffer
zeichen_behaelter = '%';  // Sonderzeichen
```

Eine besondere Schreibweise wird benötigt, wenn ein Wert ein Zeichen repräsentiert, das nicht auf der Tastatur vorkommt:

```
zeichen_behaelter = 0x7;  // Piepton, ASCII-Wert = hexadezimal 07
putchar(zeichen_behaelter);  // am Bildschirm erscheint nichts, es piept nur
putchar(0x7);  // es piept nochmals
```

28. Übung: Schreiben Sie ein Programm ähnlich wie in der 27. Übung, in dem die Buchstaben Ihres Namens Zeichenbehältern zugewiesen werden. Geben Sie den Inhalt dieser Behälter in umgekehrter Reihenfolge am Bildschirm aus. Lassen Sie es zum Schluß piepen.

29. Übung: Gestalten Sie Ihr Programm aus der 28. Übung um, indem die `char`-Datenbehälter als konstante Objekte mit geeignetem Vorbesetzungswert vereinbart werden.

5.6.4. Kardinalität

Jeder Aufzählungstyp bekommt bei seiner Definition einen (endlichen) Satz von Wertenamen. Ihre Anzahl ist die *Kardinalität* des Datentyps. Die Kardinalität von `TBool` und von `MEIMER::TGetraenk` ist also *2*, von `MKREIS::TFarbe` *3*, von `TFarbe`[2] im Programm (6.3) ist *4*, von `char` ist *256*.

Bei anderen Datentypen sprechen wir auch von der Kardinalität; darunter verstehen wir die Anzahl der verschiedenen Zustände, die ein Objekt dieses Datentyps annehmen kann. Bei abstrakten Datentypen ist dies oft nicht einfach zu errechnen. Aus dem Programmtext[3] des Moduls `MEIMER` stellt sich z.B. heraus, daß ein Eimer *5* Positionen auf dem Bildschirm aufnehmen kann: `unsichtbar`, `links_oben`, `rechts_oben`, `links_unten` und `rechts_unten`. Darüber hinaus kann er leer oder mit den zwei Getränken gefüllt werden, daher ist die Kardinalität von `TEimer` *3·5=15*.

---

[1] Hochkomma, das Zeichen '
[2] dies ist ein ganz anderer Typ, wenn auch mit demselben Namen
[3] in der Datei `MEIMER.CPP`

Es gibt auch Datentypen mit unendlicher Kardinalität[1]; dessen Objekte können beliebige Größe annehmen. Solche Datentypen heißen dynamisch[2].

5.7. Zusammenfassung

5.7.1. Terminologie

In diesem Kapitel haben wir folgende Begriffe kennengelernt:

- *Datentypen* können *abstrakt* und *konkret* sein.
- Konkrete Datentypen sind *einfach* oder *zusammengesetzt*.
- *Skalare* Datentypen sind ein Spezialfall der einfachen Datentypen.
- *Diskrete* Datentypen sind ein Spezialfall der skalaren Datentypen.
- *Aufzählungstypen* sind ein Spezialfall der diskreten Datentypen.
- char ist ein (von der Sprache *C* definierter) Standard-Aufzählungstyp.
- Der Name eines skalaren Objekts kann für seinen Inhalt stehen.
- Konkrete Datentypen haben *Literale*.
- Die *Aufzählungsliterale* sind Werte eines Aufzählungstyps.
- Sie können in ein Aufzählungsobjekt mit einer Zuweisung geschrieben werden.
- Ein *Zeichenliteral* ist der Name eines Werts mit besonderer Syntax: ein *Schriftzeichen* zwischen Apostrophen.
- Ein Aufzählungsobjekt ist vom *anonymen Aufzählungstyp*, wenn es mit der Typvereinbarung (ohne Typnamen) zusammen definiert wurde.
- Skalaren Objekten kann bei Vereinbarung *Vorbesetzungswert* gegeben werden.
- Komplexe Objekte erhalten den Vorbesetzungswert über *Konstruktoren*.
- Für ein *konstantes Objekt* können nur Informatoren aufgerufen werden.
- Die *Kardinalität* eines Datentyps ist die Anzahl der unterschiedlichen Werte.
- Ein *Mutator* ist eine Operation, die den Inhalt eines Datenbehälters verändert. Er *schreibt* etwas in den Behälter.
- Demgegenüber läßt ihn ein *Informator* unverändert, informiert jedoch über seinen Zustand, er *liest* seinen Inhalt.
- Mutatoren werden als *Prozeduren*, Informatoren als *Funktionen* realisiert.
- Prozeduren und Funktionen sind die *Unterprogramme*.
- Unterprogramme können (*formale*) *Parameter* haben.
- In *C* heißen alle Unterprogramme *Funktionen*.
- Unterprogramme werden ohne oder mit *Argument* aufgerufen.
- Ihre *Prototypen* enthalten die Liste der nötigen *Parameter*.
- Funktionen mit *Infix*-Schreibweise heißen *Operatoren*.
- Operatoren mit zwei Operanden (links und rechts) heißen *diadisch* oder *binär*, mit einem Operanden *monadisch* oder *unär*.
- Die *relationalen Operationen* haben zwei Parameter.

---

[1] z.B. eine Datei
[2] s. Kapitel 9.

- *Ordnungsoperatoren* sind relationale Operatoren.
- Die *Negation, Konjunktion* und *Disjunktion* sind logische Operatoren
- In *C* werden Konjunktion und Disjunktion *kurzgeschlossen* berechnet.
- *Zuweisung* und *Gleichheit* sind diadische Operatoren.
- Sie können auch ein logisches Ergebnis liefern.
- *Kettenoperatoren* sind Funktionen mit Seiteneffekt.

5.7.2. Aufgaben

21. Aufgabe: Schreiben Sie die Spezifikation eines Moduls auf, das einen abstrakten logischen Behälter (als abstraktes Datenobjekt) realisiert. Es soll Mutatoren zum Füllen und Entleeren, einen Informator über den Inhalt und zum Anzeigen des Inhalts am Bildschirm exportieren.

5.7.3. Prüfungsfragen

Entscheiden Sie, ob die folgenden Aussagen richtig oder falsch sind. Geben Sie dazu auch eine Begründung an.

- '§' ist ein Wert des Datentyps `char`.
- Alle Aufzählungstypen sind skalare Typen.
- Alle Werte des Datentyps `char` können durch Zeichenliterale dargestellt werden.
- Bei der Zuweisung wird überprüft, ob das Objekt auf der linken Seite gefüllt ist oder nicht.
- Die Zuweisung verbirgt bei skalaren Typen keine Gefahren wie bei komplexen Typen.
- Ein Informator liefert immer einen logischen Wert (`True` oder `False`).
- Für konstante Objekte kann kein Informator aufgerufen werden.
- Für skalare Objekte können immer Vorbesetzungswerte angegeben werden.
- Konstante Objekte müssen mit Vorbesetzungswert versehen werden.
- Mit Hilfe des Datentyps `char` können skalare Objekte erzeugt werden.
- Objekte ohne Konstruktoraufrufe können sich in einem undefinierten Zustand befinden.

6. Verwendung von Funktionen

Die Prozeduren bilden nur eine Art der Unterprogramme. In *C* wird ihre Vereinbarung mit void gekennzeichnet. Sie liefern kein Ergebnis, und ihr Aufruf ist eine Anweisung. Die zweite Art der Unterprogramme bilden die Funktionen. Sie liefern ein Ergebnis, dessen Typ in der Vereinbarung vor dem Funktionsnamen anstelle von void angegeben wird. Sie werden als Argument eines anderen Unterprogramms aufgerufen[1].

6.1. Lokale Funktionen

Im Kapitel 2.10.4. haben wir die lokalen Prozeduren kennengelernt. Ihr Prototyp und ihr Aufruf ist ähnlich wie bei den Mutatoren. Im Kapitel 5.5.2. haben wir die importierten Funktionen kennengelernt. Die beiden Begriffe kann man kombinieren und *lokale Funktionen* definieren. Sie können wie Informatoren benutzt werden. Ihr Prototyp enthält anstelle des reservierten Wortes void den Namen des Datentyps, die sie als Ergebnis liefern. Dies heißt oft ihr *Rückgabetyp*[2], ein besserer Ausdruck dafür ist *Ergebnistyp*. Darüber hinaus können sie auch formale Parameter haben. Auch wenn *C* es anders erlaubt, sollten diese - im Gegensatz zu Prozeduren - nur Leseparameter sein, d.h. im Funktionsrumpf sollten für die Parameter keine Mutatoren aufgerufen werden dürfen.

```
TBool beide_gefuellt(const TEimer&, const TEimer&);  // Vereinbarung einer lokalen Funktion
```

Der Prototyp einer lokalen Funktion enthält neben der Anzahl, Typen und Übergabemechanismen ihrer Parameter auch ihren Ergebnistyp. Genauso sprechen wir vom Prototyp exportierter Informatoren.

Der Rumpf aller Funktionen muß eine return-Anweisung[3] enthalten, in der ein Objekt oder Wert von diesem Typ genannt wird. Dieses Ergebnis wird an die aufrufende Stelle zurückgegeben:

```
➡ TBool beide_gefuellt(const TEimer& e1, const TEimer& e2) {        // (6.1)
    /* Definition der lokalen Funktion; ihre formalen Parameter sind zwei Datenbehälter
    namens e1 und e2 vom Typ TEimer; ihr Ergebnis ist vom Typ TBool;
    True, wenn beide Argument-Eimer gefüllt sind */
        TBool b1, b2, b;  // drei lokale Datenbehälter vom Typ TBool
        b1 = gefuellt(e1);
        b2 = gefuellt(e2);
        b = b1 && b2;  // logischer Operator, exportiert von LEHRBUCH für TBool
```

---

[1] *C* erlaubt den Aufruf von Funktionen auch als Anweisung; auf diese Möglichkeit werden wir aber weitgehend verzichten

[2] auf englisch: *return type*

[3] bevorzugt als letzte Anweisung; sonst gilt der Funktionsrumpf als unstrukturiert programmiert, s. Kapitel 12.3.

```
➡      return b; // das Ergebnis wird dem Aufrufer zurückgegeben¹
     }
     void lokale_funktion() { // Verwendung der lokalen Funktion beide_gefuellt
         TEimer eimer_1, eimer_2, eimer_3; // drei Datenbehälter
         TBool ergebnis;
             ... // die Eimer werden angezeigt und gefuellt/entleert
➡        ergebnis = beide_gefuellt(eimer_1, eimer_3);
             ... // ergebnis kann z.B. ausgegeben werden
➡        ergebnis = beide_gefuellt(eimer_2, eimer_3) &&
                     beide_gefuellt (eimer_3, eimer_1);
             // auch lokale Funktionsaufrufe können Operanden eines Operators sein
     }
```

Wird in einer Funktion keine **return**-Anweisung ausgeführt, wird zur Laufzeit eine Ausnahme² ausgelöst. Insbesondere muß auch eine etwaige Ausnahmebehandlung im Rumpf der Funktion mit **return** beendet werden, wenn keine Ausnahme weitergereicht wird.

Das Ergebnis einer Funktion wird vom Funktionsrumpf an die aufrufende Stelle kopiert³. Ist das Ergebnistyp kein einfacher Datentyp⁴, kann dies lange und unwirtschaftliche Kopieroperationen beinhalten. In *C*-Programmen ist es dann zweckmäßiger, einen Zeigertyp⁵ als Ergebnistyp anzugeben. Der *Zeigertyp* auf Eimer kann auch benannt werden:

```
typedef TEimer* PEimer;                                            // (6.2)
PEimer eimer_funktion(const TEimer& e1, const TEimer& e2) {
    PEimer eimer; // lokales Zeigerobjekt
    eimer = new TEimer; // Eimer auf der Halde wird erzeugt
        ... // Algorithmus, der den Eimer *eimer füllt
    return eimer;
}
```

Beim Aufruf muß das Ergebnis dereferenziert⁶ werden:

```
PEimer eimer_zeiger = eimer_funktion(eimer_1, eimer_2); // oder:
TEimer eimer_objekt = *(eimer_funktion(eimer_1, eimer_2));
    // Dereferenzierung, s. Kap. 9.
```

In *C++* ist es einfacher, wenn die Funktion eine *Referenz* als Ergebnistyp liefert:

```
TEimer& eimer_funktion(const TEimer& e1, const TEimer& e2) {
        ... // Rumpf wie zuvor
    return *eimer;
}
```

---

¹ der Anweisungsteil kürzer programmiert: **return** gefuellt(e1) && gefuellt (e2);
² von einigen Laufzeitsystemen ein Programmabbruch
³ ähnlich wie ein Werteparameter, nur in die andere Richtung
⁴ in einigen Sprachen wie *Pascal* ist als Ergebnistyp nur ein einfacher Datentyp erlaubt
⁵ oder eine Referenz (nur in *C++*)
⁶ s. Kapitel 9.

6.2. Exportierte Funktionen

Exportierte Funktionen (Informatoren, relationale Funktionen, Operatoren, usw.) werden in der Modulschnittstelle genauso vereinbart und im Modulrumpf definiert wie lokale.

Ein und dasselbe Modul kann verschiedenen Benutzern mit verschiedener Schnittstelle ausgeliefert werden. Es kann z.B. eine „Billigversion" eines Moduls geben, das zwar günstig zu haben ist, jedoch nicht die volle Funktionalität bietet. Für das Programm (3.1) reicht eine „abgemagerte" Schnittstelle des Moduls M1EIMER in der Form, wie wir es unter (2.27) gesehen haben. Die vollständige Spezifikation enthält jedoch auch exportierte Funktionen, z.B. Informatoren:

```
// M1EIMER.HPP - stellt einen leeren Datenbehälter zur Verfügung          (6.3)
// als Initialisierung wird ein Eimer am Bildschirm angezeigt
enum TGetraenk {wasser, wein}; // exportierter Aufzählungstyp mit 2 Werten
void fuellen(const TGetraenk = wasser) throw(EEimer_voll);
    // der Eimer wird mit Getränk gefüllt, wenn leer
void entleeren() throw(EEimer_leer); // der Eimer wird entleert, wenn voll
➡ TBool gefuellt(); // Informator
➡ TGetraenk inhalt() throw(EEimer_leer); // Informator
void verwandeln() throw(EEimer_leer); // Mutator
➡ TGetraenk verwandelt() throw(EEimer_leer); // Funktion
void ausgeben(const TGetraenk); // Textausgabe im Fenster
```

Das Modul MTOLEIM hat formal eine ähnliche Schnittstelle (ohne die Ausnahmen), seine Funktionalität ist jedoch unterschiedlich: Bei Verletzung der Reihenfolgebedingungen wird keine Ausnahme ausgelöst, sondern eine Fehlermeldung am Bildschirm ausgegeben. Der Zustand des Datenbehälters wird dabei nicht verändert. Daher erscheint im Prototyp der Mutatoren kein **throw**. Es empfiehlt sich, auch die Schnittstelle des Moduls M2EIMER auf der Begleitdiskette in der Datei M2EIMER.HPP zu untersuchen.

Das Modul MEIMER exportiert einen abstrakten Datentyp und einen Aufzählungstyp für die Parameter der Methoden:

```
// MEIMER.HPP - Modul für einen ADT                                       (6.4)
➡ enum TGetraenk {wasser, wein}; // exportierter Aufzählungstyp mit 2 Werten
➡ // private:
➡ typedef ... TEimer; // implementierungsabhängig, gehört nicht zur Schnittstelle
// public:
void fuellen(TEimer&, const TGetraenk = wasser) throw(EEimer_voll);
    // Eimer wird mit dem Getränk gefüllt; wenn nur ein Parameter, dann mit wasser
void entleeren(TEimer&) throw(EEimer_leer); // Eimer wird entleert, wenn voll
// Reihenfolgebedingungen wie bei M1EIMER
TGetraenk inhalt(const TEimer&) throw(EEimer_leer);
TBool gefuellt(TEimer&); // False zu Anfang und nach entleeren
TBool gleich(const TEimer&, const TEimer&); // vergleicht Getränke in den Eimern
void anzeigen(TEimer&);
void ausgeben(const TGetraenk);
void inhalt_ausgeben(const TEimer) throw(EEimer_leer); // Textausgabe
void verwandeln(TGetraenk&); // Mutator
TGetraenk verwandelt(TGetraenk&); // Funktionsversion
```

Am Anfang dieser Modulspezifikation kommt die *Typvereinbarung* typedef TEimer vor. Die interne Darstellung[1] bleibt dem Benutzer verborgen, deswegen wird sie in die Schnittstelle nicht aufgenommen. Aus compilertechnischen Gründen muß sie jedoch in der Spezifikation, in seinem *privaten Teil* aufgeführt werden. In *C* wird dies nur kommentiert; in *C++* wird sie bei Klassenvereinbarungen auch sprachlich getrennt.

6.3. Aufzählungsklassen

Einige Programmiersprachen wie *Ada* oder *Pascal* definieren für Aufzählungsobjekte zahlreiche Operationen. Dies ist bei *C* und *C++* nicht der Fall. Aus diesem Grund wurden vom Autor Aufzählungsklassen entwickelt, die die üblichen Operationen anbieten und auch erweiterbar sind. Dies kann als Beispiel für den Entwurf einer Klasse dienen.

6.3.1. Makro für Aufzählungsklassen

Für die Erzeugung von Aufzählungsklassen wurde das Makro[2] AUFZ in die Schnittstelle des Moduls LEHRBUCH aufgenommen. Es wird vor der Übersetzung zu einer - für den Benutzer uninteressanten - Anweisungsfolge expandiert, die den Aufzählungstyp zu einer Aufzählungsklasse erweitert. Als Parameter des Makros müssen der Name der Aufzählungsklasse, des Aufzählungstyps sowie die Liste der Aufzählungswerte als Zeichenkette übergeben werden:

```
TFarbe { rot, gruen, blau };                          // (6.5)
AUFZ (CFarbe, TFarbe, "rot, gruen, blau")
```

Die so erzeugte Aufzählungsklasse CFarbe wird benutzt, um Aufzählungsobjekte anzulegen:

```
CFarbe mein_auto; // Aufzählungsobjekt
CFarbe deine_haare(gruen); // Objekt mit Vorbesetzungswert
const CFarbe seine_krawatte(blau); // konstantes Objekt
deine_haare = rot; // Zuweisung auf einen Wert
mein_auto = seine_krawatte; // Zuweisung auf den Inhalt eines anderen Objekts
```

Für diese Objekte stehen nun spezielle Methoden, die Aufzählungsmethoden zur Verfügung.

6.3.2. Klassenspezifische Methoden

Mit der Definition einer Aufzählungsklasse erhält man konstante Methoden ohne Parameter. Dazu gehören first[3] und last[4]. Sie stellen die Werte dar, die an der er-

---

[1] die Struktur der Datenobjekte von diesem Typ
[2] aus implementierungstechnischen Gründen kann das Makro nur global, d.h. außerhalb eines Funktionsrumpfs verwendet werden
[3] auf deutsch: *erstes*
[4] auf deutsch: *letztes*

sten und an der letzten Stelle definiert wurden, im Falle von CFarbe als rot bzw. blau. Weil in einem Programm[1] aber mehrere Aufzählungstypen definiert werden können, müssen die verschiedenen Funktionen first und last voneinander unterschieden werden. Zu diesem Zweck wird der Name der Aufzählungsklasse dem Namen der Funktion, durch den Bereichsoperator getrennt, vorangestellt:

```
mein_auto = CFarbe::first(); // rot
dein_auto = CFarbe::last()); // blau
```

Hier steht vor dem Methodennamen also nicht der Name eines Objekts, sondern der Klasse. Solche Methoden heißen *klassenspezifische Methoden* und werden in der Klassenvereinbarung mit dem reservierten Wort **static** gekennzeichnet:

```
class CFarbe { public:
    static CFarbe first();
    static CFarbe last();
      . . .
```

6.3.3. Aufzählungsmethoden

Eine Aufzählungsklasse exportiert weitere Methoden, die in Verbindung mit einem Aufzählungsobjekt aufgerufen werden. Im Gegensatz zu den klassenspezifischen heißen diese *objektspezifische* Methoden. Dazu gehören succ[2] und pred[3]. Enthält das Objekt das letzte bzw. erste Wert eines Aufzählungstyps, wird die von der Aufzählungsklasse exportierte Ausnahme EUeberlauf ausgelöst:

```
mein_auto = deine_haare.succ(); // liefert den nachfolgenden Aufzählungswert
mein_auto = seine_krawatte.pred(); // liefert den vorangehenden Aufzählungswert
mein_auto = mein_auto.succ(); // blau, wenn zuvor rot war
```

Damit dieselben Operationen nicht nur für Objekte, sondern auch für Werte ausgeführt werden können, wurde ihre parametrisierte Variante von succ und pred mit in die Schnittstelle aufgenommen. Das Argument muß einer der Aufzählungswerte sein, z.B. das Ergebnis einer geeigneten Funktion. Hier sehen wir, daß die klassenspezifische Methode last auch objektbezogen aufgerufen werden kann:

```
mein_auto = mein_auto.pred(mein_auto.pred(mein_auto.last()));
    // geschachteltes Argument. Der Name der vor-vorletzten Farbe wird in Textform ausgegeben
ausgabefenster(mein_auto);
deine_haare = deine_haare.succ(CFarbe::last()); // EUeberlauf wird ausgelöst
deine_haare = deine_haare.pred(CFarbe::first()); // ebenso
```

Eine Alternative zu diesen sind die Operatoren ++ und --, die den Wert des aktuellen Aufzählungsobjekts verändern:

```
deine_haare ++; // throw EUeberlauf, wenn deine_haare = CFarbe::last()
mein_auto --; // throw EUeberlauf, wenn mein_auto = CFarbe::first()
```

---

[1] besser gesagt, in einer Übersetzungseinheit
[2] Abkürzung für *successor*, auf deutsch: *Nachfolger*
[3] Abkürzung für *predecessor*, auf deutsch: *Vorgänger*

Zur Benutzung der Operation LEHRBUCH::ausgabefenster ist der Aufruf der Bibliotheks-prozedur meldungsfenster aus demselben Modul zusammen mit der Aufzählungsme-thode image() eine Alternative. Dieser Informator liefert eine Zeichenkette:

```
ausgabefenster(mein_auto); // ähnlich wie
meldungsfenster(mein_auto.image()); // ähnlich wie:
meldungsfenster("blau");
```

Diese Methoden werden in der Klassenvereinbarung zusammen mit der von ihnen auslösbaren Ausnahme definiert. Diese letztere wird als eine leere Klasse (ohne Export) vereinbart:

```
class EUeberlauf {}; // Ausnahme                                          // (6.6)
class CFarbe { public:
    static CFarbe first();
    static CFarbe last();
    TFarbe succ() const throw(EUeberlauf); // liefert nachfolgenden Aufzählungswert
    TFarbe pred() const throw(EUeberlauf); // liefert vorangehenden Aufzählungswert
    TFarbe succ(const CFarbe&) throw(EUeberlauf); // parametrisierte Versionen
    TFarbe pred(const CFarbe&) throw(EUeberlauf);
    TFarbe succ(const TFarbe) throw(EUeberlauf); // mit Wert parametrisierte Versionen
    TFarbe pred(const TFarbe) throw(EUeberlauf);
    CFarbe& operator ++ (); // throw(EUeberlauf)¹ // ändert auf nachfolgenden Wert
    CFarbe& operator -- (); // throw(EUeberlauf) // ändert auf vorangehenden Wert
    TFarbe val() const; // liefert den Wert aus dem aktuellen Objekt
    const char* image(); // liefert den Namen des Werts aus dem aktuellen Objekt
    . . .
```

Hier ist char* die Typbezeichnung der Zeichenkette, die von image als Ergebnis gelie-fert wird.

Das reservierte Wort const drückt aus, daß diese Methoden Informatoren sind, d.h. die Objekte, für die sie aufgerufen werden, nicht verändert werden. Hierdurch dür-fen sie auch für konstante Objekte aufgerufen werden. Informatoren heißen in *C++* auch *konstante Methoden*.

Die Klasse hat drei Konstruktoren: neben dem parameterlosen (der das Aufzäh-lungsobjekt mit dem ersten Aufzählungswert versorgt) einen mit einem Aufzäh-lungswert parametrisierten Konstruktor sowie den Kopierkonstruktor:

```
CFarbe(); // Vorbesetzung mit dem ersten Farbenwert CFarbe::first()
CFarbe(const TFarbe); // Vorbesetzung mit angegebenem Farbenwert
CFarbe(const CFarbe&); // kopiert den Farbenwert aus dem Parameterobjekt
```

Die Methoden succ und pred können die Ausnahme EUeberlauf auslösen. Zwei Alter-nativen zu ihnen sind next[2] und prev[3], die keine Ausnahme auslösen, sondern zy-klisch arbeiten.

```
TFarbe next() const; // der nachfolgende oder erste Aufzählungswert
TFarbe prev() const; // der vorangehende oder letzte Aufzählungswert
```

---

[1] die Sprache schreibt das Profil vor, daher throw nur als Kommentar
[2] auf deutsch: *nächstes*
[3] Abkürzung für *previous*, auf deutsch: *vorheriges*

Die Zuweisung der Werte auf Klassenobjekte muß möglich sein. Der Operator = wird daher für die Klasse CFarbe zweimal überladen:

```
CFarbe& operator = (const CFarbe&); // Zuweisung von Klassenobjekten
CFarbe& operator = (const TFarbe);  // Zuweisung von Farbenwerten
```

Somit sind Aufrufe dieses Operators der beiden Arten

```
mein_auto = rot;       // Zuweisung eines Werts
dein_auto = mein_auto; // Zuweisung des Werts aus einem anderen Objekt
```

erlaubt. Der Zuweisungsoperator liefert als Ergebnis die Referenz auf das aktuelle Objekt. Dadurch wird Kettenzuweisung ermöglicht:

```
mein_auto = dein_auto = rot;  // Zuweisung eines Werts auf zwei Objekte
```

Der Operator == wird ebenfalls zweimal überladen: Er vergleicht den Inhalt zweier Aufzählungsobjekte und ein Aufzählungsobjekt mit einem Aufzählungswert:

```
TBool operator == (const CFarbe&) const;
TBool operator == (const TFarbe) const;
```

Ebenso stehen die Operatoren <, <=, > und != zur Verfügung.

Zum Schluß sei nochmals darauf hingewiesen, daß eine Klasse wie die obige CFarbe durch einen Makroaufruf wie unter (6.5) entsteht.

30. **Übung:** Schreiben Sie ein Dialogprogramm, das den Folgetag und den Vorgängertag eines Wochentags berechnet.

Stellen Sie sich zuerst einen Plan Ihres Menüs mit angehängten Subroutinen auf. Ein Menüpunkt soll dem Benutzer ermöglichen, einen Wochentag über eine Auswahlliste einzugeben. Über einen zweiten Menüpunkt kann der Bediener den Folgetag berechnen. Zeigen Sie ihm diesen Tag über die Operation ausgabefenster an. Als Alternative können Sie auch die Bibliotheksprozedur meldungsfenster benutzen: Ihr Parameter ist eine Zeichenkette; in diesem Fall können Sie sie mit Hilfe der Methode image Ihres Wochentagtyps erzeugen. (Sie können der Prozedur meldungsfenster auch einen zweiten Parameter, ebenfalls eine Zeichenkette, mitgeben: Diese wird der Titel des Meldungsfensters, z.B.: "Folgetag"). Eine weitere Auswahl dieses Menüpunktes errechnet jeweils den nächsten Wochentag, den Sie immer wieder über das Meldungsfenster anzeigen.

Sie können die Aufgabe einfacher mit next und prev lösen. Mit succ und pred lernen Sie aber, wie Sie die Ausnahme EUeberlauf in der Rückrufprozedur auffangen.

Nachdem Ihr Plan fertig ist, generieren Sie das Menü mit Hilfe von MENUEGEN.EXE und programmieren Sie Ihre Subroutinen.

6.4. Implementierung von Modulen und Klassen

Im Kapitel 2.12. haben wir schon Module und Klassen mit Hilfe anderer implementiert. Jetzt lernen wir, wie dies ohne Hilfe, nur auf der Basis einfacher Objekte vonstatten geht.

6.4.1. Auswärtige Objekte

Im Kapitel 2.12.2. sind wir bei der Implementierung des ADO-Moduls[1] M1EIMER mit der Lösung des Problems schuldig geblieben, daß das Eimerobjekt gleich zu Programmanfang am Bildschirm erscheint, und zwar leer. Die Aufgabe ist ohne Klassen nicht lösbar, daß ein Objekt vom Typ TEimer leer angelegt wird. Im Besitz der Klassenkonstruktoren kann die Lösung angegangen werden.

Wir implementieren hierfür M1EIMER nicht mit Hilfe des ADT TEimer, sondern mit Hilfe der Klasse CEimer. Das modulinterne Objekt wird jetzt nicht im Modulrumpf, sondern in der Spezifikationsdatei angelegt. Sie wird in das Benutzerprogramm eingebunden, somit wird der Konstruktor des Objekts aktiviert. Dieser kann die Methode anzeigen aufrufen, wenn er nur über einen Parameter dazu aufgefordert wird:

```
// M1EIMER.HPP - Spezifikationsdatei                                  // (6.7)
    ... // Modulschnittstelle wie im (6.3) // gehört nicht mehr zur Schnittstelle:
#include "CEIMER.HPP"; // für die Implementierung importiertes Modul
CEimer eimer(True); // parametrisierter Konstruktor des internen Objekts ruft anzeigen auf
```

Im Rumpf von M1EIMER.CPP wird dieses Objekt manipuliert. Dort soll es nochmals mit dem reservierten Wort **extern** als *auswärtiges Objekt*[2] vereinbart werden:

```
// M1EIMER.CPP - zweite Version                                       // (6.8)
#include "M1EIMER.HPP"; // eigene Schnittstelle
extern CEimer eimer; // auswärtiges Objekt wurde in der Spezifikationsdatei vereinbart
void fuellen(const TGetraenk getraenk) throw(EEimer_voll) {
    // Vorbesetzungswert für getraenk = wasser
    eimer.fuellen(getraenk); // auswärtiges Objekt wird manipuliert
}
```

Hier wird also kein Eimer angelegt, nur sein Name wird bekanntgegeben. Der Compiler läßt beim Übersetzen den Bezug auf diesen Namen (das Argument des fuellen-Aufrufs) offen. Erst der Binder, der das Hauptprogramm mit dem Modulrumpf verbindet, setzt diesen Bezug. **extern** wird also verwendet, wenn auf einen Namen Bezug genommen wird, der in einem anderen Modul definiert wurde. Sie heißen *auswärtige Namen*[3]. Bei sauberen Schnittstellenbildungen ist ihr Gebrauch jedoch äußerst selten.

6.4.2. Mehrfaches Einbinden

Wer eine Spezifikationsdatei auf der Begleitdiskette untersucht, stellt fest, daß am Anfang überall Präprozessoranweisungen der Art

```
#ifndef M1EIMER_HPP
#define M1EIMER_HPP
```

stehen. Und die letzte Zeile enthält überall ein

```
#endif
```

---

[1] ADO ist die Abkürzung für *abstraktes Datenobjekt*
[2] oder *externes Objekt*
[3] oder *externe Namen*

Diese werden vor der Übersetzung abgearbeitet und verhindern, daß ein eventuell mehrmaliges Einbinden der Spezifikationsdatei doppelte Definitionen und somit Fehlermeldungen des Compilers hervorruft. Es ist nämlich durchaus denkbar, daß das Hauptprogramm sowohl `CEIMER.HPP`, wie auch `M1EIMER.HPP` einbindet. Da aber `M1EIMER.HPP` (wie eben gesehen) `CEIMER.HPP` ebenfalls einbindet, würde der Übersetzer die hier definierten Namen doppelt vorfinden. Die Präprozessoranweisung `#ifndef` verhindert dies, indem alle Zeilen bis zum `#endif` <u>nicht</u> übersetzt werden, falls das Makro mit dem Namen `MEIMER_HPP`[1] definiert wurde. Beim ersten Vorkommnis der Spezifikationsdatei ist dies nicht der Fall; das Makro wird durch das darauffolgende `#define` definiert, die Programmzeilen werden übersetzt und die weiteren Vorkommnisse ignoriert. Aus diesem Grund empfiehlt es sich, jede Spezifikationsdatei mit solchen Präprozessoranweisungen umzuklammern.

6.4.3. Eigenleistung

Im Kapitel 2.12. haben wir gelernt, wie man Modulrümpfe mit Hilfe eines anderen, fertigen Moduls programmiert. Im Besitz der Aufzählungstypen sind wir jetzt schon in der Lage, die Logik einiger Methoden des Moduls `M1EIMER` eigenständig zu programmieren. Man sagt, die Implementierung findet auf der *Sprachebene* statt (s. Schichtenmodell im Kapitel 1.6.). Auf das Anzeigen am Bildschirm verzichten wir hier; die Animation wird mit Hilfe eines gesondert implementierten, grafisch orientierten Moduls durchgeführt.

Betrachten wir die Implementierung des Moduls `M1EIMER`. Das Wesentliche dabei ist, statt einem Objekt vom Typ `TEimer` (wie im Kapitel 2.12.) zwei Aufzählungsobjekte als *Gedächtnis* anzulegen. Im ersten wird die Information gespeichert, ob der Eimer überhaupt gefüllt ist, im zweiten, mit welchem Getränk. Die Zugriffsoperationen greifen auf diese modulinternen globale Objekte zu.

Die Ausnahmen werden hier mit einem Trick ausgelöst: Der Aufruf des Aufzählungsoperators ++ für ein `TBool`-Objekt setzt es auf `True`, falls es zuvor `False` war, und löst im anderen Fall eine Ausnahme aus. Diese werden wir auffangen und weiterreichen. Auch wenn diese Vorgehensweise nicht untypisch für das Auslösen von Ausnahmen ist, werden wir es im Kapitel 12.1.8. lernen, wie man es mit logischen Objekten normalerweise programmiert.

```
       // Gedächtnis: modulinterne Objekte, Komponenten des abstrakten Datenobjekts:        (6.9)
➡   TBool eimer_gefuellt = False; // der Eimer ist zu Anfang leer
➡   TGetraenk eimer_inhalt;

       void fuellen(const TGetraenk getraenk) throw(EEimer_voll) {
              // Vorbesetzungswert für getraenk = wasser, s. Schnittstelle² in (6.4)
         try {
➡            eimer_gefuellt ++; // Zugriff auf das globale Gedächtnis
                /* ++ löst die Ausnahme EUeberlauf aus, falls eimer_gefuellt = True
```

---

[1] und mit leerem Inhalt

[2] *C++* erlaubt die Vorbesetzung nur in der Klassenvereinbarung, (leider) aber nicht in der Funktionsdefinition

```
                ansonsten wird eimer_gefuellt auf True gesetzt */
        eimer_inhalt = getraenk;
    }
    catch (EUeberlauf) {
        EEimer_voll e; // Ausnahmeobjekt erzeugen und auswerfen
        throw e; // Ausnahme auslösen
    }
}

void entleeren() throw(EEimer_leer) {
    try {
        eimer_gefuellt --;
            /* -- löst die Ausnahme EUeberlauf aus, falls eimer_gefuellt = False
                ansonsten wird eimer_gefuellt auf False gesetzt */
    }
    catch (EUeberlauf) { EEimer_leer e; throw e; }
}
TGetraenk inhalt() throw(EEimer_leer) {
    try {
        const TBool temp = eimer_gefuellt --; // nur, um Ausnahme auszulösen
        return eimer_inhalt; // nur, wenn keine Ausnahme
    }
    catch (EUeberlauf) { EEimer_leer e; throw e; }
}
TBool gefuellt() {
    return eimer_gefuellt;
}
```

Typischerweise realisiert ein Modul (wie auch M1EIMER) ein abstraktes Datenobjekt mit Hilfe seines Gedächtnisses. Es erinnert sich an den Zustand des Datenobjekts in seinen modulinternen Objekten (wie z.B. eimer_inhalt). Diese können von außen nicht direkt, sondern nur über Methodenaufrufe manipuliert werden. Für die einzelnen Methoden sind die modulinternen Objekte global. Die Benutzung von globalen Objekten in Unterprogrammen sollte i.a. vermieden werden; modulinterne Objekte als globale Objekte sind jedoch völlig legitim.

Das Gedächtnis - vom Modul heraus gesehen - besteht aus konkreten Datenobjekten. Von außerhalb des Moduls gesehen implementiert es das abstrakte Datenobjekt.

6.4.4. Klassenimplementierung

Im Kapitel 2.12.3. haben wir die Implementierung einiger Mutatoren der Klasse CEimer mit Hilfe des ADT TEimer untersucht. Dieser Weg hat es jedoch nicht ermöglicht, den Konstruktor CEimer() zu implementieren, da dieser Zugriff auf die Komponente eimer_gefuellt braucht, um es auf False zu setzen (dadurch wird ein neu angelegter Eimer leer). Jetzt können wir aber, ähnlich wie in (6.9), die Komponenten der Klasse einzeln anlegen:

```
// CEIMER.HPP - zweite Version                                        (6.10)
#include "LEHRBUCH.HPP" // für TBool
class EEimer_voll {}; // Ausnahmen
class EEimer_leer {};
enum TGetraenk { wasser, wein };
```

```
class CEimer { public:    // Schnittstelle ergänzt gegenüber(2.29)
    CEimer();
    void anzeigen();
    void fuellen(const TGetraenk getraenk = wasser) throw(EEimer_voll);
    void entleeren() throw(EEimer_leer);
    TGetraenk inhalt() throw(EEimer_leer);
    TBool gefuellt() const;
  protected: // privater Teil - Komponenten der Klasse:
➡     TBool eimer_gefuellt; // hier ist keine Vorbesetzung möglich
➡     TGetraenk eimer_inhalt;
};
```

Im Gegensatz zu modulinternen Objekten wie in (6.9) ist es nicht erlaubt, Klassenkomponenten mit Vorbesetzungswerten zu versehen. Hierfür ist der Konstruktor im Klassenrumpf vorgesehen:

```
// CEIMER.CPP - zweite Version                                   (6.11)
#include "CEIMER.HPP" // eigene Schnittstelle

CEimer::CEimer() { // Konstruktor
➡     eimer_gefuellt = False;
}
void CEimer::fuellen(const TGetraenk getraenk) throw(EEimer_voll) {
      // Vorbesetzungswert = wasser
    try {
        eimer_gefuellt = eimer_gefuellt ++; // Zugriff auf die Klassenkomponente
        eimer_inhalt = getraenk;
    }
    catch (EUeberlauf) { EEimer_voll e; throw e; }
}
```

31. **Übung:** Implementieren Sie die Methoden entleeren und gefuellt der Klasse CEimer. Gehen Sie dabei wie im Programm (2.31) vor, jedoch ohne Hilfe des ADT TEimer, wie im Programm (6.9).

6.4.5. Klassenkonstruktoren

Ein Konstruktor hat oft nur die Aufgabe, die Klassenkomponenten mit Vorbesetzungswerten zu versehen. Dies wird einfacher mit einer *Initialisierungsliste* durchgeführt. Sie wird zwischen die Parameterliste und den Rumpf eingeschoben und mit einem Doppelpunkt eingeleitet. Nach dem Namen einer Klassenkomponente wird der Vorbesetzungswert in Klammern gesetzt. Daher ist eine schnellere Alternative zum obigen Konstruktor:

```
CEimer::CEimer() : // Konstruktor mit Initialisierungsliste
➡     eimer_gefuellt(False) {}; // leerer Rumpf
```

Konstruktoren mit Initialisierungslisten können mehrere Klassenkomponenten mit Werten besetzen:

```
CEimer::CEimer(TBool a) :
➡     eimer_gefuellt(False), eimer_inhalt(wasser) { // längere Initialisierungsliste
        eimer_anzeigen(); // MANIM::eimer_anzeigen
}
```

Konstruktoren können mit Parametern versehen werden. Typischerweise werden sie benutzt, um Klassenkomponeten diesen entsprechend zu besetzen. Sie können im Rumpf auch weitere Anweisungen ausführen:

```
    CEimer::CEimer(TGetraenk getraenk) :
➡       eimer_gefuellt(True), eimer_inhalt(getraenk) { // Rumpf:
        eimer_anzeigen(); // MANIM::eimer_anzeigen
    }
```

Eine Klasse kann auch mehrere Konstruktoren enthalten, die alle gleich heißen, aber unterschiedliche Parameterlisten haben. Häufig wird der *Kopierkonstruktor* vereinbart, dessen Parameter eine konstante Referenz auf ein Klassenobjekt ist:

```
    CEimer::CEimer(const CEimer& quelle) : // Kopierkonstruktor
➡       eimer_gefuellt(quelle.eimer_gefuellt), eimer_inhalt(wasser) {}
```

Dieser (untypische) Kopierkonstruktor kopiert nur den Füllzustand des Argumentobjekts, nicht aber den Inhalt: Dieser wird immer auf wasser gesetzt.

Selbstverständlich müssen alle Konstruktoren in der Klassenvereinbarung unter den Methoden aufgelistet werden.

Ein Konstruktor wird bei der Vereinbarung eines Klassenobjekts aufgerufen. Hier können Argumente geklammert angegeben werden, die die Auswahl des geeigneten Konstruktors ermöglicht. Der Kopierkonstruktor wird jedoch dann aufgerufen, wenn einem Klassenobjekt ein Vorbesetzungswert zugewiesen wird:

```
    CEimer eimer_1; // parameterloser Konstruktor
    CEimer eimer_2(True); // parametrisierter Konstruktor fürs anzeigen
    CEimer eimer_3(wein); // parametrisierter Konstruktor fürs fuellen
    CEimer eimer_4 = eimer_2; // Kopierkonstruktor
```

Wenn in der Klassenvereinbarung kein Konstruktor angegeben wurde, wird der *Standardkonstruktor* aufgerufen, der alle Komponenten unvorbesetzt läßt (der nichts[1] tut).

6.5. Schablonen

Prozedur- und *Funktionsschablonen* ermöglichen das typunabhängige Formulieren von Algorithmen. *Klassenschablonen* werden auch für verschiedene Typen ausgeprägt.

6.5.1. Importierte Schablonen

Im Kapitel 4. haben wir Ein- und Ausgabemethoden für Eimer und Kreise wie getraenkwahl und farbwahl kennengelernt. Es ist jedoch nicht sehr zweckmäßig, für jeden Datentyp gesonderte schreiben zu müssen, die alle im wesentlichen sehr ähnlich funktionieren.

---

[1] zumindest nichts Sichtbares

In der Bemerkung zur 21. Übung wurde die Prozedurschablone auswahlliste erwähnt. Nach dem Einbinden der Bibliothek LEHRBUCH kann sie wie eine lokale Prozedur benutzt (aufgerufen) werden. Ihr Effekt ist, daß eine Auswahlliste mit allen Werten des Aufzählungstyps auf den Bildschirm geworfen wird. Aus den Werten kann der Bediener einen auswählen. Dieser Wert wird in das Objekt geschrieben, das als Argument des Prozeduraufrufs angegeben wurde:

```
enum TR { rot, reh, ravensburg };  // Aufzählungstyp                          // (6.12)
AUFZ (CR, TR, "rot, reh, ravensburg")  // Aufzählungsklasse
void log_auswahl() {
    TBool log_behaelter;
    auswahlliste(log_behaelter);  // Ausprägung der Schablone für TBool
        // Auswahl zwischen True und False; wird in log_behaelter geschrieben
    CR r_behaelter;  // Aufzählungstyp und Objekt
    auswahlliste(r_behaelter);  // Ausprägung der Schablone für den Aufzählungstyp CR
        // Auswahl zwischen rot, reh und ravensburg; wird in r_behaelter geschrieben
    ... // Arbeit mit den eingegebenen Werten
```

Mit Hilfe der Prozedurschablone auswahlliste kann ein Aufzählungswert einem Aufzählungsobjekt nicht nur durch einen Wertnamen zugewiesen, sondern auch zur Laufzeit interaktiv eingegeben werden. Der Aufruf einer Prozedurschablone heißt ihre *Ausprägung* für den Typ des Argumentobjekts. Dieser ist dann der *Ausprägungstyp*.

Der Prototyp der Prozedurschablone auswahlliste in der Datei LEHRBUCH.HPP wird mit dem reservierten Wort **template** eingeleitet; anschließend steht in spitzen Klammern das reservierte Wort **class**, gefolgt von einem Parameter, der diesmal nicht für Objekte, sondern für Datentypen steht:

```
template <class T>  // ausprägbar für Aufzählungstypen mit max. 10 Werten
void auswahlliste(T&);  // Auswahlliste mit den Aufzählungswerten
// das Argumentobjekt vom Typ T wird mit dem ausgewählten Wert gefüllt
```

In der Dokumentation der Prozedurschablone (z.B. über Kommentare) wird dem Benutzer mitgeteilt, für welche Datentypen der Programmierer die Ausprägung vorgesehen hat. Im Falle von auswahlliste sind das Aufzählungsklassen mit weniger als 10 Werten.

Auch die in der Bemerkung zur 21. Übung im Kapitel 4.5.2. erwähnten Methoden getraenkwahl und farbenwahl können wir jetzt im Besitz der Aufzählungsobjekte mit Hilfe der Prozedurschablone auswahlliste programmieren. Der folgende Programmabschnitt wurde aus dem Rumpf des Moduls MEIMER entnommen:

```
// MEIMER.CPP                                                                 (6.13)
#include "MEIMER.HPP"  // eigene Schnittstelle
#include "LEHRBUCH.HPP"  // für auswahlliste
    ... // Methoden von MEIMER, ähnlich wie in M1EIMER
void getraenkwahl (TEimer& eimer) {
    CGetraenk neues_getraenk;  // lokales Aufzählungsobjekt für die Aufnahme des Werts
    auswahlliste(neues_getraenk);  // dem Objekt wird ein Wert zugewiesen
    fuellen(eimer, neues_getraenk);  // das Getränk wird in den Eimer gefüllt
}
```

6.5.2. Prozedurschablonen

Es gibt viele Algorithmen, die für Objekte unterschiedlicher Datentypen gleich ablaufen. *Prozedurschablonen* sind geeignet, diese gemeinsam zu implementieren. Ein einfaches Beispiel hierfür ist das Vertauschen der Inhalte zweier Zeichen oder zweier logischen Behälter:

```
void zeichen_vertauschen(char& erstes, char& zweites) {        // (6.14)
    char hilfsobjekt = erstes;
    erstes = zweites;
    zweites = hilfsobjekt;
}
```

Eine Vertauschprozedur für logische Objekte sieht genauso aus, nur `char` muß im Programmtext auf `TBool` ausgetauscht werden. Um eine Vielzahl ähnlicher Prozeduren zu ersparen, kann sie als Prozedurschablone formuliert werden:

```
template <class T> // ausprägbar für Datentypen mit Zuweisungsoperator      // (6.15)
void vertauschen(T& erstes, T& zweites) { // Argumente sind vom Ausprägungstyp
    T hilfsobjekt = erstes; // lokales Objekt vom Ausprägungstyp
    ... // der Algorithmus ist genau wie zuvor
```

So eine Prozedurschablone kann mit zwei Argumenten eines bestimmten Typs wie `char` oder `TFarbe` aufgerufen werden. Dadurch entsteht eine lokale Prozedur, eine *Ausprägung* der Schablone:

```
vertauschen(zeichen_behaelter_1, zeichen_behaelter_2); // Ausprägung
vertauschen(farben_behaelter_1, farben_behaelter_2); // zweite Ausprägung
```

Obwohl das reservierte Wort `class` zwischen den spitzen Klammern es suggeriert, kann eine Prozedurschablone nicht nur für Klassen, sondern für beliebige Typen ausgeprägt werden.

Nach dem Kommentar ist die obige Prozedurschablone für Datentypen mit Zuweisungsoperator ausprägbar. Dies heißt, daß die Ausprägung für Eimer schieflaufen kann: Wir haben schon die Gefahren der Zuweisung für komplexe Datentypen kennengelernt. Diese drohen bei skalaren Datentypen wie `char` oder `TFarbe` nicht.

6.5.3. Funktionsschablonen

Ähnlich nützlich ist die folgende *Funktionsschablone*, die das größere von zwei beliebigen Objekten vom gleichen Datentyp auswählt. Voraussetzung für ihre Ausprägung jedoch ist das Vorhandensein des Vergleichsoperators < für den Ausprägungstyp[1].

```
template <class T> // ausprägbar für geordnete Datentypen      // (6.16)
T max(const T& erstes, const T& zweites); // Ergebnis ist vom Ausprägungstyp
```

Sie kann für einen beliebigen geordneten Datentyp ausgeprägt werden:

---

[1] solche nennen wir *geordnete Datentypen*

```
TFarbe a, b;
    ... // Werte zuweisen
TFarbe c = max(a, b); // Ausprägung
TEimer e1, e2;
    ... // fuellen
TEimer e3 = max(e1, e2); // Ausprägung nur dann gültig, wenn operator < definiert
```

6.5.4. Klassenschablonen

Klassenschablonen können auf die gleiche Art und Weise gebildet werden:

```
template <class T> class C { public:                              // (6.17)
    C(const T&, const T&); // // Konstruktor mit zwei Parametern vom Ausprägungstyp
    T& methode() const; // // Informator
    ...
```

In der Implementierung muß jede Methode als Schablone gekennzeichnet werden. Der Klassenname vor dem Bereichsoperator muß zusätzlich mit dem Ausprägungstyp in spitzen Klammern stehen:

```
template <class T> C<T>::C(const T&, const T&) { ...
template <class T> T& C<T>:: methode() const { ...
```

Somit ist das Lesen und Programmieren von Klassenschablonen etwas gewöhnungsbedürftig. Wir werden im Kapitel 7. intensiven Gebrauch von Klassenschablonen machen.

6.6. Ausdrücke

Nach dem Ausflug in die moderne Programmiertechnologie der Schablonen wenden wir uns einer etwas älteren zu, der Bildung von Ausdrücken aus geschachtelten Funktions- und Operatoraufrufen. Sie wurde schon in *Fortran* eingeführt.

6.6.1. Geschachtelte Funktionsaufrufe

Mit Hilfe von geschachtelten Funktionen kann man mathematische Ausdrücke in einer Programmiersprache formulieren. Wenn die Funktionen plus, minus, mal und durch (für welchen Datentyp auch immer) zur Verfügung stehen, kann die Formel

$$a \cdot b + c / (d + e)$$

mit geeignet angelegten Objekten a, b, c, d und e folgendermaßen ausgedrückt werden:

```
plus (mal (a, b), durch (c, plus (d, e)))
```

Der Parameter eines Unterprogrammaufrufs ist - semantisch gesehen - ein Wert vom im Profil angegebenen Typ. Er wird - syntaktisch gesehen - von einem Funktionsaufruf geliefert. Dieser kann der Aufruf einer beliebigen Funktion mit diesem Ergebnistyp sein. Sie kann ihrerseits weitere Parameter erwarten:

```
prozedur(informator(parameter_objekt), wert,               // (6.18)
    funktion_1(informator(), funktion_2( ... )));
```

Tief geschachtelte Aufrufe sind nicht übermäßig lesbar. Deswegen ist es oft günstiger, das Ergebnis der inneren Aufrufe zuerst in lokalen (vielleicht sogar örtlich vereinbarten) Objekten zu speichern und diese den äußeren Aufrufen als Parameter zu übergeben:

```
const entsprechender_typ lokales_objekt_1 = informator
    (parameter_objekt);
const geeigneter_typ lokales_objekt_2 = funktion_2 ( ... );
const entsprechender_typ lokales_objekt_3 = funktion_1
    (informator(), lokales_objekt_2);
➡ prozedur(lokales_objekt_1.wert, lokales_objekt_3); // lesbarer
```

Der Compiler übersetzt allerdings die geschachtelten Aufrufe genau auf diesem Wege: Durch die inneren Aufrufe entstehen *anonyme Objekte*, die nur solange leben, bis ihr Inhalt von den äußeren Aufrufen ausgewertet wird. Wir nennen diese *temporäre Objekte*.

Es gibt jedoch Situationen, wo die Schachtelung von Aufrufen natürlich ist: bei mathematischen Formeln. Hier werden hauptsächlich Operatoren (Infix-Funktionen) geschachtelt. Das Ergebnis von geschachtelten Operatoraufrufen ist ein *Ausdruck*.

Der einfachste Spezialfall eines Ausdrucks ist der Name eines Objektes (der für seinen Inhalt steht) oder eines Werts.

6.6.2. Operanden von Operatoren

Die Operanden von Operatoren waren in den bisherigen Beispielen Namen von Datenbehältern, worunter wir eigentlich den Informator `inhalt` verstehen. Wir haben diesen Informator im Kapitel 3.1.4. kennengelernt, wo wir ihn als Parameter des Operationsaufrufs `ausgeben` und `fuellen` benutzten. Auch andere Funktionen[1] können Parameter von Operationen (Mutatoren und Informatoren) sein. Das einfachste Beispiel ist ein Wert: `True && False`[2].

Auch andere Funktionsaufrufe (ohne oder mit Parameter) können als Parameter von Funktionen (so auch Operatoren) eingesetzt werden. Der Aufruf der parameterlosen logischen Funktion `alles_gelesen`

```
b1 = beide_gefuellt(eimer_1, eimer_2) && alles_gelesen;
```

kann als Operand benutzt werden. Insbesondere kann ein Operatoraufruf als Parameter eines anderen Operators eingesetzt werden:

```
b1 = beide_gefuellt(eimer_1, eimer_2) || (b2 && b3);
```

Hier ist der linke Parameter des Operators `||` der Aufruf der Funktion `beide_gefuellt`, sein rechter Parameter ist der Aufruf des Operators `&&` (mit Parametern b2 und b3).

---

[1] so auch Informatoren und Operatoren
[2] ergibt natürlich immer den Wert `False`, daher nicht allzu sinnvoll, aber möglich

6.6.3. Geschachtelte Operanden

Auf diese Weise können beliebig komplexe Formeln der mathematischen Logik direkt in eine Programmiersprache umgeschrieben werden:

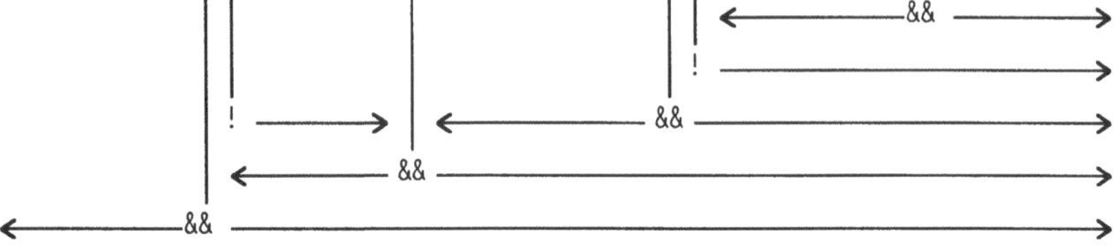

Abb. 6.1: Geschachtelte Operanden

Die rechte Seite dieser Zuweisung ist ein *Ausdruck*, eine Kombination aus mehreren Operatoren (wie ==, && und !), Informatoren (wie `leer`), lokalen Funktionen (wie `alles_gelesen`) und relationalen Funktionen (wie `gleich`). Die Namen von Datenbehältern (wie `zustand`) stehen dabei für ihren Inhalt als Informator.

Ausdrücke werden *hierarchisch*[1] aufgebaut. Der obige Ausdruck kann angesehen werden wie der Aufruf des relationalen Operators && mit linkem Operand `alles_gelesen` und mit rechtem Operand `!gefunden && ...` (der Rest des Ausdrucks). Sowohl der rechte wie auch der linke Operand von && sollen vom Typ `TBool` sein, ansonsten meldet der Compiler Typfehler. Der linke ist der Aufruf der lokalen Funktion `alles_gelesen` mit dem Ergebnistyp `TBool`.

Der rechte Operand ist seinerseits ein Ausdruck, der Aufruf des Operators && mit linker Seite `!gefunden` und mit rechter Seite `zustand = ok && ...` (der Rest des Ausdrucks). Die linke Seite ist ein Ausdruck, der Aufruf des monadischen Operators !, die rechte Seite ist wiederum ein Aufruf des Operators &&. Der Ausdruck kann auf diese Weise in seine Bestandteile aufgelöst werden. Um diesen Umstand darzustellen, ist es möglich, Klammerung zu verwenden:

```
weiter = alles_gelesen && (! (gefunden) && ((zustand = ok) && ((
    ! (leer (datei))) && gleich (a, b))));
```

Dadurch werden Ausdrücke jedoch nicht lesbarer. Um übermäßige Klammerung zu vermeiden, wurde der *Vorrang* oder die *Priorität* der Operatoren eingeführt[2]. Dies bedeutet, daß in einem voll geklammerten Ausdruck die Klammern weggelassen werden können, wenn sie eine Operation höherer (oder gleicher) Priorität umklammern als die umfassenden Klammern (und wenn gleich, dann links davor stehen):

---

[1] d.h. Schritt für Schritt geschachtelt
[2] s. Kapitel 11.4.1.

Operator	Operation	
&&	Konjunktion	niedrigste
||	Disjunktion	Priorität
==	Gleichheit	
!=	Ungleichheit	
<	kleiner	
<=	kleiner gleich	
>	größer	
>=	größer gleich	
!	Negation	höchste Priorität

Abb. 6.2: Priorität von Operatoren

Demnach bedeutet der Ausdruck mit den logischen Behältern a, b und c

$$a < b \ \&\& \ ! \ b < c$$

daß zuerst die Negation, dann die beiden Vergleiche und schließlich die Konjunktion ausgeführt wird. Möchte man den gesamten zweiten Vergleich negieren, muß man sie einklammern:

$$a < b \ \&\& \ ! \ (b < c)$$

6.6.4. Kombination von Operatoren gleicher Priorität

Prinzipiell werden ungeklammerte Operatoren gleicher Priorität von links nach rechts ausgeführt. Die Kombination von && und || in einem Ausdruck kann zu Uneindeutigkeiten führen. Beispielsweise kann der Ausdruck

```
kalt && sonnig || nass
```

zwei unterschiedliche Ergebnisse (je nach Lesart) liefern. Die eingefügten Leerstellen verändern das Programm nicht, aber der Leser kann dadurch irregeführt werden. Die beiden Schriftweisen

```
kalt && sonnig        ||        nass
kalt                  &&        sonnig || nass
```

deuten an einem warmen, sonnigen und nassen Tag verschiedenes an:

kalt	sonnig	nass	kalt && sonnig	kalt && sonnig || nass	sonnig || nass	kalt && sonnig || nass
False	True	True	False	True	True	False

Abb. 6.3: Operatoren gleicher Priorität

Deswegen wird die ungeklammerte Kombination kalt && sonnig || nass nicht empfohlen[1], auch wenn in der Sprache die Eindeutigkeit definiert wurde. Die Ausdrükke (kalt && sonnig) || nass und kalt && (sonnig ||nass) sind eindeutig.

---

[1] in einigen Programmiersprachen wie *Ada* ist dies sogar verboten

6.6.5. Ausdrücke als Argumente

Für Leseparameter eines Prozeduraufrufs können auch Ausdrücke eingesetzt werden. Die Prozedur mit dem Prototyp

```
void logischen_wert_umkehren(const TBool quelle, TBool& ziel);
```

kann folgendermaßen aufgerufen werden:

```
logischen_wert_umkehren(a && (b || c), d);
```

Dies kann so interpretiert werden, daß der zuletzt ausgeführte Operator && ein *anonymes Objekt* liefert, das als Argument dem Unterprogramm übergeben wird. Als Leseparameter kann es nicht verändert werden. Werden jedoch Schreibparameter (Referenz- oder Zeigerparameter) erwartet, die verändert werden können, so braucht man ein Objekt mit Namen:

```
logischen_wert_umkehren(a, b || c); // Fehler, da ziel Schreibparameter
         // leider melden manche C/C++-Compiler keinen Fehler
```

6.7. Textorientierte Ein- und Ausgabe

Die Ein- und Ausgabe für Datenobjekte wird in einer fensterorientierten Umgebung unter *C++* mit Hilfe von geeigneten Methoden und Schablonen durchgeführt.

In einer textorientierten Umgebung bietet die Sprache *C* Prozeduren im Standardmodul stdio, *C++* aber viel bequemere Klassen im Modul iostream an. Diese Operationen wurden jedoch nur für skalare Objekte definiert.

6.7.1. Bedienerkommunikation in *C*

Das Modul stdio exportiert eine Reihe von Prozeduren und Funktionen, mit deren Hilfe Zeichen und Zeichenketten zwischen dem Arbeitsspeicher des Rechners und externen Datenträgern übertragen werden können. Als Sonderfall des externen Datenträgers gilt dabei der Bildschirm (für Ausgabe) und die Tastatur (für Eingabe).

Das folgende Programm zeigt einige der Möglichkeiten. Ein Zeichenkettenobjekt wird dabei mit char* und Vorbesetzungswert vereinbart:

```
#include <stdio.h>                                          // (6.19)
void main() {
        // getchar und putchar
    char c = getchar(); // Eingabe eines Zeichens
    putchar(c); // Ausgabe eines Zeichens

        // gets und puts:
    char * text = "Eine Textzeile\n"; // \n ist das Zeichen für Zeilenwechsel
    puts(text); // Ausgabe einer Zeichenkette
    gets(text); // Eingabe einer Zeichenkette (überschreibt text), Vorsicht mit der Länge!

        // scanf und printf
    printf(text); // Ausgabe einer Zeichenkette
    printf("Hallo\n"); // Ausgabe einer konstanten Zeichenkette
    scanf("%s", &text); // Eingabe einer Zeichenkette (überschreibt text), Länge!
        // "%s" = Steuerzeichen; s = String, c = char
```

```
    printf("%s", text); // Ausgabe einer Zeichenkette mit Steuerzeichen
    printf("%s%s", text, "auch text\n"); // Ausgabe zweier Zeichenketten
    printf("%c%s", c, text); // gemischte Ausgabe
    printf("Text1 %c Text2 %s Text3 %c", c, text, '\n'); // gemischte Ausgabe
    scanf("%c%s", &c, &text); // gemischte Eingabe
}
```

Der erste Parameter von printf und scanf ist eine Zeichenkette. Hierin werden *Steuerzeichen* verwendet, die mit einem Prozentzeichen % eingeleitet werden. Diese bestimmen den Datentyp der zu übertragenden Daten. Neben %s und %c sind hier vor allem für numerische Datentypen eine ganze Reihe weitere Steuerzeichen möglich.

Ganze Zeichenketten aus den Steuerzeichen dürfen nach den letzten Beispielen als erstes Argument der Prozeduren verwendet werden; bei printf dürfen diese zwischen *druckbare Zeichen*[1] gemischt werden. Für jedes Steuerzeichen im ersten Argument muß jedoch ein weiteres Argument angegeben werden. Bei printf sind das Leseargumente, d.h. sie dürfen auch Konstanten oder beliebige Ausdrücke sein. Bei scanf sind das Schreibargumente vom Zeigertyp. Daher muß mit dem Zeichen & die Adresse der lokalen Objekte gebildet werden.

Sonderzeichen werden in *C* mit dem *Fluchtsymbol* \ eingeleitet, wie z.B. '\n' für den Zeilenwechsel und '\t' für den Tabulator. Die Liste aller Sonderzeichen und Steuerzeichen kann über die Hilfefunktion des Compilers untersucht werden.

Bei der Eingabe soll beachtet werden, daß die Länge durch den zur Verfügung stehenden Platz beschränkt werden soll. Werden mehr Zeichen eingegeben, überschreibt gets bzw. scanf die zufällig dahinterstehenden Daten. Es führt zum undefinierten Verhalten des Programms. Leider bietet *C* keinerlei Sicherheit an dieser Stelle an.

Intensive Kenntnisse über die Ein- und Ausgabefunktionen in *C* sind dann notwendig, wenn kein *C++*-Compiler zur Verfügung steht. Hierzu wird auf die einschlägige Literatur wie z.B. [Ker] verwiesen.

6.7.2. Bedienerkommunikation in *C++*

Alternativ zum Modul stdio kann in *C++* das Modul iostream benutzt werden, das geeignete Klassen für die Ein- und Ausgabe von Texten exportiert. Für den Bildschirm und die Tastatur wurden dabei drei Objekte dieser Klassen vordefiniert:

- cin - für Tastatureingabe
- cout - für Bildschirmausgabe
- cerr - für Bildschirmausgabe

Die wichtigsten Methoden dieser Klassen sind die zwei Operatoren << und >>. Das folgende Programm illustriert ihre Benutzung:

---

[1] die Zeichen, die auf der Tastatur vorkommen: Buchstaben, Ziffern und Sonderzeichen

```
#include <iostream.h>                                              // (6.20)
void main() {
      // get und put
    char c;
➡   cin.get(c); // Eingabe eines Zeichens mit Hilfe von iostream::get
➡   cout.put(c); // Ausgabe eines Zeichens

        // << und >>
    char * text = "Eine Textzeile\n";
➡   cout << text; // Ausgabe einer Zeichenkette
➡   cin >> text; // Eingabe einer Zeichenkette (überschreibt text)
    cout << text << "auch text\n"; // Ausgabe zweier Zeichenketten
    cout << text << "auch text" << endl; // Alternative zu \n
➡   cout << c << text; // gemischte Ausgabe
    cout << "Text1 " << c << "Text2 " << text << "Text3 " << '\n';
        // gemischte Ausgabe
➡   cin >> c >> text; // gemischte Eingabe
}
```

Die Operatoren << und >> sind sehr benutzerfreundlich, da sie für verschiedene
Datentypen[1] definiert wurden und typunabhängig gemischt benutzt werden kön-
nen[2]. Gleichzeitig geht dem Benutzer etwas Typsicherheit verloren. Aus diesem
Grund soll die Verkettung des Operators nur mit Vorsicht genossen werden.

iostream exportiert eine ganze Reihe weiterer Methoden, insbesondere die *Manipulatoren*, mit deren Hilfe die Ein- und Ausgabe formatiert werden kann. Ihr Studium[3]
gehört zur Programmierpraxis in *C++*.

6.8. Zusammenfassung

6.8.1. Terminologie

In diesem Kapitel haben wir folgende Begriffe kennengelernt:

- *Exportierte Funktionen* werden in anderen Übersetzungseinheiten benutzt.
- *Lokale Funktionen* werden nur in ihrer eigenen Übersetzungseinheit benutzt.
- Sie haben einen *Ergebnistyp*; in ihrem Rumpf befindet sich eine return-Anweisung.
- Oft ist der Ergebnistyp ein *Zeigertyp* oder eine *Referenz*.
- Durch geschachtelte Funktionsaufrufe entstehen *anonyme* oder *temporäre Objek-
  te.*
- Ein *Ausdruck* besteht aus geschachtelten Operator- und Funktionsaufrufen.
- Ausdrücke werden *hierarchisch* von innen nach außen sowie von links nach
  rechts aufgebaut.
- Die *Prioritäten* der Operatoren können durch Klammerung ausgeschaltet werden.

---

[1] wie hier für Zeichen und für Zeichenketten, aber auch für andere wie Ganzzahltypen und Bruchtypen
[2] sie können sogar für Klassen überladen werden
[3] z.B. aus dem Hilfesystem Ihres Compilers

- Die Ein- und Ausgabe von skalaren Objekten geschieht in *C* über Standardmodule.
- Das Modul `stdio` exportiert u.a. Ein- und Ausgabemethoden für den Datentyp `char`.
- Das *Gedächtnis* eines Moduls besteht aus globalen Objekten innerhalb des Rumpfs.
- Auf globale Objekte in einer anderen Übersetzungseinheit kann über einen *auswärtigen Namen* (`extern`) zugegriffen werden.
- Klassenkonstruktoren können eine *Initialisierungsliste* enthalten.
- Die *klassenspezifischen Methoden* können objektfrei aufgerufen werden.
- Eine *Schablone* ist eine typunabhängige Implementierung eines Algorithmus.
- Schablonen werden mit einem Datentyp *ausgeprägt*.

6.8.2. Aufgaben

22. Aufgabe: Formulieren Sie die folgende Formel der mathematischen Logik als *C*-Ausdruck:

$$(\alpha \wedge \beta) \vee (\alpha \wedge \gamma)) \vee (\beta \wedge \gamma) \;\rightarrow\; (\alpha \wedge \neg \beta) \vee (\alpha \wedge \neg \gamma) \vee (\beta \wedge \neg \gamma)$$

Das Zeichen $\wedge$ bedeutet hier „und", das Zeichen $\vee$ bedeutet „oder" und das Zeichen $\neg$ bedeutet „nicht". Die Implikation $\rightarrow$ kann folgendermaßen umformuliert werden:

$$\xi \rightarrow \psi \text{ ist gleichwertig mit } \neg\, \xi \vee \psi$$

23. Aufgabe: Schreiben Sie eine Prozedurschablone, mit deren Hilfe drei Objekte eines beliebigen diskreten Typs zyklisch vertauscht werden können.

24. Aufgabe: Verwenden Sie Ihre Prozedur aus der vorherigen Aufgabe, um den Inhalt dreier logischer Behälters zu rotieren (einmal rotieren = dreimal zu vertauschen). Verwenden Sie für die Versorgung mit Werten Ihrer Behälter Prozedurschablonen aus dem Modul LEHRBUCH.

25. Aufgabe: Definieren Sie ein konstantes Eimerobjekt, dessen Inhalt von einem anderen (vorher gefüllten) Eimer (mit Zuweisung) kopiert wird. Sie können dies nur mit geschachtelten Blöcken lösen.

6.8.3. Prüfungsfragen

Entscheiden Sie, ob die folgenden Aussagen richtig oder falsch sind. Geben Sie dazu auch eine Begründung an.

- Das Modul `stdio` exportiert Operationen, mit denen der Inhalt eines beliebigen Datenbehälters ausgegeben werden kann.
- Ein Modul kann von einer Prozedur exportiert werden.
- Eine Prozedur kann mit weniger Argumenten aufgerufen werden, als im Profil angegeben ist.
- Klammern dürfen in einem Ausdruck nur paarweise vorkommen.
- Geklammerte Teile eines Ausdrucks stellen ein anonymes Objekt dar.
- Die anonymen Objekte sind von einem anonymen Typ.

- Die anonymen Objekte eines Ausdrucks sind immer vom selben Typ wie der Ausdruck.
- In einem Ausdruck dürfen nur Objekte vom selben Typ benutzt werden.
- Die Negation hat eine höhere Priorität als die Gleichheit.
- Zwei Operatoren gleicher Priorität müssen immer geklammert verwendet werden.
- Ausdrücke können für Schreibparameter eingesetzt werden.
- Steuerzeichen dürfen in allen Argumenten von `printf` verwendet werden.
- Druckbare Zeichen dürfen in allen Argumenten von `printf` verwendet werden.
- Druckbare Zeichen im ersten Argument von `scanf` verwendet werden.

7. Abstrakte Multibehälter

Die Datenbehälter, die wir bis jetzt kennengelernt haben, waren geeignet, um <u>einen</u> Wert (ein Datenelement) zu speichern. Das Beschreiben eines solchen Datenbehälters bewirkt, daß sein Inhalt unwiderruflich verloren geht: Nach bemalen ist die vorherige Farbe des Parameterkreises nicht wieder auffindbar. Somit „erinnert sich" ein Datenbehälter nur an seine unmittelbare Vergangenheit, nämlich an den Parameter des letzten Mutatoraufrufs (d.h. der letzten Schreiboperation). Solche Behälter nennen wir *Unibehälter.*

Es gibt Datenbehälter, die mehrere Werte aufnehmen können. Diese heißen dementsprechend *Multibehälter*[1]. Der Aufruf eines Mutators, der einen Wert in einen Multibehälter überträgt, überschreibt nicht (unbedingt) seinen vorhandenen Inhalt. Mit Hilfe von Informatoren können die gespeicherten Elemente gelesen werden. Für das Löschen von vorhandenen Daten gibt es gesonderte Mutatoren.

Bei vielen Unibehältern[2] beinhaltet die Operation schreiben ein implizites loeschen - insbesondere, wenn statt schreiben die Zuweisung benutzt wird. Aus dieser Eigenschaft folgt, daß Unibehälter nur einen Wert (ein Datum) behalten können. Wenn ein weiterer Wert hineingeschrieben wird, geht sein Inhalt ersatzlos und ohne Warnung verloren. Ein Wert kann jedoch mehrfach gelesen[3] werden; somit ist die Vermehrung von Daten (die Reproduktion von Information) frei.

Jeder Multibehälter kann Werte bestimmter Datentypen speichern. Es gibt Multibehälter für Schriftzeichen, für Telefonbucheinträge und für Meßwerte von der Bahn eines Satelliten, usw.:

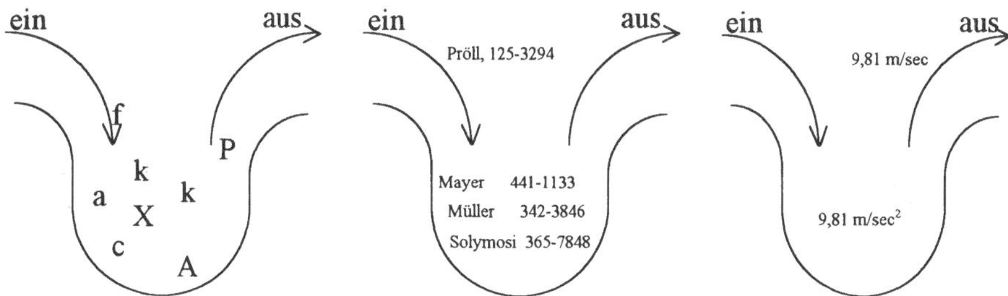

Abb. 7.1: Datenbehälter für Buchstaben, für Telefonbucheinträge und für Meßwerte

Wie schon bekannt, gibt es zu jedem Datentyp und zu jeder Klasse eine Liste von Operationen, die die *Schnittstelle* des Datentyps bilden. Mit ihrer Hilfe können die Datenbehälter dieses Datentyps manipuliert[4] werden.

---

[1] auf englisch *container*
[2] bei allen einfachen Behältern
[3] und z.B. in weitere Datenbehälter geschrieben
[4] bearbeitet, d.h. beschrieben und gelesen

Wenn ein Multibehälter Werte von einem anderen übernehmen kann, heißt es, daß der erste zum zweiten *kompatibel* ist: Diese Eigenschaft ist nicht unbedingt symmetrisch:

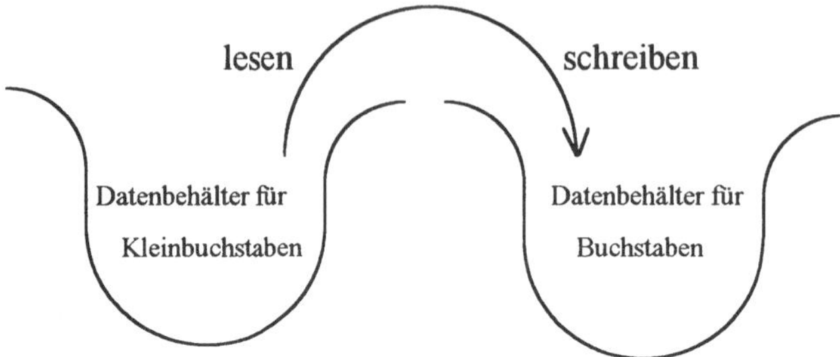

Abb. 7.2: Kompatible Datenbehälter

Zwei Datenbehälter sind nur dann *kompatibel*, wenn sie demselben Datentyp (oder derselben Klasse) angehören. Dann sind auch ihre Wertemengen identisch.

Wie für Unibehälter, gibt es auch für Multibehälter Operationen, die nicht an einem, sondern an zwei Behältern arbeiten. Ein Beispiel dafür ist die Abfrage, ob zwei Behälter in irgendwelchem Sinne *gleich* sind. Meistens versteht man darunter, ob die beiden den gleichen Inhalt haben. In vielen Programmiersprachen wird diese Operation auch hier mit dem Gleichheitszeichen = benannt, in *C* jedoch mit == und heißt auch *Gleichheit*. Eine andere, ähnliche Operation, die den Inhalt von zwei Behältern gleichsetzt, ist das *Erzwingen der Gleichheit*. Eine Möglichkeit dafür ist die bekannte (gefährliche) *Zuweisung*, die den Inhalt des einen löscht und den Inhalt des anderen hineinkopiert. Die Gefahren dieser von der Sprache gelieferten, „geschmierten" Operationen können besonders für Multibehälter Überraschungen bereiten und werden deswegen meistens gesondert definiert.

7.1. Mengen

Die ersten Beispiele für Multibehälter sind Mengen. Eine *Menge* ist eine Sammlung von Elementen, wobei jedes Element nur einmal in einer Menge enthalten sein kann. Über Mengen können oft die bekannten mengentheoretischen Operationen wie *Vereinigung, Schnitt* und *Komplement* durchgeführt werden:

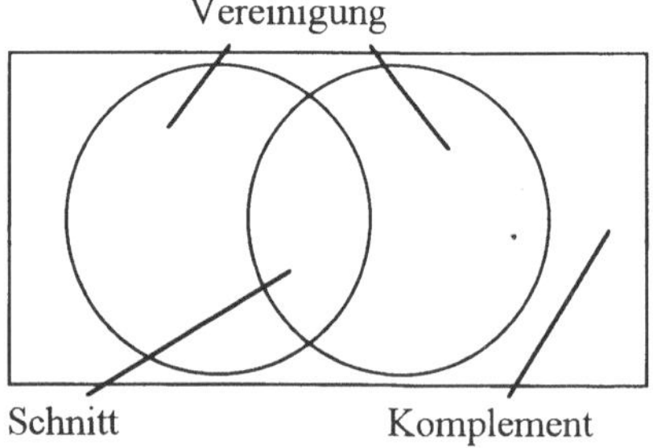

Abb. 7.3: Mengenoperationen

7.1.1. Farbenmengen

Betrachten wir jetzt den Multibehälter vom Typ TFarbenmenge. Er sieht einem Behälter vom Typ TKreis sehr ähnlich, im Gegensatz dazu kann er aber gleichzeitig mehrere Farben speichern. Das Vorhandensein einzelner Farben kann mit Hilfe von Informatoren abgefragt werden. Einzelne Farben können aus der Farbenmenge mit Mutatoren entfernt werden.

Der abstrakte Datentyp TFarbenmenge wird vom Modul MFARBMEN exportiert. Seine Objekte müssen mit dem Konstruktor entleeren in einen definierten Zustand gebracht werden. Zum Datentyp gehören die Mutatoren fuellen und entfernen sowie der Informator vorhanden. Zusammen mit dem abstrakten Datentyp TFarbenmenge wird auch der Aufzählungstyp TFarbe mit Werten rot, gelb[1] und blau exportiert. Alle drei Operationen haben also einen Parameter vom Typ TFarbenmenge[2] und einen Leseparameter vom Typ TFarbe. Es gibt dazu noch die Ausgabeoperation alles_anzeigen, die alle gespeicherten Farben auf dem Bildschirm darstellt.

Der obige Abschnitt beschreibt im wesentlichen die Schnittstelle von TFarbenmenge verbal. Formal sieht dies folgendermaßen aus:

```
enum TFarbe { rot, gelb, blau }; // exportierter Aufzählungstyp               (7.1)
typedef ... TFarbenmenge; // exportierter abstrakter Datentyp
void entleeren(TFarbenmenge&); // Konstruktor, löscht alle Farben aus der Farbenmenge
void fuellen(TFarbenmenge&, const TFarbe); // trägt Farbe in die Farbenmenge ein
void entfernen(TFarbenmenge&, const TFarbe); // löscht Farbe aus der Farbenmenge
TBool vorhanden(const TFarbenmenge&, const TFarbe);
void kopieren(TFarbenmenge&, const TFarbenmenge&);
TBool gleich(const TFarbenmenge&, const TFarbenmenge&);
void alles_anzeigen(const TFarbenmenge&); // zeigt die Farben am Bildschirm an
```

In der Schnittstelle wird die Typvereinbarung für TFarbenmenge nicht vollständig angegeben; dies drückt aus, daß das konkrete Aussehen[3] der Objekte[4] den Benutzern verborgen bleibt, es ist eine private Angelegenheit des Moduls MFARBMEN. Die Modulspezifikation hat - wie auch beim Modul MEIMER - einen öffentlichen und einen privaten Teil. Die Schnittstelle bildet nur der öffentliche Teil. Im privaten Teil werden die privaten Datentypen definiert. In der Dokumentation wird der private Teil oft mit dem Kommentar „implementierungsabhängig" weggelassen.

Ein einfaches Beispiel für die Benutzung des obigen Moduls:

```
void immer_gelb() {                                                          // (7.2)
    TFarbenmenge farbenmenge;
    TBool gelb_ist_da = False;
    fuellen(farbenmenge, rot);
    fuellen(farbenmenge, gelb);
    entfernen(farbenmenge, rot);
    gelb_ist_da = vorhanden(farbenmenge, gelb); // True
}
```

Die Klassenversion dieses Moduls exportiert die auslösbaren Ausnahmen als leere Klassen: Nur ihre Namen werden gebraucht. Die Operationen kopieren und gleich werden durch Operatoren ersetzt und Konstruktoren werden aufgenommen:

```
enum TFarbe { rot, gelb, blau }; // exportierter Aufzählungstyp               (7.3)
class EVoll {}; // Ausnahmen
```

---

[1] nicht gruen, wie MKREIS::TKreis; aber auch dann wären sie voneinander unabhängige Aufzählungstypen

[2] Leseparameter für den Informator, Schreibparameter für die Mutatoren

[3] wie man sagt: die *interne Darstellung*

[4] hier: der Multibehälter

```
class EKein_Eintrag {};
// Exportklasse:
class CFarbenmenge { public:
    CFarbenmenge(); // Konstruktor, erzeugt eine leere Menge
    CFarbenmenge(const CFarbenmenge&); // Kopierkonstruktor
    void entleeren(); // löscht alle Farben
➡   void fuellen(const TFarbe); // trägt Farbe in die Farbenmenge ein
    void entfernen(const TFarbe); // löscht die Farbe
    TBool vorhanden(const TFarbe) const; // Informator
    void operator = (const CFarbenmenge&);
    TBool operator == (const CFarbenmenge&) const;
    void alles_anzeigen() const; // zeigt die gespeicherten Farben am Bildschirm an
protected: ... // gehört nicht mehr zur Schnittstelle
};
```

Im weiteren Verlauf dieses Kapitels betrachten wir nur die Klassenversionen; alles Gesagte gilt jedoch auch für die abstrakten Datentypen, d.h. auch in *C* genauso programmierbar, solange Vererbung nicht benutzt wird.

32. **Übung:** Erstellen Sie ein menügesteuertes Programm für zwei Farbenmengen mit Vorwahl[1]. Generieren Sie mit Hilfe des Menügenerators das Menü, in das die einzelnen Methodenaufrufe eingebunden werden: "Erste Menge", "Zweite Menge" (Vorwahl), "Füllen" (Auswahl der Farbe über die Prozedur auswahlliste mit einem lokalen Parameter der Aufzählungsklasse CFarbe; das Ergebnis ihrer Methode val kann in ein Objekt vom Typ TFarbe zugewiesen werden, um damit fuellen aufzurufen), "Entfernen" (mit Auswahl einer Farbe), "Entleeren", "Anzeigen", "Vorhanden" (Auswahl einer Farbe, Ergebnis über ausgabefenster), "Kopieren" (der ersten Menge in die zweite), "Gleich" (Ergebnis über ausgabefenster). Fertigen Sie eine Version Ihres Programms mit dem ADT, eine mit der Klasse an.

7.1.2. Modulvererbung

Mit Hilfe der obigen Klasse kann man sich Multibehälter vom Typ CFarbenmenge anlegen, in denen drei verschiedene Farben gleichzeitig gespeichert werden können. Es besteht jedoch keine Möglichkeit, die Mischung aller gespeicherten Farben abzufragen[2]. Eine Erweiterung der Klasse CFarbenmenge macht es möglich:

```
enum TMischfarbe { rot_, gelb_, blau_, // _ nötig zur Unterscheidung        (7.4)
    weiss, // alle drei Farben
    orange, // rot + gelb
    lila, // rot + blau
    gruen, // gelb + blau
    schwarz }; // keine Farbe
class CFarbmischung { public: ... // fuellen, entfernen, vorhanden, alles_anzeigen,
        // kopieren und gleich wie gehabt in (7.1), aber für CFarbmischung */
➡   TMischfarbe farbmischung() const; // neue Methode: Mischung der Farben in Menge
};
```

---

[1] s. 22. Übung
[2] schon auch deshalb, weil dafür keine Werte definiert wurden

Eine zweite Erweiterung des Moduls enthält eine Funktion, die den Inhalt zweier Behälter miteinander mischt. Diese wird mit Hilfe des Infix-Operators ||[1] berechnet.

```
class CFarbm_oder { public :                                      // (7.5)
    ... // öffentliche Methoden wie gehabt, und zusätzlich:
    CFarbm_oder& operator || (const CFarbm_oder&) const;
        // Vereinigung zweier Farbenmengen
};
```

Anschließend kommt jemand auf die Idee, weitere Methoden haben zu wollen, die den Schnitt zweier Farbenmengen oder die Komplementmenge errechnen, eine Farbenmenge entleeren, feststellen, ob sie leer oder voll ist, usw. Da muß eine weitere Klasse CErw_Farbmischung definiert werden. Dazu wird am besten die Schnittstelle von CFarbm_oder kopiert, ergänzt und editiert[2].

Auf diese Weise kann die Anzahl der Klassen weiter wachsen. Der Unterschied zwischen ihnen ist nur jeweils eine Erweiterung. Die Schnittstellen sind fast gleich, bis auf eine kleine Ergänzung. Es wird also vieles wiederholt. Desweiteren, wenn irgendwo eine Veränderung[3] stattfindet, muß diese an allen Nachfolgeschnittstellen durchgeführt werden. Dieser Vorgang ist sehr fehleranfällig. Der Mechanismus der *Vererbung* erspart viel Schreibarbeit und sorgt für das Weitertragen der Veränderungen von oben nach unten:

```
    class CFarbmischung : public CFarbenmenge { public:             // (7.6)
        // die Schnittstelle von CFarbenmenge wird übernommen und ergänzt mit neuen Komponenten:
        TMischfarbe farbmischung();
    };
➡ class CFarbm_oder : public CFarbmischung { public: // Vererbung
        CFarbm_oder& operator || (const CFarbm_oder&) const;
            // Vereinigung zweier Farbenmengen
    };
➡ class CErw_Farbenmenge : public CFarbm_oder { public:
        CErw_Farbenmenge& operator && (const CErw_Farbenmenge&) const;
        CErw_Farbenmenge& operator ! () const; // Komplementmenge
        TBool leer() const;
        TBool voll() const;
    };
```

Diese Art der Vererbung, wo einer Klasse nur zusätzliche Methoden hinzugefügt werden, nennen wir *Modulvererbung* - im Gegensatz zu *Typvererbung*, wo der Klasse auch zusätzliche *Datenkomponenten* hinzugefügt werden[4].

Vererbung ist nur in objektorientierten Programmiersprachen wie *C++* möglich; in älteren wie *C* muß man mit Kopieren oder Importieren arbeiten. Intensiven Gebrauch davon werden wir bei der *Vererbungsprogrammierung*[5] im Kapitel 13. machen.

---

[1] bekannt vom Datentyp TBool, funktioniert wie die Vereinigung von Mengen
[2] leider eine fehleranfällige Aktion
[3] z.B. infolge einer Fehlerkorrektur
[4] s. Kapitel 13.
[5] ein treffenderer Name für das geläufige *objektorientierte Programmieren*

7.1.3. Zeichenmengen

Der Klasse CFarbenmenge ähnlich ist die Klasse CZeichenmenge. In seinen Objekten kön-
nen aber nicht Farben, sondern Schriftzeichen von Typ char gespeichert werden.
Die Schnittstelle des Moduls enthält diesmal keinen Aufzählungstyp, da er von der
Sprache definiert wird:

```
// CZEICHM.HPP                                                          // (7.7)
class CZeichenmenge { public:
    CZeichenmenge(); // Konstruktor, erzeugt eine leere Menge
    CZeichenmenge(const CZeichenmenge&); // Kopierkonstruktor
    void entleeren(); // löscht alle Zeichen
    void fuellen(const char); // trägt ein Zeichen in die Menge ein
    void entfernen(const char); // löscht ein Zeichen aus der Menge
    TBool vorhanden(const char) const;
    void operator = (const CZeichenmenge&);
    TBool operator == (const CZeichenmenge&) const;
    void alles_anzeigen() const; // zeigt alle Zeichen am Bildschirm an
protected: ...
};
```

33. **Übung:** Erstellen Sie ein menügesteuertes Programm (wie in der 32. Übung) für
zwei Zeichenmengen mit Vorwahl. Generieren Sie mit Hilfe des Menügenerators
das Menü, in das die einzelnen Methodenaufrufe mit Parametern eingebunden
werden.

34. **Übung:** Erweitern Sie die Schnittstelle der Klasse CZeichenmenge um die mengentheoretischen Operationen Vereinigung, Schnitt und Komplement[1]. Erweitern
Sie auch Ihr menügesteuertes Programm aus der 33. Übung durch Menüpunkte, mit
deren Hilfe Sie die Vereinigung und den Schnitt Ihrer beiden Zeichenmengen sowie
das Komplement von einer der beiden berechnen können. Das Programm können
Sie jedoch nicht binden, da wir noch nicht gelernt haben, wie man die Klasse implementiert.

7.1.4. Persistenz

Charakteristisch für alle bis jetzt kennengelernten Datenobjekte ist ihre Eigenschaft,
daß sie bei jeder Programmausführung mit Daten versorgt werden müssen. Die
eingetragenen Daten gehen bei der Beendigung des Programms verloren. Für Multibehälter ist es besonders unangenehm: Sie werden aufwendig gefüllt, da sie viele
Daten enthalten.

Es ist jedoch vorstellbar, den Inhalt einer Menge mit Hilfe von Methoden wie speichern auf einen externen Datenträger[2] zu retten. Beim nächsten Programmaufruf
besteht dann die Möglichkeit, diese Daten mit Hilfe eines Methodenaufrufs wie
laden wieder in den Datenbehälter zu laden. Diese nennen wir *Persistenzmethoden.*

---

[1] dargestellt durch Infix-Operatoren ||, && und !
[2] auf eine Festplatte, Diskette oder ähnliches

In der Tat, exportiert die Klasse `CPers_Zeichenmenge` zwei Methoden `speichern` und `laden`, die auf einer im Parameter angegebenen Festplattendatei arbeiten:

```
class CPers_Zeichenmenge : public CZeichenmenge { public:          // (7.8)
➡    void speichern(const char*) const; // Parameter = Dateiname
➡    void laden(const char*) throw(EFalscher_Dateiinhalt);
        // Parameter = Dateiname; Ausnahme: der Inhalt der Datei paßt nicht in die Menge
  . . .
```

7.1.5. Freunde

In *C++* ist es üblich, die Persistenzmethoden mit Hilfe der überladenen Operatoren << und >> zu implementieren. Diese operieren an Objekten vom Typ `istream` und `ostream`, die aus dem Modul `iostream`[1] importiert werden. `cin`, `cout` und `cerr` sind Beispiele für solche Objekte.

Um die Verkettung[2] dieser Operatoren zu ermöglichen, werden sie nicht als reine Informatoren oder Mutatoren implementiert, sondern als *Funktionen mit Seiteneffekt.* Dies bedeutet, daß sie sowohl das Objekt verändern, wie auch einen Ergebniswert vom Typ `istream&` bzw. `ostream&` liefern. Dadurch wird die Verkettung der Persistenzoperatoren zwischen verschiedenen Datentypen möglich:

```
cout << "Zeichenmenge: " << menge << '\n';
```

Diese Programmzeile wird folgendermaßen gelesen:

Für das Objekt `cout` vom Typ `ostream` wird die Methode << aufgerufen. Ihr Argument ist eine Zeichenkette. Die Methode mit diesem Parametertyp wurde in der Klasse `ostream` aus dem Modul mit der Schnittstelle in `iostream.h` vereinbart. Der Ergebniswert dieses Aufrufs ist die Adresse des Objekts `cout`. Für dieses wird die Methode << mit dem Parametertyp `CZeichenmenge` aufgerufen. Dieser Operator wurde nicht als Methode in der Klasse `ostream`, sondern als Funktion im Modul ZEICHMEN (wie oben) vereinbart. Das Ergebnis dieses Aufrufs ist (nach dem Prototyp) ein Objekt vom Typ `ostream`: wieder das Objekt `cout`. Für dieses Objekt wird wieder die <<, diesmal mit einem **char**-Parameter aufgerufen. Als Argument bekommt sie das Zeichen für neue Zeile `'\n'`. Das Ergebnis ist wieder das Objekt `cout`, für das jedoch keine weiteren Methoden aufgerufen werden.

Unsere konsequente Trennung von Mutatoren und Informatoren würde die Verwendung von Funktionen mit Seiteneffekt verbieten. In diesem Fall ist aber die Operatorverkettung so bequem, daß wir eine Ausnahme machen und sie als Funktionen mit Seiteneffekt definieren werden. Ansonsten müßten wir jede Ausgabe als eine Anweisung extra schreiben:

```
cout << "Zeichenmenge: ";
cout << menge;
cout << '\n';
```

---

[1] s. Kapitel 8.5.1.
[2] ähnlich wie der Zuweisung, s. Kapitel 5.5.9.

Diese gewohnte Syntax würde erfordern, daß der Operator << in der Klasse ostream nicht nur mit einem Parametertyp Zeichen und Zeichenketten, sondern mit allen möglichen Klassen vereinbart wird. Dies wäre durch Modulvererbung zwar möglich; *C++* bietet aber einen anderen Weg, die Definition einer Freundfunktion.

Der *Freund* einer Klasse ist ein Unterprogramm oder eine andere Klasse, die auf die privaten Komponenten der Klasse zugreifen darf. Sie muß innerhalb der Klasse vereinbart werden:

```
class C { private:                                          // (7.9)
    T private_komponente;

        . . .
➡        friend void freund(C); // keine Klassenmethode sondern Prozedur
};
void freund(C p) {
➡        p.private_komponente = . . . // darf zugreifen
}
```

Es ist zweckmäßig, auch die Persistenzoperatoren als Freundfunktionen mit Seiteneffekt zu vereinbaren:

```
#include <iostream.h>
class CPers_Zeichenmenge {

        . . .
➡        friend ostream& operator << (ostream&, const CPers_Zeichenmenge&);
➡        friend istream& operator >> (istream&, CPers_Zeichenmenge&);
};
```

Über diese Operatoren ist sowohl die Ein- und Ausgabe in Dialog wie auch die Persistenz zu verwirklichen. Dies ist das Thema des Kapitels 8.5.2.

7.1.6. Mengenschablonen

Die Ähnlichkeit der Farbenmenge mit der Zeichenmenge bringt uns auf die Idee, die *Klassenschablone*[1] GMenge zu definieren, deren Ausprägungen einen Mengentyp mit beliebigen Elementtypen exportieren:

```
template <class TElement> class GMenge {                    // (7.10)
public:
➡    GMenge(); // Standardkonstruktor, erzeugt eine leere Menge
    GMenge(const GMenge&); // Kopierkonstruktor
    void entleeren(); // löscht den gesamten Inhalt
    void fuellen(const TElement&); // trägt ein Element in die Menge ein
    void entfernen(const TElement&);
        // löscht ein Element aus der Menge
    TBool vorhanden(const TElement&) const;
    TBool leer() const;
    TBool voll() const;
    GMenge& operator || (const GMenge&) const; // Vereinigung zweier Mengen
    GMenge& operator && (const GMenge&) const; // Schnitt zweier Mengen
    GMenge& operator ! () const; // Komplement einer Menge
    void operator = (const GMenge&); // kopiert Menge
    TBool operator == (const GMenge&) const; // vergleicht den Inhalt zweier Mengen
```

---

[1] s. Kapitel 6.5.

```
    void speichern(const char*) const; // Persistenzmethoden
    void laden(const char*) throw(EFalscher_Dateiinhalt);
    void alles_anzeigen(void element_anzeigen(const TElement&)) const;
        // ruft element_anzeigen für alle eingetragenen Elemente auf
  protected: ...
  };
```

TElement ist hier der Schablonenparameter der Klassenschablone GMenge. Bei der Ausprägung wird an seiner Stelle ein *aktueller Ausprägungstyp* eingesetzt (s. nächstes Kapitel).

Die als Parameter von alles_anzeigen eingeführte Rückrufprozedur[1] element_anzeigen ist deswegen nötig, weil nur der Benutzer (der den Datentyp TElement definiert) weiß, wie ein Datenobjekt dieses Typs am Bildschirm angezeigt werden kann. Sie wird von der Methode alles_anzeigen für jedes eingetragene Element aufgerufen. Die Methode alles_anzeigen läuft (iteriert) über alle Elemente des Multibehälters und führt mit ihnen eine bestimmte Aktion (hier element_anzeigen) aus. Solche Methoden heißen *Iteratormethoden*. Für eine allgemeine Verwendung sollten also alles_anzeigen und element_anzeigen nicht als solche benannt werden:

```
    void iterator(void rueckruf(TElement&));
        // ruft rueckruf für alle eingetragenen Elemente auf
```

Im Gegensatz zu alles_anzeigen ist es nicht zweckmäßig, iterator und den Parameter von rueckruf auch const zu deklarieren, da es denkbar ist, daß rueckruf das Element verändert. Somit ist es möglich, alle gespeicherten Elemente nicht nur informieren, sondern auch mutieren.

35. **Übung**: Definieren Sie die Schnittstelle einer Mengenschablone als Erbe von GMenge, die beim Eintragen eines vorhandenen Elements eine Ausnahme auslöst.

7.1.7. Ausprägung von Klassenschablonen

Die Ausprägung der obigen Mengenschablone mit dem Aufzählungstyp TFarbe ergibt die Funktionalität der früher betrachteten Klasse CFarbenmenge. Das Programm (7.2) kann damit auch erstellt werden:

```
    void immer_gelb_2() {                                          // (7.11)
        enum TFarbe { rot, gelb, blau };
➡       GMenge<TFarbe> farbenmenge; // Ausprägung[2]
        farbenmenge.fuellen(rot);
            ...
```

Die Ausprägung besteht also aus dem Namen der Klassenschablone und dem Ausprägungstyp in spitzen Klammern. Die Ausprägung wird benutzt wie eine Klasse.

Es ist möglich, der Ausprägung mit typedef einen eigenen Namen zu geben:

```
    typedef GMenge<TFarbe> TFarbenmenge; // Ausprägung von GMenge
    TFarbenmenge farbenmenge; // gleichwertig mit der obigen Vereinbarung
```

---

[1] s. Kapitel 4.4.1.
[2] viele *C*++-Compiler erwarten hier das Einbinden des Rumpfes "GMENGE.CPP"

Diese letztere heißt *benannte Ausprägung,* während die vorherige Ausprägung einen *anonymen Datentyp* ergibt.

36. **Übung:** Benutzen Sie in ihrem menügesteuerten Programm aus der 33. Übung die Ausprägung der Klassenschablone GMenge für Zeichen anstelle der Klasse CZeichenmenge. Interessant dabei ist der Aufruf der Prozedur alles_anzeigen, der Sie als Argument eine geeignete Prozedur z.B. mit dem Namen zeichen_anzeigen übergeben müssen. Sie muß einen Parameter vom Typ const char& haben[1]. Hierin müssen Sie die Prozedur meldungsfenster oder ausgabefenster für char verwenden.

7.2. Säcke

In den Lösungen der 33. und 36. Übung fällt auf, daß das Eintragen eines schon vorhandenen Zeichens keine Veränderung des Zustandes bewirkt. Ein Multibehälter vom Typ CZeichenmenge kann ein Zeichen nur einmal aufnehmen. Dies ist eine Eigenschaft von *Mengen.* Ein *Sack*[2] dagegen kann einen Wert mehrmals aufnehmen. Die Klasse CZeichensack realisiert einen solchen *Sacktyp*:

```
class CZeichensack {                                         // (7.12)
public:
    CZeichensack(); // Konstruktor: erzeugt einen leeren Sack
    void entleeren(); // löscht den gesamten Inhalt
    void fuellen(const char); // trägt ein Zeichen in den Sack ein
    void entfernen(const char); // löscht aus dem Sack ein Zeichen, falls vorhanden
    void alle_entfernen(const char); // löscht alle Exemplare des Zeichens aus dem Sack
    TBool vorhanden(const char) const;
    TBool leer() const;
    void operator = (const CZeichensack&); // kopiert Sack
    TBool operator == (const CZeichensack&) const; // vergleicht Säcke
    void speichern(const char*) const; // Persistenzmethoden
    void laden(const char*) throw(EFalscher_Dateiinhalt);
    void alles_anzeigen() const; // zeigt alle vorhandenen Zeichen am Bildschirm an
protected: ...
};
```

Die Schnittstelle einer Schablonenversion dieser Klasse finden Sie in der Datei GSACK.HPP auf der Begleitdiskette.

37. **Übung:** Binden Sie die Klasse CZeichensack mit der Schnittstelle in der Datei CZSACK.HPP in Ihr Programm aus der 33. Übung anstelle von CZeichenmenge ein. Wenn ein Zeichen mehrfach mit fuellen (durch eine geeignete Menüauswahl) eingetragen und eins davon mit entfernen gelöscht wird, meldet vorhanden immer noch True. Der Aufruf der Methode alles_anzeigen beweist auch, daß mehrfach eingetragene Zeichen in der Ausgabe mehrfach erscheinen.

---

[1] wie dies aus der Schnittstelle der Schablone GMenge zu entnehmen ist
[2] auf englisch: *bag;* Säcke heißen auch *Multimengen*

7.3. Überladen einer Methode

Die obige Schnittstelle der Sackklasse impliziert, daß aus einem Sack (wie aus einer Menge) ein Zeichen entfernt werden kann, auch wenn keines da ist: Der Mutator entfernen löst keine Ausnahme aus. Der Wunsch nach einer Version, die dies nicht zuläßt, wird mit Modulvererbung erfüllt.

```
class CZeichensackAlt : public CZeichensack { // alternativer Zeichensack
public:
    void entfernen(char) throw(EKein_Eintrag);
};
```

Hier wird der Klasse nicht eine neue Methode hinzugefügt, sondern eine alte neu definiert. Dieser Vorgang heißt *Überladen*[1] einer Methode. Im Gegensatz zum *Überschreiben* erhält die Methode beim Überladen ein unterschiedliches Profil.

7.4. Abstrakte Multibehälter

Die Ähnlichkeit der Schnittstellen von Mengen und Säcken läßt fragen, ob die Gemeinsamkeiten nicht gesondert programmiert werden könnten, um dann die Besonderheiten einzeln zu implementieren. Der Mechanismus der Modulvererbung ist das geeignete Werkzeug hierfür:

```
template <class TElement> class GMulti { // Vater aller Multibehälter          (7.13)
public:
    GMulti(); // Standardkonstruktor, erzeugt einen leeren Multibehälter
    GMulti(const GMulti&); // Kopierkonstruktor
    void entleeren(); // löscht den gesamten Inhalt
    void fuellen(const TElement&); // trägt ein Element ein
    void entfernen(const TElement&); // löscht ein Element
    TBool vorhanden(const TElement&) const;
    TBool leer() const;
    TBool voll() const;
    void operator = (const GMulti&);
    TBool operator == (const GMulti&) const;
    void speichern(const char*) const; // Persistenzmethoden
    void laden(const char*) throw(EFalscher_Dateiinhalt);
    void iterator(void rueckruf(const TElement&));
protected: ...
};
```

Diese Klasse ist nicht geeignet, um Objekte zu erzeugen, da ihr Verhalten undefiniert wäre: Es ist z.B. unbekannt, ob das wiederholte Eintragen eines Elements den Zustand des Objekts verändert oder nicht. Solche Klassen, von denen man keine Objekte anlegen können soll, werden als *abstrakte Klassen* implementiert. Sie sind geeignet, um aus ihnen weitere Klassen abzuleiten.

Eine abstrakte Klasse kann an ihrer Schnittstelle erkannt werden, indem sie mindestens eine *abstrakte Methode*[2] enthält. Sie muß mit dem reservierten Wort virtual

---

[1] auf englisch: *overload*

[2] in *C++* wird sie auch *rein virtuelle Methode* genannt

und mit der Zeichenfolge = 0 gekennzeichnet. Dies bedeutet, daß für diese Methode keine Implementierung vorliegt und sie unbedingt überladen werden muß:

```
virtual void fuellen(const TElement&) = 0;  // abstrakte Methode
```

In einer Sohnklasse werden die abstrakten Methoden überladen:

```
template <class TElement> class GMenge :                          // (7.14)
    public GMulti<TElement> { public:
        // die Schnittstelle von GMulti wird vererbt und mit neuen Methoden ergänzt:
    virtual void fuellen(const TElement&) throw(EVoll);
        // überladene abstrakte Methode muß auch virtual sein
    GMenge operator || (const GMenge&) const;  // Vereinigung zweier Mengen
    GMenge operator && (const GMenge&) const;  // Schnitt zweier Mengen
    GMenge operator ! () const;  // Komplement einer Menge
    ...
```

Bemerkung: Die obige Erörterung betrifft nur die formale Schnittstelle der abstrakten Klasse. Wenn wir sie und ihre Ableitungen implementieren werden, müssen u.U. auch weitere Methoden überladen werden, wenn ihnen ein neuer Sinn (ein neuer Algorithmus) zugeordnet wird.

38. **Übung:** Erweitern Sie die Klassenschablone GSack mit der Schnittstelle in der Datei GSACK.HPP zu einer Klassenschablone GSack_Algebra, indem Sie Methoden hinzufügen, mit denen die Summe und die Differenz zweier Säcke errechnet werden kann. Prägen Sie Ihre Erweiterung für Farben in einem Testprogramm aus. Sie können Ihr Programm allerdings noch nicht binden, da Sie die Klassenschablone noch nicht implementiert haben.

7.5. Folgen

Bei der Lösung der 37. Übung fällt auf, daß alles_anzeigen die Zeichen in alphabetischer Reihenfolge und nicht in der Reihenfolge der Eintragung ausgibt. Multibehälter von einem Sacktyp kümmern sich nicht um die Reihenfolge ihrer Elemente, sondern nehmen eine beliebige[1]. Im Gegensatz dazu erinnert sich eine *Folge* an die Reihenfolge der Eintragungen.

7.5.1. Zeichenfolgen

Ein Multi-Zeichenbehälter von einem *Folgetyp* ist z.B. geeignet, einen Text zu speichern:

```
class CZeichenfolge { public:                                    // (7.15)
    ... /* die formale Schnittstelle (s. in der Datei CZFOLGE.HPP) ist ähnlich der Schnittstelle
        von CZeichensack in (7.12), ihre Funktionalität ist jedoch anders */
};
```

Viele Programmiersprachen definieren einen Datentyp namens String, der der Klasse CZeichenfolge ähnlich ist, in dessen Objekte *Zeichenketten* gespeichert werden

---

[1] in diesem Fall die alphabetische

können. In *C* gibt es auch Zeichenketten. Wir werden sie im Kapitel 8.2.8. kennenlernen.

39. **Übung:** Entwickeln Sie die Schnittstelle einer Klassenschablone `GFolge`, die alle
üblichen Methoden exportiert. Nehmen Sie dazu auch die Operation `zusammenfuegen`[1]
und evtl. noch einige von Ihnen ausgedachte[2] dazu.

7.5.2. Arten von Folgen

Aus den bis jetzt kennengelernten Multibehältern konnten die eingetragenen Elemente in beliebiger Reihenfolge gelesen oder entfernt werden; es mußte allerdings
genannt werden, welches Element erreicht werden soll. Es gibt Behälter, auf deren
Daten der Zugriff nur in einer bestimmten Reihenfolge möglich ist. Wir nennen
diese *Listen*. Naturgemäß sind alle Listen spezielle Arten von Folgen, da sie einerseits ein Element mehrfach aufnehmen können, andererseits sich die Reihenfolge
der Eintragung merken.

Die verschiedenen Arten von Listen unterscheiden sich vor allem dadurch, in welcher Reihenfolge die geschriebenen Daten gelesen und entfernt werden können. Es
gibt manche, die wie eine Warteschlange am Postschalter funktionieren: Wer zuerst
da war, wird zuerst bedient. Der zuerst geschriebene Wert wird dementsprechend
zuerst herausgegeben. Sie heißen auch so: *Warteschlangen* oder *FIFO*-Behälter[3].
Andere machen es umgekehrt: Nach dem *LIFO*-Prinzip[4] arbeitet der *Stapel*[5] oder
Keller.

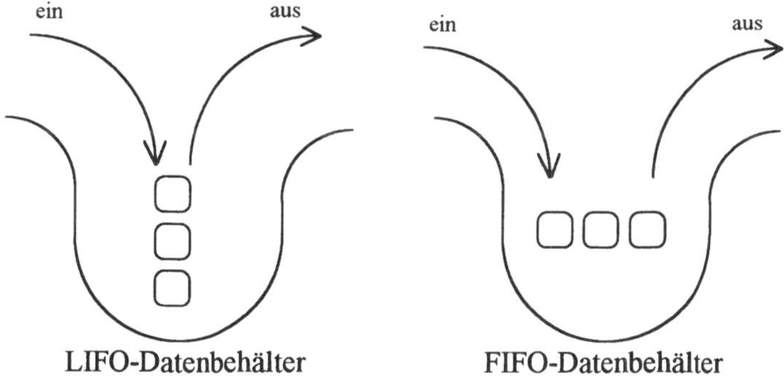

Abb. 7.4: Folgen

Ein *Sortierkanal* ist auch eine Liste: Er gibt das kleinste[6] jemals gespeicherte Element zuerst heraus. Wiederum andere bieten dem Benutzer die Möglichkeit, die

---

[1] oder `konkatenieren`; Sie können sie auch durch den Operator + benennen
[2] z.B. `invertieren`, d.h. die Reihenfolge der Elemente umkehren
[3] auf englisch: *first in first out*, auf deutsch: *erste rein, erste raus*
[4] auf englisch: *last in first out*, auf deutsch: *letzte rein, erste raus*
[5] auf englisch: *stack*
[6] oder das größte

Ausgabereihenfolge selber zu bestimmen. In ein Telefonbuch (als Datenbehälter) können beispielsweise zuerst Einträge mit Namen und Telefonnummer eingegeben werden. Bei der Ausgabe gibt dann der Benutzer den Namen an und bekommt die entsprechende Telefonnummer. Solche Multibehälter heißen *Assoziativspeicher*, da sie einen Namen[1] mit der Telefonnummer *assoziieren*.

Diese Arten von Folgen werden wir jetzt ausführlicher untersuchen und dabei neue Programmiertechniken kennenlernen.

7.5.3. Warteschlangen

Einer der einfachsten Listen ist der FIFO-Datenbehälter, die *Warteschlange*. Ihre Elemente können in derselben Reihenfolge gelesen und entfernt werden, wie sie hineingeschrieben worden sind. Ein Zugriff[2] auf andere Elemente ist nicht möglich, da immer nur das älteste Element erreichbar ist.

```
template <class TElement> class GWarteschlange {                // (7.16)
public:
     GWarteschlange(); // wird leer angelegt
     GWarteschlange(const GWarteschlange&);
     void entleeren(); //
     void eintragen(const TElement&) throw(ESchlange_voll);
          // ein neues Element wird an das Ende der Warteschlange eingetragen
     TElement lesen() const throw(ESchlange_leer);
          // das älteste Element der Schlange wird ausgegeben
     void entfernen() throw(ESchlange_leer);
          // das älteste Element der Schlange wird entfernt
     TBool leer() const;
     TBool voll() const;
     void operator = (const GWarteschlange&);
     TBool operator == (const GWarteschlange&) const;
     void speichern(const char*) const; // Persistenzmethoden
     void laden(const char*) throw(EFalscher_Dateiinhalt);
protected: ...
};
```

40. **Übung:** Prägen Sie die Klassenschablone GWarteschlange für char aus, und rufen Sie ihre Operationen menügesteuert auf. Fangen Sie dabei die beiden exportierten Ausnahmen auf, indem Sie den Bediener durch ein für diesen Zweck generiertes Meldungsfenster über die fehlgeschlagene Aktion informieren. Die Ausnahme ESchlange_leer können Sie durch Fehlbedienung testen. Die Ausnahme ESchlange_voll zu testen erfordert jedoch Geduld: So viele Zeichen müßten eingegeben werden, bis Ihr System keinen freien Speicher mehr für ihre Aufnahme zur Verfügung stellen kann. Im Kapitel 8.4.3. werden wir Techniken kennenlernen, wie eine solche Ausnahme zu Testzwecken früher provoziert werden kann.

---

[1] den *Schlüssel*
[2] etwa die Abfrage, ob sich ein bestimmtes Element in der Warteschlange befindet

7.5.4. Anwendung einer Klassenschablone

Sie können dabei gemerkt haben, daß es diesmal keine Iteratormethoden wie z.B.
alles_anzeigen gibt, die <u>alle</u> in der Warteschlange enthaltenen Zeichen anzeigen
würden. Es ist eine Eigenschaft von Warteschlangen, daß immer <u>nur der älteste</u>
Eintrag erreichbar ist.

Ein Beispiel für die Verwendung dieser Modulschablone ist die Computerisierung
des Wartezimmers in einer Arztpraxis (allerdings zunächsteinmal ohne die Möglichkeit, einen neuen Patienten aufzunehmen):

```
// ARZTPRAX.CPP                                                     (7.17)
#include "GWARTSCH.CPP"
     // viele C++-Compiler erwarten das Einbinden des Rumpfes einer Schablone
#include "LEHRBUCH.HPP" // für meldungsfenster und eingabemaske
#include "MENUE.HPP"; // mit zwei Menüpunkten
enum TPatient { Mueller, Mayer, ... }; // alle Patienten werden aufgelistet
AUFZ (CPatient, TPatient, "Mueller, Mayer, ..." ); // Aufzählungsklasse
GWarteschlange <CPatient> liste; // Warteliste für die Patienten
void patient_kommt() { // Rückrufprozedur für den ersten Menüpunkt
    try {
        CPatient patient;
        eingabemaske(patient); // Name des Patienten wird eingetippt
            // throw EDatenfehler;
        liste.eintragen(patient); // Patient wird ans Ende der Liste eingetragen
            // throw ESchlange_voll;
    }
    catch(EDatenfehler) {
        meldungsfenster("Patient unbekannt", "Tippfehler");
    }
    catch(ESchlange_voll) {
        meldungsfenster("Patient muß draußen warten", "Wartezimmer voll");
    }
}
void naechste_bitte () { // Rückrufprozedur für den zweiten Menüpunkt
    try {
        const CPatient patient = liste.lesen(); // throw ESchlange_leer;
        meldungsfenster(patient.image(), "Patient ausrufen");
        liste.entfernen(); // Patient wird aus der Liste ausgetragen
    }
    catch(ESchlange_leer) {meldungsfenster("Feierabend"); // kein Patient wartet mehr
    }
}
void arztpraxis() { // Hauptprogramm
    menue(patient_kommt, naechste_bitte);
}
```

Variable oder konstante Objekte können auch mit einem Informatoraufruf initialisiert werden: Die Definition eines konstanten Objekts

```
const TPatient patient = liste.lesen(); // throw ESchlange_leer;
```

ist etwas sicherer als der Programmabschnitt

```
TPatient patient;
patient = liste.lesen(); // throw ESchlange_leer;
```

da so das Objekt patient aus Versehen nicht verändert werden kann.

Eine mögliche Vorgehensweise bei der Entwicklung eines solchen Programms ist - neben der objektorientierten - die „von oben nach unten Strategie". Hier fangen Sie Ihre Überlegungen mit der Bedieneroberfläche an:

1. Planen Sie die Oberfläche Ihres Programms: Welche Menüpunkte, Masken, Meldungen, Fenster sollen erscheinen? Denken Sie daran, der Bediener soll die Interna Ihres Programms nicht kennen (Objekte, Klassen, Prozeduren, Funktionen, auch keine Bezeichner): Versetzen Sie sich in seine Denkweise hinein. Im obigen Programm: 2 Menüpunkte, Eingabemaske für die Patienten.

2. Planen Sie die diesen Oberflächenobjekten entsprechenden Programmelemente: Subroutinen für die Menüpunkte, Datenobjekte für die Masken, usw. Im obigen Programm: 2 Subroutinen für die Menüpunkte, der Datentyp TPatient für die Eingabemaske.

3. Generieren und importieren Sie die nötigen Bibliothekseinheiten. Im obigen Programm: LEHRBUCH.HPP und MENUE.HPP.

4. Untersuchen Sie, welcher Informationsfluß zwischen Ihren Subroutinen stattfindet. Woran soll sich Ihr Programm zwischen den Ereignissen (Menüauswahlen) erinnern? Das Gedächtnis des Programms implementieren Sie mit Hilfe von globalen Objekten. Im obigen Programm: das Objekt liste.

5. Alle andere Objekte sollen lokal in Ihren Rückrufprozeduren sein.

6. Die Art und Weise, wie hieraus die Daten abgerufen werden sollen, entscheidet, von welchem Typ diese Datenobjekte sein sollen. Im obigen Programm handelt es sich um eine Warteschlange.

7. Sie müssen nun ein Modul finden, das den nötigen Datentyp (oder Klasse, eventuell Ihr globales Datenobjekt) implementiert. Nur wenn kein Modul auffindbar ist, sollten Sie selber programmieren.

8. Nach diesen Vorbereitungen müssen Sie nur die zusammengetragenen Programmbausteine zusammenstecken. Achten Sie dabei darauf, daß die einzelnen Namen (von Objekten, Datentypen, Methoden) aus den richtigen Modulen geholt werden (am besten gleich kommentiert) und die Methoden mit den richtigen Parametern versehen werden (Anzahl, Datentyp, Übergabemechanismus).

41. **Übung**: Entwerfen und implementieren Sie auf diese Weise das menügesteuerte Programm NIKOLAUS.CPP, das wartenden Kindern Geschenke aus seinem Sack verteilt. Die Namen der Kinder und die Geschenke listen Sie im Programm als Werte einer Aufzählungsklasse auf. Der Bediener des Programms soll wählen, wann der Nikolaus ein Geschenk einkauft, wann ein Kind bei ihm ankommt und wann er das nächste aus seinem Sack beschenkt. Fangen Sie alle anfallenden Ausnahmen in den Rückrufprozeduren auf.

7.5.5. Privates Erben

Es ist möglich, auch die Klassenschablone `GWarteschlange` von `GMulti` abzuleiten. Dann erscheinen aber in der Schnittstelle geerbte Methoden, die für die Funktionalität der Warteschlange keine Rolle spielen: z.B. die Methode `entfernen(const TElement&)` kommt bei einer Warteschlange nicht vor, da nicht ein gegebenes Element, höchstens das älteste entfernt werden kann.

Einige Programmiersprachen wie *Eiffel* erlauben den *selektiven Export*, wodurch nur ein Teil der geerbten Schnittstelle veröffentlicht wird. In *C++* wird dies mit Hilfe der *privaten Vererbung* realisiert. Dann stehen die geerbten Methoden nur <u>innerhalb</u> der Klasse, nicht aber dem Benutzer der Klasse zur Verfügung. Sie müssen explizit exportiert werden:

```
     template <class TElement> class GWarteschlange :           // (7.18)
➡           private GMulti<TElement> { public:
     GWarteschlange(); // neu
     void entleeren(); // die geerbte Methode wird exportiert
     void eintragen(const TElement&) throw(EVoll); // Methode wird überladen
     TElement lesen() const throw(ESchlange_leer); // neue Methode
     void entfernen() throw(ESchlange_leer); // neue Methode
     // void entfernen(const TElement&); wird nicht exportiert
     TBool leer() const; // Rest geerbt und explizit exportiert
     TBool voll() const;
     void operator = (const GWarteschlange&);
     TBool operator == (const GWarteschlange&) const;
     void speichern(const char*) const; // Persistenzmethoden
     void laden(const char*) throw(EFalscher_Dateiinhalt);
     };
```

Der Vorteil des privaten Erbens beschränkt sich ausschließlich auf die Wiederverwendung vorhandener Infrastruktur der Erbklasse.

7.5.6. Stapel

In der Warteschlange kann nur auf das zuerst, in einem *Stapel* oder *Keller* auf das zuletzt eingetragene Element zugegriffen werden. Um ein bestimmtes Element zu erreichen, müssen alle Elemente, die nach diesem eingetragen wurden, entfernt werden.

Die Schnittstelle des Stapels sieht der der Warteschlange praktisch gleich aus; hinter den einzelnen Operationen[1] verbergen sich aber andere Funktionalitäten:

```
     template <class TElement> class GStapel { public:             // (7.19)
     GStapel(); // wird leer angelegt
     GStapel(const GStapel&);
     void entleeren();
     void eintragen(const TElement&) throw(EStapel_voll);
          // ein neues Element wird oben auf den Stapel gelegt
➡    TElement lesen() const throw(EStapel_leer);
          // das jüngste (oberste) Element im Stapel wird ausgegeben
```

---

[1] insbesondere hinter `lesen` und `entfernen`

```
➡     void entfernen() throw(EStapel_leer);
         // das jüngste (oberste) Element wird aus dem Stapel entfernt
      TBool leer() const;
      TBool voll() const;
         // Zuweisung, Gleichheit und Persistenzmethoden wie üblich; kein Iterator:
      void operator = (const GStapel&);
      TBool operator == (const GStapel&) const;
      void speichern(const char*) const; // Persistenzmethoden
      void laden(const char*) throw(EFalscher_Dateiinhalt);
   };
```

Bemerkung: Viele Stapelimplementierungen vereinigen die beiden Operationen
lesen und entfernen in einer Operation, etwa:

```
   TElement austragen();
```

Dies ist zwar möglich, widerspricht aber der eingeführten Philosophie der Trennung
von Informatoren und Mutatoren. Die Operation austragen liefert nämlich Information über den aktuellen Zustand des Stapels[1], verändert ihn aber auch gleichzeitig.

Eine Eigenschaft von Klassenschablonen der obigen Art ist, daß sie für einen beliebigen Datentyp ausgeprägt werden können. Man kann GStapel z.B. für den Datentyp
TEimer ausprägen; dann können Eimer gestapelt werden.

```
   GStapel <TEimer> eimer_stapel;
```

Nicht alle Schablonen können für einen beliebigen Typ ausgeprägt werden. Die
Voraussetzung für eine erfolgreiche Ausprägung ist, daß alle für den Ausprägungs-
typ benutzten Methoden definiert sein müssen. Ansonsten gibt der Compiler eine
Fehlermeldung aus.

42. **Übung:** Gestalten Sie Ihr Programm aus der 40. Übung (ein FIFO-Zeichenbehäl-
ter) auf einen LIFO-Zeichenbehälter um, indem Sie die Modulschablone GStapel für
char ausprägen. Es mag erstaunlich sein, wie wenig Arbeit diese Umgestaltung
macht.

7.5.7. Positionierbare Listen

In den obigen Listen ist immer nur das äußerste[2] Element erreichbar. Die Objekte
der Klassenschablone GPos_Liste „erinnern" sich nicht nur an die eingetragenen Daten und ihre Reihenfolge, sondern auch an eine aktuelle Position in der Liste. An
diese Position kann dann ein neues Element eingefügt oder ein altes entfernt werden. In Multibehältern dieser Klassen kann man navigieren: an das erste oder an
das letzte, an das vorherige oder an das nachfolgende Element positionieren, oder
ein bestimmtes Element suchen:

```
   template <class TElement> class GPos_Liste                          // (7.20)
      : public GMulti<TElement> { // erbt von der Klasse in (7.13)
      public: // überladene Methoden mit spezifischer Funktionalität:
```

---

[1] dies wird als Funktionswert zurückgegeben
[2] erste oder letzte

```
      void eintragen(const TElement&) throw(EListe_voll);
          // trägt ein Element nach dem Element an der aktuellen Position in die Liste ein
      TElement& aktuelles_element() const throw(EListe_leer);
          // liefert das Element an der aktuellen Position der Liste
      void loeschen() throw(EListe_leer); // löscht das aktuelle Element aus der Liste
          // aktuelles_element wird nach hinten positioniert; wenn erster, dann nach vorne
      // neue Methoden:
➡     void anfang() throw(EListe_leer); // positioniert auf das erste Element der Liste
      void ende() throw(EListe_leer); // positioniert auf das letzte Element der Liste
➡     void vorwaerts() throw(EListe_leer); // navigiert eine Position nach vorne
      void rueckwaerts() throw(EListe_leer); // navigiert eine Position zurück
➡     void suchen(const TElement &) throw(ENicht_vorhanden);
          // positioniert auf das nächste Vorkommnis von Element nach der aktuellen Position
          // wenn nicht vorhanden, Ausnahme ENicht_vorhanden
      // Iterator, Persistenzmethoden, Kopieren und Gleichheit wurden geerbt
  protected: ...
```

43. **Übung**: Rufen Sie die Methoden einer positionierbaren Liste für Buchstaben menügesteuert auf. Die Schnittstelle finden Sie in der Datei GPOSLIST.HPP. Testen Sie die Wirkung der Navigationsmethoden.

7.5.8. Sequentielle Dateien

Ein häufig benutzter Spezialfall der positionierbaren Liste ist eine *sequentielle Datei*[1]. Hierbei werden die Navigation, das Lesen und das Schreiben stark eingeschränkt:

- Navigation ist nur zum ersten und zum nächsten Element möglich
- nach dem Lesen ist kein Schreiben mehr möglich

Eine Datei behält also die Daten in der Reihenfolge der Eintragung. Die Eintragung muß abgeschlossen werden, bevor die Datei gelesen werden kann. Das Lesen erfolgt in der selben Reihenfolge, wie die Eintragung stattfand. Möchte man zu einem schon gelesenen Element zurück, muß das Lesen von vorne angefangen werden:

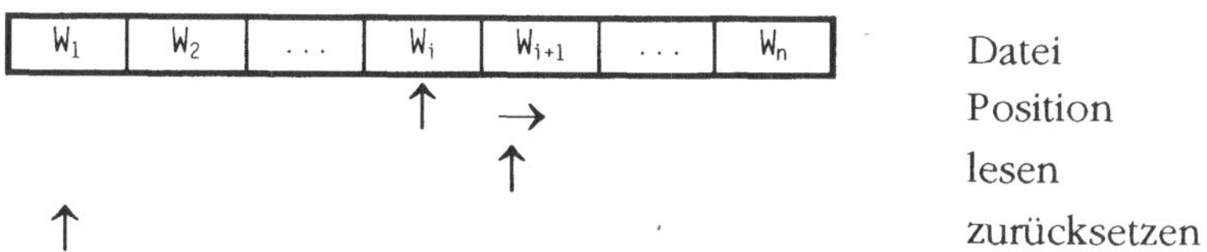

Abb. 7.5: Sequentielle Datei

Die Klassenschablone GSeq_Datei hat die folgende Schnittstelle:

```
template <class TElement> class GSeq_Datei { public:           // (7.21)
    GSeq_Datei(); // wird leer angelegt
    void alles_loeschen(); // macht die Datei leer, bereit zum Beschreiben
    void zuruecksetzen(); // macht die Datei bereit zum Lesen
    void eintragen(const TElement&) throw(ESpeicher_voll, ELesemodus);
        /* trägt Element an das Ende der Datei ein; nur im Schreibmodus. Ausnahme ELesemodus,
        wenn alles_loeschen gar nicht oder nicht nach zuruecksetzen aufgerufen wurde */
```

---

[1] der Name soll nur entfernt an Dateien auf Datenträgern erinnern; zunächsteinmal hat unsere Klasse nichts mit ihnen zu tun

```
    void naechstes_element() throw(EDateiende, ESchreibmodus);
        /* schreitet zum nächsten Element; Ausnahme ESchreibmodus, wenn zuruecksetzen
        gar nicht oder nicht nach alles_loeschen aufgerufen wurde.
        Ausnahme EDateiende, falls naechstes_element öfters als eintragen aufgerufen wurde */
    TBool ende_der_datei() const throw(ESchreibmodus);
        // True wenn der Aufruf naechstes_element() EDateiende auslösen würde;
        // nur im Lesemodus
    TElement aktuelles_element() const throw(EDateiende,
        ESchreibmodus);  // liefert das Element an der aktuellen Position; nur im Lesemodus
    void kopieren(const GSeq_Datei&) throw(ESpeicher_voll);
    void operator = (const GSeq_Datei&);
    TBool operator == (const GSeq_Datei&) const;
    };  // diesmal kein Iterator, keine Persistenzmethoden
```

Wie aus der Schnittstelle ersichtlich ist, kann eine Datei nur beschrieben werden, wenn sie mit alles_loeschen zum <u>Schreiben</u> *geöffnet* wurde. Die mit eintragen übergebenen Elemente werden der Reihe nach in die Liste eingetragen. Anschließend kann die Datei mit zuruecksetzen zum <u>Lesen</u> geöffnet werden. Ein Aufruf der Funktion aktuelles_element liefert dann das älteste (als erstes eingetragene) Element der Datei. Mit dem Aufruf naechstes_element kann man zum nächsten weiterschreiten, falls es noch welche gibt. Der Ausnahme EDateiende kann durch die Abfrage[1] der logischen Funktion ende_der_datei vorgebeugt werden.

Der Kommentar "Ausnahme EDateiende, falls naechstes_element öfters als eintragen aufgerufen wurde" unterscheidet einen Datenbehälter der Klasse GSeq_Datei von dem, was man üblicherweise unter einer Datei versteht. Er impliziert nämlich, daß der Datenbehälter zuerst gefüllt werden muß, bevor er gelesen werden kann. Eine auf externen Datenträgern vorliegende Datei kann sofort gelesen werden. Man sagt, Datenbehälter der Klasse GSeq_Datei besitzen - im Gegensatz zu GPos_Liste - keine Persistenz.

7.5.9. Persistente Dateien

Die bisherigen Multibehälter müssen mit einem extra Methodenaufruf speichern persistent gemacht werden. Persistente Dateien sind von sich aus persistent, d.h. das eintragen in die Datei alleine garantiert schon die Übertragung des Elements auf den externen Datenträger.

Die Klassenschablone GSeq_File[2] hat eine mit GSeq_Datei fast gleiche Schnittstelle. Alleine ihre Funktionalität ist anders: Ihre Objekte sind persistent. Dies bedeutet, daß das oben erwähnte Kommentar ergänzt wurde: "Ausnahme EDateiende, falls naechstes_element seit dem letzten zuruecksetzen öfters als eintragen nach dem letzten alles_loeschen aufgerufen wurde".

Die Methoden zuruecksetzen und alles_loeschen werden mit je zwei Zeichenkettenparametern überladen:

```
    void alles_loeschen(const char* dateiname = "", const char* system = "");
    void zuruecksetzen(const char* dateiname = "", const char* system = "");
```

---

[1] z.B. über einen geeigneten Menüpunkt
[2] ausnahmsweise ein englischer Name, als Unterscheidung zu GSeq_Datei

Wenn die Öffnungsmethoden ohne Argumente[1] aufgerufen werden, handelt es sich um eine *temporäre*[2] *Datei*, wie die bekannte GSeq_Datei. Das zweite Argument kann auch weggelassen werden oder Information über den Status der Datei für das Betriebssystem[3] beinhalten.

Ein Beispiel für die Verwendung von Dateien ist das komponentenweise Kopieren einer Datei in ein andere:

```
typedef ... TBasis: // ein beliebiger Datentyp, oft eine Klasse            // (7.22)
        GSeq_File<TBasis> eine_datei;
        GSeq_File<TBasis> andere_datei;
        TBasis puffer;
        eine_datei.zuruecksetzen("EINGABE.DAT");
        andere_datei.alles_loeschen("AUSGABE.DAT");
              . . .
        puffer = eine_datei.aktuelles_element(); // liest Datensatz
        andere_datei.eintragen(puffer); // schreibt Datensatz
        eine_datei.naechstes_element(); // nächster Datensatz
              . . .
```

44. **Übung**: Entwickeln Sie ein Programm, das die Methoden der Dateischablone (eintragen, aktuelles_element, usw.) menügesteuert ausführt. Die Schnittstelle finden Sie in der Datei GSEQDAT.HPP. Prägen Sie sie mit Ihrem Lieblingsdatentyp aus.

7.5.10. Sortierkanäle

Unseren nächsten Multibehälter der Art *Liste*, in dem die Elemente nur in einer bestimmten Reihenfolge erreichbar sind, werden wir auch nicht für alle, sondern nur für *geordnete* Datentypen ausprägen. Diese Liste heißt *Sortierkanal*; er gibt die gespeicherten Elemente in sortierter Reihenfolge aus (immer das kleinste gespeicherte Element):

Abb. 7.6: Sortierkanal

Diese Klasse ist für Sortieraufgaben geeignet: Zuerst werden alle Elemente eingegeben, dann in sortierter Reihenfolge ausgelesen und aus dem Sortierkanal entfernt. Probleme treten dann auf, wenn mehr Elemente sortiert werden müssen als in den zur Verfügung stehenden Speicherplatz passen: Wenn die Ausnahme ESpeicher_voll ausgelöst wird, muß das kleinste Element entfernt (und z.B. auf einen externen Datenträger ausgelagert) werden, um weiteren Platz zu schaffen. Wenn man Glück hat, kann man auf diese Weise mehr Elemente sortieren als der Speicher aufnimmt.

---

[1] es gelten dann die Vorbesetzungen: leere Zeichenketten

[2] nicht-persistente

[3] z.B. "-rwx---r-x": Schreib-, Lese- und Ausführrechte für den Benutzer, die Benutzergruppe und die Allgemeinheit, wie etwa in *Unix* üblich

Eine Garantie ist es jedoch nicht: Es kann vorkommen, daß ein eingelesenes Element kleiner ist als ein schon ausgegebenes. In diesem Fall werden *vorsortierte Sequenzen* erzeugt, die dann später durch *Mischen*[1] zu einer sortierten Folge zusammengeführt werden können. Die erwartete Durchschnittslänge einer durch den Sortierkanal erzeugten Sequenz ist die doppelte des verfügbaren Speicherplatzes. Durch ein konventionelles Verfahren[2] werden höchstens so lange Sequenzen produziert, die in den Speicherplatz passen.

Eine Sortierkanalschablone kann nicht ohne weiteres für einen beliebigen Datentyp ausgeprägt werden. Für geordnete Datentypen, für die der Operator < zur Verfügung steht, ist es eindeutig, wie die eingetragenen Elemente einsortiert werden können. Für andere Datentypen muß der Operator vor der Ausprägung gesondert definiert werden:

```
template <class TElement> class GSortier_Kanal :                          // (7.23)
        public GMulti <TElement> {
public: // überladene und neue Methoden mit spezifischer Funktionalität:
    void eintragen(const TElement&) throw(ESpeicher_voll);
    TElement& kleinstes_lesen() const throw(EKanal_leer);
    void entfernen() throw(EKanal_leer); // des kleinsten Elements
}; // leer, voll, Iterator, Persistenzmethoden, Kopieren und Gleichheit werden geerbt
```

Die Methode eintragen dieser Klassenschablone braucht als Argument ein Objekt des Basistyps TElement, dessen Wert in den Multibehälter einzutragen ist. Wenn der Mutator einen neuen Wert vom Datentyp TElement in den Multibehälter einsortiert, muß er diesen mit den schon vorhanden vergleichen, um seinen Platz zu finden. Für diesen Zweck ruft er dann den Operator < des Datentyps TElement. Die Ausprägung und der Aufruf sieht dann folgendermaßen aus:

```
GSortier_Kanal <char> zeichen_sort;
zeichen_sort.eintragen('$');
```

Für andere Datentypen, z.B. für die Klasse CEimer, muß vom Benutzer definiert werden, wie von zwei Eimern der kleinere ausgewählt werden kann:

```
TBool operator <(const CEimer& e1, const CEimer& e2) {                    // (7.24)
    ... /* Algorithmus, der bestimmt, wie zwei Eimer miteinander verglichen werden
        (z.B. nach Inhalt oder Position) */
}
```

Mit diesem Operator kann nun der Sortierkanal für Eimer ausgeprägt werden:

```
GSortier_Kanal <CEimer> eimer_kanal;
CEimer eimer;
    ... // fuellen, anzeigen, usw.
```

In den Multibehälter eimer_kanal können nun Eimer mit Hilfe des Mutatoraufrufs

```
eimer_kanal.eintragen(eimer);
```

eingetragen werden. Die Aufrufe

---

[1] s. Kapitel 12.2.9.
[2] wie z.B. das bekannte *bubble sort*, s. z.B. in [Wirth]

```
eimer.fuellen(eimer_kanal.kleinstes_lesen().inhalt() ); eimer.anzeigen();
```

zeigen den kleinsten eingetragenen und nicht entfernten Eimer am Bildschirm an.

45. **Übung:** Prägen Sie nun den Sortierkanal (mit der Schnittstelle in der Datei GSORTKAN.HPP) für Zeichen aus, und testen Sie die Klasse menügesteuert.

7.6. Assoziativspeicher

Die bisherigen Multibehälter können Datenelemente in einer bestimmten Reihenfolge aufnehmen; die Ausgabereihenfolge der eingetragenen Elemente hängt von der Art des Behälters ab, und der Benutzer hat keinen Einfluß darauf. Im Gegensatz dazu kann bei Assoziativspeichern die Ausgabereihenfolge durch die Angabe eines *Schlüssels* gesteuert werden.

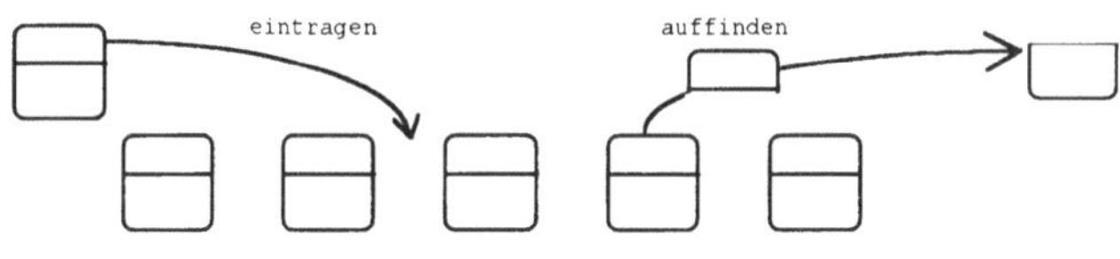

Abb. 7.7: Assoziativspeicher

Ein *Assoziativspeicher* ist also ein Multibehälter, der mit jedem Datenelement auch einen dazugehörigen[1] *Schlüssel*[2] speichert. Beim Lesen[3] des Elements muß dann dieser Schlüssel angegeben werden.

7.6.1. Beispiel

Das einfachste Beispiel hierfür ist ein Telefonbuch. Mit der Angabe des Namens eines Telefonbesitzers als Schlüssel kann seine Telefonnummer gefunden werden. Die Schnittstelle eines Telefonbuch-Behälters könnte also demnächst lauten:

```
class CTelefonbuch { public :                             // (7.25)
    typedef ... TTelefonnummer; // zu speicherndes Datenelement
    typedef ... TTeilnehmer; // Schlüssel
➡   void eintragen(const TTeilnehmer&, const TTelefonnummer&);
➡   TTelefonnummer finden(const TTeilnehmer&) const;
};
```

7.6.2. Schablone mit mehreren Parametern

Die allgemeinere Klassenschablone GAsso_Speicher kann folgendermaßen spezifiziert werden:

```
template <class TElement, class TSchluessel>             // (7.26)
    class GAsso_Speicher : public GMulti<TElement> {
```

---

[1] einen damit *assoziierten*; aus dem lateinischen *assoziare*, auf deutsch *vereinigen*, aus *ad + sozius*, auf deutsch: *Genosse, Begleiter*

[2] ein zweites, meistens (aber nicht unbedingt) kleineres Datenelement

[3] oder wie es in diesem Zusammenhang heißt, *Suchen*

```
public:
    GAsso_Speicher(TSchluessel); // Parameter gibt die Größe des Speichers an
➡   void eintragen(const TSchluessel&, const TElement&)
        throw(ESpeicher_voll); // eintragen nicht mehr möglich
➡   TElement& finden(const TSchluessel&) const throw(ENicht_vorhanden);
    TBool vorhanden(const TSchluessel&) const;
}; // voll, leer, Iterator, Persistenzmethoden, Kopieren und Gleichheit werden geerbt
```

Die Besonderheit dieser Schablone ist, daß sie mit zwei Datentypen ausgeprägt werden muß:

```
GAsso_Speicher<TTelefonnummer, TTeilnehmer> telefonbuch;
```

Die Funktionalität des Assoziativspeichers muß definieren, ob Eintragungen mit gleichen Schlüsseln möglich sind oder nicht. Die obige Definition geht davon aus, daß eintragen mit einem schon vorhandenem Schlüssel[1] den alten Eintrag überschreibt. Es ist eine alternative (vielleicht bessere) Lösung, wenn eintragen die Ausnahme ESchon_vorhanden beim Aufruf mit einem schon vorhandenem Schlüssel auslöst[2].

Wenn der Assoziativspeicher unterschiedliche Einträge mit gleichem Schlüssel speichern kann, spricht man von einer *Schlüsseltransformationstabelle*[3]. In diesem Fall exportiert die Klasse anstelle von finden zwei Funktionen:

```
TElement& erstes_finden(const TSchluessel&) throw(ENicht_vorhanden);
    // findet das zuerst eingetragene Element mit dem Schlüssel
TElement& naechstes_finden() const throw(ENicht_vorhanden);
    // findet das nächste Element mit dem Schlüssel des letzten Aufruf von erstes_finden
```

Der Informator erstes_finden liefert dann jeweils das zuerst eingetragene Element; die weiteren können mit naechstes_finden gefunden werden.

7.6.3. Verwendung von Assoziativspeichern

Ein Beispiel für die Ausprägung ist eine Tabelle, in die die Farbe der Krawatte für jeden Tag der Woche eingetragen werden kann:

```
enum TWochentag { montag, dienstag, mittwoch, donnerstag,          // (7.27)
    freitag, samstag, sonntag };
enum TFarbe { rot, gelb, blau, gruen, weiss, lila, rosa, grau, braun};
GAsso_Speicher <TFarbe, TWochentag> krawatte(sonntag);
    . . .
krawatte.eintragen(mittwoch, lila); // am mittwoch wird lila Krawatte getragen
```

Assoziativspeicher kommen in der Praxis häufig vor: Neben Datenbanktabellen kann auch jedes Maschinenprogramm als ein Assoziativspeicher angesehen werden. Hierbei entspricht dem Schlüssel die Speicheradresse, dem Element die auszufüh-

---

[1] der Benutzer kann sich darüber vorher mit dem Aufruf von finden vergewissern
[2] und dann findet die Eintragung nicht statt
[3] bekannt unter der englischen Bezeichnung als *hash table*, auf deutsch: *Hacktabelle* oder *zerhackte Tabelle*

rende Anweisung. Der Arbeitsspeicher des Computers wird also als ein Assoziativ-speicher implementiert.

Ein anderes Beispiel ist eine mathematische Funktion $y = f(x)$. Das Argument x ist dabei der Schlüssel, y ist das gespeicherte Element, und die Funktion f entspricht finden.

7.6.4. Direkte Dateien

Eine Variation des Assoziativspeichers ist die *direkte Datei*[1]. Der Schlüssel wird hier nicht vom Benutzer angegeben, sondern wird beim Eintragen von der Klasse er-zeugt und dem Benutzer zurückgegeben. Mit Hilfe dieses Schlüssels kann er dann sein Element wiederfinden. Die Daten werden, wie bei einer sequentiellen Datei, in der Reihenfolge der Eintragung, d.h. sequentiell gespeichert (typischerweise ist der Schlüssel eine Folgenummer). Neben der direkten Positionierung mit dem Schlüssel besteht die Möglichkeit, die Daten sequentiell zurückzulesen.

Darüber hinaus kann eine direkte Datei nicht nur für Lesen oder Schreiben, son-dern mit aktualisieren für beides gleichzeitig geöffnet werden[2]. Sie kann somit auch *fortgeschrieben* (d.h. nach dem Lesen weiterbeschrieben) werden. Mit eintragen ist nur sequentielles Beschreiben möglich, aber mit

```
void ueberschreiben(const TElement&, const TSchluessel&);
```

auch die Angabe einer Position; somit können früher eingetragene Elemente auch *überschrieben* werden.

```
    template <class TElement, class TSchluessel > class GDir_Datei          // (7.28)
        : public GSeq_Datei<TElement> {
    public:
        void aktualisieren();
➡       void positionieren(const TSchluessel&) throw(EDateiende, ESchreibmodus);
        /* alles_loeschen, zuruecksetzen, naechstes_element, ende_der_datei,
            aktuelles_element, Kopieren und Gleichheit geerbt */
➡       void eintragen(const TElement&, TSchluessel&) throw(ESpeicher_voll, ELesemodus);
            // trägt ein Element an das Ende der Datei ein, gibt Schlüssel zurück; nur im Schreibmodus
            // Ausnahmen wie bei GSeq_Datei
        void ueberschreiben(const TElement&, const TSchluessel&) throw(ELesemodus);
    };
```

7.6.5. Mehrfaches Erben

Ähnlich wie GSeq_File wurde die Klassenschablone GDir_File für persistente direkte Dateien entwickelt. Der Unterschied zur obigen GDir_Datei liegt in der Funktionali-tät[3] sowie bei den parametrisierten Öffnungsmethoden:

---

[1] der Name soll nur entfernt an Dateien auf Datenträgern erinnern, ebenso wie der der sequentiellen Datei

[2] zwischen Schreiben und Lesen muß sie nicht unbedingt zurückgesetzt werden

[3] in der impliziten Persistenz

```
    void alles_loeschen(char* dateiname = "", char* system = "");
    void zuruecksetzen(char* dateiname = "", char* system = "");
```

Die Klasse `GDir_File` erbt also einige Eigenschaften von der Klasse `GDir_Datei`, sowie von der persistenten Dateiklasse `GSeq_File`. Dies kann durch *mehrfaches Erben* ausgedrückt werden:

```
    template <class TElement, class TSchluessel > class GDir_File
➡       : public GSeq_File<TElement>, // mehrfaches Erben: zwei Vorfahren
➡       public GDir_Datei<TElement, TSchluessel> { public:
            // neue Methoden:
        void aktualisieren(char* dateiname = "", char* system = "");
        void ueberschreiben(const TElement&, const TSchluessel&) throw(ELesemodus);
    };
```

Für ein Dateiobjekt vom Typ `GDir_File` können also sowohl die von `GDir_Datei` wie auch die von `GSeq_File` geerbten Methoden aufgerufen werden:

```
    GDir_File <char, int> datei;
    datei.aktualisieren(); // eigene Methode
    datei.positionieren(5); // geerbt von GDir_Datei
    datei.ueberschreiben('a', 5);
➡   datei.eintragen('b'); // Problem!
```

Die zuletzt aufgerufene Methode `eintragen` wurde mehrfach geerbt: einmal vom Vorfahren `GSeq_File`, der sie von `GSeq_Datei` geerbt hat, und einmal vom Vorfahren `GDir_Datei`, der sie ebenfalls von `GSeq_Datei` geerbt hat. Der Compiler weiß hier nicht, welche wohl gemeint ist: Man spricht vom *Namenskonflikt*. Deswegen soll der Aufruf mit dem Namen der Vaterklasse qualifiziert werden:

```
    datei.GSeq_File<char>::eintragen('b'); // Namenskonflikt gelöst
```

Es ist eine kritisierbare Eigenschaft von *C++*, daß die Vererbungshierarchie <u>nicht abstrakt</u> ist. Dies bedeutet, daß der Benutzer einer Klasse u.U. über ihre Vorfahren Bescheid wissen muß, z.B. um Namenskonflikte zu lösen.

46. **Übung**: Entwickeln Sie einen menügesteuerten Testtreiber für die Klasse `GDir_File`. Prägen Sie es für Ihren Lieblingsdatentyp aus, und rufen Sie seine Methoden auf. Die Schnittstelle finden Sie in der Datei `GDIRDAT.HPP` auf der Begleitdiskette.

7.7. Zusammenfassung

7.7.1. Terminologie

In diesem Kapitel haben wir folgende Begriffe kennengelernt:

- *Unibehälter* speichern nur einen Wert, während *Multibehälter* mehrere Werte speichern können.
- Eine *Menge* enthält jeden Wert nur einmal.
- Für Mengen können *Vereinigung, Schnitt* und *Komplement* definiert werden.
- Objekte von einem *Sacktyp* (*Multimenge*) können ein Element mehrfach aufnehmen.
- *Folgen* sind Säcke, die die Elemente in einer bestimmten Reihenfolge speichern.

- Bei *Listen* kann nur ein bestimmtes Element der Folge erreicht werden.
- Eine *Warteschlange (FIFO)* ist eine Liste, bei der das älteste Element erreichbar ist.
- Ein *Stapel (Keller, LIFO)* ist eine Liste, wo das jüngste Element erreichbar ist.
- Ein *Sortierkanal* ist eine Liste, wo das (durch eine Rückruffunktion definierte) kleinste Element erreichbar ist.
- In einem *Assoziativspeicher* werden Einträge nach einem *Schlüssel* wiedergefunden.
- Eine *Schlüsseltransformationstabelle* ist ein Assoziativspeicher mit mehrfachem Schlüsseleintrag.
- Eine *positionierbare Liste* enthält neben den eingetragenen Daten auch eine aktuelle Position.
- Die *sequentielle Datei* ist eine positionierbare Liste mit getrenntem Lese- und Schreibzustand.
- Sie muß zum Schreiben oder zum Lesen *geöffnet* werden.
- Eine *direkte Datei* ist eine Kombination der sequentiellen Datei mit dem Assoziativspeicher.
- Sie kann auch *fortgeschrieben* und ihre Elemente können *überschrieben* werden.
- *Iteratoren* führen über alle Elemente eines Multibehälters eine Operation mit Hilfe einer *Rückrufschleife* durch.
- Durch *Modulvererbung* können Klassen mit ähnlicher Schnittstelle zu einer Hierarchie zusammengefaßt werden.
- Für eine *Klassenschablone* müssen für die (*formale*) *Schablonenparameter* die (*aktuellen*) *Ausprägungsparameter* (*Ausprägungsargumente*) eingesetzt werden.
- *Operatorverkettung* ist über *Funktionen mit Seiteneffekt* möglich.
- Ein *Freund* hat Zugriff auf private Komponenten.
- Von *abstrakten Klassen* können keine Objekte angelegt werden.
- Sie werden durch eine *abstrakte Methode* (ohne Rumpf) gekennzeichnet.
- Diese müssen *überladen* werden.
- *Selektiver Export* wird in *C++* durch *private Vererbung* realisiert.

7.7.2. Aufgaben

26. Aufgabe: Ein *sortierter Sack* ist ein Sack, dessen Elemente sortiert gespeichert werden. Schreiben Sie die Schnittstelle einer sortierten Sackschablone (mit den Operationen `entleeren`, `fuellen`, `entfernen`, `alle_entfernen`, `vorhanden` und `leer`) auf.

27. Aufgabe: Erweitern Sie die Schnittstelle der sortierten Sackschablone um die Operationen + und - (liefern je einen Sack mit dem Inhalt der Summe bzw. Differenz zweier sortierten Säcke) und die Operation * (liefert die gemeinsamen Elemente in zwei sortierten Säcken) sowie um die Persistenzoperationen mit Hilfe von Modulvererbung.

28. Aufgabe: Erweitern Sie die Schnittstelle der Mengenschablone um die Operation < (bedeutet „Teilmenge"[1]), und prägen Sie den Stapel für Getränkemengen aus.

---

[1] die Menge a ist in der Menge b enthalten, wenn a && b == a und a || b == b

Erweitern Sie den Stapel um eine Methode, die besagt, ob Getränkemengen geordnet (entweder größere zuerst oder kleinere zuerst) gestapelt wurden oder die Reihenfolge verletzt wurde. Implementieren Sie diese Operationen.

7.7.3. Prüfungsfragen

Entscheiden Sie, ob die folgenden Aussagen richtig oder falsch sind. Geben Sie dazu auch eine Begründung an.

- Alle Multibehälter können (theoretisch) eine unbegrenzte Anzahl von Datenelementen aufnehmen und speichern.
- Assoziativspeicher sind Spezialfälle von Sortierkanälen.
- Bei der Modulvererbung wird nur die Spezifikation, nicht aber der Rumpf in das neue Modul übernommen.
- Der Inhalt aller Unibehälter wird beim Beschreiben automatisch gelöscht.
- Die Mengenschablone exportiert einen abstrakten Mengentyp.
- Direkte Dateien sind Spezialfälle der Assoziativspeicher.
- Direkte Dateien sind Spezialfälle der sequentiellen Dateien.
- Ein Element des Stapels ist lesbar, nachdem alle jüngeren Elemente entfernt wurden.
- Ein Element einer sequentiellen Datei ist lesbar, nachdem alle älteren Elemente gelöscht wurden.
- Ein Folgeobjekt speichert immer die Information, in welcher Reihenfolge die Eintragungen erfolgt waren.
- Ein Sackobjekt speichert die Information, in welcher Reihenfolge die Eintragungen erfolgt waren.
- Eine Warteschlange speichert die Information, in welcher Reihenfolge die Eintragungen erfolgt waren.
- Jede Klassenschablone kann mit einem beliebigen Datentyp ausgeprägt werden.
- Für alle Klassen muß eine Kopiermethode angeboten werden.
- In eine Menge kann ein Element nur dann eingetragen werden, wenn es nicht in der Menge enthalten ist.
- Persistente Datentypen haben immer eine Schreib- und eine Lesemethode.
- Sequentielle Dateien sind Spezialfälle der positionierbaren Listen.
- Sortierkanäle können nur für geordnete Datentypen ausgeprägt werden.

8. Konglomerate

Die kennengelernten Multibehälter sind Objekte von abstrakten Datentypen oder Klassen, die von Modulen exportiert werden. Die Implementierung dieser Module erfordert Sprachelemente, mit deren Hilfe sie aus skalaren Datentypen zusammengesetzt werden können. Diese heißen *Konglomerate*[1]. C++ kennt zwei Arten von Konglomeraten: Felder[2] und Verbunde[3]. In gewissem Sinne können auch Vereinigungen[4] als Konglomerate betrachtet werden. In anderen Sprachen kommen auch andere Arten von Konglomeraten[5] vor.

Die Konglomerate bilden zusammen mit den einfachen Datentypen die *konkreten Datentypen.*

8.1. Felder

Ein *Feld* ist ein Assoziativspeicher mit diskretem Schlüsseltyp und zeiteffektiver Speicherorganisation.

Unter einem *diskreten Datentyp* versteht man einen Datentyp, dessen Werte in eine Reihe gestellt werden können. Bis jetzt sind wir nur einer Art von diskreten Datentypen begegnet: den Aufzählungstypen. Bald werden wir auch die zweite Art, die Ganzzahltypen[6] kennenlernen.

Die Elemente in einem Feld werden in der Reihenfolge der Schlüssel gespeichert. Der Benutzer merkt zwar von der Art und Weise der Speicherung[7] nichts, außer an der Geschwindigkeit: Eine ungeschickt organisierte Speicherungsmethode des Assoziativspeichers kann bei großen Datenmengen lange Antwortzeiten, z.B. beim finden[8] zur Folge haben. Der Grund dafür ist der sparsame Umgang mit dem Speicher: Im Rechner wird nur soviel Arbeitsspeicher belegt, wie viele Elemente tatsächlich eingetragen worden sind. Handhabt man den Arbeitsspeicher großzügiger, und belegt man von vornherein das Maximum, was der Assoziativbehälter aufzunehmen

---

[1] auf deutsch: *Zusammenballungen*; aus dem lateinischen *con + glomus*, auf deutsch: *Ball*

[2] sie werden auch *Reihungen* genannt oder auf englisch *arrays*; aus dem altfranzösischen *arayer*, auf deutsch: *Schlachtordnung*

[3] in *C* werden sie auch *Strukturen* genannt (aus dem lateinischen *struere*, auf deutsch *aufhäufen, bauen*), oder auf englisch *records* (*recordari* heißt auf Lateinisch *ins Gedächtnis zurückrufen*, aus *re + cor*, auf deutsch *Herz*)

[4] auf englisch: *unions*, aus dem lateinischen *unus*, auf deutsch *eins*

[5] in *Pascal* gibt es z.B. *Mengen* und *Dateien*; in C++ werden diese als Klassen implementiert

[6] in *C/C++* werden Aufzählungstypen auch als Ganzzahltypen angesehen

[7] wie bei jedem abstrakten Datentyp

[8] und/oder beim eintragen

in der Lage ist, kann man dadurch einen Geschwindigkeitsgewinn erzielen. Genau auf diese Weise arbeiten Felder: Auch ein leeres Feld belegt genauso viel Speicher wie ein volles. Für diesen Preis wird ein sehr schneller Zugriff auf die Elemente sowohl beim `eintragen` wie auch beim `finden` ermöglicht.

8.1.1. Feldklassen

Die Schnittstelle einer *Feldklasse* ist der des Assoziativspeichers ähnlich. Hier gibt es allerdings kein `entleeren`, `leer` oder `voll`, auch keine Ausnahme `ESpeicher_voll`, weil der jemals nötige maximale Speicher beim Anlegen jedes Datenobjekts belegt wird. Eintragungen mit gleichem Schlüssel sind nicht möglich: Eine frühere Eintragung wird (ohne Warnung) überschrieben. Auch die Ausnahme `ENicht_vorhanden` wird von `finden` nicht geliefert: Wenn ein Element mit einem Schlüssel gesucht wird, der noch nie eingetragen wurde, wird „irgendwas"[1] geliefert: i.A. das, was im Speicher von einer vorherigen Benutzung zufällig übriggeblieben ist[2].

Die Schnittstelle der Klassenschablone, die einen abstrakten Feldtyp realisiert, sieht folgendermaßen aus:

```
template <class TElement, class TSchluessel> class GFeld {        // (8.1)
public:
    void eintragen (const TSchluessel&, const TElement&);
    TElement& finden (const TSchluessel&) const;
protected: ...
```

Das im Kapitel 7.6.3. eingeführte Beispiel *Tabelle* ist auch hier anwendbar, da der Schlüsseltyp `TWochentag` diskret ist:

```
GFeld<TFarbe, TWochentag> krawatte; // Feldobjekt
```

Fortschrittliche, objektorientierte Programmiersprachen wie *Eiffel* bieten ausschließlich Feldklassen an. Traditionelle Programmiersprachen[3] gehen einen anderen (leider etwas gefährlichen) Weg.

8.1.2. Konkrete Felder

Felder werden so häufig benötigt, daß die meisten Programmiersprachen eine besondere Schreibweise für die Definition von Feldobjekten ermöglichen. Ein spezielles Sprachelement macht es möglich, ein Feldobjekt ohne ein exportierendes Modul zu definieren:

```
TBasis feldobjekt[max];                                          // (8.2)
```

Ein statischer Wert[4] `max` des diskreten Schlüsseltyps[1] wird nach dem Namen des Feldobjekts in eckigen Klammern angegeben. Seine Position[2] in der Typdefinition bestimmt die Anzahl der Plätze im Assoziativbehälter.

---

[1] d.h. ein undefinierter, möglicherweise falscher Wert
[2] ähnlich wie bei einfachen Datenobjekten, die nicht initialisiert wurden
[3] hier auch *C++*
[4] d.h. er muß zur Übersetzungszeit feststehen

Der Elementtyp bei Feldern heißt *Basistyp*, manchmal *Komponententyp*, und wird vor dem Namen des Feldobjekts aufgeführt:

```
TFarbe krawatte[sonntag]; // 6 Farbenwerte³
```

In diesem Beispiel wurde der Assoziativbehälter krawatte als Feld definiert. Das Objekt selbst hat einen Namen (krawatte), sein Datentyp aber nicht: In *C* sind alle Feldtypen *anonym*. In anderen Sprachen ist es möglich, Feldtypen mit Namen zu vereinbaren.

Für konkrete Felder stehen keine Zugriffsmethoden wie eintragen und finden zur Verfügung. Statt dessen bieten die meisten Programmiersprachen, so auch *C*, ein traditionelles Sprachelement, den Operator *Selektion* für den Zugriff auf die einzelnen Einträge an. Er wird durch die Zeichen [und] gekennzeichnet. Im Gegensatz zu den anderen Operatoren steht das Argument zwischen den beiden Zeichen. Anstelle des Mutatoraufrufs feld.eintragen(index, element) schreibt man also feld[index] = element und anstelle des Informatoraufrufs in einem Ausdruck feld.finden(index) schreibt man einfach feld[index]. Der Name des Feldobjekts mit einem in eckige Klammern gesetzten Indexwert steht also für das auf diesen Index eingetragene Element[4]. Die *Selektion* aus einem Feldobjekt mit Hilfe eines Indexwertes ergibt also ein Objekt[5] vom Basistyp.

Die Gefährlichkeit der Zuweisung wurde schon oft betont. Bei Unibehältern ist sie vernachlässigbar; bei zusammengesetzten Behältern, wie auch einem Feld, ist jedoch die Gefahr groß, daß bei Veränderung des Zustandes ohne einen expliziten Mutatoraufruf[6] das Datenobjekt selbst nicht von der Veränderung benachrichtigt wird und dadurch Inkonsistenzen entstehen können. Außerdem kann ein vorhandenes Element versehentlich überschrieben werden bzw. der Zugriff auf ein nicht vorbesetztes Element kann einen falschen Wert liefern. Feldobjekte[7] speichern keine Information darüber, welche ihrer Elemente gefüllt worden sind. Die ungefüllten Elemente enthalten undefinierte[8] Daten. Der Programmierer muß dafür Sorge tragen[9], daß für ungefüllte Elemente keine Informatoren aufgerufen werden.

Darüber hinaus ist es eine unangenehme Eigenschaft der Sprache *C*, daß die Indexgrenzen nicht geprüft werden. Nach der Feldvereinbarung

```
TFarbe koffer[freitag]; // nur 4 Farbenwerte
```

---

[1] oder wie er bei Feldern heißt, des *Indextyps*
[2] die Zählung der Positionen beginnt bei *0*
[3] die Position von sonntag in der Typdefinition ist *6*
[4] ähnlich wie der Name eines einfachen Unibehälters
[5] eigentlich eine Referenz auf das Objekt
[6] also durch Zuweisung
[7] ähnlich wie einfache Datenobjekte
[8] von einer früheren Benutzung des Speichers übriggebliebene, möglicherweise falsche
[9] z.B. mit einem Vorbesetzungswert oder durch ein paralleles logisches Feld (TBool[])

wird eine Zuweisung

```
koffer[sonntag] = rot;
```

nicht als Fehler gemeldet. An dieser Stelle wird ein Wert auf die Speicherstelle hinter dem vereinbarten Feldobjekt geschrieben. Wenn hier zufällig weitere Objekte stehen, wird ihr Wert verfälscht. Unter Umständen bekommen sie dadurch einen sinnlosen Wert, der später zum Absturz des Programms führt. Fehler dieser Art sind sehr schwer zu lokalisieren. In *C++* wird deswegen von der Benutzung von konkreten Feldern abgeraten, weil hier die Feldklassen einen Ausweg bieten, die diese Schwächen ausgleichen.

Im nächsten Abschnitt werden wir sehen, daß in *C* der Name eines Feldobjekts eigentlich ein <u>konstanter Zeiger</u> auf dieses Feldobjekts ist. Daher ist die Zuweisung von konkreten Feldobjekten nicht erlaubt:

```
TFarbe krawatte[sonntag], hemd[sonntag];
krawatte[montag] = lila;
hemd[montag] = krawatte[montag]; // erlaubt
hemd = krawatte; // verboten, da hemd konstant
```

Die Komponenten können nur einzeln (etwa in einer Schleife, s. Kap 12.2.2.) kopiert werden. Die Feldklassen in *C++* ermöglichen jedoch die Definition eines Zuweisungsoperators, mit dem alle Feldkomponenten kopiert werden.

Die Kardinalität eines Feldtyps kann durch Potenzierung aus der Kardinalität des Basistyps und des Indextyps errechnet werden:

$$\text{card (TFeld)} = \text{card (TBasis)}^{\text{card(TIndex)}}$$

Moderne Programmiersprachen wie *Eiffel*, die sich von Anachronismen wie der Feldschreibweise gelöst haben, verwenden ausschließlich die objektorientierte Schreibweise:

```
feld.enter(index, element); // enter steht für eintragen
feld.entry(index) // entry steht für finden
```

Wenn *C*-Programmierer die veraltete, konventionelle Schreibweise benutzen, sollten sie sich ihrer Gefahren bewußt sein. Wir werden auch in *C++* eine Feldklasse benutzen, die einen sicheren Zugriff auf die Objekte gewährleistet. Das *C*-Sprachelement *Feld* sollte nur für Implementierung von abstrakten Datentypen und Klassen benutzt werden.

47. **Übung:** Entwickeln Sie ein der 22. Übung ähnliches Programm für 9 Kreise mit einem Feld. Anstelle eines Zeigers auf den vorgewählten Kreis können sie einen Aufzählungswert aus einer Auswahlliste mit den Namen[1] der 9 Kreise bestimmen. (Achten Sie darauf, daß Sie einen zusätzlichen letzten Aufzählungswert für die Feldvereinbarung brauchen). Dieser als Index des Feldes aus Kreisen „zeigt" auf den ausgewählten Kreis ähnlich wie ein Zeiger. Sie können den Kreis entweder über einen extra Menüpunkt vorwählen, wie in der 22. Übung, oder nach der Auswahl

---

[1] z.B.: oben_links, oben_mitte, ... unten_rechts

einer Aktion ("Bemalen", usw.) den betroffenen Kreis auswählen. Nach der Auswahl liefert die Methode val der Aufzählungsklasse den Wert, womit das Feld indiziert werden kann. Ebenfalls mit der Methode val können Sie nach der Auswahl den Farbwert für ein Objekt vom Typ TFarbe erhalten, das Sie der Methode bemalen übergeben müssen.

Achten Sie jedoch darauf, daß MKREIS die Kreise in Dreierreihen in derselben Reihenfolge anzeigt, wie die Methode zeichnen für sie aufgerufen wurde. Damit diese Ihren Benennungen entspricht, ist es zweckmäßig, vor dem Aufruf des Menüs alle 9 Kreise zu bemalen und anschließend zu verstecken; dann behalten sie ihre Positionen am Bildschirm während des gesamten Programmlaufs.

Bemerkung: Es ist in *C* - im Gegensatz zu anderen Sprachen - unüblich, konkrete Felder mit Aufzählungstypen als Indextyp zu definieren; geeigneter ist hierfür der Datentyp int, den wir demnächst - gerade zu diesem Zweck - kennenlernen werden.

8.1.3. Feldliterale

Konkrete Felder haben - gegenüber von exportierten abstrakten Datentypen - den Vorteil, daß für sie *zusammengesetzte Literale* gebildet werden können. Im Allgemeinen können die Elemente eines Feldes einzeln eingetragen werden:

```
krawatte[montag] = rosa;
krawatte[dienstag] = lila;
krawatte[mittwoch] = weiss;
krawatte[donnerstag] = rosa;
krawatte[freitag] = rosa;
krawatte[samstag] = blau;
```

Eine Abkürzung dieser Vorgehensweise ist durch ein *Feldliteral* möglich:

```
TFarbe krawatte[sonntag] = { rosa, lila, weiss, rosa, rosa, blau };
```

In *C* und *C++* können Feldliterale nur benutzt werden, um Feldern einen Vorbesetzungswert[1] zu geben; hierdurch können auch *konstante Felder* gebildet werden:

```
TFarbe hemd[freitag] = { blau, schwarz } ; // Vorbesetzungswert
const TFarbe handtasche [freitag] = { weiss }; // wird nicht verändert
```

Ein Feldliteral kann höchstens so viele Werte des Basistyps enthalten, wie vom Indextyp bestimmt ist. Wenn es weniger enthält, wird es mit dem <u>ersten</u> Wert des Basistyps ergänzt, d.h. die restlichen Komponenten des Feldes erhalten diesen Wert[2].

Die Feldliterale können als Werte des Feldtyps angesehen werden. Die Anzahl der unterschiedlichen Werte ist die Kardinalität[3] des Feldtyps.

---

[1] in anderen Sprachen sind Feldliterale auch als Schreibargument eines Funktionsaufrufs, so auch auf der rechten Seite einer Zuweisung erlaubt
[2] hier also 0, da in *C* Aufzählungstypen als int dargestellt werden
[3] s. Kapitel 8.1.2.

8.1.4. Die Feldschablone

Wie schon erwähnt, werden wir konkrete Felder nur für Implementierung von Klassen und Schablonen benutzen; in allen anderen Programmen verzichten wir darauf und verwenden die Feldschablone. Damit erreichen wir, daß unsere *C++*-Programme mit Feldern auf einer Abstraktionsebene entwickelt werden können, die auch modernere Sprachen wie *Ada* oder *Eiffel* ihren Benutzern bieten.

Um die Benutzung dieser Klasse doch der der konkreten Felder ähnlicher zu machen, werden wir den Operator [] überladen, wie in *C++* erlaubt. Betrachten wir nun die ergänzte Spezifikation der Feldklasse:

```
template <class TElement, class TSchluessel> class GFeld {        // (8.3)
public:
    GFeld(); // Konstruktor; ohne Parameter ist die Anzahl der Elemente 0
    GFeld(const TSchluessel):
        // Parameter gibt den Index der letzten Komponente an
        // der Index der ersten Komponente ist der erste Indexwert
    GFeld(const TSchluessel, const TSchluessel):
        // der erste/zweite Parameter gibt den Index der ersten/letzten Komponente an
        // die Komponenten enthalten allerdings keine Objekte
    GFeld(const GFeld&): // Kopierkonstruktor
    virtual ~GFeld(): // Destruktor
    void operator = (const GFeld&): // Zuweisungsoperator
    TBool operator == (const GFeld&) const:
    TElement& operator [] (const TSchluessel) const: // throw(EUeberlauf)
        // Selektionsoperator; Ausnahme[1], wenn der Schlüssel außerhalb der Grenzen
    void kopieren (const GFeld&, const TSchluessel, const TSchluessel)
        throw(EUeberlauf): // kopiert die Komponenten zwischen den beiden Indizes
    TBool vergleich (const GFeld&, const TSchluessel, const TSchluessel) const
        throw(EUeberlauf): // vergleicht die Komponenten zwischen den beiden Indizien
protected:
    TElement* daten: // zeigt auf das erste Element
    TSchluessel erster: // Index der ersten Komponente
    TSchluessel letzter: // Index der letzten Komponente
};
```

In dieser Klasse ist es nötig, einen *Destruktor* zu definieren; sein Name ist ~GFeld. In ihm wird der im Konstruktor GFeld belegte Speicherplatz zurückgegeben. Der Destruktor wird jedesmal automatisch aufgerufen, wenn ein Objekt dieser Klasse vernichtet wird, sei das am Blockende oder explizit durch **delete**. Die Rolle des reservierten Wortes **virtual** werden wir im Kapitel 13. kennenlernen.

Diese Feldschablone kann nun ähnlich wie ein konkretes Feld benutzt werden. Da der Selektionsoperator [] eine Referenz[2] auf ein TElement liefert, kann er auf der linken Seite einer Zuweisung stehen:

```
GFeld<TFarbe, TWochentag> krawatte(sonntag), hemd(sonntag): // je 6 Werte
krawatte[montag] = lila: // schreiben in das Feld
TWochentag heute = montag:
TFarbe krawatte_heute = krawatte[heute]: // lesen aus dem Feld
```

---

[1] die Sprache schreibt das Profil vor, deswegen nur als Kommentar

[2] d.h. eine Adresse

```
hemd = krawatte; // kopieren des Feldes
hemd[montag] = rot;
```

48. **Übung**: Stellen Sie Ihre Lösung der 47. Übung auf die Feldschablone um.

8.2. Feld als Implementierungswerkzeug

Felder werden bei vielen Implementierungen von Multibehältern verwendet, um mehrere Elemente zu speichern. Der Nachteil davon ist, daß die Anzahl der speicherbaren Elemente beim Anlegen des Multibehälters feststeht und nicht erweitert werden kann.

8.2.1. Abstraktes Stapelobjekt

Mit Hilfe eines konkreten Feldes können wir uns eine einfachere Implementierung eines abstrakten LIFO-Multibehälters mit fünf Speicherplätzen für Farbenwerte vornehmen. Die Schnittstelle hierzu lautet:

```
// M1STAPEL.HPP - Schnittstelle des ADO Stapel                    (8.4)
#include "LEHRBUCH.HPP" // für TBool
enum TFarbe { rot, gruen, blau };
// Ausnahmeklassen:
class EStapel_voll {};
class EStapel_leer {};
// Methoden:
void entleeren();
void eintragen(const TFarbe Farbe) throw(EStapel_voll);
TFarbe lesen() throw(EStapel_leer); // Ausnahme wenn leer
void entfernen() throw(EStapel_leer); // Ausnahme wenn leer
TBool leer();
TBool voll();
```

Die Implementierung[1] des Stapels befindet sich im Rumpf des Moduls. Hier wird der Indextyp mit Hilfe des Aufzählungsmakros AUFZ definiert:

```
// M1STAPEL.CPP - Implementierung des ADO Stapel                  (8.5)
#include "M1STAPEL.HPP" // eigene Schnittstelle
#include "LEHRBUCH.HPP" // fürs Makro AUFZ
// mögliche Indexwerte:
enum TIndex { null, eins, zwei, drei, vier, fuenf };
AUFZ (CIndex, TIndex, "null, eins, zwei, drei, vier, fuenf");
// Modulgedächtnis, implementiert das Datenobjekt:
TFarbe stapel[fuenf]; // der eigentliche Stapel mit fünf Speicherplätzen
TIndex spitze = null; // zeigt auf den letzten belegten Platz im stapel; zu Anfang leer
void entleeren() {
    spitze = null;
}
void eintragen(const TFarbe farbe) throw(EStapel_voll) {
    try {
        spitze++; // nächster freier Platz
        // ++ throw EUeberlauf, wenn spitze = fuenf
```

---

[1] sie bleibt dem Benutzer des Stapels verborgen: Er kann nicht direkt auf die *modulinternen Daten* zugreifen

```
        stapel[spitze] = farbe; // eintragen
      }
➡     catch(EUeberlauf) { EStapel_voll e; throw e; } // Ausnahme auslösen
   }

   TFarbe lesen() throw(EStapel_leer) {
      try {
         TIndex i = spitze;
         i--; //¹ -- throw EUeberlauf, wenn spitze == null
         return stapel[spitze]; // letzte eingetragene Farbe
      }
➡     catch(EUeberlauf) { EStapel_leer e; throw e; } // Ausnahme auslösen
   }
   void entfernen() throw(EStapel_leer) {
      try {
         spitze--; // Platz der letzten eingetragenen Farbe freigeben
         // -- throw EUeberlauf, wenn spitze == null
      }
      catch (EUeberlauf) { EStapel_leer e; throw e; }
   }
   TBool leer() {
      return spitze == null;
   }
   TBool voll() {
      return spitze == fuenf;
   }
```

Die Ausnahmen EStapel_leer und EStapel_voll werden hier ausgelöst, indem die Ausnahme EUeberlauf der Aufzählungsklasse abgefangen und weitergereicht wird. Es ist möglich, die Ausnahmesituationen mit einer Verzweigung zu erkennen, wie das im Kapitel 12.1.8. vorgestellt wird.

49. **Übung:** Implementieren Sie einen abstrakten FIFO-Datenbehälter für 26 Einträge (mit formal gleicher Schnittstelle). Nehmen Sie dabei für den Indextyp Buchstaben. Binden Sie dieses FIFO-Modul in ein Testprogramm ein.

8.2.2. Stapelklasse

Eine einfache Stapelklasse wird ähnlich implementiert. Anstelle des Modulgedächtnisses brauchen wir hier Klassenkomponenten.

In der folgenden Klassenvereinbarung befinden sich die Rümpfe einiger (kurzer) Methoden. In *C++* ist dies gleichwertig mit der Kennzeichnung des Methodenrumpfs mit inline: Statt einem Sprung wird er an die Aufrufstelle kopiert[2]. Es ist eine kritisierbare Eigenschaft von *C++*, daß dabei interne Angelegenheiten der Klasse (wie Algorithmen und Zugriff auf private Datenkomponenten) in der Schnittstelle veröffentlicht werden:

---

[1] diese Zeile dient nur zum Auslösen einer Ausnahme
[2] s. Kapitel 2.10.3.

```
// CSTAPEL.HPP - Schnittstelle der Stapelklasse                                    (8.6)
      ...
   class CStapel {
   protected:
➡      TFarbe stapel[fuenf]: // der eigentliche Stapel mit fünf Speicherplätzen
       TIndex spitze: // zeigt auf den letzten belegten Platz im stapel; zu Anfang leer
   public:
➡      CStapel() : spitze(null) {}: // inline
       void entleeren() { spitze = null: }: // inline
       void eintragen(const TFarbe Farbe) throw(EStapel_voll):
       TFarbe lesen() throw(EStapel_leer): // Ausnahme wenn leer
       void entfernen() throw(EStapel_leer): // Ausnahme wenn leer
➡      TBool leer() { return spitze == null: }: // inline
       TBool voll() { return spitze == fuenf: }: // inline
   }:
```

```
// CSTAPEL.CPP - Implementierung der Stapelklasse                                  (8.7)
void CStapel::eintragen() {
      ... // ähnlich wie im (8.5), s. Datei CSTAPEL.CPP
      // jedoch ohne die inline-Methoden entleeren, leer, voll und Konstruktor
```

8.2.3. Ganzzahlen

Die Implementierungsmöglichkeiten der Stapelklasse oder einer Warteschlange mit
der obigen Technik sind durch den Wertebereich der zur Verfügung stehenden
Aufzählungstypen begrenzt: Es ist zwar möglich, aber sehr schwerfällig, einen um-
fangreicheren Aufzählungstyp zu definieren. Zweckmäßiger ist es, ihn aus einem
Modul zu importieren. Es könnte z.B. ein Modul namens MGANZ geben, das den Aufzählungstyp TGanzzahl mit den Werten null, eins, zwei, drei, vier, fuenf, ... dreihundert-
fuenfundzwanzig, ... usw.[1] exportiert.

Dies wäre aber immer noch ein mühsames Geschäft. Statt dessen haben die Entwickler der Sprache *C* einen ähnlichen Datentyp namens int definiert. Im Gegensatz zu MGANZ werden jedoch die Werte dieses Moduls nicht mit ihren deutschen Namen genannt, sondern es wurde für sie eine besondere Schreibweise eingeführt.

Wir kennen schon einen diskreten Datentyp, dessen Werte nicht wie üblich nur
durch Bezeichner, sondern auch durch Literale dargestellt werden: den Standardtyp
char. Ein Teil seiner Werte sind Zeichenliterale: zwischen Apostrophe eingeschlos-
sene Schriftzeichen wie 'a' oder '?'.

Ähnlich sieht es mit dem Standard-Datentyp int aus. In den Behältern dieses Datentyps können einzelne ganze Zahlen[2] gespeichert werden. Seine Werte haben
eine spezielle Darstellungsform[3]: die nacheinander geschriebenen Dezimalziffern
der Zahl, wie in der Arithmetik üblich. Die einfachsten von diesen sind:

```
0   1   2   3   ...   325   ...
```

---

[1] bis zu einer angegebene Obergrenze

[2] zwischen bestimmten Grenzen, bis zu maxint

[3] sie heißen *Ganzzahlliterale*, die mit den Bruchliteralen zusammen die *numerischen Literale* bilden

Der Ganzzahltyp int hat noch eine ganze Reihe weiterer Eigenschaften, die wir erst im 10. Kapitel untersuchen werden. Zum Zwecke der Indizierung von Feldern reicht es, ihn ähnlich wie einen Aufzählungstyp mit besonderer Syntax für Wertenamen zu benutzen. Ein Feld mit *325* Elementen

```
TBasis feld[325];
```

wird von 0 bis 324 indiziert:

```
feld[325] = ... // Indizierungsfehler, wird in C nicht erkannt
```

50. **Übung:** Modifizieren Sie die obige Implementierung des Stapelmoduls für *1500* Einträge und einen beliebigen Elementtyp. Nehmen Sie dabei für die Grenze des Indextyps den Wert 1500 von int. Die Ausnahmen können Sie noch[1] nicht auslösen, da die Operatoren ++ und -- für int den Überlauf (im Gegensatz zu einer Aufzählungsklasse) nicht überprüfen.

8.2.4. Ganzzahlen als Ausprägungsparameter

Das im Programm (8.4) vom Modul M1STAPEL implementierte Datenobjekt nimmt eine durch der Implementierung bestimmte Anzahl von Werten auf und belegt einen entsprechend großen Speicher, auch wenn der Benutzer sich mit weniger zufrieden geben würde. Andererseits reicht selbst ein großer Wert manchmal nicht, und der Benutzer bekommt die Ausnahme EStapel_voll. Wenn man statt dessen eine *Klassenschablone* GStapel implementiert, kann die Größe des Datenbehälters bei der Ausprägung[2] durch einen *Ausprägungsparameter* festgelegt werden:

```
template <class TElement, int groesse>                              // (8.8)
class GStapel { public:
     ... // ähnlich wie oben im Programm (8.6)
```

Mit Hilfe der Ausprägung

```
GStapel<int, 20> ganzzahlstapel;
```

erhält man einen Stapel der Größe *20*, in welchem Ganzzahlen vom Typ int gespeichert werden können. Im selben Programm kann natürlich auch eine zweite Ausprägung:

```
GStapel<TBool, 2000> log_stapel;
```

vorhanden sein.

8.2.5. Implementierung von Mengen

Eine mögliche Implementierung von Mengen mit diskretem Elementtyp ist ein Feld aus logischen Werten:

```
TElement max;
TBool menge[max];
```

---

[1] erst mit Hilfe einer if-Abfrage, s. Kapitel 12.1.

[2] also erst im Benutzerprogramm

Für jedes element, das in menge vorhanden ist, gilt dann menge[element] == True, und umgekehrt.

Als ein einfaches Beispiel betrachten wir einen Teil der Implementierung der im Kapitel 7.1.1. eingeführten Farbenmenge mit der im Programm (7.3) definierten Schnittstelle:

```
enum TFarbe { rot, gelb, blau };  // exportierter Aufzählungstyp            (8.9)
class CFarbenmenge { public:
    ... // Schnittstelle wie im Programm (7.3):
protected:  // gehört nicht zur Schnittstelle, bleibt dem Benutzer verborgen:
    TBool menge[blau+1];  // interne Struktur des Klassenobjekts¹
};

// einige Methoden aus CFARBMEN.CPP:
void CFarbenmenge::fuellen(const TFarbe farbe) { // trägt farbe ein
    menge[farbe] = True;
}
void CFarbenmenge::entfernen(const TFarbe farbe) { // löscht farbe
    menge[farbe] = False;
}
TBool CFarbenmenge::vorhanden(const TFarbe farbe) const {
    return menge[farbe];
}
```

8.2.6. Implementierungscharakteristika

Auch ein Sack[2] mit diskretem Elementtyp kann als Feld implementiert werden. Im Gegensatz zur Menge muß hier jedoch Information nicht nur über das Vorhandensein oder Fehlen einzelner Elemente gespeichert werden, sondern auch über ihre Anzahl. Von daher ist es notwendig, für den Basistyp des Feldes statt TBool den Ganzzahltyp int zu nehmen. Wir brauchen hierfür die Operatoren ++ und -- für int, die ähnlich funktionieren wie für Aufzählungsobjekte[3]. Die Schablonenversion hat einen parametrisierten Konstruktor, in dem die Größe eines Sacks angegeben werden muß:

```
template <class TElement> class GSack { public:              // (8.10)
    GSack(); // erzeugt einen leeren Sack der Größe 0
    GSack(const TElement&); // erzeugt einen leeren Sack der angegebenen Größe
        ... // Schnittstelle sonst ähnlich wie in (7.12)
protected:
    GFeld<int, TElement> sack;
}

template <class TElement> void GSack<TElement>::fuellen(const TElement& element) {
    sack[element]++;
}
template <class TElement> void GSack<TElement>::entfernen(const TElement& element) {
    sack[element]--;
}; // Ausnahmefälle wurden zunächsteinmal ignoriert
```

---

[1] +1 wegen der Numerierung des Feldes
[2] s. Kapitel 7.2.
[3] allerdings werden keine Ausnahmen ausgelöst

Eine einfache Überlegung zeigt, daß der Rechner bei dieser Implementierung schnell an seine Grenzen kommt. Braucht nämlich der Benutzer einen Ganzzahlsack, legt er sich die Ausprägung in der Form

```
GSack<int> sack(MAXINT);  // MAXINT aus dem Standardmodul values.h
```

an. Wieviel Platz belegt das Datenobjekt sack im Speicher des Rechners? Für jeden Wert des Basistyps (in diesem Fall int) eine positive Zahl. Wenn der Datentyp int mit 4 Bytes implementiert wird, dann gibt es MAXINT $= 2^{32}$ int-Objekte, d.h. insgesamt $4 \cdot 2^{32}$ Bytes. Dies ist eine sehr ineffiziente Speichernutzung, wenn man nur einige der vielen möglichen Ganzzahlwerte im Sack speichern möchte.

Der Benutzer sollte also nicht nur über die Funktionalität des Moduls in seiner Schnittstelle informiert werden, sondern auch über die Art und Weise, wie das Modul die *Betriebsmittel*[1] nutzt. Der Zugriff auf Felder ist sehr schnell, verbraucht aber viel Platz. Von daher sind folgende Kommentare in der Schnittstelle angebracht:

```
template <class TElement> // ausprägbar nur für nicht sehr große diskrete Typen
class GSack { // schnelle aber große Implementierung
    // Speicherverbrauch: card(TElement) * sizeof(int) Bytes pro Objekt
    // Zugriffsgeschwindigkeit: 1 Schritt pro Operation
    . . .
```

Aus diesen Kommentaren erfährt der Benutzer, daß diese Implementierung von GSack für Ganzzahlsäcke ungünstig ist. Es sollte auch eine andere vorliegen, die sparsamer mit dem Speicher umgeht[2], z.B. mit Hilfe einer verketteten Liste[3]. Es ist also durchaus möglich, für eine Klasse mehrere Implementierungen zur Verfügung zu stellen, unter denen der Benutzer wählt die für seine Zwecke günstigste auswählen kann.

8.2.7. Implementierung der Feldschablone

Wir können jetzt einige Methoden der Feldschablone GFeld mit Hilfe eines konkreten Feldes implementieren:

```
// GFELD.CPP                                                          (8.11)
#include "GFELD.HPP" // eigene Schnittstelle, s. (8.3)
template <class TElement, class TSchluessel>
GFeld<TElement, TSchluessel>::GFeld(const TSchluessel l) :
    erster(0), letzter(l) { // Initialisierungsliste
    daten = new TElement[letzter]; // konkretes Feldobjekt an der Halde
}
// Destruktor:
template <class TElement, class TSchluessel>
GFeld<TElement, TSchluessel>::~GFeld() {
    delete[] daten; // dem new entsprechendes delete
}
```

---

[1] z.B. Speicherplatz und Zeit; mit einem englischen Ausdruck *Ressourcen*
[2] dafür aber wahrscheinlich langsamer ist
[3] s. z.B. Kapitel 9.4.3.

```
// Index des letzten Elements:
template <class TElement, class TSchluessel>
inline TSchluessel GFeld<TElement, TSchluessel>::groesse() const {
   return letzter;
}

// Indexoperator:
template <class TElement, class TSchluessel>
TElement& GFeld<TElement, TSchluessel>::operator []
        (const TSchluessel s) const {
   return daten[s]; // Richtigkeit von s wird hier nicht überprüft
}
```

Die eckigen Klammern in der `delete`-Anweisung stellen sicher, daß nicht nur ein `TElement` gelöscht wird, auf das `daten` zeigt, sondern das gesamte konkrete Feld. Das reservierte Wort `inline` in der Definition der Methode `groesse` bewirkt Laufzeitoptimierung: Es erfolgt kein Sprung und Rücksprung (mit zusätzlicher Behandlung des Systemstapels), sondern die einzige `return`-Anweisung im Rumpf wird an die aufrufende Stelle wie ein Makro hingeschrieben, s. Kapitel 2.10.3.

8.2.8. Zeichenketten

Eine häufige Anwendung von Feldern sind Zeichenketten. Ein Zeichenkettenobjekt wird als ein Feld definiert. Der Basistyp ist dabei `char`. Das Objekt kann mit einem Vorbesetzungswert versehen werden:

```
char zeichenkette[5] = {'H', 'a', 'l', 'l', 'o'};                        // (8.12)
```

Weil es aber so mühsam ist, die einzelnen Zeichen als Feldliteral aufzulisten, wurden *Zeichenkettenliterale* eingeführt:

```
char zeichenkette[5] = "Hallo";
```

Wenn ein Vorbesetzungsliteral benutzt wird, übernimmt der Compiler das Zählen:

```
char zeichenkette[] = "Hallo";
zeichenkette[0] = 'h'; // das erste Element 'H' wird überschrieben
zeichenkette = "Tag"; // verboten, da zeichenkette ein konstanter Zeiger ist
```

Dieser Fehler zeigt, daß der Name eines konkreten Feldes ein konstanter Zeiger auf sein erstes Element ist. Die obige Definition bewirkt, daß das Objekt `zeichenkette` irgendwo im Speicher auf das Feld mit den Elementen `'H'`, `'a'`, `'l'`, `'l'` und `'o'` zeigt.

Das Verbot, den Namen einer Zeichenkette auf der linken Seite einer Zuweisung zu haben, kann durch eine häufig benutzte Alternative zur *Felddarstellung*, durch die *Zeigerdarstellung* umgangen werden:

```
char * zeichenkette = "Hallo";
zeichenkette[1] = 'A'; // 'a' wird überschrieben
zeichenkette = "Tag!"; // es geht[1]; "Hallo" geht verloren
```

---

[1] da hier `zeichenkette` nicht konstant ist

Die erste Zuweisung bewirkt, daß das zweite Element des Feldes 'a' mit dem Wert 'A' überschrieben wird. Die zweite Zuweisung hat einen anderen Effekt: Danach zeigt der Zeiger zeichenkette auf ein anderes Feld (anderswo im Speicher) mit den Elementen 'T', 'a', 'g' und '!'.

Eine Zeigerdefinition ohne Vorbesetzungswert zeigt jedoch nirgendwohin:

```
char * zeichenkette;  // hat keinen Wert
zeichenkette[1] = 'H';  // Fehler, vom Compiler nicht entdeckt!
zeichenkette = "Tag!";  // es geht jedoch
```

Hier kann man sich mit einer Erzeugeranweisung helfen:

```
zeichenkette = new char[5];  // wird Platz besorgt
zeichenkette[1] = 'H';  // in Ordnung
zeichenkette = "Tag!";  // das vorherige geht dadurch verloren
```

Die Felddarstellung (allerdings mit Längenangabe) kann ohne Vorbesetzungswert benutzt werden:

```
char zeichenkette[5];  // zeigt auf ein leeres Feld der Länge 5
zeichenkette[0] = 'H';  // das erste Element des Feldes wird aufgefüllt
zeichenkette[1] = 'a';  // das zweite Element des Feldes wird aufgefüllt
```

Diese Beispiele zeigen, daß die Zuweisung eines Zeichenliterals auf ein Zeichenkettenobjekt (ein Feldobjekt) eine andere Operation ist als die Zuweisung eines Zeichens auf ein Element des Zeichenkettenobjekts. Im ersten Fall handelt es sich um die Zuweisung von Zeigerwerten, im zweiten um Zuweisung von char-Werten.

In *C* steht in der internen Darstellung von Zeichenketten nach dem letzten Zeichen ein Nullwert, bezeichnet mit '\0'.

Das Standardmodul <string.h> exportiert eine Reihe von nützlichen Funktionen für die Manipulation von Zeichenketten, wie strlen für die Ermittlung der Länge, strcpy fürs Kopieren oder strcmp für den Vergleich zweier Zeichenketten. Ihr Studium (z.B. über das Hilfesystem) gehört zum Erlernen der Sprache *C*.

8.3. Verbunde

In den meisten Programmiersprachen gibt es zwei Wege, Konglomerate aus einfacheren Objekten zu bilden: die Felder einerseits und die Verbunde andererseits. Im Feld wird eine variable Anzahl von Elementen gleichen Typs, im Verbund eine feste Anzahl von Elementen unterschiedlicher Typen zusammengefaßt. Felder sind also *homogen*, Verbunde *inhomogen* (*heterogen*). Im Feld erfolgt die Selektion[1] mit Hilfe eines Index, im Verbund mit Hilfe eines *Komponentennamens*. Der Index wird nach dem Namen des Feldobjekts in Klammern geschrieben; der Komponentenname wird nach dem Namen des Verbundobjekts durch einen Punkt getrennt geschrieben, ähnlich wie bei Klassenkomponenten.

---

[1] die Auswahl eines Elements

8.3.1. Definition von Verbundtypen und -objekten

Ein Verbundtyp wird im Allgemeinen folgendermaßen definiert:

```
struct TVerbund { // Name des Verbundtyps                        // (8.13)
    Typ_1 komponente_1; // Namen und Typen der einzelnen Komponenten
    Typ_2 komponente_2;
        ...
    Typ_n komponente_n;
};
```

Die Kardinalität des Verbundtyps kann als Produkt der Kardinalitäten der Komponententypen errechnet werden:

$$\text{card (TVerbund)} = \text{card (Typ\_1)} \cdot \text{card (Typ\_2)} \cdot \ldots \cdot \text{card (Typ\_n)}$$

Verbundobjekte von diesem Typ können wie üblich vereinbart werden; sie sind untereinander kompatibel:

```
TVerbund verbundobjekt_a, verbundobjekt_b;
    ...
verbundobjekt_a = verbundobjekt_b;
```

Die einzelnen Bestandteile heißen *Komponenten*; sie werden mit den Komponentennamen und der Punktnotation selektiert. Sie können wie Objekte des entsprechenden Typs behandelt[1] werden:

```
Typ_1 objekt_1;
Typ_2 objekt_2;
    ...
objekt_1 = verbundobjekt_a.komponente_1; // Komponente wird gelesen
verbundobjekt_b.komponente_2 = objekt_2; // Komponente wird geschrieben
```

Im Gegensatz zu abstrakten Datentypen und Klassen ist hier der Zugriff auf die Bestandteile direkt[2] möglich. Aus diesem Grund bezeichnen wir Feld- und Verbundtypen als *konkrete Datentypen*.

In *C* können - ähnlich wie bei Aufzählungstypen - mit der Typdefinition zusammen Verbundobjekte definiert werden. Wenn der Name des Verbundtyps dabei weggelassen wird, handelt es sich um einen *anonymen Verbundtyp*:

```
struct { // Typname kann weggelassen werden
    TWochentag wochentag;
    TFarbe krawatte, hemd;
} farbkombination; // Verbundobjekt vom anonymen Verbundtyp
```

Für Verbundobjekte stehen von der Sprache her folgende Operationen zur Verfügung:
- Zuweisung =
- Selektion .
- Vorbesetzung { ... }

---

[1] d.h. gelesen und geschrieben
[2] d.h. ohne Verwendung eines Methodenaufrufs

C erlaubt den Vergleich von Verbundobjekten mit Hilfe von == leider nicht:

```
TBool log_objekt = verbundobjekt_1 == verbundobjekt_2;  // verboten
```

Das Problem wird gelöst, wenn statt Verbund eine Klasse gebildet und für sie der Operator == definiert wird.

8.3.2. Verbundliterale

Für konkrete Datentypen ist es möglich, Literale zu bilden. Für Konglomerate in *C++* können sie aber leider nur als Vorbesetzungswerte benutzt werden, nicht etwa in einer Zuweisung oder als Argument. Bei Verbunden ist dies ähnlich wie bei Feldern[1]: Die Komponenten (diesmal von unterschiedlichen Datentypen) werden in geschweiften Klammern aufgelistet. Jedes Verbundliteral muß die vollständige Liste seiner Komponenten enthalten:

```
TVerbund verbundobjekt =
    { objekt_vom_typ_1, objekt_vom_typ_2, ... objekt_vom_typ_n };
```

8.3.3. Beispiele für Verbunde

Ein einfaches Beispiel für einen Verbundtyp sei die aus dem Kapitel 7.6.3. bekannte Zuordnung von Wochentagen zu Krawatten- und Hemdfarben:

```
struct TFarbzuordnung {                                         // (8.14)
    TWochentag wochentag;
    TFarbe krawatte, hemd;
};
```

Es z.B. möglich, das Ergebnis einer Abfrage vom Assoziativspeicher (z.B. von einem Feld) in ein Objekt von diesem Typ abzuspeichern:

```
TFarbzuordnung farbkombination;
farbkombination.wochentag = mittwoch;
farbkombination.krawatte = krawatte[mittwoch];
farbkombination.hemd = hemd[mittwoch];
```

oder dasselbe mit Verbundliteral als Vorbesetzungswert:

```
TFarbzuordnung farbkombination = { mittwoch, krawatte[mittwoch], hemd[mittwoch] };
```

Ein anderes, häufiges Beispiel für einen Verbundtyp ist TDatum, worin der Tag, der Monat, das Jahr und der Wochentag gespeichert werden.

```
    typedef int TTag;
    enum TMonat { jan, feb, maerz, apr, mai, juni, juli, aug, sept, okt, nov, dez };
    typedef int TJahr;
➡   struct TDatum {
        TTag tag;
        TMonat monat;
        TJahr jahr;
        TWochentag wochentag;
    };
```

---

[1] s. Kapitel 8.3.2.

Aus Ganzzahlen können mit Hilfe eines Verbundes *rationale Zahlen* gebildet werden:

```
struct TRat { // rationale Zahl
    int zaehler; // <= 0
    int nenner; // <= 1
    TBool gekuerzt;
};

const TRat rat_null = {0, 1, True}; // rationale Zahl 0/1
TRat rat; // rationale Zahl, undefiniert
rat = rat_null; // Verbundzuweisung
rat.zaehler = 3; // Einzelzugriff auf Komponenten
rat.nenner = 9; // rationale Zahl 3/9, mit undefinierter Komponente gekuerzt
rat.gekuerzt = True;
```

Nach dem Studium des letzten Beispiels dürfte schon offensichtlich sein, welche Gefahr sich im direkten Zugriff auf die Komponenten verbirgt: Durch Programmierfehler entsteht leicht ein inkonsistenter Zustand: Die letzte Zuweisung hinterläßt den Inhalt des Verbundobjekts rat im falschen (scheinbar gekürzten) Zustand. Konkrete Datentypen wie Feld- und Verbundtypen sollen also nur als *Implementierungswerkzeug* für abstrakte Datentypen in Modulrümpfen benutzt werden; der Zugriff auf die Komponenten soll nur über ausgetestete Operationen erlaubt sein.

Ein Verbund ist nichts als eine Klasse mit nur öffentlichen Datenkomponenten:

```
class CRat { public:
    int zaehler; // <= 0
    int nenner; // <= 1
    TBool gekuerzt;
}; // gleichwertig mit TRat
```

8.3.4. Kombination von Feldern und Verbunden

Komponenten eines Feldes können Verbunde sein:

```
enum TFamilie { Andreas, Ingrid, Esther, Judith, Thomas, Philip };          // (8.15)
TDatum geburtstag[Philip+1]; // Feld[1] aus Verbunden
geburtstag[Andreas].jahr = 1947; // geschachtelte Selektion
geburtstag[Andreas].monat = okt;
geburtstag[Andreas].tag = 13;
```

Es gilt auch umgekehrt: Komponenten eines Verbunds können Felder sein:

```
enum TFach { mathe, physik, deutsch, geschichte };
enum TNote { ausgezeichnet, gut, befriedigend, ausreichend, ungenuegend };

struct TStudent {
    char name[20];
    TNote noten[geschichte+1];
    TBool weiblich;
}; // Verbund mit zwei Feldkomponenten
TStudent klasse[30]; // Feld aus Verbunden
klasse[25].noten[mathe] = ausgezeichnet; // dreifache Selektion
```

---

[1] +1 wegen der Indizierung der Felder in *C*

51. Übung: Entwickeln Sie ein menügesteuertes Programm für die Verwaltung der Noten von 23 Studenten. Speichern Sie die Daten in Feldern und Verbunden.

8.4. Verbund als Implementierungswerkzeug

Ein Verbund ist die natürliche Form für die Implementierung eines abstrakten Datentyps: Im Verbundobjekt werden alle Komponenten verpackt, die die nötige Information über jedes Datenobjekt speichern. Der Zugriff auf die Verbundkomponenten bleibt dann aber dem Benutzer verboten[1]; er kann sein Objekt nur über die Methoden manipulieren.

8.4.1. Implementierung eines ADT

Auch unsere Eimer-Datentypen wurden als Verbundtypen implementiert. Das besondere an der folgenden Modulimplementierung ist noch, daß sie eine *Mischung* aus Datenabstraktion und ADT ist: Neben dem Export des ADT speichert es in seinen modulinternen Daten[2] Information über die nächste freie Position am Bildschirm, an der noch kein Eimer angezeigt wurde:

```
// MEIMER.HPP - Modul für einen ADT                                   (8.16)
enum TGetraenk { wasser, wein };
// private:
enum TPos { unsichtbar, oben_links, oben_rechts, unten_links, unten_rechts };
      // Implementierung für 4 anzeigbare Eimer; erweiterbar auch für mehr als 4 Eimer
   struct TEimer {
      TBool eimer_gefuellt;
      TGetraenk eimer_getraenk;
      TPos eimer_pos;
   };
// public:
void fuellen(TEimer&, const TGetraenk = wasser);
      ... // Schnittstelle wie im Programm (6.4), jedoch ohne die Ausnahmen

// MEIMER.CPP - Implementierung des ADT-Moduls
TPos naechste_pos = unsichtbar; // Position des letzten Eimers; Modulgedächtnis
void fuellen(TEimer& eimer, const TGetraenk getraenk) {
         // Vorbesetzungswert = wasser
      eimer.eimer_gefuellt = True;
      eimer.eimer_getraenk = getraenk;
} // Ausnahmen werden hier noch nicht ausgelöst; ohne Animation
      ... // Methoden ähnlich wie für M1EIMER im Programm (6.9) sowie:
TBool gleich(const TEimer& erster, const TEimer& zweiter) {
      return (! erster.eimer_gefuellt && ! zweiter.eimer_gefuellt) ||
            (erster.eimer_gefuellt && zweiter.eimer_gefuellt &&
                erster.eimer_getraenk == zweiter.eimer_getraenk);
      // beide leer oder beide voll und gleicher Inhalt
}
```

---

[1] der *C*++-Compiler prüft dies allerdings leider nicht; es wird Disziplin verlangt
[2] im Modulgedächtnis

Die Implementierung der Funktion gleich zeigt den Unterschied zum von der Sprache definierten Gleichheitsoperator ==, wie dies im Kapitel 5.5.6. erläutert wurde. Hier werden nur die Komponenten gefuellt und (wenn beide voll sind) getraenk verglichen; der Inhalt der Komponente eimer_pos ist für das Ergebnis irrelevant. Der Operator == vergleicht alle Komponenten[1].

In dieser Implementierung wird der private Teil der Spezifikation nur durch einen Kommentar markiert: Der Benutzer kann auf die Komponenten des ADT direkt zugreifen, der Compiler hindert ihn nicht daran. Außerdem werden die Vorbesetzungswerte der Verbundkomponenten nicht automatisch gesetzt: Um einen Eimer in einem definierten Zustand zu erhalten, muß sichergestellt werden, daß gefuellt auf False und eimer_pos auf unsichtbar gesetzt wird. Hierzu muß der Benutzer des ADT einen Konstruktor explizit aufrufen. Die objektorientierte Technik löst beide Probleme.

8.4.2. Klassenspezifische Attribute

Eine Klasse ist ein Verbundtyp, der nicht nur Datenkomponenten, sondern auch Methoden enthält. Klassenobjekte enthalten jedoch, ähnlich wie Verbundobjekte, nur die Datenkomponenten. In *C++* ist es möglich, *klassenspezifische Datenkomponenten* zu definieren, die nicht für jedes Objekt einzeln, sondern für die ganze Klasse nur einmal angelegt werden. Sie werden mit dem reservierten Wort static gekennzeichnet[2].

Im Kapitel 6.4.4. haben wir schon eine einfache Implementierung der Eimerklasse kennengelernt. Jetzt können wir eine fortschrittlichere Version untersuchen, die auch die Position der Darstellung am Bildschirm mit Hilfe einer klassenspezifischen Komponente steuert. Die einzelnen Positionen werden durch Werte eines Aufzählungstyps dargestellt:

```
enum TEimer_pos { unsichtbar, oben_links, oben_rechts, unten_links, unten_rechts };
    // Implementierung für 4 anzeigbare Eimer
```

Jedes Eimerobjekt enthält eine Komponente von diesem Datentyp. Darüber hinaus wird in einer klassenspezifischen (static-) Komponente Buch darüber geführt, welche Bildschirmpositionen schon an angezeigte Eimer vergeben wurden:

```
// CEIMER.HPP                                                  (8.17)
class CEimer { public:
    // Schnittstelle ähnlich wie im Programm (2.29):
    CEimer(); // Konstruktor
    void fuellen(const TGetraenk getraenk = wasser) throw(EEimer_voll);
        // vorbesetzter Parameter: auch argumentlos aufrufbar
    void entleeren() throw(EEimer_leer);
    TBool gefuellt() const;
    TGetraenk inhalt() const throw(EEimer_leer);
    void operator = (const CEimer&); // Zuweisungsoperator
    TBool operator == (const CEimer&) const; // anstelle von gleich
```

---

[1] nicht in *C/C++*, da == für Verbunde nicht automatisch zur Verfügung steht
[2] ähnlich wie die *klassenspezifischen Methoden*, s. Kapitel 6.3.2.

```
        void anzeigen() throw(EZu_viele_Eimer);
            // Ausnahme, wenn mehr als 4 Eimer angezeigt werden
➡       static void ausgeben(const TGetraenk); // klassenspezifische Methode
        void inhalt_ausgeben() const throw(EEimer_leer);
        void getraenkwahl(); // Auswahlliste
        void getraenk_eingabe() throw(EDatenfehler); // Eingabemaske
    protected:
        TBool eimer_gefuellt;
        TGetraenk eimer_inhalt;
➡       TEimer_pos eimer_pos;
➡       static TEimer_pos naechste_pos; // klassenspezifische Komponente
            // Position des letzten angezeigten Eimers; im Rumpf wird mit unsichtbar vorbesetzt
    };
```

Die Komponente naechste_pos kommt nicht in jedem Klassenobjekt vor, sondern nur
einmal in der Klasse, unabhängig von der Anzahl der Objekte. In diesem Fall wird
hier die letzte belegte Position eines Eimers am Bildschirm (eine für alle Objekte
gemeinsam benötigte Information) gespeichert. Sie wird beim Aufruf der Methode
anzeigen für einen unsichtbaren Eimer aktualisiert: Er belegt dann die nächste freie
Position. Im Modulrumpf wird die Position mit dem Wert unsichtbar vorbesetzt:

```
// CEIMER.CPP
#include "CEIMER.HPP" // eigene Schnittstelle
#include "MANIM.HPP" // Animation eimer_fuellen
➡ TEimer_pos CEimer::naechste_pos = unsichtbar; // Alternative zum Modulgedächtnis
    // klassenspezifisch: Position des letzten angezeigten Eimers; Vorbesetzung mit unsichtbar
CEimer::CEimer() : // Konstruktor; ein leerer Eimer wird angelegt
    eimer_pos(unsichtbar), eimer_gefuellt(False) {} // Initialisierungsliste

void CEimer::fuellen(const TGetraenk getraenk) throw(EEimer_voll) {
        // Vorbesetzungswert = wasser, s. Schnittstelle
    eimer_gefuellt = True; // Ausnahmen werden hier nicht ausgelöst
    eimer_inhalt = getraenk;
    eimer_fuellen(eimer_inhalt); // MANIM::eimer_fuellen
        // am Bildschirm wird das Füllen des Eimers angezeigt
};
        ... // Methoden ähnlich wie für M1EIMER im Programm (6.9), sowie:
TBool CEimer::operator == (const CEimer& rechts) const {
    return (!eimer_gefuellt && ! rechts. eimer_gefuellt) || // beide leer
            (eimer_gefuellt && rechts.eimer_gefuellt && // beide voll, und
                eimer_inhalt == rechts. eimer_inhalt); // gleicher Inhalt
}
void CEimer::operator = (const CEimer& rechts) { // Zuweisungsoperator
    eimer_inhalt = rechts.eimer_inhalt;
    eimer_gefuellt = rechts.eimer_gefuellt;
    // Position wird nicht übertragen
}
```

Die Animation des Eimers auf dem Bildschirm wurde im Modul MANIM gesondert
implementiert.

Die klassenspezifische Methode ausgeben kann nun mit oder ohne Klassenobjekt
aufgerufen werden:

```
CEimer::ausgeben(wasser); // Aufruf ohne Objekt
CEimer eimer;
eimer.ausgeben(wasser); // Aufruf mit Objekt, unabhängig jedoch von seinem Inhalt
```

8.4.3. Parametrisierte Konstruktoren

In der obigen Implementierung wurde die Anzahl der darstellbaren Eimer (nämlich
4) durch die Definition des Aufzählungstyps TPos in das Programm fest eingebaut.

Die Implementierung der LIFO-Klasse mit einer ähnlichen Technik erfordert, daß
die Anzahl der speicherbaren Elemente, d.h. die Größe des Stapels, im Modul fest
verdrahtet ist. Wird eine andere Größe gebraucht, muß der Programmtext geändert
und neu übersetzt werden. Die Benutzung eines *parametrisierten Konstruktors* ermöglicht, die Größe erst im Benutzerprogramm festzulegen.

Die Schnittstelle des Stapels kennen wir aus dem Kapitel 7.5.6. Für seine Implementierung benutzen wir die Feldschablone GFeld aus dem Kapitel 8.1.4., die wir
mit dem Ausprägungstyp TElement als Basistyp und int als Indextyp ausprägen. Sie
liefert die Ausnahme EUeberlauf, wenn versucht wird, mit einem ungültigen Indexwert auf ein Feldobjekt zuzugreifen:

```
#include "LEHRBUCH.HPP" // für TBool                              // (8.18)
#include "GFELD.CPP"  // oder #include "GFELD.HPP"
    // viele C++-Compiler erwarten das Einbinden des Rumpfes einer Schablone
template <class TElement> class GStapel { public:
    GStapel(int); // Parameter = Anzahl der Speicherplätze
        ... // Schnittstelle sonst wie im Programm (7.19):
    // exportierte Methoden und Ausnahmen wie unten implementiert
protected:
    typedef int TIndex;
    TIndex letztes;
    GFeld<TElement, TIndex> speicher; // Feld aus TElement
    // ähnlich wie TElement speicher[], nur Klasse, um beim Fehlzugriff Ausnahmen auszulösen
    TIndex spitze;
};
```

Die Implementierung[1] des Stapels im *Rumpf* des Moduls ist dann dem Programm
(8.5) des Moduls M1STAPEL sehr ähnlich:

```
template <class TElement> GStapel<TElement>::GStapel(int groesse) :
    spitze(0), letztes(groesse) {
    GFeld<TElement, int> temp(1, groesse); // neues Feld wird konstruiert
    speicher = temp; // und kopiert (eigentlich nur der Zeiger, s. GFeld::operator =)
}
template <class TElement> void GStapel<TElement>::eintragen
        (const TElement& element) throw(EStapel_voll) {
    try {
        spitze++;
        speicher[spitze] = element; // EUeberlauf wenn spitze > groesse
    }
    catch (EUeberlauf) { // wenn spitze über die Grenze von speicher zeigt
        EStapel_voll e; throw e; // Ausnahme auslösen
    }
}
```

---

[1] die dem Benutzer des Stapels ebenfalls verborgen bleibt

```
template <class TElement> void GStapel<TElement>::entfernen()
      throw(EStapel_leer) {
   try {
      speicher[spitze]; //¹ throw GFELD::EUeberlauf wenn spitze == 0
      spitze--;
   }
   catch (EUeberlauf) { EStapel_leer e; throw e; }
}
template <class TElement> TElement GStapel<TElement>::lesen() const
      throw(EStapel_leer) {
   try {
      return speicher[spitze]; // throw EUeberlauf, falls spitze == 0
   }
   catch(EUeberlauf) { EStapel_leer e; throw e; }
}
template <class TElement> TBool GStapel<TElement>::leer() const {
   return spitze == 0;
}
template <class TElement> TBool GStapel<TElement>::voll() const {
   return spitze == letztes;
}
template <class TElement> void GStapel<TElement>::entleeren() {
   spitze == 0; // TIndex.first();
}
template <class TElement> void GStapel<TElement>::operator =
      (const GStapel& rechts) {
   spitze = rechts.spitze;
   speicher.kopieren(rechts.speicher, 1, spitze); // GFeld::kopieren
   // kopiert die Komponenten des ersten GFeld-Parameters zwischen den beiden Indizes
}

template <class TElement> TBool GStapel<TElement>::operator ==
      (const GStapel& rechts) const {
   return spitze == rechts.spitze &&
      speicher.vergleich(rechts.speicher, 1, spitze);
   // vergleicht die Komponenten des ersten GFeld-Parameters zwischen den beiden Indizes
}
```

Die Implementierung der letzten beiden Operatoren = bzw. == zeigt wieder einen wesentlichen Unterschied zwischen der impliziten Zuweisung bzw. Gleichheit der Sprache und der explizit exportierten Zuweisung bzw. Gleichheit: Der Inhalt zweier Stapel kann durchaus gleich sein[2], auch wenn im speicher noch Reste von ungleichen, aber schon aus den Stapeln entfernten Elementen liegen, die von der „geschmierten" Gleichheit als ungleich[3] gemeldet werden. Darüber hinaus könnten zwei Stapel verschiedener Größen[4] nicht miteinander verglichen werden. Die programmierte Gleichheit ist intelligenter: Sie vergleicht nur die relevanten Teile der Objekte. Ebenso überträgt die Zuweisung nur die relevanten Teile.

---

[1] diese Zeile dient nur zum Auslösen einer Ausnahme; das Ergebnis wird „vergessen"

[2] und die explizite Gleichheit stellt dies fest

[3] da sie den gesamten Speicher auf Gleichheit untersucht

[4] die mit unterschiedlichen Konstruktorargumenten angelegt wurden

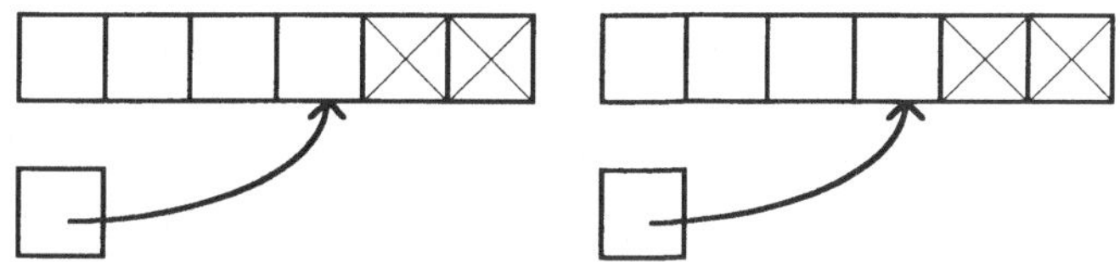

Abb. 8.1: Relevante Komponenten

Wenn die beiden Spitzen nicht übereinstimmen, sind die beiden Stapel garantiert ungleich: Der rechenaufwendige Vergleich der zwei Felder muß nicht mehr ausgeführt werden. Dies wurde durch die kurzgeschlossene Ausführung der Konjunktion && sichergestellt.

In dieser Implementierung ist auch auffallend, daß der Ganzzahltyp int weder in der Schnittstelle noch im Rumpf direkt vorkommt, nur seine Operationen ++ und --. Ein Ganzzahlwert wird nur im Konstruktor benutzt, um die Anzahl der Speicherplätze zu definieren.

8.5. Dateien

Neben den Feld- und Verbundtypen führen einige Programmiersprachen wie *Pascal* eine weitere Art von konkreten zusammengesetzten Datentypen ein: die *Dateitypen*. In *C* wurden Dateien als abstrakte Datentypen, in *C++* als Klassen implementiert. Es ist jedoch nützlich, sie als Gegenstück von Feldern und Verbunden anzusehen.

Diese beiden letzten haben nämlich eine endliche Kardinalität; dies bedeutet für jedes Objekt eine beim Anlegen definierte Speicherplatzgröße. Dateien haben dagegen eine unendliche Kardinalität. Dieses erfordert dynamische Speicherplatzzuweisung: Die Größe einer Datei kann zu ihrer Lebenszeit verändert werden.

8.5.1. Dateien in *C++*

Dateien wurden in *C++* als eine Klassenhierarchie mit der Basisklasse ios aus dem Standardmodul mit der Spezifikationsdatei fstream.h implementiert, aus der die folgenden Klassen abgeleitet werden:
- istream (für Eingabe)
- ifstream (für Eingabedateien)
- ostream (für Ausgabe)
- ofstream (für Ausgabedateien)
- iostream (für Ein- und Ausgabedateien)

Diese Klassen werden mit jedem *C++*-Compiler ausgeliefert. Sie sind geeignet, skalare Datenobjekte mit Hilfe der Operatoren >> und << ein- und auszugeben. Für komplexe Klassen können sie überladen werden, und somit kann jede Klasse ihre Ein- und Ausgabeoperatoren haben. Die Methoden können im Hilfesystem des Compilers erforscht werden. Das Beispiel im nächsten Kapitel zeigt, wie diese Operatoren für die Eimerklasse definiert werden.

Im Falle der *binären Dateien* werden die Daten in der internen *C*++-Darstellung gespeichert, sie können z.B. nicht mit einem Texteditor bearbeitet werden. Die Ein- und Ausgabeoperationen für *Textdateien* konvertieren zwischen der internen und externen (lesbaren) Darstellung der Daten, daher sind sie aufwendiger. Die Wahl bestimmt das Argument `ios::binary` der Aufruf der Öffnungsmethode `open`. Die Entscheidung, ob eine Datei für Ein- oder Ausgabe geöffnet wird, kann ebenso beim `open` mit Hilfe von `ios::nocreate` angegeben werden.

Als Beispiel für ihre Verwendung betrachten wir die Implementierung der Persistenzmethoden unserer Eimerklasse.

8.5.2. Implementierung der Persistenzmethoden

Die Persistenzmethoden von Klassen können mit Hilfe der Operatoren << und >> einfach programmiert werden, wenn sie für alle Komponenten implementiert wurde. Im Falle der Klasse `CEimer` ist dies der Fall:

```
#include <fstream.h>                                              // (8.19)
void CEimer::speichern(const char* dateiname) const {
    ofstream datei;
    datei.open(dateiname); // für Ausgabe
    datei << eimer_gefuellt << eimer_inhalt << eimer_pos << endl;
    datei.close();
}

void CEimer::laden(const char* dateiname) throw(EFalscher_Dateiinhalt) {
    try {
        ifstream datei;
        datei.open(dateiname, ios::nocreate); // ios::nocreate für Eingabe
        datei >> eimer_gefuellt >> eimer_inhalt >> eimer_pos;
        datei.close();
    }
    catch(...) { // alle Ausnahmen auffangen
        EFalscher_Dateiinhalt e; // der Inhalt der Datei paßt nicht in den Eimer
        throw e;
    }
}
```

Die Persistenz von Multibehältern wird auch elementweise implementiert. Ein Beispiel dafür werden wir im Kapitel 12.2.7. sehen.

Das Überladen der Operatoren << und >> setzt voraus, daß sie in der Klassenvereinbarung als Freunde deklariert wurden[1]:

```
friend ostream& operator << (ostream&, const CEimer&);
friend istream& operator >> (istream&, CEimer&);
```

Die Definition dieser *Funktionen mit Seiteneffekt* ist einfach:

```
ostream& operator << (ostream& datei, const CEimer& eimer) {
    datei << eimer.eimer_gefuellt << eimer.eimer_inhalt << eimer.eimer_pos;
    return datei; // für Verkettung
}
```

---

[1] s. Kapitel 7.1.5.

Für den Gebrauch dieser Operatoren muß der Benutzer ein Dateiobjekt selber definiert und geöffnet haben:

```
    char* dateiname = "EIMER.DAT";                                    // (8.20)
➡   ofstream ausgabe_datei;
    ausgabe_datei.open(dateiname);
    CEimer eimer_1, eimer_2;
        ... // fuellen, anzeigen, usw.
➡   ausgabe_datei << eimer_1 << eimer_2; // Mischung mit anderen Datentypen möglich
➡   ifstream eingabe_datei;
    eingabe_datei.open(dateiname, ios::nocreate);
➡   eingabe_datei >> eimer_1 >> eimer_2; // muß der Ausgabe genau entsprechen
```

52. **Übung:** Schreiben Sie ein menügesteuertes *C*++-Programm, mit dem Sie eine beliebige Textdatei zeilenweise beschreiben bzw. lesen können. Implementieren Sie Menüpunkte wie "Dateinamen eingeben", "Datei löschen", "Zeile schreiben", "Datei zurücksetzen" und "Zeile lesen".

8.5.3. Vergleich der Konglomeraten

Eine Parallele zwischen Feldern, Verbunden und Dateien (*Konglomeraten*) wird in der folgenden Tabelle dargestellt:

	Feld	Verbund	Datei
Zusammensetzung	homogen	inhomogen	homogen
Zugriff	direkt	direkt	sequentiell
Größe	statisch	statisch	dynamisch
Kardinalität	Potenz	Produkt	unendlich
Konstruktion	Aggregat	Aggregat	<<
Selektion	Index	Komponentenname	>>
Ordnung	keine	keine	keine

Abb. 8.2: Vergleich der Konglomeraten

Felder und Dateien sind homogen, d.h. sie bestehen aus Komponenten vom gleichen Typ. Verbunde sind inhomogen, d.h. die Komponenten sind von unterschiedlichen Typen.

Der Zugriff auf alle Komponenten eines Feldes und eines Verbundes ist direkt möglich, während die Komponenten von Dateien nur sequentiell erreicht werden können.

Die Größe eines Feldes und eines Verbundes ist statisch, d.h. sie kann nach dem Anlegen nicht mehr verändert werden. Dateien können jedoch ihre Größe zur Laufzeit ändern. Infolge dessen ist ihre Kardinalität unendlich.

Die Konglomerate sind in *C* ungeordnet, d.h. der Operator < steht für sie nur zur Verfügung, wenn er explizit definiert wurde.

8.6. Zusammenfassung

8.6.1. Terminologie

In diesem Kapitel haben wir folgende Begriffe kennengelernt:

- *Konglomerate* sind konkrete (von der Sprache definierte) Multibehälter.
- Felder und Verbunde sind *konkrete Datentypen.*
- Ein *Feld* ist ein Assoziativspeicher mit diskretem Schlüsseltyp und zeiteffektiver Speicherorganisation.
- Ein *abstrakter Feldtyp* oder eine *Feldklasse* wird von einem Modul exportiert.
- Ein *Feldobjekt* wird in *C* mit Hilfe der Zeichen [und] definiert.
- Ein *anonymer Feld-* oder *Verbundtyp* hat keinen Namen, jedoch Objekte.
- Sie können durch *zusammengesetzte Literale* (*Feldliterale* oder *Verbundliterale*) vorbesetzt werden.
- Die Literalte ermöglichen, *konstante Felder* zu bilden.
- Jedes Feld hat einen diskreten *Indextyp* und einen beliebigen *Basistyp.*
- Die *Selektion* aus einem Feldobjekt mit Hilfe eines Indexwertes ergibt ein Objekt vom Basistyp.
- Die *Selektion* bei Verbunden geschieht mit Hilfe des *Komponentennamens.*
- Der Ganzzahltyp int ist, wie die Aufzählungstypen, ein *diskreter Datentyp.*
- Eine *Ganzzahl* als *Konstruktorargument* ermöglicht die Bestimmung der Größe eines Datenobjekts beim Anlegen.
- Eine Zeichenkette ist ein Feld aus char-Objekten.
- Ein *Zeichenkettenliteral* ist die Abkürzung eines Feldliterals aus Zeichen.
- *Binäre Dateien* speichern die Daten in ihrer internen Darstellung.
- *Textdateien* speichern die Daten in druckbarer (lesbarer) Darstellung.
- Verbunde und Felder sind nützlich als Werkzeuge für Klassenimplementierungen.
- Ein *Mischmodul* exportiert einen ADT und hat ein Gedächtnis.
- Mengen mit diskretem Elementtyp können als logische Felder implementiert werden.
- Säcke können als Ganzzahl-Felder implementiert werden.
- Eine *klassenspezifische Komponente* ist gemeinsam für alle Klassenobjekte
- In *C*++ werden *persistente* sequentielle Dateien mit Hilfe des Moduls iostream programmiert.

8.6.2. Aufgaben

29. Aufgabe: Implementieren Sie die Persistenzmethoden der Klasse CLog. Ein Teil ihrer Definition ist:

```
class CLog { protected:
    TBool gefuellt;
    TBool inhalt;
```

```
public:
    CLog () : gefuellt (False);
    void operator = (const TBool links) {
        gefuellt = True;
        inhalt = links;
    }
    friend ostream& operator << (ostream&, const CLog&);
    friend istream& operator >> (istream&, CLog&);
        ...
```

30. Aufgabe: Prägen Sie die Stapelschablone für Ganzzahlen aus, und erweitern Sie den Ganzzahlstapel (mit Hilfe von Modulvererbung) um eine Funktion, die die Summe aller gestapelten Zahlen liefert. Implementieren Sie diese Methode.

31. Aufgabe: Der private Teil der Klassenvereinbarung CMuenzmenge definiert die Klassenkomponenten

```
int anzahl;
TBool menge[anzahl]; // True wenn Münze eingetragen
```

Implementieren Sie nun die Methoden fuellen (schreibt eine Münze in eine Menge) und vorhanden (sagt, ob eine Münze in einer Menge enthalten ist oder nicht).

8.6.3. Prüfungsfragen

Entscheiden Sie, ob die folgenden Aussagen richtig oder falsch sind. Geben Sie dazu auch eine Begründung an.

- Klassen werden immer mit Hilfe von Verbunden und Feldern implementiert.
- In *C++* gibt es zweierlei Konglomerate.
- Felder und Verbunde sind homogen (enthalten Objekte gleicher Typen).
- Felder sind diskrete Datentypen.
- Die Kardinalität des Feldtyps hängt nur von der Kardinalität des Indextyps ab.
- Jedes Feld hat einen Indextyp und einen Basistyp.
- Von einem anonymen Feldtyp kann es nur ein Objekt geben.
- Ein anonymer Verbundtyp kann nur eine Komponente haben.
- Die Zuweisung auf ein konkretes Feld ist in *C* nicht erlaubt.
- Die Größe eines Feldobjekts kann zur Laufzeit verändert werden.
- Ein Feldliteral muß alle Komponenten auflisten.
- Das Literal 0 ist ein Wert des Datentyps int.
- Die Implementierung der Menge als Feld braucht einen Konstruktor.
- Ein Zeichenkettenliteral ist eine verkürzte Darstellung eines Feldliterals.
- Konkrete Datentypen haben Literale, abstrakte Datentypen haben keine Literale.
- Die Kardinalität eines Verbundes ist die Summe der Kardinalitäten seiner Komponententypen.
- Ein Verbundliteral muß alle Komponenten auflisten.
- Die Größe einer Datei kann zur Laufzeit verändert werden.

9. Dynamische Datentypen

Die bis jetzt kennengelernten Multibehälter-Implementierungen haben eine beim Anlegen[1] festgelegte Größe[2], die zur Lebenszeit des Behälters nicht mehr verändert werden kann. Ihre interne Darstellung hat eine feste Speichereinteilung. Diese Art von Datentypen nennen wir *statische Datentypen*[3]. Charakteristisch für diese Datentypen ist, daß ihre Komponenten durch einen Bezeichner oder durch einen Indexwert identifiziert werden[4]. Im Gegensatz dazu haben die Objekte von *dynamischen Datentypen* ein veränderbares Speicherschema: Ihre Größe kann auch nach dem Anlegen verändert werden. Ihre Komponenten werden typischerweise mit Hilfe der im Kapitel 4.6. vorgestellten *Zeigern*[5] und des Sprachelements für die dynamische Speicherzuweisung new erzeugt.

9.1. Zeigerobjekte und -typen

Die Zeigerobjekte sind spezielle Datenbehälter, in denen Namen anderer Datenobjekte gespeichert werden können. In *C++* können die Namen beliebiger Datenbehälter[6] in Zeigerobjekten gespeichert werden, während es in anderen Sprachen[7] nicht möglich ist, vom Benutzer vergebene Namen als Zeigerwert zu benutzen. Hier können nur die *internen Namen* gespeichert werden, die bei der Ausführung einer *Erzeugeranweisung* new vom Laufzeitsystem vergeben werden. Diese heißen auch *Adressen*[8]:

```
linker_zeiger = new TEimer; // aus dem Programm (4.13)
```

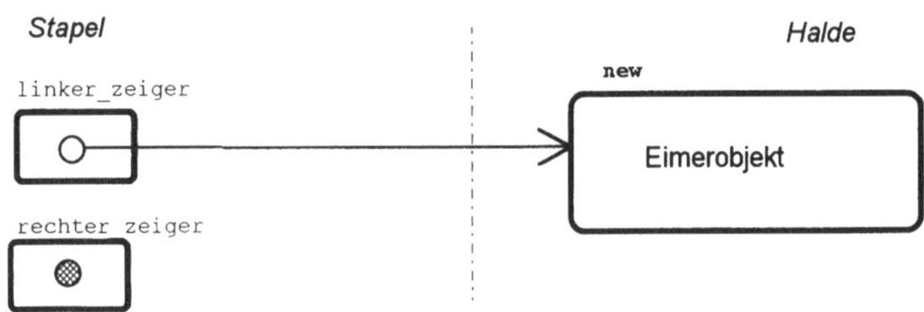

Abb. 9.1: Zeiger

---

[1] entweder statisch über Objektvereinbarung oder dynamisch durch new

[2] vielleicht über den Konstruktor

[3] nicht zu verwechseln mit den statischen (automatischen) Datenobjekten (die wir auch Stapelobjekte nennen) oder mit den static-Objekten

[4] je nach dem, ob sie als Verbunde oder als Felder implementiert wurden

[5] oft auch *Verweise, Referenzen* oder auf englisch *pointer* genannt

[6] Stapel- oder Haldenobjekte

[7] z.B. in *Ada*

[8] z.B. im Speicher des Rechners

Zeigerobjekte werden mit Hilfe eines (evtl. anonymen) *Zeigertyps* vereinbart. Zeigertypen sind keine skalaren, aber einfache (keine zusammengesetzten) Datentypen, und können als solche bei der Vereinbarung mit einem Vorbesetzungswert versehen werden. Insbesondere ist es möglich, ihnen einen speziellen Zeigerwert zuzuweisen, der durch das Makro NULL bezeichnet wird:

```
#include <stdlib.h> // für NULL                                    // (9.1)
typedef TEimer* PEimer; // Zeigertyp
PEimer linker_zeiger, rechter_zeiger, aktuell = NULL; // Vorbesetzungswert
TEimer* eimer; // anonymer Zeigertyp
```

Einem Zeigerobjekt, das schon einen Datenbehälter referiert, kann durch

```
aktuell = NULL;
```

wieder der NULL-Wert zugewiesen werden.

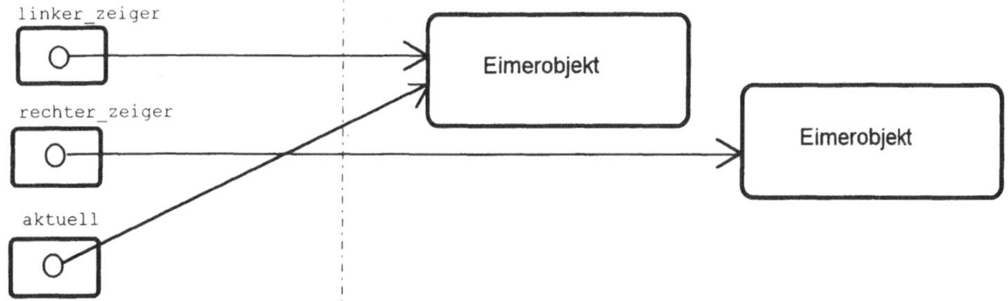

Abb. 9.2: Zeiger und Objekte

Durch einen Vorbesetzungswert oder durch eine Zuweisung erhält das Zeigerobjekt einen Zeigerwert: Dies ist der Name[1] eines Objekts von dem Typ, mit welchem das Zeigerobjekt vereinbart wurde. Über den Zeiger kann dieses Objekt erreicht werden. Man sagt, daß der Zeiger auf das Objekt *zeigt* oder es *referiert*. Aus dem Namen eines Stapelobjekts kann mit Hilfe des Zeichens & ein Zeigerwert gemacht werden:

```
aktuell = &linker_zeiger; // aktuell referiert jetzt das Objekt namens linker_zeiger
```

Die meisten *C*-Zeiger sind typisiert, d.h. ein Zeigerobjekt kann immer nur auf Objekte eines bestimmten Datentyps[2] zeigen. Es sind allerdings auch typenlose Zeiger zugelassen, die ein beliebiges Objekt referieren dürfen. Diese werden als void* definiert; auf ihren Gebrauch sollte jedoch weitgehend verzichtet werden:

```
void* p = new TEimer; // zeigt auf einen Eimer
TBool b;
p = &b; // zeigt auf einen logischen Behälter
```

---

[1] vom Benutzer vergebene oder interne
[2] oder im Falle der Vererbung, die wir später kennenlernen werden, auf Objekte
    einer Klasse

Die Zeigerobjekte und -typen sind einfache (keine zusammengesetzten) Objekte und Datentypen. Daher ist die Zuweisung und die Gleichheit gefahrlos für sie zu gebrauchen.

Die dynamischen Datenobjekte werden explizit erzeugt. Sie werden erst vernichtet, wenn sie nicht mehr gebraucht werden. Hierzu dient das reservierte Wort `delete` als Gegenstück von `new`. Es ist eine gute Gewohnheit, zu jedem `new` ein entsprechendes `delete` an einer anderen Stelle des Programms[1] zu schreiben.

9.2. Lebensdauer von Objekten

Die Stapelobjekte leben vom Anfang des Blockes, in dem sie vereinbart werden, bis zum Verlassen dieses Blocks. Die Haldenobjekte, die nur von Zeigern referiert werden können, können den Block, in dem sie entstanden sind, überleben, d.h. sie verschwinden also nicht automatisch am Blockende wie die Stapelobjekte. Darüber hinaus gibt es *temporäre Objekte*, die als Ergebnis eines Funktionsaufrufs nur innerhalb der Anweisung leben, in der sie benutzt werden. Persistente Objekte überleben das Programmende. Somit können Datenobjekte folgende *Lebensdauer* besitzen:

Lebensdauer	Ort	Beispiel
sehr kurz (temporär)	im Ausdruck	`a = (b && c) || d;`
kurz	am Systemstapel	`CMenge menge;`
lang	an der Halde	`CMenge* pmenge = new CMenge;`
sehr lang (persistent)	am externen Speicher	`menge.speichern ("Datei");`

Abb. 9.3: Lebensdauer von Objekten

Das temporäre Objekt, das durch die Auswertung des Ausdruck `b && c` entsteht, lebt höchstens so lange, bis der gesamte Ausdruck errechnet und das Ergebnis `a` zugewiesen wird. Stapelobjekte leben bis zum Erreichen des Blockausgangs, Haldenobjekte oft bis zum Ende des aktuellen Programmablaufs[2]. Persistente Objekte überleben den Programmlauf und können bei einer nächsten Sitzung vom externen Speicher wieder eingelesen werden.

9.3. Verwendung von Zeigern

Zeiger können skalare und komplexe Objekte referieren.

9.3.1. Referierte skalare Objekte

Um ein Zeigerobjekt definieren zu können, braucht man entweder einen anonymen oder einen benannten *Zeigertyp*. Diese werden mit Hilfe des Zeichens `*` nach dem Namen des referierten Datentyps definiert:

---

[1] meistens `new` im Konstruktor, `delete` im Destruktor
[2] oder bis sie explizit vernichtet werden, weil sie nicht mehr benötigt werden

```
char* zeiger;  // Zeigerobjekt vom anonymen Zeigertyp
typedef char* PZeichen;  // benannter Zeigertyp
PZeichen zeichen_zeiger, anderer_zeiger;  // zwei kompatible Zeigerobjekte
char zeichen = 'g';  // ein char-Objekt am Systemstapel, mit 'g' gefüllt
```

Durch eine new-Anweisung wird ein neues Objekt vom referierten Typ auf der Halde erzeugt, dessen interner Name einem Zeigerobjekt zugewiesen werden muß[1]:

```
zeichen_zeiger = new char;  // zeigt auf ein neues char-Objekt auf der Halde, ohne Inhalt
```

Skalare Haldenobjekte können mit einem Vorbesetzungswert erzeugt werden, d.h. gleich beim Anlegen des neuen Objekts wird es mit einem Wert vorbesetzt:

```
anderer_zeiger = new char('f');  // neues Haldenobjekt, aufgefüllt mit einem Zeichen 'f'
```

Der Name eines Zeigerobjekts mit einem * davor bedeutet das referierte Objekt selbst. Dieser Vorgang heißt *Dereferenzierung*:

```
*zeichen_zeiger = zeichen;  // Inhalt wurde ins Haldenobjekt übertragen: mit 'g' gefüllt
```

Das Kopieren des Inhalts von Zeigerobjekten ist mit Hilfe der Zuweisung möglich, da sie einfache Objekte sind:

```
anderer_zeiger = zeichen_zeiger;  // jetzt zeigen beide Zeiger auf dasselbe Haldenobjekt
```

Der Inhalt von referierten Objekten kann sowohl in ein Stapelobjekt wie auch in ein Haldenobjekt kopiert werden:

```
zeichen = *anderer_zeiger;  // das Stapelobjekt ist jetzt mit 'f' gefüllt
*zeichen_zeiger = *anderer_zeiger;  // das Haldenobjekt ist jetzt mit 'g' gefüllt
```

Der versuchte Zugriff über einen NULL-Zeiger löst eine Ausnahme[2] aus:

```
zeichen_zeiger = NULL;
zeichen = *zeichen_zeiger;  // Ausnahme
```

9.3.2. Referierte Konglomerate

Zeigerobjekte referieren häufig Verbundobjekte:

```
struct TEimer {  // diesmal kein ADT
    TBool eimer_gefuellt;
    TGetraenk eimer_getraenk;
    TPos eimer_pos;
};
typedef TEimer* PEimer;
PEimer linker_zeiger = NULL, rechter_zeiger = NULL;
```

Beim Anlegen kann das neue Objekt auch mit einem qualifizierten Literal aufgefüllt werden; da *C++* ein Verbundliteral an dieser Stelle nicht erlaubt, muß hierfür ein temporäres Objekt erzeugt werden:

---

[1] sonst wäre es nicht erreichbar

[2] nur bei einigen Compilern; oft nur ein Programmabbruch, schlimmstenfalls gar nichts

```
{
    TEimer temp = { True, wein, unsichtbar };
    linker_zeiger = new TEimer(temp); // Inhalt wird übernommen
} // temp verschwindet beim Blockausgang, linker_eimer bleibt
```

9.3.3. Konstante Zeigerobjekte

Konstante Zeigerobjekte werden genauso definiert wie andere Konstanten. Möglich ist dies auch in einem geschachtelten Block:

```
{
    const PEimer konstanter_zeiger = linker_zeiger;
    // eine Zuweisung auf das konstante Zeigerobjekt ist verboten:
    konstanter_zeiger = rechter_zeiger; // der Compiler meldet einen Fehler
    *konstanter_zeiger = *rechter_zeiger; // das Objekt darf verändert werden
```

9.3.4. Mehrfachbenennung

Das vorangehende Beispiel zeigt die Gefährlichkeit der Zeigerzuweisung. Das vom Zeigerobjekt `linker_zeiger` referierte Haldenobjekt wird auch von einem anderen Zeigerobjekt (nämlich von `konstanter_eimer`) referiert. Dieses Phänomen heißt *Mehrfachbenennung*. Es wurde verändert, und diese Veränderung wirkt sogar über die Lebensdauer des konstanten Zeigers hinaus:

```
} // konstanter_eimer verschwindet
// rechter_eimer.eimer_getraenk ist jetzt wasser
```


Abb. 9.4: Konstanter Zeiger

Die gebogene, punktierte Referenz ist verboten, da das Zeigerobjekt `konstanter_eimer` als **const** vereinbart wurde und somit sein Wert nicht verändert werden darf. Das referierte Objekt kann jedoch verändert werden.

9.3.5. Rekursive Zeigertypen

Objekte von dynamischen Datentypen müssen wachsen und schrumpfen können: Eine neue Komponente wird hinzugefügt oder eine alte entfernt. Sie werden oft mit Hilfe von verkettbaren Objekten implementiert. Ein Kettenelement ist typischerweise ein Verbund, der einen gespeicherten Wert sowie einen (oder evtl. mehrere) Zeiger enthält:

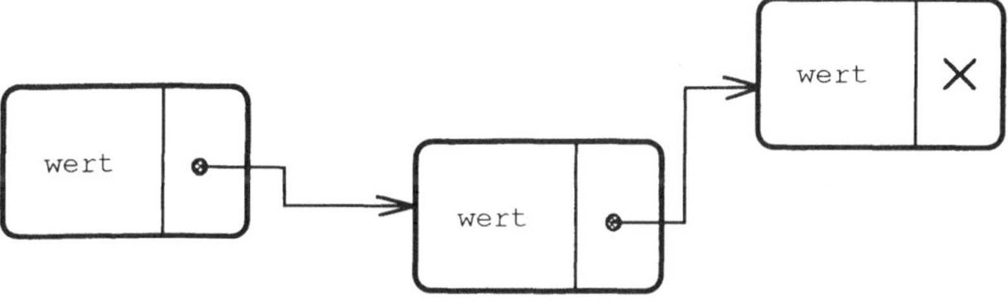

Abb. 9.5: Kettenelemente

So ein Kettenelement kann nur *rekursiv* definiert werden: Für die Definition des Kettenelements wird die Definition seiner Bestandteile gebraucht. Dies ist durch eine *unvollständige Typvereinbarung*[1] vor der Typdefinition möglich:

```
struct TKnoten; // unvollständige Typvereinbarung                    // (9.2)
➡ typedef TKnoten* PKnoten;
struct TKnoten { // Typdefinition
    char wert;
    PKnoten verbindung;
};
PKnoten knoten = NULL; // leerer Zeiger durch Vorbesetzungswert
```

Eine Alternative zur unvollständigen Typvereinbarung ist die Verwendung eines *anonymen Zeigertyps*:

```
struct TKnoten {
    char wert;
    TKnoten* verbindung; // anonymer Zeigertyp
};
TKnoten* knoten = NULL; // anonymer Zeigertyp
```

9.3.6. Dereferenzierung

Das von einem Zeigerobjekt referierte Objekt kann durch *Dereferenzierung* mit Hilfe des Zeichens * vor dem Namen des Zeigerobjekts erreicht werden. Wenn das Zeigerobjekt ein Verbundobjekt referiert und nur eine Verbundkomponente erreicht werden soll, kann der geklammerte Ausdruck

```
(*zeigerobjekt).verbundkomponente
```

durch die Verwendung des zusammengesetzten Zeichens -> vermieden werden:

```
zeigerobjekt -> verbundkomponente // gleichwertig
```

Betrachten wir einige Beispiele:

```
knoten = new TKnoten; // undefinierte Komponenten
➡ knoten -> wert = 'f'; // statt (*knoten).wert
PKnoten anderer_knoten = new TKnoten;
anderer_knoten -> wert = 'h';
anderer_knoten -> verbindung = knoten; // jetzt sind alle Komponenten definiert
```

---

[1] oft auch *Vorwärtsvereinbarung* genannt

Die Zuweisung und der Vergleich sind sowohl für Zeiger wie auch für die referierten Objekte möglich, wenn die Zeiger dereferenziert werden:

```
knoten = anderer_knoten;  // kopiert Zeigerwert, nicht das Objekt
      // vorheriges Haldenobjekt geht verloren (nicht mehr erreichbar)
knoten = new TKnoten(*anderer_knoten);  // Inhalt anderer_knoten kopiert
knoten -> wert = anderer_knoten -> wert;  // kopiert erste Komponente des Objekts
knoten -> verbindung = anderer_knoten -> verbindung;  // kopiert Komponente
*knoten = *anderer_knoten;  // kopiert ganzes Objekt
TBool log_objekt = knoten == anderer_knoten;  // vergleicht Zeiger, nicht Objekte
log_objekt = knoten -> wert == anderer_knoten -> wert;  // Komponentenvergleich
log_objekt = *knoten == *anderer_knoten;  // vergleicht Objekte, nicht in C
      // in C++ nur erlaubt, wenn == für die Klasse definiert ist

const PKnoten konstanter_knoten = new TKnoten;
      // konstanter Zeiger, kann nicht verändert werden
konstanter_knoten = knoten ;  // illegal
*konstanter_knoten = *knoten;  // legal, referiertes Objekt kann verändert werden
```

Steht bei der Ausführung einer **new**-Anweisung kein Platz mehr an der Halde zur Verfügung, wird ein NULL-Wert in das Zeigerobjekt geschrieben[1]. Deswegen soll der Programmierer immer darauf achten, Speicher nicht zu verlieren, sondern ihn mit **delete** zurückzugeben, bevor er den Zeiger auf ein anderes Objekt zeigen läßt:

```
delete knoten;
knoten = anderer_knoten;
delete knoten;
knoten = new TKnoten;
```

Dies ist jedoch ein etwas gefährlicher Weg, da **delete** nicht überprüft, ob nicht ein anderer Zeiger auf das freizugebende Objekt zeigt. Dies ist eine häufige Fehlerquelle in *C*/*C++*-Programmen.

9.3.7. Verkettete Listen

Mit Hilfe des verkettbaren Objekts kann eine verkettete Liste erzeugt werden:

```
PKnoten anker;  // Stapelobjekt
      // die verkettete Liste wird über den Zeiger auf das letzte Element erreicht
      // Anfügen eines neuen Elements:
const TKnoten temp = {'a', anker};
anker = new TKnoten(temp);
      // ein neues Element wird erzeugt; der Zeiger auf das Alte wird gespeichert
  . . .
      // löschen des letzten Elements:
anker = anker -> verbindung;
```

Die Listenelemente werden über den *Anker* erreicht. Typischerweise befindet er sich auf dem Stapel:

---

[1] dies kann mit einer **if**-Anweisung überprüft werden, s. Kapitel 12.1.

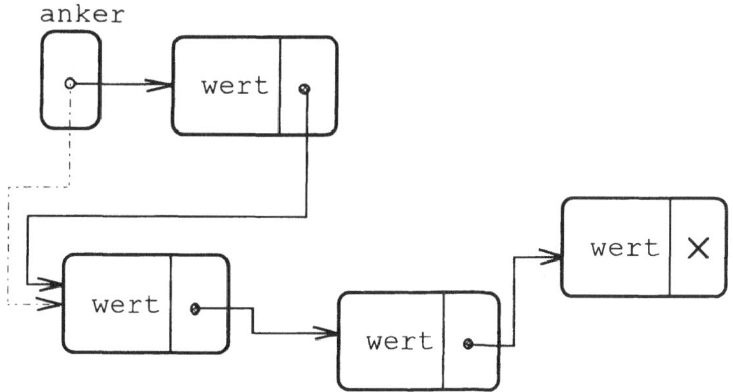

Abb. 9.6: Rückwärts verkettete Liste

9.4. Verkettete Listen als Implementierungswerkzeug

Viele ADT-Module für Multibehälter und Klassen benutzen verkettete Listen für die Implementierung ihrer dynamischen Datentypen.

9.4.1. Standardzuweisung auf Klassenobjekte

Die von der Sprache vorgegebene Zuweisung auf Klassenobjekte, die als verkettete Listen implementiert wurden, soll vermieden werden. Der Grund hierfür ist folgender:

Solche Objekte enthalten nicht die Daten, sondern nur Zeiger auf die Daten. Nehmen wir an, a und b sind zwei nichtleere Multibehälter vom selben abstrakten Datentyp. Wird nun die Zuweisung

    a = b;

durchgeführt, enthalten a und b die gleiche Anzahl von Elementen, z.B. n. Ein anschließender Mutator eintragen für das Objekt a bewirkt die Veränderung nicht am Objekt selbst, sondern an den in der Halde gespeicherten Elementen. Demnach enthält a erwartungsgemäß $n+1$ Elemente. Da aber b infolge der Zuweisung dieselbe Liste referiert, wurde b durch den Mutatoraufruf ebenfalls verändert[1], obwohl kein Mutator für b jemals aufgerufen wurde! Die Standardzuweisung als gefährliches Sprachelement soll also unterbunden werden.

In *C++* sollen solche ADT als Klassen implementiert werden, für die die Zuweisung überschrieben werden kann. Sie kopiert dann alle verketteten Haldenobjekte, so daß a und b auf unterschiedliche Listen verweisen.

---

[1] es enthält nicht n, sondern auch $n+1$ Elemente

9.4.2. Rückwärts verkettete Listen

Im Kapitel 8.4. haben wir eine Implementierung der Klasse `CStapel` kennengelernt.
Ihr Nachteil ist der im Konstruktor angegebene, aber dadurch begrenzte Speicherplatz. Die Verkettungstechnik und die dynamische Speicherplatzzuweisung ermöglicht, den Stapel ohne Speicherplatzbegrenzung zu implementieren.

Die Schnittstelle der Klasse `GLStapel` ist unverändert gegenüber `GStapel`. Der private
Teil der Spezifikation ist jedoch anders:

```
// GLSTAPEL.HPP - Stapelschablone als verkettete Liste                          // (9.3)
template <class TElement> class GLStapel { public:
    GLStapel(); // wird leer angelegt
    ~GLStapel(); // Destruktor diesmal explizit nötig, um die Haldenobjekte zu vernichten
        ... // Schnittstelle ist sonst unverändert, d.h. alles wie von GStapel im Programm (7.19)
protected:
    class CKnoten { public: // geschachtelte Klasse
        TElement wert; // Ausprägungstyp
        CKnoten* verbindung; // Rückwärtsverbindung
    public:
        CKnoten(CKnoten* v, const TElement& e): wert(e), verbindung(v) {};
        ~CKnoten() {if (verbindung != NULL) delete verbindung;};
    };
    CKnoten* anker; // ein Klassenobjekt enthält nichts als einen Zeiger auf das Spitzenelement
};
```

Das Besondere ist hierbei die geschachtelte Klasse: Statt **struct** TKnoten haben wir
hier die Klasse CKnoten vereinbart. Der Vorteil liegt im automatischen Aufruf des
parametrisierten Konstruktors beim Anlegen und des Destruktors beim Auflösen
eines Knotens. Im Destruktor haben wir im Vorgriff auf das Kapitel 12.1. eine if-
Anweisung verwendet. Die Methoden haben wir einfachheitshalber „inline" programmiert[1]:

```
// GLSTAPEL.CPP
template <class TElement> GLStapel<TElement>::GLStapel() :
    anker(NULL) {} // Konstruktor mit Initialisierungsliste
template <class TElement> GLStapel<TElement>::~GLStapel() {
    if (anker != NULL) entleeren(); // wieder Vorgriff auf das Kapitel 12.1.
}
template <class TElement> void GLStapel<TElement>::eintragen
        (const TElement& element) throw(EStapel_voll) {
    try {
        anker = new CKnoten(anker, element); // neuer Knoten wird erzeugt
            // der parametrisierte Konstruktor für CKnoten wird aufgerufen
    }
    catch(...) { // kein Speicher mehr, ausgelöst von new
        // wenn der Compiler das nicht tut, dann if (anker == NULL)
        EStapel_voll e; throw e;
    }
}
template <class TElement> TElement GLStapel<TElement>::lesen()
        const throw(EStapel_leer) {
```

---

[1] dies ist angebracht, da sie nicht in der Schnittstelle des Stapels erscheinen

```
    try {
        return anker -> wert(); // das Spitzenelement
    }
    catch(...) { // wenn anker == NULL
        EStapel_leer e; throw e;
    }
}
template <class TElement> void GLStapel<TElement>::entfernen()
        throw(EStapel_leer) {
    try {
        const CKnoten* freizugebender_knoten = anker;
        anker = anker -> aushaengen(); // das Spitzenelement wird ausgekettet
        freizugebender_knoten -> verbindung = NULL;
        delete freizugebender_knoten; // CKnoten-Destruktor wird aufgerufen
    }
    catch(...) { // wenn anker == NULL
        // wenn der Compiler keine Ausnahme auslöst, dann if (anker == NULL)
        EStapel_leer e; throw e;
    }
}
template <class TElement> void GLStapel<TElement>::entleeren() {
    if (anker != NULL) delete anker; // CKnoten-Destruktor wird aufgerufen
    anker = NULL;
}
template <class TElement> TBool GLStapel<TElement>::leer() const {
    return anker == NULL;
}
template <class TElement> TBool GLStapel<TElement>::voll() const {
    return False; // nie voll
}
```

Das Studium dieses Beispiels offenbart viel von der Art und Weise, wie in *C++* Klassen typischerweise als verkettete Listen implementiert werden.

Beobachtungwert ist der Prozeß, wie die Liste aufgelöst wird. Der Aufruf des Konstruktors ~GLStapel ruft (falls sie noch nicht leer ist) entleeren auf. Diese Methode vernichtet (wiederum nur, falls die Liste noch nicht leer ist) den Spitzenknoten durch delete. Hierdurch wird der Destruktor von CKnoten aufgerufen. Dieser ruft den Destruktor des nächsten Knotens auf, der wiederum den Destruktor des nächsten Knotens aufruft, solange die Liste nicht leer wird.

Hier hätte man eine Schleife (wie im Kapitel 12.2.) programmieren können. Statt dessen wird der Destruktoraufruf *rekursiv* (s. Kapitel 12.5.) durchgeführt.

53. **Übung**: Da die Schnittstelle der Klasse unverändert ist, bleibt sie austauschbar: An einem Benutzerprogramm muß (außer dem Klassennamen) nichts verändert werden. Fertigen Sie also Ihre eigene Kopie des obigen Moduls GLSTAPEL an, und binden Sie es in Ihr Programm aus der 42. Übung (char-Stapel) ein. Wegen der unveränderten Funktionalität dürften Sie keine Veränderung des Programmverhaltens wahrnehmen[1].

---

[1] außer, daß die Funktion voll immer False liefert bzw. die Ausnahme EStapel_voll nicht ausgelöst wird

9.4.3. Doppelt verkettete Listen

Die obige Implementierung der Stapelklasse benutzt eine *rückwärts verkettete Liste*.
Die Klassenschablone GPos_Liste mit der Schnittstelle im Programm (7.20) wird
durch eine *doppelt verkettete Liste*, mit Verkettung nach vorne und nach hinten,
implementiert:

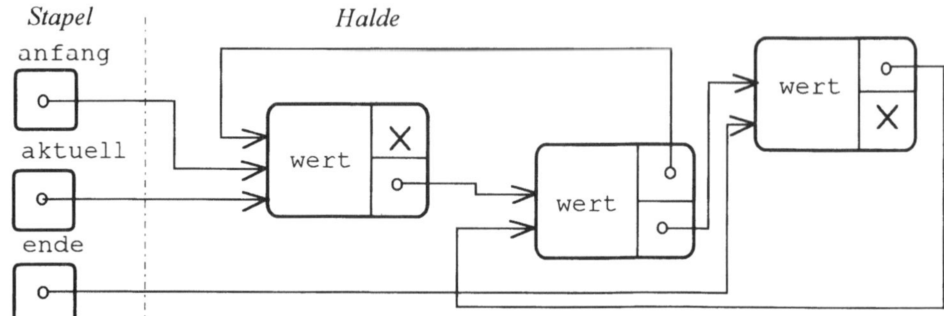

Abb. 9.7: Doppelt verkettete Liste

Die Implementierung sieht demnach etwa folgendermaßen aus:

```
// GPOSLIST.HPP                                             // (9.4)
template <class TElement> class GPos_Liste { public:
    ... // Schnittstelle wie im Programm (7.20)
protected :
    class CKnoten { protected:
        TElement w; // Ausprägungstyp
        CKnoten* vor;
        CKnoten* zurueck; // Vor- und Rückwärtsverbindung
    public:
        TElement& wert() { return w; };
        ... // ähnlich wie im Programm (9.3) für GLStapel
    };
    CKnoten* erstes;
    CKnoten* letztes;
    CKnoten* aktuelles; // Klassenkomponenten: drei Zeiger
};
// GPOSLIST.CPP
template <class TElement> GPos_Liste<TElement>::GPos_Liste() :
    erstes(NULL), letztes(NULL), aktuelles(NULL) {}
template <class TElement> void GPos_Liste<TElement>::eintragen
        (const TElement& element) throw(EListe_voll) {
    try { ... // hier nur der allgemeine Fall mitten in der Kette:
        CKnoten* neu = new CKnoten(element, aktuelles,
            aktuelles -> zurueck); // Knoten-Konstruktor
        // der neue Knoten zeigt vorwärts auf den aktuellen, rückwärts auf den dahinter
        aktuelles -> zurueck -> vor = neu; // Knoten vor dem aktuellen
        aktuelles -> zurueck = neu; // Knoten an der aktuellen Position
        aktuelles = neu;
    }
```

```
    catch(...) { EListe_voll e; throw e; } // ausgelöst[1] durch new
  }
  template <class TElement> void GPos_Liste<TElement>::anfang() throw(EListe_leer){
    try {
        aktuelles = erstes;
        aktuelles -> wert; // nur, um Ausnahme auszulösen[1]
    }
    catch(...) { EListe_leer e; throw e; }
  }
  template <class TElement> void GPos_Liste<TElement>::ende() throw(EListe_leer) {
        ... // ähnlich
  template <class TElement> void GPos_Liste<TElement>::vorwaerts() throw(EListe_leer){
    try {
        aktuelles = aktuelles -> vor;
    }
    catch(...) { aktuelles = letztes; }
  }
  template <class TElement> void GPos_Liste<TElement>::rueckwaerts()
        throw(EListe_leer){ ... // ähnlich
  ... // ähnlich wie im Programm (9.3) für GLStapel
```

54. Übung: Implementieren Sie den abstrakten Datentyp TWarteschlange für Ganzzahlen <u>mit</u> <u>Hilfe</u> der Klassenschablone GPos_Liste[2]: Binden Sie Ihre Implementierung in ein menügesteuertes Testprogramm ein.

9.4.4. Zeigerarithmetik

C definiert die Standardoperation ++ und -- für Zeigerobjekte. Sie sind nützlich, wenn der Zeiger Komponenten eines Feldes referiert. Mit dieser Operation wird der Zeiger jeweils auf die nächste oder vorherige Komponente geschaltet[3]. Der Compiler prüft jedoch nicht, ob sie existiert oder an dieser Speicherstelle schon ein anderes Objekt liegt. Dies ist eine Quelle für Programmierfehler, daher wird die Benutzung von *Zeigerarithmetik* nur für zeitkritische Anwendungen[4] empfohlen:

```
    const int max = 100;                                              // (9.5)
    int feld [max];
    int* zeiger = feld; // zeigt auf das erste Element feld[0]
➡   zeiger++; // zeigt auf das nächste Element feld[1]
        // sizeof(int) wurde zum aktuellen Wert von zeiger addiert (möglicherweise 4)
    *zeiger = 5; // Wert wurde ins feld[1] gespeichert
    zeiger--; // zeigt wieder auf das erste Element feld[0]
    zeiger = &feld[99]; // zeigt auf das letzte Element
➡   zeiger++; // zeigt auf das nach feld liegende Objekt, wahrscheinlich auf sich selbst
    *zeiger = 16; // zerstört sich selbst: zeigt auf die Adresse 16 (wahrscheinlich im Systembereich)
    zeiger++; // zeigt auf die Adresse 20
➡   *zeiger = 325; // zerstört System
```

---

[1] wird nicht von allen *C*++-Compilern ausgelöst; dann muß if (aktuelles == NULL) abgefragt werden

[2] so müssen Sie keine Zeiger programmieren

[3] d.h. es wird dem Zeigerwert nicht etwa 1 addiert, sondern die Größe des referierten Datentyps

[4] wie auch die Benutzung eines Feldes statt einer Feldklasse

9.5. Zusammenfassung

9.5.1. Terminologie

In diesem Kapitel haben wir folgende Begriffe kennengelernt:

- Automatische Objekte werden auf dem *Stapel*, dynamische auf der *Halde* angelegt.
- Haldenobjekte haben ihren *internen Namen* in einem *Zeiger*.
- Stapelobjekte werden durch Vereinbarung, Haldenobjekte durch eine *Erzeugungsanweisung* new angelegt.
- Zeigerobjekte können Halden- und Stapelobjekte referieren.
- Sie sind von einem *Zeigertyp*.
- Die *Lebensdauer* eines Objekts ist größer oder gleich seinem *Sichtbarkeitsbereich*.
- *Temporäre Objekte* entstehen bei der Auswertung von Ausdrücken.
- Einfache Haldenobjekte können in der new-Anweisung vorbesetzt werden.
- Die *Dereferenzierung* führt vom Zeiger zum referierten Objekt (zu dessen Inhalt).
- *Konstante Zeiger* können nicht verändert werden, die von ihnen referierten Objekte jedoch sehr wohl.
- *Verkettete Listen* werden durch *rekursive Typvereinbarungen* definiert.
- Sie werden in der Implementierung von Klassen benutzt.
- Der *Anker* einer verketteten Liste ist meistens ein Stapelobjekt.

9.5.2. Aufgaben

32. Aufgabe: Implementieren Sie eine zusätzliche Funktion umgeben der positionierbaren Liste. Mit ihrer Hilfe kann überprüft werden, ob ein gegebenes Kriterium (gegeben durch eine logische Funktion) für das aktuelle Element und seine beiden Nachbarn erfüllt ist oder nicht.

33. Aufgabe: Implementieren Sie den Teil der Methode loeschen (mit Speicherfreigabe) für die positionierbare Liste, der ein mittleres Element freigibt.

34. Aufgabe: Implementieren Sie die Methoden eintragen und loeschen für die positionierbare Liste mit eigener Freispeicherverwaltung: Ein Aufruf von loeschen gibt den Speicher nicht mit delete zurück, sondern er wird im Modulgedächtnis verkettet. Die Methode eintragen holt hieraus die nötigen Objekte heraus. Im Vorgriff auf das Kapitel 12.1. müssen Sie hier eine Fallunterscheidung verwenden:

```
if (freispeicher == NULL)
    CKnoten* knoten = new CKnoten(element, akt, akt.rueckwaerts);
else
    ... // ausketten aus freispeicher
```

9.5.3. Prüfungsfragen

Entscheiden Sie, ob die folgenden Aussagen richtig oder falsch sind. Geben Sie dazu auch eine Begründung an.

- Alle dynamische Datentypen sind abstrakte Datentypen.
- Der Anker einer verketteten Liste befindet sich immer auf dem Systemstapel.
- Die Größe eines Datenobjekts von einem dynamischen Datentyp kann zur Laufzeit verändert werden.
- Dynamische Datentypen können nur mit Hilfe von Zeigern implementiert werden.
- Ein Datenobjekt vom Typ `GPos_Liste` enthält drei Zeiger.
- Ein Haldenobjekt kann von mehreren Zeigerobjekten referiert werden.
- Eine unvollständige Typvereinbarung enthält nur den Typnamen, nicht aber die Definition des Typs.
- Elemente einer verketteten Liste können sich nur auf der Halde befinden.
- Haldenobjekte können nur mit der Erzeugungsanweisung `new` angelegt werden.
- Haldenobjekte leben immer länger als Stapelobjekte.
- `NULL` ist ein spezielles Haldenobjekt.
- Referierte skalare Objekte können dereferenziert werden.
- Rekursive Typvereinbarungen können nur mit Hilfe von unvollständigen Typvereinbarungen implementiert werden.
- Verkettete Listen sind nur als abstrakte Datentypen sinnvoll, nicht aber als abstrakte Datenobjekte.
- Alle Zeigerobjekte befinden sich auf dem Systemstapel.
- Alle Zeigerobjekte befinden sich auf der Halde.
- Alle Zeigerobjekte referieren Objekte auf der Halde.
- Alle Zeigertypen sind einfache Typen.
- Alle Zeigertypen sind skalare Typen.
- Von konstanten Zeigern referierte Objekte können nicht verändert werden.

10. Arithmetik

Wie in der Einführung schon erwähnt, wurden Rechenanlagen zu Anfang haupt-sächlich zur Lösung technisch-wissenschaftlicher Probleme mathematischer Art be-nutzt. Obwohl heutzutage Anwendungen dieser Art prozentual zurückgedrängt wurden, gibt es kaum Aufgabenlösungen, die ohne Ganzzahlen, d.h. ohne Arith-metik zurechtkommen.

Wir haben schon die Ganzzahlen als Standard-Datentyp kennengelernt. Er reicht für die verwendeten Zwecke vollkommen aus, da wir nur seine Eigenschaft, diskreter Typ zu sein, ausgenutzt haben. Im ersten Anlauf können die Ganzzahltypen als Aufzählungstypen mit besonderer Darstellung ihrer Werte angesehen werden.

10.1. Ganzzahlbehälter

Ähnlich wie im Kapitel 5.6. Zeichenbehälter zum Standard-Datentyp char geführt haben, führen wir jetzt Ganzzahleimer ein, um zum Datentyp int zu kommen. Mit Hilfe der Klasse CZahl_Eimer können Behälter für ganze Zahlen angelegt werden. Über die üblichen Operationen hinaus werden auch *arithmetische Operatoren* ex-portiert. Ein Teil seiner Schnittstelle[1] ist:

```
class CZahl_Eimer { public:                                      // (10.1)
    CZahl_Eimer();
    CZahl_Eimer(int);
    void fuellen(); // füllt den Behälter über eine Eingabemaske
➡   void fuellen(int); // füllt den Behälter mit Ganzzahl
    void entleeren();
    int inhalt() const;
        ... // usw., wie gewohnt, darüber hinaus noch:
    CZahl_Eimer& operator -() const; // liefert den negativen Wert einer Ganzzahl
➡   CZahl_Eimer& operator +(const CZahl_Eimer&) const;
        // liefert die Summe zweier Ganzzahlen im Eimer
    CZahl_Eimer& operator -(const CZahl_Eimer&) const;
        // liefert die Differenz zweier Ganzzahlen im Eimer
    CZahl_Eimer& operator *(const CZahl_Eimer&) const; // Produkt
    CZahl_Eimer& operator /(const CZahl_Eimer&) const; // Ganzzahldivision
    CZahl_Eimer& operator %(const CZahl_Eimer&) const; // Rest der Division
    void operator = (const CZahl_Eimer&); // überträgt Inhalt
    TBool operator == (const CZahl_Eimer&) const; // vergleicht zwei Ganzzahlen
    TBool operator < (const CZahl_Eimer&) const; // vergleicht zwei Ganzzahlen
    ... // und noch manches anderes, z.B. EA-Operationen; Ausnahmen werden diesmal ignoriert
```

Mit Hilfe von Ganzzahleimern kann ein menügesteuertes Taschenrechnerprogramm nach dem Prinzip „Aktion nach Vorwahl" implementiert werden:

```
// TASCHREC.CPP                                                  (10.2)
#include "CZAHLEIM.HPP"
#include "MENUE.HPP" // mit 6+1 Menüpunkten
```

---

[1] die vollständige Schnittstelle steht in der Datei CZAHLEIM.HPP auf der Begleitdiskette

```
➡  CZahl_Eimer linker_operand(0), rechter_operand(0);
       // mit Startwert, um Ausnahmen vorzubeugen
   void laden_links() {
       linker_operand.fuellen(); // von der Tastatur
   }
   void laden_rechts() {
       rechter_operand.fuellen(); // von der Tastatur
   }
➡  void addieren() {
       linker_operand.fuellen((linker_operand + rechter_operand).inhalt());
   }
   ... // weitere Rückrufprozeduren für Operationen ähnlich
   void taschenrechner() {
       linker_operand.anzeigen();
       rechter_operand.anzeigen(); // zwei Eimer erscheinen, mit 0 geladen
       menue(laden_links, laden_rechts, addieren, subtrahieren,
           multiplizieren, dividieren); // arithmetische Operationen werden durchgeführt
   }
```

Der Rumpf der Rückruffunktion addieren verdient hier Aufmerksamkeit. Das Ergebnis des Operatoraufrufs + mit zwei Operanden ist eine Referenz auf einen Datenbehälter vom Typ CZahl_Eimer; der Informator inhalt holt hieraus ein Datenobjekt vom Typ int. Dies wird als zweiter Parameter dem Mutator fuellen übergeben, der das Ergebnis im linken Operanden speichert.

In diesem Programm werden die Ganzzahlwerte von der Tastatur eingegeben. Wenn man im Programm bestimmen möchte, welche Ganzzahlwerte in einen Datenbehälter gespeichert werden sollen, benötigt man Werte, die Ganzzahlwerte liefern. Diese haben eine besondere Syntax und heißen *Ganzzahlliterale*.

10.2. Ganzzahlliterale

Im Kapitel 8.2.3. haben wir die einfachsten Ganzzahlliterale schon kennengelernt:

$$0 \quad 1 \quad 2 \quad 3 \quad ... \quad 325 \quad ...$$

Außer diesen gibt es eine ganze Reihe anderer Möglichkeiten, die Werte von int darzustellen. Dazu gehört die *Exponentendarstellung*, wo sich der Zahlenwert aus der Multiplikation der *Mantisse* und der Zehnerpotenz des *Exponenten* ergibt. Das Ganzzahlliteral 26000000 kann kürzer als

$$26e6 \quad \text{oder} \quad 26E6$$

im Sinne von $26 \cdot 10^6$ geschrieben werden. Eine Alternative zur Dezimaldarstellung ist die Darstellung in anderen Zahlensystemen. Die Ganzzahlliterale, die mit dem Buchstaben 0 anfangen, werden als Oktalzahlen interpretiert: 0777. Hexadezimalzahlen fangen mit 0x oder 0X an: 0xFF oder 0XFF.

Für negative Ganzzahlwerte wie *-1* gibt es keine Literale; es gibt nur den monadischen Operator -, der einer beliebigen Funktion oder einem Wert vorangestellt werden kann.

10.3. Ganzzahlobjekte

Im Kapitel 5.6. haben wir Zeichenbehälter eingeführt, um von der Tastatur eingelesene Zeichen zu speichern. Als eine Alternative dazu, haben wir den Standard-Datentyp[1] `char` kennengelernt. Es ist genauso möglich, als Alternative zu den Ganzzahleimern, skalare Datenbehälter vom Typ `int` zu definieren und diese mit Ergebnissen von Werten oder mit dem Inhalt eines anderen Ganzzahlbehälter zu füllen[2]:

```
int ganz_zahl, andere_zahl; // Zwei Ganzzahlobjekte                               (10.3)
ganz_zahl = inhalt(linker_eimer);
     // die Zuweisung für das Datenobjekt ganz_zahl ersetzt den Mutator fuellen
andere_zahl = 5; // Ganzzahlliteral 5
andere_zahl = ganz_zahl; // früherer Inhalt in andere_zahl wird gelöscht
     // der Name des skalaren Datenobjekts ganz_zahl ersetzt den Informator inhalt
```

Wie wir es bald kennenlernen werden, gibt es außer `int` auch noch andere Ganzzahltypen mit denselben Werten.

10.4. Ganzzahloperationen

Das Modul `MZAHLEIM` exportiert neben den üblichen Eimer-Operationen auch die von der Mathematik bekannten arithmetischen Operationen wie + und -, die über Ganzzahleimer ausgeführt werden können. Das Ergebnis wird jeweils in einem Ganzzahleimer geliefert. Die in den Eimern gespeicherten Ganzzahlwerte können miteinander verglichen werden: Die relationalen Operatoren ==, < usw. liefern ein logisches Ergebnis.

Ähnlich existieren dieselben Ganzzahloperationen für den Datentyp `int` standardmäßig: Das Ergebnis wird jeweils in einem Ganzzahlobjekt vom Typ `int` geliefert. Wie alle Datentypen können Ganzzahlwerte[3] miteinander durch die relationalen Operatoren == und != verglichen werden. Sie vergleichen zwei Ganzzahlwerte miteinander und liefern den logischen Wert `True` bzw. `False`.

`int` ist ein skalarer Datentyp. Dies heißt, er ist geordnet: Der Operator namens < wurde definiert, der zwei Ganzzahlwerte miteinander vergleicht und den logischen Wert `True` liefert, wenn der linke kleiner als der rechte ist. Ähnlich arbeiten die Operatoren >, <= und >=.

Desweiteren stehen auch die von der Arithmetik gewohnten Infix-Funktionen[4] +, -, und *, sowie / zur Verfügung[5]. Sie liefern jeweils einen Ganzzahlwert. Dies bedeutet, daß das Ergebnis der Operand eines weiteren Operators sein kann, der wiederum (eventuell geklammert) einem Operator übergeben werden kann. Auf diese

---

[1] dies ist ein einfacher Datentyp (ohne Methoden `inhalt` und `schreiben`)

[2] z.B. mit Hilfe der Zuweisung

[3] so in Ganzzahleimern, wie auch in Objekten vom Typ `int`

[4] Operatoren

[5] diese errechnen die Summe, die Differenz und das Produkt ihrer von links und rechts stehenden Operanden

Weise kann man aus Ganzzahlfunktionen und Behältern, ähnlich wie aus TBool's, *Ausdrücke* bauen.

Die Division liefert ebenfalls einen Ganzzahlwert, sie führt nämlich eine Ganzzahldivision aus. Dies bedeutet, daß der Ausdruck 7 / 3 den Wert 2 liefert.

Ein weiterer, mit der Ganzzahldivision verbundene Operator ist die Restberechnung, bezeichnet durch %. Sie liefert den Rest einer Ganzzahldivision. Dementsprechend ist 7 % 3 = 1.

Der Operator ! ist der einzige monadische Operator für TBool. int hat zwei monadische Operatoren: das Pluszeichen + (es verändert den Wert einer Ganzzahl nicht und wird nur für bessere Lesbarkeit verwendet) und das Minuszeichen -. Mit seiner Hilfe werden die negativen Werte gebildet:

```
ganz_zahl = - 5;  // es gibt keine negativen Ganzzahlliterale, nur negative Werte
andere_zahl = - ganz_zahl;  // Inhalt = 5
```

In *C* wurden noch einige weitere Zuweisungsoperatoren für Ganzzahlen definiert, die eine Zuweisung mit einer arithmetischen Operation kombinieren. So ist

```
ganz_zahl += 5;
```

gleichwertig mit

```
ganz_zahl = ganz_zahl + 5;
```

Ähnlich funktionieren die Operatoren -=, *=, /= und %=.

Die Standardoperatoren ++ und -- sind *Funktionen mit Seiteneffekt*: Sie verändern den Wert des Ganzzahlobjekts und liefern einen Wert. Steht der Operator nach dem Objekt, wird der veränderte Wert geliefert; steht er vor ihm, wird der unveränderte Wert geliefert:

```
int i = 1;
int j = i++;  // beide 2
int k = ++i;  // k wird 3, i bleibt 2
```

Die Verwendung solcher Operationen mit Seiteneffekt ist in *C* zwar üblich, wird jedoch - wegen mangelnder Lesbarkeit - nicht empfohlen.

55. **Übung:** Implementieren Sie den menügesteuerten Taschenrechner wie im Programm (10.2) mit zwei Ganzzahlbehältern vom Typ int. Die Ganzzahlwerte sollen jetzt über Dialogfenster eingegeben und über Meldungsfenster ausgegeben werden können. Die Ganzzahloperationen werden über Menüauswahl aufgerufen.

10.5. Weitere Ganzzahltypen

int ist nicht der einzige Ganzzahltyp in *C.*

Der Ganzzahltyp int hat eine für jeden *C*-Compiler charakteristische Anzahl von Werten; der letzte von diesen ist MAXINT[1]. Es ist vorstellbar, daß int-Werte von einem

---

[1] eine Konstante aus dem Modul mit der Spezifikationsdatei values.h

Compiler in *2* Bytes abgelegt werden, dann ist MAXINT wahrscheinlich 2^{15} = *32768*. Ein anderer Compiler geht mit dem Speicher weniger sparsam um und benutzt *4* Bytes, um dementsprechend mehr Werte anbieten zu können. Selbstverständlich darf die Richtigkeit eines *C*-Programms vom aktuellen Wert MAXINT nicht abhängen.

Um die Flexibilität zwischen Sparsamkeit und Verfügbarkeit von Werten dem Benutzer (dem Programmierer) zu überlassen, kann die Sprache weitere Ganzzahltypen wie long int und short int zur Verfügung stellen. Sie werden einfach auch als short und long bezeichnet.

Ein weiterer Ganzzahltyp ist unsigned int, dessen Werte nur die nichtnegative Ganzzahlen umfassen. Ebenso können unsigned long int und unsigned short int implementiert werden. Für alle diese Datentypen werden dieselben Operationen wie für int implementiert.

Es muß jedoch beachtet werden, daß viele *C*-Compiler die unterschiedlichen Ganzzahltypen als kompatibel ansehen, woraus sich Programmfehler ergeben können:

```
long int l = 5555551;
short int s = l;
cout << l << " " << s; // Ausgabe: 555555 31267, s. Kapitel 10.6.1.
```

10.5.1. Abgeleitete Ganzzahltypen

Während in manchen Programmiersprachen wie *Ada* der Datentyp int selten verwendet wird, ist es in *C* üblich, Ganzzahlbehälter einfach als int zu typisieren. Es dient jedoch der Lesbarkeit des Programms, *abgeleitete Typen* zu verwenden. Leider prüft der *C*-Compiler das Mischen unterschiedlicher Datentypen nicht; er könnte dann viele Programmierfehler entdecken, die so nur als logische Fehler schwer zu lokalisieren sind. Andere (typstrenge) Programmiersprachen[1] erlauben jedoch nicht, unterschiedliche Datentypen miteinander zu kombinieren.

Angenommen, man definiert seine abgeleiteten Typen und Datenobjekte

```
    typedef int TTemperatur;                                    // (10.4)
    typedef int TSchuhgroesse;
    TTemperatur t;
    TSchuhgroesse s;
```

mit den nicht allzu aussagekräftigen Namen t und s, wäre die Fehlerhaftigkeit der Zuweisung

```
    t = s; // Typfehler, leider nicht in C
```

nicht auf den ersten Blick auffallend. Wären die t und s beide vom Typ int, würde der Compiler den Gedankensprung auch nicht entdecken. Eine konsequent strenge Typisierung der Datenbehälter[2] verhindert frühzeitig die kostspielige Fehlersuche.

---

[1] wie *Pascal* oder *Ada*
[2] und vielleicht auch eine bessere Namensgebung

Ähnlich werden Vergleiche wie t == s oder t < s werden z.B. vom *Pascal*-Compiler als fehlerhaft abgelehnt, aber auch eine falsche Parametereinsetzung in eine Operation: Wenn eine Funktion mit

```
TTemperatur waerme(TSchuhgroesse);
```

vereinbart wurde, dann ist der Aufruf

```
t = waerme(t); // Typfehler, leider nicht in C
```

fehlerhaft. Der Typfehler kann durch *explizite Typkonvertierung*[1] umgangen werden:

```
t = TTemperatur(s); // kein Typfehler
s = waerme(TSchuhgroesse(t)); // kein Typfehler
```

10.5.2. Ganzzahlklassen

Die typstrenge Programmierung kann in *C++* durch die Definition von Klassen erreicht werden:

```
class CTemperatur { protected:                                    // (10.5)
    int wert;
public: ...
};
class CSchuhgroesse { ... // ähnlich
};
CTemperatur t;
CSchuhgroesse s;
t = s; // Typfehler, auch in C++
```

10.6. Ein- und Ausgabe von ganzen Zahlen

Ganzzahlwerte können in Textform oder in Binärform ein- und ausgegeben werden.

10.6.1. Ein- und Ausgabe in *C++*

Die für Zeichen- und Aufzählungsobjekte geeigneten Operatoren << und >> funktionieren auch für Ganzzahlen:

```
#include <iostream.h>
int i, j;
cout << "Bitte zwei Ganzzahlen eingeben: ";
cin >> i >> j;
    ...
➡   cout << "Das Ergebnis ist " << i << " und " << j << endl;
```

Wird nicht die Standard-Ein- und Ausgabe benutzt, muß der Benutzer seine eigenen Dateiobjekte mit Hilfe der Klasse ifstream aus dem Standardmodul mit der Spezifikationsdatei fstream.h definieren und eröffnen:

---

[1] auf englisch *type cast*

```
#include <fstream.h>
ifstream eingabe;
char* dateiname = "GANZZAHL.DAT";
eingabe.open(dateiname, ios::nocreate);
int i;
eingabe >> i;
```

56. **Übung:** Entwickeln Sie ein zeilenorientiertes Dialogprogramm für die Berechnung des Folgetages für ein eingegebenes Datum (Wochentag, Tag, Monat, Jahr). Vereinbaren Sie geeignete Datentypen, und generieren Sie die dazugehörigen Ein- und Ausgabemodule.

10.6.2. Ein- und Ausgabe in *C*

Ohne das *C*++-Modul iostream muß auf die viel ärmere Leistung des Standardmoduls stdio für die Ein- und Ausgabe zugegriffen werden. Für den Bildschirm und die Tastatur können die schon bekannten Funktionen printf und scanf mit den Steuerzeichen %i oder %d benutzt werden:

```
#include <stdio.h>
int i, j;
printf("Bitte zwei Ganzzahlen eingeben: ");
scanf("%i%i", i, j); // %i = int für Ganzzahlen
    ...
printf("Das Ergebnis ist %d und %d\n", i, j); // %d = Dezimalformat
```

Für Dateien exportiert das Modul stdio ein Makro namens FILE, mit dessen Hilfe <u>Zeiger</u> auf Dateiobjekte angelegt werden können. Sie müssen bei jedem Zugriff dereferenziert werden. Die gängigsten Zugriffsoperationen heißen fopen, fprintf, fscanf und fclose:

```
FILE * datei;
datei = fopen(dateiname, "r"); // "r" steht für read = lesen, "w" = write = schreiben
fscanf(datei, "%i", i); // eine Ganzzahl wird mit Hilfe von fscanf übertragen
fclose(datei);
```

57. **Übung:** Schreiben Sie ein einfaches Dialogprogramm in *C*, das Ganzzahlwerte von der Tastatur einliest und sie nach der Eingabe einer 0 in umgekehrter Reihenfolge ausgibt.

10.7. Zusammenfassung

10.7.1. Terminologie

In diesem Kapitel haben wir folgende Begriffe kennengelernt:

- Zu einem Ganzzahltyp gehören die *arithmetischen Operatoren.*
- *Ganzzahlliterale* sind Werte mit besonderer Syntax.
- Aus Ganzzahlobjekten und -werten kann man *Ganzzahlausdrücke* bauen.
- Es gibt mehrere Standard-*Ganzzahltypen* und *Ganzzahloperationen.*
- Ein *abgeleiteter Typ* wird vom *C*-Compiler als der gleiche Typ angesehen.
- Die Sprache definiert auch die *Ganzzahltypen* long int und short int.

10.7.2. Aufgaben

35. Aufgabe: Ergänzen Sie die Schnittstelle des Moduls MZAHLEIM um Ausnahmen, die durch Ganzzahloperationen ausgelöst werden können.

36. Aufgabe: Implementieren Sie die Klasse CZahl_Eimer mit Hilfe des Datentyps int und ihre Operationen + und <.

37. Aufgabe: Implementieren Sie die Klasse CZahl_Eimer mit Hilfe des Datentyps int so, daß es auch größere Ganzzahlen als MAXINT verarbeiten kann.

10.7.3. Prüfungsfragen

Entscheiden Sie, ob die folgenden Aussagen richtig oder falsch sind. Geben Sie dazu auch eine Begründung an.

- Arithmetische Operationen können nur für Behälter definiert werden, die Zahlen enthalten.
- Ein Ganzzahlobjekt ist ein einfaches Datenobjekt.
- Ganzzahl- und Ordnungsoperatoren dürfen in einem Ausdruck ohne Klammerung nicht gemischt werden.
- Ganzzahlliterale in *C* können im beliebigen Zahlensystem aufgeschrieben werden.
- Ganzzahlliterale stellen Werte dar.
- Mit einer geeigneten Methode der Bibliothek ofstream können Ganzzahlwerte auf dem Bildschirm ausgegeben werden.
- Objekte von abgeleiteten Ganzzahltypen sind untereinander kompatibel.
- % ist eine Ganzzahloperation.
- Die Sprache *C++* definiert immer die Ganzzahltypen int, long int und short int.

11. Numerik

Viele Berechnungen kommen mit ganzen Zahlen nicht aus, sondern brauchen auch Brüche. Praktisch alle höheren Programmiersprachen bieten einige *Bruchtypen*[1] standardmäßig an. Im wesentlichen gibt es zweierlei Bruchtypen: *Festkommatypen* und *Gleitkommatypen*[2]. Sie unterscheiden sich in der internen Darstellung und in der erreichbaren Genauigkeit.

11.1. Abstrakte Bruchtypen

Wie bis jetzt alle Standard-Datentypen wollen wir auch die Bruchtypen als abstrakte Datentypen spezieller Art verstehen. Deswegen untersuchen wir zu Anfang Module, die für den Zweck geeignete Bruchklassen exportieren.

11.1.1. Rationale Zahlen

Das im Kapitel 8.3. aufgeführte Beispiel für den Verbundtyp TRat gibt uns die erste Idee, eine abstrakte Bruchklasse zu implementieren:

```
class CRat {                                                    // (11.1)
public:
    CRat(); // wird mit 0 vorbesetzt
    CRat(int, int); // Zähler und Nenner für die Bildung rationaler Werte
    CRat operator +(const CRat&) const;
        ... // die 4 Grundoperationen ähnlich
    operator -() const; // monadisches Minus
    TBool operator <(const CRat&) const;
        ... // die üblichen relationalen Operationen ähnlich
protected:
    int zaehler, nenner;
    // Objekte werden immer gekürzt gespeichert, somit ist die Komponente gekuerzt nicht nötig.
};
const CRat rat_0(0, 1);
const CRat rat_1(1, 1);
```

In dieser internen Darstellung ist die Implementierung von Multiplikation am einfachsten: Zähler und Nenner werden miteinander multipliziert. Bei der Division geschieht dies umgekehrt:

```
CRat CRat::operator *(const CRat& rechts) const {
    return CRat (zaehler * rechts.zaehler, nenner * rechts.nenner);
}
```

---

[1] oft wird das englische *real types* mit *reellen Typen* übersetzt; dies impliziert, daß alle reelle Zahlen dargestellt werden, was nicht der Fall ist

[2] in Amerika wird statt Komma der Dezimalpunkt gebraucht, deswegen heißen sie auf englisch *fixed point* (auf deutsch: *Fixpunkt*) und *floating point* (auf deutsch: *Gleitpunkt* oder *Fließpunkt*)

```
    CRat CRat::operator /(const CRat& rechts) const {
➡       return CRat (zaehler * rechts.nenner, nenner * rechts.zaehler);
    }
```

Für die Programmierung der Addition nehmen wir die einfachste Formel (ohne
Kürzung):

$$\frac{a}{b} + \frac{c}{d} = \frac{ad + cb}{bd}$$

Demnach ist:
```
    CRat CRat::operator +(const CRat& rechts) const {
➡       return CRat& (zaehler * rechts.nenner + nenner * rechts.zaehler,
            nenner * rechts.nenner);
    }
```

Bei der Implementierung des Konstruktors CRat, die aus zwei Ganzzahlwerten einen
gekürzten Bruch herstellt, brauchen wir etwas Erinnerung an Schulmathematik: Die
Brüche werden mit Hilfe der Funktion[1] euklid()[2] gekürzt, die den größten gemeinsamen Nenner ihrer beiden nichtnegativen Ganzzahl-Operanden errechnet:

```
    #include <math.h> // für abs()
    CRat::CRat(int z, int n) {
        const int ggt = euklid(abs(z), n); // math::abs
➡       zaehler = z / ggt;
        nenner = n / ggt;
    }
```

Für die Vergleichsoperationen nutzen wir folgende Ungleichung aus:

$$\frac{a}{b} \le \frac{c}{d} \Leftrightarrow ad \le cb$$

Demnach ist:

```
    TBool CRat::operator < (const CRat& rechts) const {
        return zaehler * rechts.nenner < rechts.zaehler * nenner;
    }
    TBool CRat::operator == (const CRat& rechts) const {
        return zaehler * rechts.nenner == rechts.zaehler * nenner;
    }
    ... // die weiteren relationalen Operatoren ähnlich
```

Der Besitzer dieses Moduls kann nun abstrakte Bruchobjekte anlegen, mit denen er
(etwas ineffektiv) arithmetische Operationen durchführen kann:

```
    void rationale_zahlen() {                                          // (11.2)
        CRat betrag; // wird mit 0 vorbesetzt
        CRat alter(rat_1); // wird mit Konstante vorbesetzt
        CRat zinssatz(5, 100); // wird mit Konstruktor vorbesetzt
            ... // betrag und alter errechnen
```

---

[1] die entweder importiert oder im Modul lokal programmiert wird
[2] s. **41**. Aufgabe

```
➡    betrag = betrag + alter * zinssatz; // Operationen wie oben definiert
➡    TBool reicht_nicht = betrag < CRat(1000, 1); // DM 1000,- schwerfällig
```

Die Komponenten der Brüche können in Dialogprogrammen natürlich mit Hilfe von `cin` oder eine für diesen Zweck ausgeprägte Eingabemaske eingelesen und ähnlich auf dem Bildschirm dargestellt werden.

11.1.2. Gleitkomma-Dezimalbrüche

Da die meisten Numerik-Anwendungen keine Brüche mit beliebigem Nenner, sondern nur Dezimalbrüche brauchen, erscheint es zweckmäßig, ein Modul für Dezimalbrüche mit einer sehr ähnlichen Schnittstelle zu entwickeln:

```
class CGleit_Bruch { public:                                                   // (11.3)
    CGleit_Bruch(); // wird mit 0 vorbesetzt
    CGleit_Bruch(int, int); // Mantisse, Exponent
    CGleit_Bruch operator + (const CGleit_Bruch rechts) const;
        ... // usw.: die 4 Grundoperationen sowie die relationalen Operationen wie "=" und "<"
    int mantisse(); // zwei Selektoren
    int exponent();
protected: ...
```

Ein Dezimalbruch kann mit Hilfe des Konstruktors `CGleit_Bruch` aus zwei Ganzzahlen gebildet werden. Die erste (mit Vorzeichen) ist die *Mantisse*, aus der der eigentliche Zahlenwert des Bruchs errechnet wird, indem sie mit der Zehnerpotenz des *Exponenten* multipliziert wird:

$$Wert = Mantisse \cdot 10^{Exponent}$$

Der Benutzer des Moduls muß also seine Dezimalbrüche in zwei Ganzzahlen zerlegen: Der Wert *3,1415* wird mit Hilfe des Paares *(31415, -4)*, der Wert *36000,00* wird als *(36, 3)* dargestellt. Der Konstruktor erstellt aus diesem Ganzzahlpaar das nötige Objekt:

```
const CGleit_Bruch pi(31415, -4);
CGleit_Bruch preis (36, 3); // DM 36000,-
```

Mit Hilfe der Funktionen `mantisse` und `exponent` können aus einem abstrakten Dezimalbruch die beiden Komponenten zurückgewonnen werden.

Die interne Darstellung wird im privaten Teil der Spezifikation aufgeführt:

```
protected:
    int mant, expon; // wird alles mit 0 vorbesetzt
```

Das Vorzeichen der Mantisse ist dabei das Vorzeichen des dargestellten Bruchs. Das Vorzeichen des Exponenten ist für ganze Zahlen positiv, für Bruchzahlen negativ.

Die Implementierung der Multiplikation[1] ist hier auch einfach. Die Mantissen müssen als Ganzzahlen multipliziert, die Exponenten addiert werden:

---

[1] und so auch der Division

```
CGleit_Bruch CGleit_Bruch::operator * (const CGleit_Bruch rechts) const {
    return CGleit_Bruch(mant * rechts.mant, expon + rechts.expon);
}
```

Brüche in einer Darstellung mit Mantisse und Exponent heißen *Gleitkomma-Brüche*, manchmal auch *Fließkomma-Brüche*. Die Interpretation des Exponenten ist dabei die *Basis* des Bruchs: In unserem Beispiel war das *10*, es handelt sich also um *Gleitkomma-Dezimalbrüche*.

Die Implementierung der Addition zweier Brüche mit ungleichen Exponenten ist etwas aufwendig: Die beiden Zahlen müssen auf einen gemeinsamen Exponent gebracht werden: Die Mantisse des Bruchs mit dem kleineren Exponent muß sooft mit *10* multipliziert werden, bis die Exponenten gleich sind. Dann können die Mantissen einfach addiert und der gemeinsame Exponent in das Ergebnis übernommen werden:

```
#include <math.h> // für abs()
int zehn_hoch(int); // Funktion potenziert
CGleit_Bruch CGleit_Bruch::operator + (const CGleit_Bruch rechts)
        const {
    const int differenz = abs(expon - rechts.expon); // math::abs()
    CGleit_Bruch ergebnis;
    if (expon < rechts.expon) { // Verzweigung wird im Kapitel 12.1. eingeführt
        ergebnis.mant = mant + rechts.mant * zehn_hoch(differenz);
            // zehn_hoch berechnet 10 * 10 * ... * 10
        ergebnis.expon = expon;
    }
    else {
        ergebnis.mant = mant + rechts.mant * zehn_hoch(differenz);
        ergebnis.expon = expon;
    }
    return ergebnis;
}
```

Bei der Multiplikation mit der Zehnerpotenz kann es hier aber leicht zu einem Überlauf kommen, d.h. die Mantisse wird größer als die größte darstellbare ganze Zahl MAXINT. Die einzige Lösung ist dann, die andere Zahl mit der Zehnerpotenz zu dividieren. Der Rest geht verloren, so daß das Ergebnis nur als *Annäherung* oder *Approximation* gilt. Dies ist eine Eigenschaft der Gleitkomma-Arithmetik: Die Operationen liefern i.A. nur ein ungenaues Ergebnis.

Allerdings ist nicht nur das Ergebnis eine Annäherung, sondern oft sind auch die Operanden ungenau: Es gibt nämlich Buchwerte, die als Dezimalbrüche gar nicht genau dargestellt werden können, z.B. der Wert *1/3*. Für solche Werte muß schon bei der Eingabe ein Kompromiß gefunden werden: CGleit_Bruch(333, -3) oder CGleit_Bruch(33333, -5). Die maximale Genauigkeit für die Darstellung des Werts *1/3* ist durch die maximal darstellbare ganze Zahl MAXINT (d.h. maximale Mantisse) begrenzt.

11.1.3. Festkomma-Dezimalbrüche

Für die Addition ist es wirtschaftlicher, wenn die Exponenten der beiden Brüche von vornherein gleich sind. Dies wird sichergestellt, wenn der Exponent gleich bei der Definition des Bruchtyps festgelegt wird. Objekte von einem solchen Typ sind untereinander leicht zu addieren. Für diesen Zweck ist eine Klassenschablone geeignet, die zu Bruchtypen mit unterschiedlicher Anzahl von Nachkommaziffern ausgeprägt werden kann:

```
template <int n> class GBruch { protected:                                        // (11.4)
    long int mant; // einfache interne Darstellung
public:
    GBruch() : mant(0) {}; // wird mit 0 vorbesetzt
    GBruch(int m) : mant(m) {}; // vorbesetzt mit Mantisse
    int mantisse () { return int (mant); };
    GBruch<n> GBruch::operator + (const GBruch<n>& rechts) const;
        ... // usw.: die 4 Grundoperationen sowie die relationalen Operationen wie "=" und "<"
};
```

Hierdurch kann der Benutzer eine Klasse nach seinen Bedürfnissen ausprägen, die den Bruchtyp mit der gewünschten Präzision erzeugt:

```
GBruch<3> a(3528); // bedeutet 3,528                                               // (11.5)
GBruch<3> b(2345245); // bedeutet 2345,245
GBruch<3> c = a + b;
// schnelles Addieren: 3528 + 2345245 = 2348773 bedeutet 2348,773
```

In einem Programm können gleich mehrere Bruchtypen benötigt werden:

```
GBruch<3> dreistellig;
GBruch<9> neunstellig;
```

Die Objekte der Ausprägungen können miteinander nicht vermischt werden:

```
dreistellig = neunstellig; // der Compiler meldet Fehler
```

Die Implementierung von + und - ist das einfache Weiterreichen der entsprechenden Ganzzahloperationen. Der Konstruktor CBruch und der Informator mantisse konvertieren die Bruch- und Ganzzahltypen hin und zurück. Die Information, daß es sich dabei um Dezimalbrüche (mit festgelegtem Exponent) handelt, wird nur im Ausprägungsparameter der Klasse, also im Datentyp festgehalten. Zur Laufzeit werden nur die Mantissen als Ganzzahlen der einzelnen Objekte gespeichert.

Ein Versuch, auch Multiplikation für Festkommabrüche zu definieren, führt zu einem erstaunlichen Ergebnis: Das Produkt zweier Objekte der Klasse CBruch<3> ist ein Objekt der Klasse CBruch<6>! Bei der Multiplikation zweier Brüche mit je 3 Dezimalstellen entsteht ein Bruch mit 6 Dezimalstellen. Dies ist eine Eigenschaft der Festkomma-Arithmetik: Multiplikation führt aus dem Typ heraus. Möchte man das Ergebnis trotzdem vom Typ CBruch<3> darstellen, müssen die überschüssigen Stellen abgeschnitten, d.h. die Ganzzahldarstellung des Ergebnisses mit einer entsprechenden Anzahl von Zehnerpotenzen[1] dividiert werden. Die Ergebnisse sind i.A. wiederum nur approximativ.

Selbstverständlich können Werte wie *1/3* auch als Festkomma-Dezimalbrüche nicht genau dargestellt werden. Hier wird jedoch die Genauigkeit durch die Klassenausprägung von vornherein festgelegt:

---

[1] hier mit 1000

```
CBruch<3> dreistellig(333); // 1/3
CBruch<6> sechstellig(333333); // 1/3
```

Die Entfernung zwischen zwei unterscheidbaren Werten heißt die *absolute Genauigkeit* des Festkommatyps. Für CBruch<3> ist dies 10^3, für CBruch<3> ist 10^6.

11.1.4. Binärbrüche

Die ausführliche Untersuchung der obigen drei Lösungen, Brüche darzustellen, führt zum Ergebnis, daß die Operationen an den meisten Rechnern sehr langsam ausgeführt werden. Sie arbeiten nämlich mit dem Datentyp int und seinen Operationen. Diese werden heutzutage praktisch immer intern als Binärzahlen dargestellt. Die Multiplikation oder Division einer Binärzahl mit einer Zehnerpotenz ist eine teuere (langsame) Operation; ebenso ist der häufige Aufruf der Funktion euklid teuer.

Die Bestrebungen, die teueren Operationen effizienter ausführen zu können, führen zur Idee, die Brüche nicht mit Dezimal-, sondern mit Binärexponent darzustellen: Das Zahlenpaar *(36, 3)* stellt dann nicht den Wert *36 · 10^3 = 36000*, sondern den Wert *36 · 2^3 = 288* dar. Oder andersherum, der Wert *36000 = 1125 · 2^5* wird intern durch das Zahlenpaar *(1125, 5)* repräsentiert. Anstatt des Dezimalkommas wird also ein Binärkomma eingeführt. An der Schnittstelle des Moduls ändert sich nichts, nur der Konstruktor CBruch rechnet die vom Benutzer angegebenen Ganzzahlwerte mantisse und exponent in eine andere interne Darstellung um.

Desweiteren wurde die Vereinbarung getroffen, daß das Binärkomma nicht an den rechten, sondern an den linken Rand der Mantisse gesetzt wird. Man sagt dann, die Bruchzahl liegt in *Normalform* vor. Mit dieser Regelung stellt das Zahlenpaar *(36, 3)* den Wert *0,36 · 2^3 = 2,88* dar.

Selbstverständlich können viele Werte auch als Binärbrüche nicht exakt dargestellt werden, so auch *1/3 $\cong$ 0,33333333 · 2^0*, der durch das Zahlenpaar *(33333333, 0)* also nur annähernd verkörpert wird. Zu den nicht exakt darstellbaren Werten gehört auch unsere *36000*: Das Zahlenpaar *(5493164, 16)* stellt nur den approximativen Wert *0,5493164 · 2^{16} = 0,5493164 · 65536 = 35999,999* dar. Da die Berechnungen jedoch alle nur einen Näherungswert liefern, bedeutet der Genauigkeitsverlust auch bei den Operanden keinen Nachteil.

Umgekehrt stimmt dies jedoch nicht: die Ergebnisse einer Berechnung sind i.A. ungenauer als die Operanden. Mit der Abschätzung des Genauigkeitsverlustes bei Operationen beschäftigt sich die *numerische Mathematik*.

Ähnlich werden auch Festkomma-Binärbrüche definiert. Wenn ein Objekt des Datentyps CBruch_16 intern den Ganzzahlwert *36000* enthält, stellt dieser dann den Bruchwert *0,36 · 2^{16} = 23592,96* dar. Oder andersherum, der Wert *36000,00* wird in einem Objekt des Datentyps CBruch_16 intern durch den Ganzzahlwert *5493164* approximativ dargestellt, da *0,5493164 · 2^{16} = 0,5493164 · 65536 = 35999,999*.

Für den Benutzer bedeutet dies keine Änderung der Schnittstelle, weil der Konstruktor CBruch den angegebenen Ganzzahlwert in die innere Darstellung umrechnet. Ähnlich liefert mantisse aus der internen Darstellung den (i.A. gerundeten) Ganzzahlwert.

Aus den obigen Überlegungen folgt, daß die Entfernung zwischen zwei unterscheidbaren Werten eines Gleitkommatyps für kleinere Werte kleiner ist als für größere. Das Verhältnis der Entfernung und des absoluten Werts heißt die *relative Genauigkeit* des Gleitkommatyps.

11.1.5. Modellzahlen

Wie oben erläutert, können nicht alle mathematischen Werte von einem Bruchtyp exakt dargestellt werden. Die interne Darstellung für Bruchtypen erfolgt binär, so daß auch die häufig benutzten Werte *1/10* oder *1/100* nicht exakt, sondern nur annähernd (als *1/16* oder *1/128*) dargestellt werden. Um den Genauigkeitsverlust durch die Approximation zu begrenzen, wurde die mathematische Theorie der *Intervallarithmetik*[1] entwickelt.

Hierzu dient das Konzept der *Modellzahlen*; diese sind für jeden Bruchtyp diejenigen Bruchwerte, die in einer gegebenen Implementierung im Rechner exakt dargestellt werden können. Für einen Festkommatyp wird die *Höchstdistanz*[2] zwischen zwei Modellzahlen definiert; er heißt auch *absolute Genauigkeit* des Festkommatyps. Für einen konkreten Compiler wird die aktuelle Distanz wahrscheinlich kleiner sein. Beispielsweise muß bei der Höchstdistanz *0.01* die Distanz zwischen zwei Modellzahlen höchstens *1/100* betragen; in den meisten Implementierungen (mit Binärdarstellung) wird mit einer Distanz von *1/128* gearbeitet.

Die Distanz der Modellzahlen (die Differenz zwischen zwei benachbarten Zahlen) für einen Gleitkommatyp wird als das Verhältnis zum absoluten Wert des darzustellenden Wertes angegeben, d.h. in der Nähe des Wertes *0* verdichten sich die Modellzahlen. Die Distanz *7* bestimmt, daß

$$\frac{Differenz}{absoluter\,Wert} \leq 10^{-7}$$

oder daß der Wert mindestens auf die ersten 7 wertvollen Dezimalstellen genau ist. Dies ist die *relative Genauigkeit* des Gleitkommatyps.

Der Unterschied der Modellzahlen von Fest- und Gleitkommatypen kann folgendermaßen dargestellt werden:

---

[1] einige Programmiersprachen wie *Ada* nehmen diese Theorie als Grundlage für die Implementierung von Bruchtypen

[2] oft mit Δ (ein griechischer Buchstabe *Delta*) gekennzeichnet

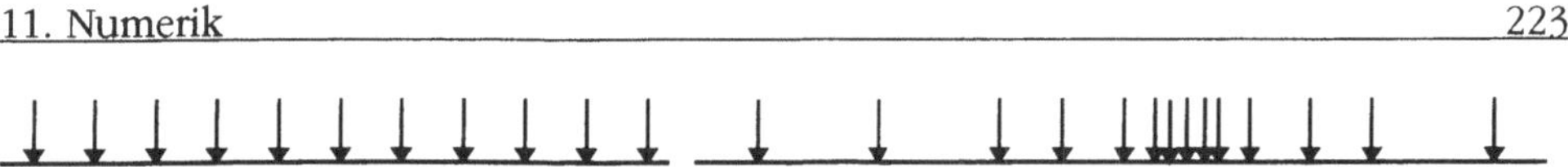

0,0   0,0

Modellzahlen für einen Festkommatyp   **Modellzahlen für einen Gleitkommatyp**

Abb. 11.1: Modellzahlen

Zusätzlich zu den Modellzahlen können für einen gegebenen Bruchtyp weitere Bruchwerte exakt dargestellt werden: Diese nennt man *sichere Zahlen*.

Unter einem *Modellintervall* versteht man die beiden Modellzahlen, die eine Zahl, die keine Modellzahl ist, umgeben. Mit Hilfe der Modellintervalle wird die Genauigkeit von Operationen, d.h. der absolute oder relative Fehler definiert.

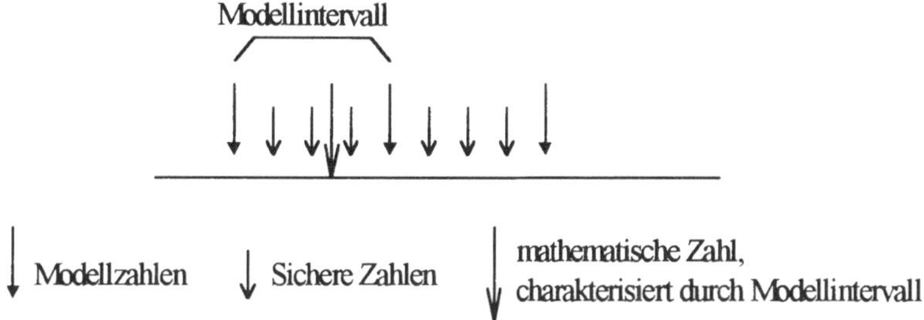

Abb. 11.2: Intervallarithmetik

Eine Modellzahl stellt jeden Wert im gesamten darüberliegenden Modellintervall dar. Oder andersherum, jeder Wert in einem Modellintervall wird durch die untere Grenze des Intervalls dargestellt. Zum Beispiel wird der Wert *1/100*, der für den Festpunkttyp mit Höchstdistanz *0.01* in den meisten Implementierungen keine Modellzahl ist, durch den Modellintervall [*1/128, 2/128*] und somit durch die Modellzahl *1/128* dargestellt. Aber auch der Wert *0,011* fällt in dieses Intervall und wird durch dieselbe Modellzahl *1/128* dargestellt. Dies bedeutet, daß dieser Datentyp keinen Unterschied zwischen den Werten *0,01* und *0,011* macht. Die Höchstdistanz *0.01* drückt dies so aus, daß die Genauigkeit der dargestellten Werte mindestens ein Hundertstel beträgt.

11.2. Konkrete Brüche

Die konkreten Bruchtypen - ähnlich den konkreten Ganzzahltypen - werden praktisch in jeder Programmiersprache definiert. Die unterschiedlichen *C*-Compiler implementieren diese leider auf unterschiedliche Weise, somit ist die Portabilität von Programmen zwischen diesen Compilern nicht garantiert.

11.2.1. Bruchliterale

Es ist ein sehr unnatürlicher Weg, einen Bruchwert als ein Zahlenpaar aus Mantisse und Exponent oder als einen Ganzzahlwert mit gedachtem Binärkomma wie im Kapitel 11.1. anzugeben. Statt dessen wurden in der Sprache *C* spezielle Literale definiert, die Bruchwerte darstellen. Sie sind geeignet, als Werte mit einer speziellen Syntax[1] für die im nächsten Abschnitt eingeführten konkreten Bruchtypen verwendet zu werden. Diese heißen *Bruchliterale*. Sie bilden zusammen mit den Ganzzahlliteralen die *numerischen Literale*. Sie werden ähnlich wie Ganzzahlliterale aufgebaut, allerdings enthalten sie immer einen Dezimalpunkt und mindestens eine Ziffer links oder rechts davon. Beispiele für Bruchliterale sind:

$$0.0 \quad 0. \quad .0 \qquad 1.0 \quad 1. \quad 123.456 \quad 3.141\_592 \quad 1.0e6 \quad 12.34e\text{-}5$$

11.2.2. Standard-Bruchtypen in *C*

Alle *C*-Compiler implementieren die konkreten Bruchtypen `float` und `double`. Sie alle haben einen Satz von Operationen, die denen von `int` sehr ähnlich sind.

Alle Bruchtypen, so auch `float`, sind zwar keine diskreten, aber skalare, also auch geordnete Typen: Die Vergleichsoperationen wurden von der Sprache definiert.

Einige Implementierungen definieren weitere Bruchtypen wie `short float` und `long double`, die es ermöglichen, platzsparender und schneller oder aber genauer zu rechnen.

C-Compiler machen keine Unterscheidung zwischen den Objekten verschiedener Bruchtypen; in anderen Sprachen wie *Ada* führt die Kombination jedoch zu Fehlermeldungen und somit zu frühzeitiger Erkennung von logischen Fehlern:

```
typedef float TGeschwindigkeit;                                   // (11.6)
typedef double TBeschleunigung;
TGeschwindigkeit g = 50; // km/h
TBeschleunigung b = 9.81; // m2/sec
b = 2 * g; // logischer Fehler, in C erlaubt
```

11.2.3. Operationen für Bruchtypen

Dieselben Operatoren wie für Ganzzahltypen wurden auch für Bruchtypen definiert, außer %. Es gelten auch die Zuweisungsoperatoren. Somit ist

```
float a = 1.0; // Achtung, Bruchliteral nötig!                    // (11.7)
a += 2.0;
```

gleichwertig mit

```
a = a + 2.0;
```

Ähnlich funktionieren die Operatoren -=, *= und /=.

11.2.4. Ein- und Ausgabe von Bruchwerten

Auch Bruchwerte können - wie Ganzzahlwerte - in Textform oder in Binärform ein- und ausgegeben werden. Die Operatoren << und >> funktionieren auch für Brüche:

---

[1] ähnlich wie die Ganzzahlliterale für die Ganzzahltypen die Werte darstellen

```
#include <iostream.h>                                        // (11.8)
float x, y;
cout << "Bitte zwei Brüche eingeben: ";
```
➡ `cin >> x >> y;`

    ...

➡ `cout << "Das Ergebnis ist " << x << " und " << y << endl;`

Wird nicht die Standard-Ein- und Ausgabe benutzt, muß der Benutzer seine eigenen
Dateiobjekte definieren und öffnen:

```
ifstream eingabe;
```
➡ `eingabe.open(dateiname, ios::nocreate);`
```
float x;
```
➡ `eingabe >> x;`

Ohne das Modul `iostream.h` muß das Modul `stdio.h` für die Ein- und Ausgabe benutzt werden. Für den Bildschirm und die Tastatur können die schon bekannten
Funktionen `printf` und `scanf` mit den Steuerzeichen `%f` oder `%d` benutzt werden:

```
#include <stdio.h>
int x, y;
printf("Bitte zwei Brüche eingeben: ");
```
➡ `scanf("%f%f", x, y); // %f = float für Brüche`

    ...

➡ `printf("Das Ergebnis ist %d und %d\n", x, y); // %d = Dezimalformat`

58. **Übung**: Implementieren Sie ein textorientiertes und ein fensterorientiertes Dialogprogramm, das in Fahrenheit angegebene Temperaturen[1] in Celsius umrechnet.
Die Formel für die Umrechnung ist:

$$\text{Grad in Celsius} = \frac{5(\text{Grad in Fahrenheit} - 32)}{9}$$

11.3. Vektoren und Matrizen

Ein Beispiel für die Verwendung von numerischen Typen (wie Ganzzahl- und
Bruchtypen) ist die *Vektorrechnung*. Unter einem *Vektor* versteht man in der Ma-
thematik eine Zahlenreihe; meistens werden Vektoren als (abstrakte oder konkrete)
Felder implementiert. Vektoren kann man addieren, subtrahieren, multiplizieren,
usw. Unter der Summe zweier (gleichdimensionierter) Vektoren verstehen wir einen
Vektor, dessen Elemente aus der Summe der entsprechenden Elemente beider
Vektoren bestehen:

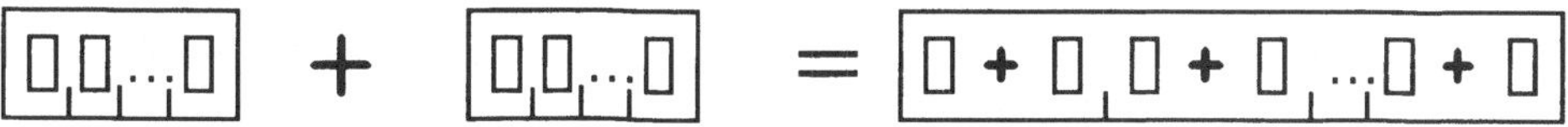

Abb. 11.3: Vektoraddition

Mathematisch kann dies folgendermaßen formuliert werden:

---

[1] wie es in Amerika üblich ist

$$\left(a_1, \quad a_2, \quad .. \quad a_n\right) + \left(b_1, \quad b_2, \quad ... \quad b_n\right) = \left(a_1 + b_1, \quad a_2 + b_2, \quad ... \quad a_n + b_n\right)$$

Die Klassenschablone GVektor implementiert das Algebra für Vektorrechnung. Die Implementierung der dazugehörigen Addition braucht die Rückruffunktion, die die Summe zweier Elemente errechnet. Dies wird dem Aufruf als Argumentfunktion übergeben:

```
template <class TElement> // mit +- Operator                          // (11.9)
class GVektor { public:
    GVektor(int); // parametrisierter Konstruktor: Länge des Vektors
    GVektor(const GVektor&); // Kopierkonstruktor
    GVektor& operator +(const GVektor&) const
        throw(EUngleiche_Vektoren); // addiert zwei Vektoren
    ...
private:
    int laenge;
    TElement* inhalt; // Zeiger auf ein Feld der Laenge laenge
};
```

Vor der Ausprägung muß für den Ausprägungstyp TElement der Operator + definiert worden sein, da im Rumpf des Vektoraddition-Operators[1] zwei Elemente addiert werden. Wird die Schablone für einen einfachen Elementtyp wie float ausgeprägt, ist er von der Sprache her gegeben. Für komplexe Datentypen muß er vom Auspräger der Schablone definiert werden.

Die einzelnen Komponenten eines Vektors werden mit Hilfe des überladenen Indexoperators [] erreicht:

```
TElement& operator [] (const int) const throw(EFalscher_Index);
```

Das *Skalarprodukt* zweier Vektoren mit gleichen Ausmaßen ist kein Vektor, sondern ein Element von dem Datentyp, aus denen die Vektoren zusammengesetzt werden. Es wird errechnet, indem je zwei Elemente der beiden Vektoren mit dem gleichen Index multipliziert und die Produkte addiert werden. Die mathematische Formel hierfür ist:

$$\left(a_1, \quad a_2, \quad .. \quad a_n\right) \cdot \left(b_1, \quad b_2, \quad ... \quad b_n\right) = \sum_{i=1}^{n} a_i \cdot b_i$$

Die Klassenschablone GVektor exportiert auch eine Methode für das Skalarprodukt. Da die Sprache die Parameter des *-Operators festschreibt, muß die Vektormultiplikation als Funktion skalar_produkt und nicht als operator * definiert werden. Hierzu muß auch vor der Ausprägung auch der Operator * für TElement definiert worden sein, um der Schablone mitzuteilen, wie zwei Elemente miteinander multipliziert werden. Darüber hinaus muß der Nullwert des Elementtyps, das Produkt zweier Nullvektoren[2], als Argument übergeben werden:

---

[1] s. Programm (12.13)
[2] mit keinen Elementen, d.h. der Fall $n=0$

```
TElement& skalar_produkt(const GVektor&, TElement& null)
    const throw(EUngleiche_Vektoren);
```

Diese Klasse wird typischerweise für einen Ganzzahltyp oder Bruchtyp ausgeprägt:

```
// Definition der drei Vektoren:                                       (11.10)
const int vektor_laenge = 25;
GVektor<float> a(vektor_laenge), b(vektor_laenge);
a[13] = 5.7; // Komponente mit Indexoperator beschreiben
    ... // a und b werden mit Werten gefüllt
➡ GVektor<float> c = a + b; // die Summe wird errechnet
➡ float bruch_objekt = a.skalar_produkt(b, 0.0);
float x = c[13]; // Komponente mit Indexoperator lesen
```

Die Klassenschablone GVektor kann für einen beliebigen Datentyp ausgeprägt werden, sofern geeignete Addition, Multiplikation und Nullelement für diesen Datentyp definiert wurden:

```
// Definition der Operatoren + und * für CEimer:
➡ CEimer& operator +(const CEimer& erster, const CEimer& zweiter) {
    CEimer* eimer = new CEimer;
        ... // *eimer wird in Abhängigkeit von erster und zweiter gefüllt
    return *eimer;
}

CEimer& operator *(const CEimer& erster, const CEimer& zweiter) {
    ... // irgendwie ähnlich
}
➡ const CEimer null_eimer; // spezieller (leerer und unsichtbarer) Eimer als Nullwert
// Jetzt können Eimervektoren angelegt, addiert und ihr Skalarprodukt errechnet werden:
GVektor<CEimer> e_vektor_1(5), e_vektor_2(5);
e_vektor_1[1].fuellen(wasser); // Schreibzugriff auf eine Komponente
    ... // Vektoren füllen
➡ e_vektor_1 = e_vektor_1 + e_vektor_2;
CEimer eimer = e_vektor_1.skalar_produkt(e_vektor_2, null_eimer);
```

Ein Vektor aus Vektoren (zweidimensionaler Vektor) heißt *Matrix*. Solche Felder heißen *mehrdimensional*.

Ein Feld kann bildlich durchs Nebeneinanderschreiben der Komponenten dargestellt werden. Ein Feld aus Feldern sieht demnach folgendermaßen aus:

Abb. 11.4: Feld aus Feldern

Es besteht jedoch die Möglichkeit, die Komponenten eines Feldes nicht nebeneinander, sondern untereinander zu schreiben. Daraus ergibt sich für zweidimensionale Felder eine tabellenartige Darstellung, eine *Matrix*.

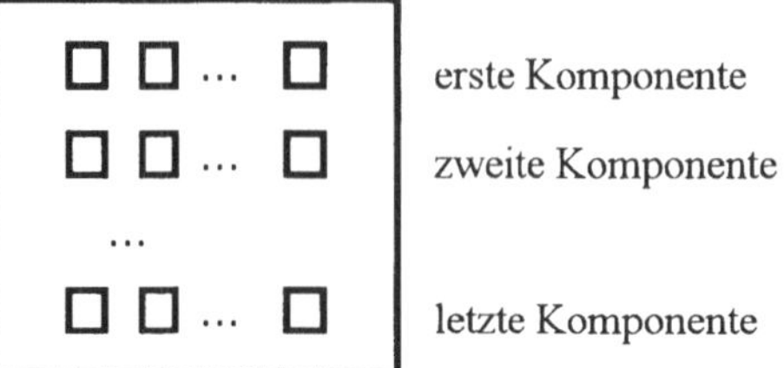

Abb. 11.5: Matrix

Die folgende Modulschablone errechnet die Summe und das Produkt[1] zweier Matrizen. Sie ist nur für numerische Datentypen ausprägbar, für die das Nullelement als 0 geschrieben werden kann und die arithmetischen Operatoren definiert sind. Dann kann die Multiplikation als Operator exportiert werden:

```
template <class TElement> // nur für numerische Datentypen          (11.11)
class GMatrix { public:
    GMatrix(int, int); // Parameter: Anzahl Zeilen und Spalten
    GMatrix(const GMatrix&);
    GMatrix& operator +(const GMatrix&) const
        throw(EUngleiche_Matrizen); // addiert zwei Matrizen
    GMatrix& operator *(const GMatrix&) const
        throw(EUngleiche_Matrizen); // multipliziert zwei Matrizen
    ...
```

Matrizen werden genauso benutzt wie Vektoren. Der wesentliche Unterschied besteht in der doppelten Indizierung: Eine Matrix wird mit zwei Dimensionen (Länge und Breite) angelegt (s. parametrisierter Konstruktor GMatrix), und die Komponenten der Matrix werden mit zwei Indizes erreicht. Dies kann leider nicht mit Hilfe des Indexoperators [] wie bei Vektoren ausgeführt werden, da die Sprache die Anzahl seiner Parameter festschreibt. Statt dessen wird die Zugriffsfunktion element mit zwei Indexparametern exportiert:

```
TElement& element(const int, const int) const throw(EFalscher_Index);
```

Im Rumpf dieser Methode wird ein Element der Matrix mit der Berechnung seiner Index selektiert:

```
template <class TElement>
TElement& GMatrix<TElement>::element(const int zeile, const int spalte) const
    throw(EFalscher_Index) { // hier werden die Indizes nicht überprüft
    return inhalt[spalte * breite + zeile];
}
```

Mit ihrer Hilfe kann nun eine Komponente geschrieben und gelesen werden:

```
GMatrix<int> matrix(10, 25); // eine Matrix aus 250 Ganzzahlen      // (11.12)
matrix.element(8,17) = 3540; // Komponente schreiben
cout << matrix.element(8,17); // Komponente lesen
GMatrix<int> zweite_matrix(matrix); // Kopierkonstruktor
matrix = matrix + zweite_matrix;
```

---

[1] die Semantik der Matrixmultiplikation wird in der 63. Aufgabe erläutert

11.4. Zusammenfassung

11.4.1. Übersicht der Datentypen

Damit haben wir fast alle Arten von Datentypen in C++ kennengelernt. Sie können nach dem folgenden Schema kategorisiert werden:

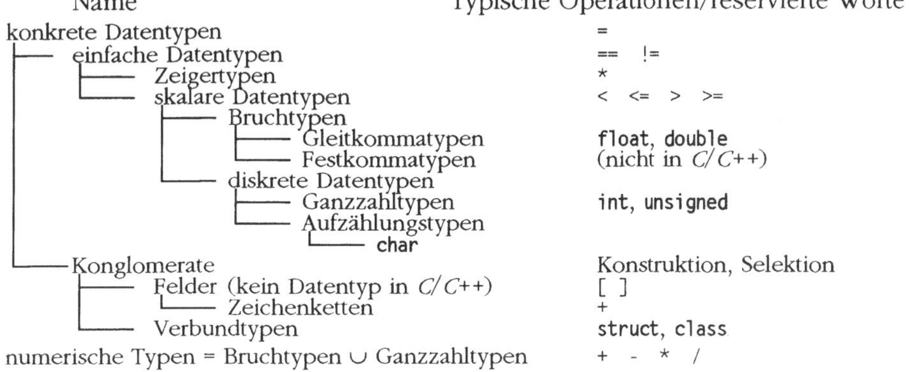

Abb. 11.6: Datentypen

Alle Operatoren der Sprache C/C++ werden in der folgenden Tabelle in Gruppen gleicher *Priorität* zusammengefaßt:

Operator	Operation	Operand(en)	Ergebnis	
[]	Indizierung	Feld/Ganz	Basistyp	Selektions-
()	Klammerung	beliebig	das gleiche	operatoren
.	Verbundselektion	Verbund	Komponententyp	
->	Zeigerselektion	Verbundzeiger	Komponententyp	
++	Inkrementieren	diskret	das Gleiche	monadische
--	Dekrementieren	diskret	das Gleiche	Operatoren
sizeof	Objektgröße	beliebig	Ganzzahl	
&	Adresse	beliebig	Zeiger	
*	Dereferenzierung	Zeiger	beliebig	
-	Negativ	numerisch	das Gleiche	
~	Negation	Bitfeld	Bitfeld	
!	Negation	beliebig	logisch	
Typ	Typkonvertierung	beliebig	beliebig	
*	Multiplikation	numerische	das Gleiche	multiplikative
/	Division	numerische	das Gleiche	Operatoren
%	Divisionsrest	Ganzzahl	Ganzzahl	

Operator	Operation	Operand(en)	Ergebnis	
+	Addition	numerische	das Gleiche	additive
-	Subtraktion	numerische	das Gleiche	Operatoren
<<	Linksverschiebung	Bitfeld	Bitfeld	
>>	Rechtsverschiebung	Bitfeld	Bitfeld	
<	kleiner	skalare	logisch	Vergleichs-
<=	kleiner gleich	skalare	logisch	operatoren
>	größer	skalare	logisch	
>=	größer gleich	skalare	logisch	
==	Gleichheit	einfache	logisch	Gleichheits-
!=	Ungleichheit	einfache	logisch	operatoren
&	Bitkonjunktion	Bitfeld	Bitfeld	Bitfeld-
^	Bitexjunktion	Bitfeld	Bitfeld	operatoren
|	Bitdisjunktion	Bitfeld	Bitfeld	
&&	Konjunktion	logische	logisch	logische
||	Disjunktion	logische	logisch	Operatoren
?	Bedingung	beliebige	das Gleiche	Bedingung
=	Zuweisung	beliebige	das Gleiche	Zuweisungs-
+=	Addieren	numerische	das Gleiche	operatoren
-=	Subtrahieren	numerische	das Gleiche	
*=	Multiplizieren	numerische	das Gleiche	
/=	Dividieren	numerische	das Gleiche	
%=	Divisionsrest	numerische	das Gleiche	
<<=	links verschieben	beliebig	das Gleiche	
>>=	rechts verschieben	beliebig	das Gleiche	
&=	Konjunktion	logische	logisch	
|=	Disjunktion	logische	logisch	
^=	Negation	logische	logisch	
,	Sequenz	Parameterliste	Parameter	

Abb. 11.7: Priorität der Operatoren

Diese Operatoren können für Klassen überladen oder überschrieben werden. In
C/C++ können keine weiteren Operatoren definiert werden.

11.4.2. Terminologie

In diesem Kapitel haben wir folgende Begriffe kennengelernt:

- Viele Implementierungen von *abstrakten Bruchtypen* sind ineffizient.
- Die Implementierung von *konkreten Bruchtypen* durch den Compiler orientiert
  sich an der Struktur der Basismaschine.
- *Gleitkomma-Brüche* und *Festkommabrüche* sind zwei Arten, Bruchwerte intern
  darzustellen.

- Die meisten Bruchwerte können nur als *Annäherung* dargestellt werden.
- *Bruchliterale* sind Werte mit besonderer Syntax.
- Die *Intervallarithmetik* definiert die *Modellzahlen* und die *sicheren Zahlen*.
- Die *Modellzahlen* eines Bruchtyps sind exakt darstellbare Bruchwerte.
- Die Nicht-Modellzahlen werden durch *Intervalle* dargestellt.
- Die Modellzahlen eines *Festkommatyps* sind gleichmäßig auf der Zahlengerade verteilt.
- Für diese wird ihre *Höchstdistanz* definiert.
- Die Modellzahlen eines *Gleitkommatyps* sind um die Null herum dichter als weit weg von der Null.
- Für diese wird ihre *relative Genauigkeit* festgelegt.
- Festkommatypen werden als Ganzzahlen mit einem *imaginären Binärkomma* dargestellt.
- Die Algebra von Bruchtypen kann auf Vektoren und Matrizen erweitert werden.
- Das *Skalarprodukt* zweier Vektoren ist ein Wert.
- *Mehrdimensionale* Vektoren werden durch Indexrechnung auf eindimensionale abgebildet.
- Ein zweidimensionaler Vektor heißt *Matrix*.

11.4.3. Aufgaben

38. Aufgabe: Entwerfen Sie die Schnittstelle der Klassenschablone `GBin_Bruch`, deren Objekte Binärbrüche sind. Überlegen Sie sich, welche Ausprägungsparameter hierfür sinnvoll sind.

39. Aufgabe: Implementieren Sie die Klassenschablone `GBin_Bruch` mit Hilfe von Standard-Bruchtypen.

40. Aufgabe: Prägen Sie die Matrixschablone mit einem abstrakten Bruchtyp `GBin_Bruch` aus.

11.4.4. Prüfungsfragen

Entscheiden Sie, ob die folgenden Aussagen richtig oder falsch sind. Geben Sie dazu auch eine Begründung an.

- Berechnungen mit abstrakten Bruchtypen sind immer ineffektiv.
- Ein Festkomma-Binärbruch kann mit Hilfe einer Ganzzahl implementiert werden.
- Ein Gleitkomma-Dezimalbruch kann mit Hilfe zweier Ganzzahlen implementiert werden.
- Jedes Ganzzahlliteral ist auch ein Bruchliteral.
- Sichere Zahlen werden nicht durch ein Modellintervall, sondern durch ihre exakte Repräsentation dargestellt.
- Vektoren und Matrizen werden nur aus Ganzzahl- oder aus Bruchtypen gebildet.
- Werte innerhalb eines Modellintervalls sind bei Berechnungen austauschbar.

12. Steuerstrukturen

Bis zu dieser Stelle haben wir nur sequentielle Algorithmen kennengelernt. Unser Hauptprogramm bestand immer aus einer Reihe von Anweisungen[1], die eine nach der anderen ausgeführt wurden.

Hinter den einzelnen Aufrufen haben wir eine Abweichung von der sequentiellen Abarbeitung kennengelernt: die Ausnahmebehandlung[2]. Mit Hilfe einer Menüoberfläche haben wir aber auch die Ausführungsreihenfolge der Prozeduraufrufen bestimmt, diese mußte nicht schon beim Programmieren festgeschrieben werden. Hiermit konnten wir *Wiederholungen[3]* (*Schleifen*) und *Fallunterscheidungen[4]* (*Verzweigungen*) interaktiv erzeugen.

In diesem Kapitel werden wir die traditionellen Wege kennenlernen, die praktisch jede Programmiersprache anbietet, nichtsequentielle Algorithmen zu erstellen. Sie werden normalerweise in den Anfängen eines Programmierunterrichts vorgestellt und sie bilden die Grundlage jeder Programmierertätigkeit. Leider zwingen die Sprachen den Programmierer nicht, sie diszipliniert zu benutzen, und hierfür gibt es auch keine allgemein akzeptierten Regeln. Infolge dessen entstehen schwer nachvollziehbare Programme. Die Folge ist, daß oft, anstatt einen vorhandenen Progammbaustein zu verstehen und zu ergänzen, neue Programmteile[5] erstellt werden.

Wir haben die Einführung der Steuerstrukturen hinausgezögert, um zu zeigen, daß es häufig sinnvoll ist, mit anderen, fortschrittlicheren Sprachelementen[6] zu operieren. Im Endeffekt muß man doch zu den traditionellen Steuerstrukturen greifen, zumindest um die elementaren Bausteine zu programmieren.

12.1. Fallunterscheidungen

Neben den Wiederholungen gehören die *Fallunterscheidungen* oder *Verzweigungen* oder *Alternativen* zu den traditionellen Steuerstrukturen.

12.1.1. Mehrweg-Alternativen

Die erste, die wir kennenlernen, ist die *Mehrweg-Alternative*:

---

[1] meistens Operationsaufrufen
[2] wo der Verteiler **catch** den der Ausnahmeart entsprechenden Programmabschnitt aktiviert
[3] bei der wiederholten Auswahl eines Menüpunktes
[4] bei der Auswahl unterschiedlicher Menüpunkte
[5] mit neuen Fehlern und mit neuem Testaufwand
[6] Modularisierung, Methodenaufruf, Parametereinsetzung, Schablonenausprägung, usw.

```
➡  switch (eimer.inhalt()) {                                         // (12.1)
       case wasser: meldungsfenster("Eimer ist mit Wasser gefüllt");
           break;
       case wein: meldungsfenster("Eimer ist mit Wein gefüllt");
           break;
       default: meldungsfenster("Eimer ist mit falschem Getränk gefüllt");
   }
```

Nach dem reservierten Wort **switch** steht in Klammern ein Ausdruck[1], der einen diskreten Wert[2] liefert. Die Alternativen nach dem reservierten Wort **case** können alle Werte des Aufzählungstyps auflisten. Wenn nicht alle aufgelistet werden, muß zum Schluß ein Zweig mit **default** stehen, der alle restlichen Fälle erschlägt. Nach jeder Alternative muß eine **break**-Anweisung stehen, außer, wenn gewünscht wird, daß die nächsten Anweisungen auch ausgeführt werden.

Eigentlich verlangt *C* zwischen den Klammern nach **case** einen Ganzzahlwert größer oder gleich 0. Wie in anderen Sprachen, sprechen wir hier jedoch von einem diskreten Wert, also von einem (nichtnegativen) Ganzzahlwert oder einem Aufzählungswert. Aufzählungswerte werden in *C*, wie schon öfters erwähnt, als Ganzzahlwerte gespeichert.

12.1.2. Einweg-Alternativen

Im einfachsten Fall ist der Aufzählungsausdruck vom Typ TBool:

```
   switch (a == b) {
➡      case True:  // hier kann eine ganze Anweisungssequenz stehen
           a = 0;
           b = b + 1;
           break;
       default: ;  // oder case False
   }
```

Dieser einfache Fall heißt *Einweg-Alternative*. Sie kann auch durch die aus der Tradition stammende Steuerstruktur **if** etwas kürzer ausgedrückt werden:

```
   if (a == b) {
       a = 0;
       b = b + 1;
   } // gleichwertig mit dem obigen switch
```

Die geschweiften Klammern können weggelassen werden, wenn der Rumpf der Einweg-Alternative nur aus einer Anweisung besteht.

Eigentlich verlangt *C* zwischen den Klammern nach **if** einen Ganzzahlwert; die Verzweigung wird danach ausgeführt, ob er 0 ist oder nicht 0. Da wir aber Aufzählungstypen nicht als Ganzzahltypen betrachten, verlangen wir hier einen Wert vom Typ TBool.

---

[1] z.B., wie in diesem Fall, ein Informatoraufruf
[2] hier einen Aufzählungswert, anderswo möglicherweise einen Ganzzahlwert

12.1.3. Zweiweg-Alternativen

Sind in einer TBool-Fallunterscheidung beide Alternativen aufgelistet, spricht man von einer *Zweiweg-Alternative*:

```
switch (eimer.gefuellt()) {
    case True: meldungsfenster("Eimer ist gefüllt");
        break;
    case False: meldungsfenster("Eimer ist leer");
        // default wäre auch moglich, jedoch nicht so gut
}
```

Die Zweiweg-Alternative hat auch die traditionsgemäße Darstellung in Form von if-else:

```
if (eimer.gefuellt())
    meldungsfenster("Eimer ist gefüllt");
else
    meldungsfenster("Eimer ist leer");
// gleichwertig mit dem obigen switch
```

12.1.4. Schachtelung von Fallunterscheidungen

In konventionell aufgebauten Programmen ist diese Struktur die häufigste. Insbesondere werden die Fallunterscheidungen oft geschachtelt:

```
if (erste_abfrage) {
erste_aktion();
    if (zweite_abfrage) {
        zweite_aktion();
        dritte_aktion();
    }
    if (dritte_abfrage) {
        if (vierte_abfrage) {
            irgendwelche_aktion();
        }
    else
        und_an_dieser_stelle_blickt_man_nicht_mehr_durch();
    }
}
```

Noch schwieriger ist der Durchblick, wenn die Verschachtelungen optisch nicht konsequent durch *Einrückungen* dargestellt werden.

Für einige Arten von Verschachtelungen[1] bietet die Kombination von else und if eine Vereinfachung:

```
if (eimer.inhalt() == wasser)
    meldungsfenster("Eimer ist mit Wasser gefüllt");
else if (eimer.inhalt() == wein)
    meldungsfenster("Eimer ist mit Wein gefüllt");
else
    meldungsfenster("Eimer ist mit falschem Getränk gefüllt");
```

---

[1] die meistens auch mit der allgemeinen *Mehrweg-Alternative* switch ausgedrückt werden könnten

12.1.5. Lineare Algorithmen

Ein Algorithmus, der mit Hilfe von Sequenzen und Fallunterscheidungen ausge-drückt werden kann, heißt *linearer Algorithmus*. Seine wichtige Eigenschaft ist, daß bei der Ausführung einer beliebigen Anweisung alle, die vorher ausgeführt worden sind, textuell vor dieser Anweisung stehen[1]. Ein linearer Algorithmus geht nach einer endlichen Zeit zu Ende, wenn alle seine Komponenten zu Ende gehen.

12.1.6. Algorithmisierung

Beim Entwurf des Programms in einer gegebenen Aufgabe ist die Überlegung, wel-che Fälle unterschiedlich behandelt werden müssen, ein Teil der *Algorithmisierung*. Ein Beispiel hierfür ist die Aufgabe, in der aufgrund der drei Koeffizienten einer quadratischen Gleichung ax^2+bx+c entschieden werden muß, ob sie linear ist oder ob sie reelle oder komplexe Wurzeln hat:

```
if (a == 0.0)                                    // (12.2)
    ... // linearer Fall
else
    if (b * b - 4.0 * a * c >= 0.0)
        ... // reelle Wurzel
    else ... // komplexe Wurzel
```

Diese Verschachtelung von Alternativen kann etwas abgekürzt werden:

```
if (a == 0.0)
    ... // linearer Fall
else if (b * b - 4.0 * a * c >= 0.0)
        ... // reelle Wurzel
else ... // komplexe Wurzel
```

12.1.7. Kombination von Bedingungen

Wenn für eine Aktion zwei Bedingungen erfüllt werden sollen, ist die einfachste Lösung die Konjunktion:

```
if (bedingung_1 && bedingung_2) ...
```

Manchmal muß die erste Bedingung erfüllt werden, um die zweite überhaupt prü-fen zu können, z.B., um Division durch 0 zu vermeiden:

```
if (j > 0)                                       // (12.3)
    if (i/j > k)
        ... ; // Aktion
```

In *C/C++* kann hier einfach die Konjunktion benutzt werden, da sie *kurzgeschlossen* interpretiert wird[2]:

---

[1] d.h. es gibt keinen Rücksprung
[2] s. Kapitel 5.5.

```
if (j > 0 && i/j > k)
    ... ; // Aktion
```

In anderen Sprachen kann vom Programmierer gesteuert werden, ob die beiden
Operanden der Konjunktion immer berechnet werden oder nur, wenn der erste
Operand True ergibt. Die kurzgeschlossene Interpretation ist jedoch oftmals schneller, besonders wenn die Prüfung der zweiten Bedingung aufwendig ist: Sie wird
nicht durchgeführt, wenn die erste nicht zutrifft, also das Ergebnis von && nur False
sein kann. Ähnlich wird die Disjunktion || kurzgeschlossen berechnet:

```
if (bedingung_1 || bedingung_2) ...
```

bedingung_2 wird hier nur geprüft, wenn bedingung_1 nicht zutrifft; sonst kann das Ergebnis von || nur False sein. Bei umfangreicher zweiter Bedingung kann dies auch
Laufzeitersparnis bringen. Werden nur Funktionen ohne Nebeneffekt verwendet, ist
die kurzgeschlossene Berechnung mit der vollen Berechnung gleichwertig.

Obwohl die Verzweigung eine sehr häufig verwendete Steuerstruktur ist, kann
durch die konsequente Verwendung *Polymorphie*[1] ihre Häufigkeit reduziert werden. Auch sollte nicht - wie üblich - die Fehlerbehandlung durch konventionelle
Verzweigung, sondern durch Ausnahmebehandlung durchgeführt werden. Für das
Erkennen einer Ausnahmesituation im auslösenden Modul ist jedoch eine Verzweigung notwendig:

12.1.8. Erkennen einer Ausnahmesituation

Die Fallunterscheidung ist notwendig, um die Situation zu erkennen, in der eine
Ausnahme beim Aufrufer ausgelöst werden soll. Ein Beispiel hierfür ist die Implementierung des Datenabstraktionsmoduls M1EIMER, deren trickreiche[2] Version schon
im Programm (6.9) vorgestellt wurde. Mit Hilfe der Fallunterscheidung können wir
jetzt die Ausnahmesituationen selber erkennen:

```
// aus M1EIMER.CPP                                                   (12.4)
TBool eimer_gefuellt; // Modulgedächtnis
TGetraenk eimer_inhalt;
void fuellen() {
➡       if (eimer_gefuellt) { // Ausnahmesituation erkannt
            EEimer_voll e; throw e;
        }
➡       else { // keine Ausnahme, erforderliche Aktion wird durchgeführt:
            eimer_gefuellt = True;
            eimer_fuellen(); // MANIM::eimer_fuellen
        }
}
TGetraenk inhalt() {
➡       if (! eimer_gefuellt) { // Ausnahmesituation
            EEimer_leer e; throw e;
        }
➡       else // Normalfall
```

---

[1] s. Kapitel 13.2.
[2] auslösen einer Ausnahme durch ++

```
        return eimer_inhalt;
}
```

59. Übung: Implementieren Sie ein abstraktes Datenobjekt für einen logischen Behälter mit der folgenden Schnittstelle:

```
// MLOGBEH.HPP // abstraktes Datenobjekt für einen logischen Behälter
void fuellen(TBool wert) throw(EVoll);
void entleeren() throw(ELeer);
TBool inhalt() throw(ELeer);
void anzeigen() throw(ELeer); // an cout
```

Programmieren Sie auch einen einfachen Testtreiber dazu.

60. Übung: Implementieren Sie die Klassenschablone CWarteschlange aus dem Kapitel 7.5.3. als Feld. Benutzen Sie hierfür die Technik des *Ringpuffers*, wo auf den letzten Platz wieder der erste folgt:

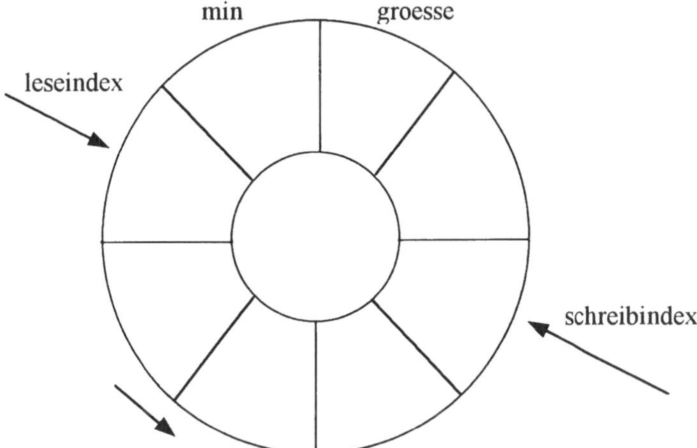

Abb. 12.1: Ringpuffer

Als Orientierung nehmen Sie dafür die Implementierung der Klassenschablone GWarteschlange in der Datei GWARTSCH.CPP. Die Methode eintragen könnte dabei z.B. folgendermaßen programmiert werden:

```
template <class TElement>
void GWarteschlange<TElement>::eintragen(const TElement& element)
        throw(ESchlange_voll) {
    if (zaehler < groesse) { // Anzahl der gespeicherten Elemente
        schreibindex = schreibindex % groesse + 1; // auf groesse folgt min
        speicher[schreibindex] = element;
        zaehler = zaehler + 1;
    }
    else { ESchlange_voll e; throw e; }
}
```

Da hier der Speicher ein Feld ist, muß seine Größe im Konstruktor angegeben und hier dynamisch angelegt werden.

Programmieren Sie auch einen menügesteuerten Testtreiber, in dem Sie gerade und ungerade Zahlen in zwei getrennten Warteschlangen speichern.

12.1.9. Vorbeugende Ausnahmebehandlung

Der traditionelle Programmierstil in *C* sieht vor, daß jeder Mutator als Funktion mit Seiteneffekt implementiert wird, und der erhaltene Funktionswert informiert über Erfolg oder Mißerfolg der Aktion. Nach dem Funktionsaufruf erfolgt typischerweise eine Abfrage des Erfolgwerts in einer Fallunterscheidung: Der Fehlerfall wird so mitten im Anweisungsteil behandelt. Dadurch ist der Programmtext schwer zu lesen, da der eigentliche Algorithmus unter den vielen Sonderfällen verlorengeht.

In *C++* wird hierfür der Ausnahmebehandlungsteil vorgesehen, so daß Fehlerabfragen <u>nach</u> einem Mutatoraufruf nicht sinnvoll sind. Um den Ausnahmemechanismus nicht zu überstrapazieren[1], können <u>vor</u> dem Mutatoraufruf die Fälle untersucht werden, in denen eine Ausnahme zu erwarten ist. Diese sind dann typischerweise keine Fehlerfälle, sondern solche, die gesondert behandelt werden müssen.

Im Programm (4.6) haben wir die Rückrufprozedur `fuellen_links` mit Auslösen einer Ausnahme programmiert:

```
void fuellen_links() {                                              // (4.6)
    try {
        fuellen(links, wasser);
    }
    catch (EEimer_voll) {
        meldungsfenster("Eimer voll", "Fehler");
    }
}
```

Das Modul `MEIMER` bietet hierzu die Alternative der *vorbeugenden Ausnahmebehandlung* mit Hilfe des Informators `gefuellt`:

```
    void fuellen_links() {                                          // (12.5)
➡       if (gefuellt(links))
            meldungsfenster("Eimer voll", "Fehler");
        else
            fuellen(links, wasser);
    }
```

Die Erwägung, ob eine Situation als Ausnahme oder als Normalfall programmiert wird, ist nicht trivial. Das entscheidende Kriterium dafür ist die Lesbarkeit des Programms. Geschwindigkeitsüberlegungen[2] spielen dabei eine untergeordnete Rolle.

---

[1] und dadurch auch die Lesbarkeit des Programms zu bewahren
[2] Fallunterscheidung ist normalerweise schneller als die Ausnahmebehandlung

12.2. Wiederholungen

Die zweite traditionelle Steuerstruktur ist die *Wiederholung* oder *Schleife*[1]. Unter einer Schleife verstehen wir die wiederholte Ausführung einer Anweisungsfolge[2]. Die zu wiederholende Anweisungsfolge heißt der *Rumpf* der Schleife.

Es gibt mehrere Arten von Schleifen. Sie unterscheiden sich voneinander je nachdem, wie die Anzahl der Wiederholungen berechnet wird. Bei den einfachsten Schleifen steht die Anzahl der Wiederholungen schon beim Programmieren fest, daher nennen wir sie *Festschleifen*. Diese könnten durch eine (i.A. längere) Sequenz ersetzt werden, durch mehrmaliges Hintereinanderschreiben des Rumpfes.

Bei der *Zählschleife* steht die Anzahl der Wiederholungen beim Programmieren noch nicht, jedoch beim <u>Eingang</u> in die Schleife fest[3]. Da dies auf jeden Fall eine endlich große nichtnegative Zahl sein muß, wird garantiert, daß die Schleife zu Ende geht[4], wenn nur alle Aufrufe in ihrem Rumpf zu Ende gehen. Algorithmen, die nur Sequenzen, Fallunterscheidungen und Zählschleifen[5] enthalten, heißen deshalb *endliche Algorithmen*.

Komplizierter sind die *bedingungsgesteuerten Schleifen*, deren Ende von einer *Schleifenbedingung*[6] abhängt. Diese kann als *Fortsetzungsbedingung* oder als *Abbruchbedingung*[7] formuliert werden. Sie wird in jedem Wiederholungsschritt neu berechnet. Ob dies vor oder nach der Ausführung des Schleifenrumpfs geschieht, unterscheiden wir zwischen *kopf-* und *fußgesteuerten*[8] Schleifen. Wenn die Schleifenbedingung innerhalb des Rumpfes überprüft wird[9], sprechen wir von einer *rumpfgesteuerten Schleife*.

Wenn die Fortsetzungsbedingung in jedem Wiederholungsschritt True[10] ist, z.B. weil sie im Rumpf nie verändert wurde, geht die Schleife nie zu Ende. In diesem Fall ist sie eine *Endlosschleife*. Leider kann man von einer Wiederholung nicht immer feststellen[11], ob sie immer zu Ende geht oder in manchen Situationen (mit bestimmten Eingabedaten) zur Endlosschleife wird. Algorithmen, die eine bedingungsgesteuerte Schleife enthalten, können auch endlos laufen. Sie heißen *reguläre Algorithmen*. Mit

---

[1] oder *Iteration*, manchmal auch *Zyklus* genannt
[2] die ihrerseits ein einzelner Mutatoraufruf, eine Sequenz, eine Alternative oder eine Wiederholung sein kann
[3] sie kann z.B. von einem eingegebenen oder errechneten Wert abhängen
[4] sie läuft nicht unendlich lang
[5] inkl. die Festschleifen
[6] von einem logischen Wert
[7] die Negation der Fortsetzungsbedingung
[8] *pre-check* und *post-check*
[9] mit einem Rumpfteil vor und einem anderen nach der Überprüfung
[10] oder die Abbruchbedingung immer False
[11] dies ist das sog. *Halteproblem*, s. z.B. [Kess] im Literaturverzeichnis

Hilfe einer weiteren Operation, der *Rekursion*, kann man *berechenbare Algorithmen* entwerfen.

Nach dem Überblick untersuchen wir jetzt die einzelnen Schleifenarten.

12.2.1. Festschleifen

Der Rumpf der Prozedur `wasser_und_wein` im Programm (3.1) kann mit Hilfe einer *Festschleife* einfacher geschrieben werden.

Sie wird mit dem reservierten Wort `for` eingeleitet. Anschließend stehen zwischen Klammern drei durch : getrennte Abschnitte. Der erste ist die Definition eines Objekts - wir nennen es *Schleifenobjekt*[1] - von einem diskreten Datentyp mit Vorbesetzungswert. Dies ist typischerweise der erste Wert des Datentyps. Der zweite Abschnitt ist ein logischer Ausdruck; typischerweise wird hier das Schleifenobjekt mit dem letzten Wert seines Datentyps verglichen. Der dritte Abschnitt ist eine Anweisung, die in jedem Schleifenschritt ausgeführt wird. Typischerweise wird hier das Schleifenobjekt mit dem ++-Operator inkrementiert.

Nach den geklammerten `for`-Abschnitten steht eine Anweisung (evtl. mehrere, dann aber in geschweiften Klammern), die der Wertemenge des diskreten Datentyps entsprechend oft ausgeführt wird:

```
    void wasser_und_wein() {                                            // (12.6)
➡       for (TGetraenk getraenk = wasser; getraenk <= wein; getraenk++) {
            fuellen(getraenk);   entleeren();
        }
    }
```

Das Schleifenobjekt lebt nicht nur innerhalb des Schleifenrumpfs; es sollte aber außerhalb nicht benutzt werden. In einer nächsten Schleife sollte ein Schleifenobjekt mit einem anderen Namen benutzt werden. Der aktuelle Wert des Schleifenobjekts kann im Schleifenrumpf gelesen werden. Die Sprache *C*++ erlaubt[2], ihn auch zu verändern, hierauf sollte jedoch verzichtet werden. Das Schleifenobjekt sollte wie ein konstantes Datenobjekt behandelt werden.

Oft ist es sinnvoll, nicht alle Werte eines Datentyps, sondern nur einen Teil davon durchzulaufen. Dies kann erreicht werden, indem andere Anfangs- und Endwerte angegeben werden:

```
    for (char zeichen = 'a'; zeichen <= 'z'; zeichen++)                 // (12.7)
        cout << zeichen; // Alphabet wird angezeigt
```

Wenn das Schleifenobjekt im Rumpf gelesen wird, kann es erwünscht sein, daß es den Zählbereich vom obersten Wert nach unten durchläuft. Dann wird der letzte Wert als Vorbesetzungswert angegeben, es wird mit dem ersten verglichen, und statt Inkrementierung findet eine Dekrementierung statt:

---

[1] oft heißt es auch *Laufvariable*, da es ein einfaches Datenobjekt (vom diskreten Typ) ist

[2] im Gegensatz zu manchen anderen Sprachen, z.B. *Ada*

```
for (char zeichen = 'z'; zeichen >= 'a'; zeichen--)
    cout << zeichen; // Alphabet wird rückwärts angezeigt
```

In vielen Wiederholungen wird nur ein Bereich des Datentyps `int` durchlaufen. Das sequentielle Programm (2.11) `dreimal_fuellen` aus dem Kapitel 2.4.2. kann z.B. folgendermaßen umformuliert werden:

```
for (i = 1; i <= 3; i++) { // das Schleifenobjekt wird hier nur zum Zählen benutzt  // (12.8)
    eimer.fuellen();
    eimer.entleeren();
}
```

Das Gemeinsame in den obigen Beispielen ist, daß die Anzahl der Wiederholungen (wie hier 3, zuvor 26) schon zur Übersetzungszeit feststeht. Deswegen heißen sie *Festschleifen*. Sie bilden einen Sonderfall der *Zählschleifen*.

12.2.2. Zählschleifen

Wird die Anzahl der Wiederholungen nicht fest einprogrammiert, sondern wird z.B. eingelesen, handelt es sich nicht mehr um eine Festschleife, sondern um eine *Zählschleife*. Äußerlich unterscheidet sie sich von der Festschleife nur dadurch, daß der Zählbereich nicht nur durch Konstante und Literale, sondern auch durch variable Objekte definiert wird:

```
for (int i = 1; i <= anzahl; i++) ...
```

Beispielsweise kann die *Fakultät* einer beliebigen Zahl n, das Produkt der ersten n natürlichen Zahlen

$$n! = 1 \cdot 2 \cdot 3 \cdot ... \cdot n$$

durch Zählschleife einfach errechnet werden:

```
int fak(int n) { // n>0                                          // (12.9)
    int produkt = 1;
    for (int zahl = 2; zahl <= n; zahl++)
        produkt *= zahl;
    return produkt;
}
```

Durch die Angabe verschiedener natürlicher Zahlen als Argument der Funktion kann eine *Wertetabelle* zusammengestellt werden:

n	1	2	3	4	5	6	7	8	9
$n!$	1	2	6	24	120	720	5040	40320	...

Abb. 12.2: Fakultät

61. **Übung:** Entwickeln Sie eine Prozedur, die die Wertetabelle einer beliebigen Funktion im gegebenen Intervall erstellt. Die zu berechnende Funktion ist ein Parameter Ihrer Prozedur (als Rückruffunktion). Die Ergebnisse sollen auch von Rückrufprozeduren übernommen werden:

```
void wertetabelle(const float untergrenze, const float obergrenze,
    const int anzahl_schritte,
    float funktion (const float x), // die zu berechnende Funktion
    void ergebnis (const float x, const float y), // Übernahme der Ergebnisse
    void kein_funktionswert (const float x)
        // Übernahme, wenn kein Funktionswert berechnet werden kann
);
```

Die Schrittweite der Wertetabelle kann mit Hilfe der Formel berechnet werden:

$$\Delta x = \frac{obergrenze - untergrenze}{anzahl\_schritte}$$

Rufen Sie Ihre Prozedur in einem zeilenorientierten Testprogramm für die Funktion $f(x) = 1/(x\text{-}k)$ und für einen Intervall $[a, b]$ auf, dessen Grenzen (wie auch die Funktionskonstante k) interaktiv eingegeben werden. Die Übernameprozedur soll die Wertetabelle in zwei Spalten (x-Wert und y-Wert) auf dem Bildschirm ausgeben. Die Berechnung der Prozedur soll mit einer Ausnahme an den x-Stellen unterbrochen werden, für die kein y-Wert berechnet werden kann (z.B. weil $x=k$). Diese Ausnahme muß mit

```
catch(...)
```

aufgefangen werden, weil in $C++$ leider keine Ausnahme als Parameter angegeben werden kann.

62. **Übung:** Implementieren Sie den Iterator der Mengenschablone aus dem Kapitel 7.1.6. mit Hilfe einer Zählschleife.

12.2.3. Iteratorklassen

Eine Alternative zu den Iteratormethoden sind Iteratorobjekte, die über die Elemente eines Multibehälters ähnlich laufen, wie der Index über die Elemente eines Feldes. Die Klasse GMulti kann so zu einer iterierbaren Multibehälter-Klasse erweitert werden. Eine befreundete Klasse CIt wird mit ihr zusammen definiert:

```
template <class TElement> class GIt; // unvollständige Vereinbarung        // (12.10)
template <class TElement> class GIMulti :
        public GMulti<TElement> { public:
    void eintragen (const GIt<TElement>&, const TElement&); // Mutator
    TElement& lesen(const GIt<TElement>&) const; // Informator
protected: ...
};

template <class TElement> class GIt { public:
    GIt(GIMulti<TElement>); // wird auf das erste Element im Multibehälter positioniert
    operator ++(); // wird auf das nächste Element im Multibehälter positioniert
    TBool ende(); // letztes Element im Multibehälter?
protected: ...
};
```

Mit Hilfe einer Zählschleife kann nun ein Iteratorobjekt bedient werden:

```
GIMulti<int> behaelter;
    ... // behaelter füllen
```

```
for (GIt<int> it(behaelter); it.ende(); it++) {
    int objekt = behaelter.lesen(it);
    ... // neues Objekt berechnen
    behaelter.eintragen(it, objekt);
}
```

Diese Vorgehensweise ist vor allem dann sinnvoll, wenn verschiedene Programmteile (z.B. Prozesse) einen Multibehälter verschiedentlich durchlaufen. Die Iteratormethoden könnten (je nach Implementierung) einander stören, während Iteratorobjekte unabhängig voneinander durchlaufen.

12.2.4. Verwendung von Zählschleifen

Wenn in einer Zählschleife ein leerer Bereich angegeben wurde, wird der Rumpf 0-mal ausgeführt:

```
cin >> anzahl;                                          // (12.11)
    for (int i = 1; i <= anzahl; i++)
➡        cout << "Hallo"; // die Anweisung wird nie ausgeführt, wenn 0 eingegeben wurde
```

Auch in Zählschleifen kann das Schleifenobjekt rückwärts (vom oberen zum unteren Wert) durchlaufen:

```
for (int i = anzahl; i >= 1; i--) ...
```

Eine wichtige Rolle spielen die *geschachtelten Wiederholungen*. Der Ausdruck einer Einmaleins-Tabelle kann folgendermaßen programmiert werden:

```
for (int zeile = 1; i <= 10; i++) {                    // (12.12)
    for (int spalte = 1; i <= 10; i++)
        cout << zeile * spalte;
    cout << endl;
}
```

Die meisten *Felder* werden durch Zählschleifen bearbeitet, da die Anzahl ihrer Elemente am Anfang der Bearbeitung feststeht. Ein Beispiel dafür ist die im Kapitel 11.3. vorgestellte *Vektorrechnung*. Die Implementierung der *Vektoraddition* läuft als Zählschleife über alle Elemente des Vektors:

```
#include "GVEKTOR.HPP" // oder #include "GVEKTOR.CPP"    // (12.13)
    // s. Programm (11.9)
template <class TElement> // mit +- und *-Operatoren
GVektor<TElement>& GVektor<TElement>::operator +(
    const GVektor<TElement>& rechts) const throw(EUngleiche_Vektoren) {
    if (laenge != rechts.laenge) { // vorbeugende Ausnahmebehandlung
        EUngleiche_Vektoren e; throw e;
    }
    else {
        GVektor<TElement>* summe = new GVektor<TElement>(rechts);
➡        for (int index = 0; index < laenge; index++)
            summe -> inhalt[index] = summe -> inhalt[index] +
                inhalt[index]; // + für TElement
        return *summe;
    }
}
```

Die Implementierung des Skalarprodukts benötigt auch eine Zählschleife:

```
template <class TElement> TElement& GVektor<TElement>::skalar_produkt(
    const GVektor<TElement>& rechts, TElement& null) const
    throw(EUngleiche_Vektoren) {
        // null = Nullelement für TElement, z.B. 0 oder 0.0 oder null_eimer
    if (laenge != rechts.laenge) { // vorbeugende Ausnahmebehandlung
        EUngleiche_Vektoren e; throw e;
    }
    else {
        TElement* produkt = new TElement(null);
        for (int index = 0; index < laenge; index++)
            *produkt = *produkt + inhalt[index] * rechts.inhalt[index];
                // Operatoren + und * des Ausprägungstyps TElement
        return *produkt;
    }
}
```

Es ist interessant, die Zuweisung von Vektoren zu untersuchen, die auch mit einer Zählschleife die Elemente des Argumentvektors kopiert. Hat der aktuelle Vektor eine andere Größe als der zu kopierende, muß ein geeignet großer Speicherplatz belegt werden. Wurde für den aktuellen Vektor schon Speicherplatz belegt, muß dieser zurückgegeben werden. Wenn aber die beiden Vektoren (z.B. infolge einer Zuweisung der Art a = a) gleich sind, würde **delete** die Daten des zu kopierenden Vektors zerstören. Eine Abfrage mit Hilfe des **this**-Zeigers verhindert dies. Dieser in der Sprache definierte Zeiger referiert immer das aktuelle Objekt:

```
template <class TElement> GVektor<TElement>& GVektor<TElement>::
    operator = (const GVektor& rechts) {
    if (this != &rechts) { // Zuweisung identischer Objekte entgehen
        if (laenge != rechts.laenge) { // ungleiche Größe
            if (laenge != 0) // alten Speicher zurückgeben
                delete[] inhalt;
            laenge = rechts.laenge;
            inhalt = new TElement[laenge]; // neu belegen
        }
        for (int i = 0; i < laenge; i++) // elementweise kopieren
            inhalt[i] = rechts.inhalt[i];
    }
    return *this; // für Kettenzuweisung
}
```

Eine Referenz auf das aktuelle Objekt wird über **this** als Ergebnis geliefert, um *Kettenzuweisungen* der Art

```
a = b = c;
```

möglich zu machen.

Die Summe zweier *Matrizen* kann mit Hilfe einer *geschachtelten Wiederholung* errechnet werden:

```
#include "GMATRIX.HPP" // oder #include "GMATRIX.CPP"                          // (12.14)
    // s. Programm (11.11)
template <class TElement> GMatrix<TElement>& GMatrix<TElement>::
    operator +(const GMatrix<TElement>& rechts) const
    throw(EUngleiche_Matrizen) {
    if (laenge != rechts.laenge || breite != rechts.breite) {
        EUngleiche_Matrizen e; throw e;
```

```
      }
      else {
          GMatrix<TElement> * summe = new GMatrix<TElement>(rechts);
➡         for (int zeile = 0; zeile < laenge; zeile++)
➡             for (int spalte = 0; spalte < breite; spalte++) {
                  const int index = zeile * breite + spalte;
                  summe -> inhalt[index] += inhalt[index];
              }
      return *summe;
      }
  };
```

63. **Übung:** Implementieren Sie die gesamte Klassenschablone für Matrixrechnung, wie im Programm (11.11) definiert. Programmieren Sie neben der Summe zweier Matrizen mit gleichen Ausmaßen (wie oben) auch das Produkt zweier Matrizen nach der folgenden Regel: Das Element in der Zeile i und der Spalte j der Produktmatrix C ist das Skalarprodukt der i-ten Zeile der ersten Matrix A mit der j-ten Spalte der zweiten Matrix B. Hieraus ergibt sich folgende Formel für alle Elemente $c_{i,j}$ des Produkts zweier Matrizen mit den Elementen $a_{i,j}$ und $b_{i,j}$:

$$c_{i,j} = \sum_{k=1}^{n} a_{i,k} \, b_{k,j}$$

d.h. jedes Element $c_{i,j}$ der Summenmatrix C (des Ergebnisses) mit den Indizes i und j ist die Summe der i-ten Zeile der ersten Matrix A und der j-ten Spalte der zweiten Matrix B. Aus dieser Formel ist ersichtlich, daß die Anzahl der Spalten in A gleich sein soll mit der Anzahl der Zeilen in B. (Die erste Dimension von A muß mit der zweiten Dimension von B gleich sein). Die Ergebnismatrix C hat so viele Zeilen wie A und so viele Spalten wie B: Wenn A ein $n \cdot l$ und B eine $l \cdot m$ Matrix ist, dann wird das Produkt C eine $n \cdot m$ Matrix werden.

Für die Programmierung des Matrixprodukts ist eine dreifach geschachtelte Wiederholung nötig. Schreiben Sie auch ein Testprogramm für Ihre Matrixklasse, in welchem Sie es für einen Ganzzahl- und für einen Bruchtyp ausprägen. Im Testprogramm sollen Sie die Matrizen (der Größe $2 \cdot 3$ und $3 \cdot 4$) als Konstanten definieren, ihre Summen und Produkte errechnen und am Bildschirm in Matrixform ausgeben.

12.2.5. Endlosschleifen

Algorithmen, die nur Sequenzen, Fallunterscheidungen und Zählschleifen enthalten, heißen *endliche Algorithmen*. Mit der Voraussetzung, daß alle Einzelschritte (Methodenaufrufe) in einem endlichen Algorithmus zu Ende gehen, geht ein endlicher Algorithmus immer zu Ende.

Eine breitere Klasse von Algorithmen als die endlichen bilden diejenigen, die möglicherweise (z.B. bei unglücklichen Eingabedaten) in eine Endlosschleife geraten können. Sie können mit dem Sprachelement `while` (1) programmiert werden. Auch

wenn diese Methode nicht empfohlen ist, werden oft *Endlosschleifen* durch eine
Ausnahme abgebrochen. Eine Warteschleife ist ein Beispiel dafür:

```
while (1) //¹
    ; // die leere Anweisung wird wiederholt ausgeführt, der Rechner tut nichts
    ...
catch (ETaste_gedrueckt) { ... // hier wird der Wartezustand beendet
```

Beispielsweise kann der Wert der mathematischen Konstante *e* nach der Formel *e* =
1 + 1/1! + 1/2! + 1/3! + 1/4! + ... berechnet werden. Die folgende Endlosschleife tut
dies:

```
int fak_wert = 0;                                              // (12.15)
float summand = 1.0;
float e = 1.0;
while (1) {
    fak_wert++;
    summand /= float (fak_wert); // dividieren und zuweisen
    e += summand;
}
```

Diese Wiederholung läuft theoretisch unendlich lang, wobei der Wert des
Bruchobjekts e immer näher zum mathematischen Wert *e* käme. Irgendwann wird
aber summand kleiner als der kleinste im Rechner darstellbare Wert, d.h. praktisch
wird er 0. Von da an ändert sich e nicht mehr. Die Wiederholung wird irgendwann
unterbrochen, z.B. beim Ausschalten des Rechners oder durch den Überlauf von
fak_wert.

Solche Endlosschleifen haben also keinen praktischen Wert; sie sollten beim Erreichen einer bestimmten Bedingung unterbrochen werden.

12.2.6. Rumpfgesteuerte Schleifen

Eine Endlosschleife kann durch die Anweisung break abgebrochen werden:

```
while (1) {                                                    // (12.16)
    ... // Eins-Block
if (abbruchbedingung_erfuellt) break;
    ... // Null-Block
}
```

Hier wird die if-Anweisung mit dem break-Rumpf etwas unkonventionell nach
rechts gerückt, um anzudeuten, daß sie ein Teil der for-Schleife ist.

Bei der ersten Ausführung des Schleifenrumpfs (der Sequenz von Anweisungen
zwischen for und break) wird auf jeden Fall (mindestens) einmal ausgeführt. Deswegen heißt sie *Eins-Block*. Anschließend wird die *Abbruchbedingung* (ein logischer Wert) überprüft. Wird sie gleich beim ersten Durchlauf erfüllt, so wird die
Wiederholung abgebrochen und der zweite Block von Anweisungen gar nicht ausgeführt. Er heißt *Null-Block*, weil er möglicherweise 0-mal ausgeführt wird. Ergibt
die Auswertung der Abbruchbedingung jedoch den Wert False, wird auch der Null-

---

¹ die geklammerte 1 steht für den logischen Wert True

Block und anschließend der Eins-Block ausgeführt. Dies wiederholt sich, bis die Abbruchbedingung irgendwann erfüllt ist. Wenn nie, handelt es sich um eine Endlosschleife, aus der es nur durch eine Ausnahme (z.B. durch Ausschalten des Rechners) einen Ausgang gibt.

Die obige Endlosschleife, die den Wert von *e* berechnet, wird folgendermaßen programmiert.

```
while (1) {                                               // (12.17)
    fak_wert++;
    summand /= float (fak_wert);
➡ if (summand < epsilon) break;
    e += summand;
}
```

Um die Lesbarkeit von bedingungsgesteuerten Schleifen aufrechtzuerhalten, sollte die **break**-Anweisung nicht geschachtelt werden:

```
while (1) {
    if ...
        ... break;  // nicht empfehlenswert
    ...
}
```

Die typische Verwendung von rumpfgesteuerten Schleifen ist, wenn die Abbruchbedingung von den in der Wiederholung eingelesenen Eingabewerten abhängt. Ein Beispiel ist das folgende interaktive Programm, das Zählen von Buchstaben durchführt:

```
#include <iostream.h>                                     // (12.18)
void haeufigkeitszaehlung() {
    typedef char TBuchstaben; // 'a' .. 'z', Indextyp für Zählfeld
    GFeld<int> anzahl('a', 'z'); // Tabelle: für jeden Buchstaben ein Zähler
    for (char z = 'a'; z <= 'z'; z++) anzahl[z] = 0;
        // Anfangswert für jeden Zähler ist 0
    char zeichen;
    cout << "Häufigkeitszählung" << endl <<
        "Bitte Text eingeben, mit 0 schließen: ";

    while (1) { // Eingabeschleife
        cin >> zeichen;
➡   if (zeichen == '0') break;
        if ('a' <= zeichen && zeichen <='z')
                anzahl[zeichen]++;
    };
    cout << endl << "Häufigkeiten von Buchstaben:";
    // Ergebnis tabellenartig ausgeben:
    for (char c = 'a '; c <= 'z'; c++) // Festschleife für Ausgabe
        cout << c << anzahl[c] << endl;
}
```

64. Übung: Entwickeln Sie ein zeilenorientiertes *C++*-Dialogprogramm für das folgende Problem der *Zeichenanalyse*: Die von der Tastatur eingegebenen Zeichen sollen analysiert und eine Statistik ausgegeben werden. Folgende Informationen werden verlangt:

1.   Die Anzahl der insgesamt eingelesenen Zeichen
2.   Die Anzahl der Klein- und Großbuchstaben
3.   Die Anzahl der Ziffern
4.   Die Anzahl der Vokale
5.   Die Anzahl der Konsonanten
6.   Die Anzahl der Sonderzeichen

12.2.7. Kopfgesteuerte Schleifen

Ein häufiger Sonderfall der bedingungsgesteuerten Schleife ist, wenn der Eins-Block
leer bleibt:

```
while (1) {                                          // (12.19)
    ; // leerer Eins-Block
    if (abbruchbedingung_erfuellt) break;
    ... // Null-Block
};
```

Dies kann durch die *kopfgesteuerte Schleife*[1] abgekürzt werden:

```
while (! abbruchbedingung_erfuellt)
    ... // Null-Block
```

Es sei darauf hingewiesen, daß nach `while` die Negation der Abbruchbedingung,
also die *Fortsetzungsbedingung* geschrieben werden soll.

In der Berechnung von e kann die Abbruchbedingung auch vor dem Schleifenrumpf geprüft werden:

```
    float summand = 1.0;                             // (12.20)
➡ while (summand >= epsilon) {
        fak_wert++;
        summand /= float (fak_wert);
        e += summand;
    };
```

Dieselbe Berechnung bis zum n-ten Glied wird folgendermaßen formuliert:

```
    int fak_wert = 1;
➡ while (fak_wert != n) {
        fak_wert++;
        summand /= float (fak_wert);
        e += summand;
    };
```

In diesem Fall ist jedoch die Anzahl der Schritte beim Eingang in die Schleife bekannt. Solche Wiederholungen sollen als Zählschleifen programmiert werden. Dies
ist lesbarer:

```
    for (int fak_wert = 1; fak_wert <= n; fak_wert++) {
        summand /= float (fak_wert);
        e += summand;
    };
```

---

[1] oft *pre-check*-Schleife genannt

12.2.8. Beispiele

Mit Hilfe der kopfgesteuerten Schleife kann die Methode suchen in einer *doppelt verketteten Liste*[1] durchgeführt werden:

```
template <class TElement> void GPos_Liste<TElement>::suchen          // (12.21)
      (const TElement& element) throw(ENicht_vorhanden) {
    aktuelles = aktuelles -> vor; // Suche erst vom nächsten Knoten an
➡   while (aktuelles != letztes && aktuelles -> wert != element)
        aktuelles = aktuelles -> vor;
}
```

Die Persistenzmethoden speichern und lesen übertragen die Elemente einzeln mit Hilfe einer kopfgesteuerten Schleife:

```
template <class TElement> void GPos_Liste<TElement>::speichern
      (const char* dateiname) const {
    CKnoten* knoten = erstes;
    ofstream datei;
    datei.open(dateiname);
    if (!datei) throw e; // datei konnte nicht geöffnet werden: Ausnahme auslösen
➡   while (knoten != NULL) {
        datei << knoten -> wert << endl; // Annahme: << wurde für TElement überladen
        knoten = knoten -> vor;
    }
    datei.close();
}
```

Bemerkung: Bei der Erfindung von kopfgesteuerten Schleifen wurde etwas gemogelt. Praktisch jede kopfgesteuerte ist eigentlich eine rumpfgesteuerte: Die Berechnung der Fortstetzungsbedingung in den Klammern nach while (z.B. knoten != NULL) ist immer eine Aktion, die im Eins-Block durchgeführt wird. Es ist auch nicht selten, daß hier komplexere Berechnungen durchgeführt werden[2] als im eigentlichen Rumpf. Diese Berechnungen sollten dadurch eingeschränkt werden, daß hier nur Informatoren aufgerufen werden[3]. In vielen *C*-Programmen wird oft bei der Berechnung der Fortsetzungsbedingung die eigentliche Aktion ausgeführt und der Rumpf ist leer:

```
while (eingabe_einlesen_verarbeiten_und_auswerten);
        // eigentlich rumpf- oder fußgesteuerte Schleife
```

65. **Übung**: Implementieren Sie die Vergleichs-, Zuweisungs- sowie die Persistenzmethoden laden und speichern für die Stapelklasse GLStapel im Programm (9.3).

---

[1] siehe Kapitel 9.4.3.

[2] z.B. durch Aufruf einer logischen Funktion, die ihrerseits viele darunterliegende Module aktiviert

[3] leider auch mit Seiteneffekten, d.h. mit Veränderungen an globalen Objekten

12.2.9. Dateiverarbeitung

Dateien werden typischerweise mit kopfgesteuerten Schleifen abgearbeitet. Ein Beispiel hierfür ist das *Mischen*[1] zweier sortierten Dateien.

```cpp
#include <fstream.h>;                                        // (12.22)
template <class TBasis> // mit <-Operator
void mischen( // vorsortierte Dateien werden gemischt
        const char *eingabe1, const char *eingabe2, const char* ausgabe) {
    ifstream band1, band2;
    ofstream band3;
    TBasis puffer1, puffer2;
    band1.open(eingabe1);
    band2.open(eingabe2);
    band3.open(ausgabe);
    band1 >> puffer1;
    band2 >> puffer2;
    while (!band1.eof() && !band2.eof()) {
        if (puffer1 < puffer2) { // <-Operator für TBasis
            band3 << puffer1; // den kleineren ausschreiben
            band1 >> puffer1; // und wieder einlesen
        }
        else {
            band3 << puffer2;
            band2 >> puffer2;
        }
    } // band1 oder band2 ist zu Ende
    // Rest kopieren:
    while (!band1.eof() {
        band3 << puffer1;
        band1 >> puffer1;
    }
    while (!band2.eof() {
        band3 << puffer2;
        band2 >> puffer2;
    }
}
```

Dieser Algorithmus wird nach dem Vorsortieren der Daten z.B. mit Hilfe der Klasse `GSortier_Kanal` (s. Kapitel 7.5.10.) in sortierte Teilsequenzen benutzt. Zwei solche Sequenzen der Länge n werden mit Hilfe der Prozedur `mischen` in eine Sequenz der Länge $2n$ gemischt. Bei mehreren Sequenzen muß dies wiederholt werden, bis nur eine sortierte Sequenz vorliegt.

66. **Übung**: Programmieren Sie einen Assoziativspeicher als Hash-Tabelle. Die Schnittstelle eines (allgemeinen) Assoziativspeichers finden Sie im Programm (7.26). Eine Hash-Tabelle ist eine spezielle Implementierung eines Assoziativspeichers als Feld. Die Komponenten des Feldes sind Verbunde aus dem Schlüssel und dem Eintrag. Aus dem Schlüssel wird der Index des Eintrags im Feld mit Hilfe der *Hash-Funktion* errechnet:

```cpp
int hash(const TSchluessel);
```

---

[1] s. Kapitel 7.5.10.

Der Hash-Wert modulo Tabellengröße ergibt den gesuchten Index. Ist der Schlüssel z.B. eine Zeichenkette, bildet die Summe der ASCII-Werte der Zeichen eine geeignete Hash-Funktion. Selbstverständlich, wenn `TSchluessel` ein Ausprägungsparameter ist, muß die Hash-Funktion eine Rückruffunktion sein.

Durch die Methode `eintragen` soll ein neues Element in die Tabelle eingetragen werden. Mit ihm zusammen wird auch ein Schlüssel (z.B. eine Zeichenkette) angegeben. Die Hash-Funktion wird auf- (besser: zurück-)gerufen, um aus dem Schlüssel einen Tabellenindex (z.B. ASCII-Summe modulo Tabellengröße) zu errechnen. An diesem Index wird i.A. das neue Element (zusammen mit dem Schlüssel) eingetragen. Es kann natürlich vorkommen, daß dieser Platz in der Tabelle schon belegt ist, weil ein anderer Index zufällig denselben Hash-Wert ergeben hat. In diesem Fall wird der nächste freie Platz in der Tabelle gesucht (zyklisch, d.h. dem letzten Index folgt der erste); wenn keiner mehr gefunden wird, ist sie voll.

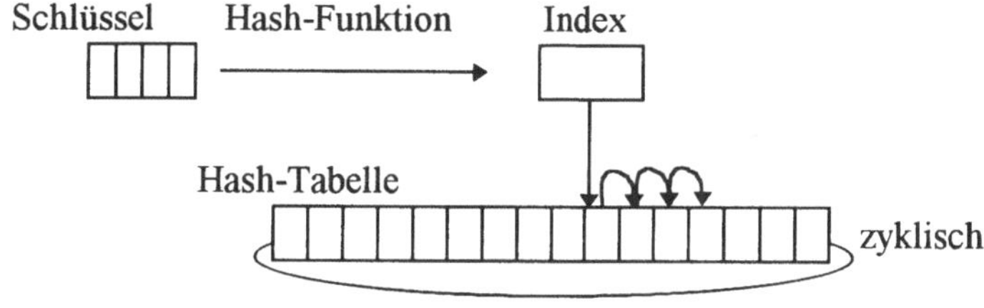

Abb. 12.3: Hash-Tabelle

Die Methode `finden` ruft die Hash-Funktion ebenfalls auf, um aus dem Parameter-Schlüssel einen Tabellenindex zu errechnen. Von diesem Index an wird der Schlüssel (bis zum nächsten freien Platz) gesucht. Wenn er gefunden wurde, wird das mit ihm gespeicherte Element zurückgegeben; wenn nicht, wird eine Ausnahme ausgelöst. Um dieser Ausnahme vorzubeugen, kann die Methode `vorhanden` zuvor aufgerufen werden. Damit der Index hierbei nicht wiederholt errechnet werden muß, (vielleicht ist die Hash-Funktion sehr aufwendig), sollte sich die Klasse ihn intern merken.

Wenn die Hash-Tabelle nicht allzu voll ist, findet sie sehr schnell (in 1-3 Schritten) den gesuchten Eintrag. Je voller sie ist, desto langsamer wird sie; wenn sie fast voll ist, muß u.U. die ganze Tabelle durchsucht werden. Um dem Benutzer die Information zur Verfügung zu stellen, wie effektiv seine Hash-Tabelle ist, sollte die Gesamtzahl der Verschiebungen durch einen Informator

```
int CAsso_Speicher::verschiebungen() const;
```

zur Verfügung gestellt werden. Zu Anfang ist dieser Wert 0; jede Eintragung, die den nächsten freien Platz sucht, erhöht den Wert um die Anzahl der notwendigen Schritte.

Definieren Sie nun die Schnittstelle und die Struktur der Klasse *Hash-Tabelle*, und programmieren Sie ihre Methoden. Prägen Sie Ihren Assoziativspeicher für ein Telefonbuch aus, in dem Sie den Nachnamen als Schlüssel, Vornamen und Telefonnummer als Element speichern. Schreiben Sie dazu ein Dialogtestprogramm. Vergessen Sie dabei die Persistenzmethoden nicht: Über einen Menüpunkt sollte Ihre Tabelle in eine Datei, deren Name über ein Eingabefenster gelesen wird, gespeichert bzw. von dort gelesen werden können.

Ihr Testprogramm soll die Tabelle vor dem Dialog zu 50% mit Daten füllen.

12.2.10. Fußgesteuerte Schleifen

Der zweite Sonderfall der bedingungsgesteuerten Schleife ist, wenn der Null-Block leer ist:

```
while (1) {                                                    // (12.23)
    ... // Eins-Block
if (abbruchbedingung_erfuellt) break;
    ; // Nullanweisung
};
```

Hierfür bietet *C* eine Abkürzung an:

```
do
    ... // Eins-Block
while (! abbruchbedingung_erfuellt);
```

Manche Sprachen wie *Pascal* erfordern am Fuß der Schleife die negierte *Abbruchbedingung*, d.h. die *Fortsetzungsbedingung* zu nennen:

```
do
    ... // Eins-Block
until (fortsetzungsbedingung_erfuellt); // Pascal, nicht in C
```

12.2.11. Gleichwertigkeit von Wiederholungen

Obwohl die verschiedenen Programmiersprachen verschiedene Arten von Schleifen (wie kopf-, fuß- und rumpfgesteuerte Schleifen) anbieten, sind alle drei (nicht aber die Zählschleife) gleichwertig, d.h. jeweils durch die anderen Arten simulierbar. Anders gesagt, auf einer Programmiersprache, die nur eine der drei Arten anbietet, können trotzdem alle Algorithmen formuliert werden. Der Preis dafür ist entweder die Verdopplung eines Blocks oder die Einführung eines logischen Steuerobjekts:

Die rumpfgesteuerte Schleife kann durch die kopfgesteuerte Schleife folgendermaßen simuliert werden:

```
while (1) {                                                    // (12.24)
    ... // Eins-Block
if (abbruchbedingung_erfuellt) break;
    ... // Null-Block
};
```

tut dasselbe wie

```
    ... // Eins-Block verdoppelt
while (! abbruchbedingung_erfuellt) {
    ... // Null-Block
    ... // Eins-Block
};
```

oder aber mit einem Steuerobjekt

```
TBool weiter = True;
while (weiter) {
    ... // Eins-Block
  weiter = ! abbruchbedingung_erfuellt;
  if (weiter)
      ... // Null-Block
};
```

Die rumpfgesteuerte Schleife kann selbstverständlich die kopf- und die fußgesteuerte Schleife ersetzten, da diese nur Sonderfälle der ersten sind.

67. **Übung:** Zeigen Sie, daß jede rumpfgesteuerte Schleife auch durch eine fußgesteuerte Schleife ersetzt werden kann.

Die Zählschleife ragt aus dieser Reihe. Sie ist ein Spezialfall der kopfgesteuerten Schleife, somit kann sie durch eine geeignet formulierte ersetzt werden:

```
for (int i = anfang; i <= ende; i++)               // (12.25)
    ... // Rumpf
```

ist ungefähr[1] gleichwertig mit

```
int i = anfang;
while (i <= ende) {
    ... // Rumpf
    i++;
};
```

Umgekehrt gilt die Ersetzbarkeit jedoch nicht: Durch Zählschleifen können nicht alle andere Wiederholungen ersetzt werden. Der Unterschied liegt in der wesentlichen Eigenschaft der Zählschleife: Beim Eingang in die Wiederholung steht die Anzahl der Durchlaufe (die Untergrenze und die Obergrenze) fest. Eine Zählschleife kann nie endlos laufen. Für die anderen Schleifenarten gilt diese Aussage nicht, deswegen kann die Zählschleife nicht alle andere ersetzten.

Aus dieser Eigenschaft der Zählschleife folgt die typische Anwendung: Felder (deren Grenzen feststehen) werden meistens durch eine Zählschleife durchsucht, während Dateien und dynamische Strukturen (die ihre Größe zur Laufzeit ändern können) durch kopfgesteuerte Schleifen durchwandert werden.

Algorithmen, die nur Sequenzen, Fallunterscheidungen und Wiederholungen enthalten, heißen *strukturierte Algorithmen*. Das Prinzip des *strukturierten Programmierens* verlangt die Anfertigung von strukturierten Algorithmen. Ihr Ablauf kann mit Hilfe von *Struktogrammen* dargestellt werden.

---

[1] abgesehen von Sonderfällen

12.3. Struktogramme

Für den Entwurf von komplexeren (mehrfach geschachtelten) Algorithmen, die mit Hilfe von Sequenz, Fallunterscheidung und Wiederholung ausgedrückt werden sollen, wurden *Struktogramme* oder *Nassi-Shneidermann-Diagramme* entwickelt. Sie bestehen aus *Struktogrammelementen*. Ein Struktogrammelement ist ein vierekkiges Kästchen, das entweder eine

- Nullanwcisung
- elementare Anweisung (Mutatoraufruf)
- Sequenz
- Fallunterscheidung
- Wiederholung oder
- den Namen eines Struktogramms

enthält. Die Nullanweisung wird durch ein X im Kästchen ausgedrückt, die elementare Anweisung eine (evtl. formale, meistens aber verbale) Beschreibung des Mutatoraufrufs. Eine Sequenz (als ein einzelnes Struktogrammelement) ist zwei oder mehrere untereinandergeschriebene Struktogrammelemente:

```
erste Anweisung
zweite Anweisung
      . . .
```

Abb. 12.4: Sequenz

Eine Ein- oder Zweiweg-Alternative enthält einen logischen Ausdruck und zwei Struktogrammelemente, die nach den selben Regeln gebaut sind. Ihre grafischen Darstellungen sind:

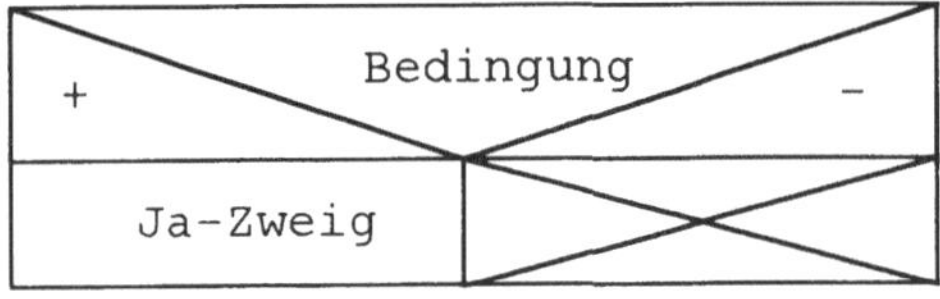

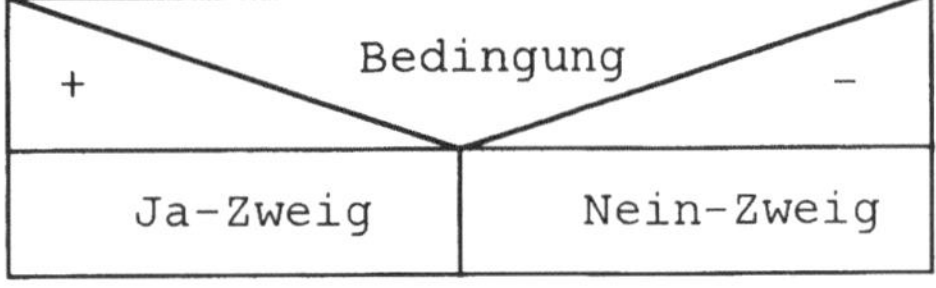

Abb. 12.5: Alternativen

Das Zeichen + drückt aus, daß das Struktogrammelement auf der linken Seite bei erfüllter Bedingung ausgeführt wird. Die Zeichen + und - können vertauscht werden, um das Struktogramm bequemer zu gestalten.

Eine (allgemeine) Wiederholung enthält einen logischen Ausdruck (die Abbruchbedingung) und zwei Struktogrammelemente (den Eins-Block und den Null-Block), die ebenfalls nach den obigen Regeln gebaut sind. Ihre grafische Darstellung ist:

```
        +---------------------------------+
        |   +-------------------------+   |
        |   |      Eins-Block         |   |
        +---------------------------------+
        |      Abbruchbedingung           |
        +---------------------------------+
        |   +-------------------------+   |
        |   |      Null-Block         |   |
        +---------------------------------+
        |                                 |
        +---------------------------------+
```

Abb. 12.6: Wiederholung mit Abbruchbedingung

Die beiden Spezialfälle kopf- und fußgesteuerte Schleife werden grafisch folgendermaßen dargestellt:

```
+-----------------------------+    +-----------------------------+
|  Fortsetzungsbedingung      |    |  +------------------------+ |
|  +------------------------+ |    |  |      Rumpf             | |
|  |      Rumpf            | |    +-----------------------------+
|  +----------------------+ |    |     Schleifenbedingung      |
+-----------------------------+    +-----------------------------+
```

Abb. 12.7: Wiederholungen

Manche Programmiersprachen wie *Pascal* verlangen[1], bei der kopfgesteuerten Schleife eine Fortsetzungs-, bei der fußgesteuerten Schleife eine Abbruchbedingung anzugeben. Dies ist aufgrund der reservierten Wörter `while` und `until` einsichtig. In *C* steht nach `while` immer die Fortsetzungs-, bei der rumpfgesteuerten Schleife nach `if` jedoch die Abbruchbedingung. Beim Struktogramm soll deutlich gemacht werden, in welchem Sinne die Schleifenbedingung[2] angegeben wurde.

Ein Struktogrammelement kann den Namen eines weiteren Struktogramms enthalten. Dies ist in zwei Fällen nötig. Der erste Fall ist, wenn der Algorithmus nicht auf einer Seite dargestellt werden kann. Dann wird ein Teil des Struktogramms auf einer anderen Seite entworfen, ihm ein Name gegeben und dieser Name in das umfassende Struktogramm eingesetzt.

```
+-----------------------------+    +-----------------------------+
|    Anweisung                |    |  Fortsetzungsbedingung      |
| +-------------------------+ |    |  +-------------------------+|
| |   Struktogrammname      | |    |  |   Struktogrammname      ||
| +-------------------------+ |    |  +-------------------------+|
+-----------------------------+    +-----------------------------+
```

Abb. 12.8: Einsetzen von Struktogrammen

Dieser Fall kann durch ein ausreichend großes Papier und durch kleine Algorithmen (wie empfohlen) vermieden werden: Statt den Namen eines eingeschlossenen Struktogramms einzusetzen, sollte lieber der Teilalgorithmus als eigene Methode implementiert und der Aufruf als Anweisung dargestellt werden.

Die im nächsten Kapitel vorgestellte *Rekursion* kann jedoch nur durch das Einsetzen eines Struktogrammnamens dargestellt werden.

Die wichtigste Eigenschaft von strukturierten Algorithmen kann an den Struktogrammen wahrgenommen werden: Jedes Struktogrammelement hat genau <u>einen</u>

---

[1] etwas inkonsequent
[2] am besten immer gleich

<u>Eingang</u> und <u>einen Ausgang</u>, nämlich die das Struktogrammelement von oben und von unten begrenzende Linie. Für strukturierte Algorithmen gilt dasselbe Prinzip.

Aus diesem Grund sollte auf die folgende, von *C++* erlaubte Möglichkeit weitgehend verzichtet werden:
- **return** nicht unmittelbar vor dem Ende des Unterprogramms
- geschachteltes **break** aus einer Wiederholung
- mehrere **break**' s aus einer Wiederholung
- **goto**

Als Beispiel für die Verwendung von Struktogrammen betrachten wir folgende Aufgabe. Ein Algorithmus als Struktogramm soll entworfen werden, der feststellt, ob alle Elemente eines Multibehälters a in einem zweiten Multibehälter b vorhanden sind oder ob es ein Element in a gibt, das in b nicht vorhanden ist. Wir nennen diese Operation zwischen Multibehältern *Inklusion*.

Die einfachste Lösung als Struktogramm[1] sieht folgendermaßen aus:

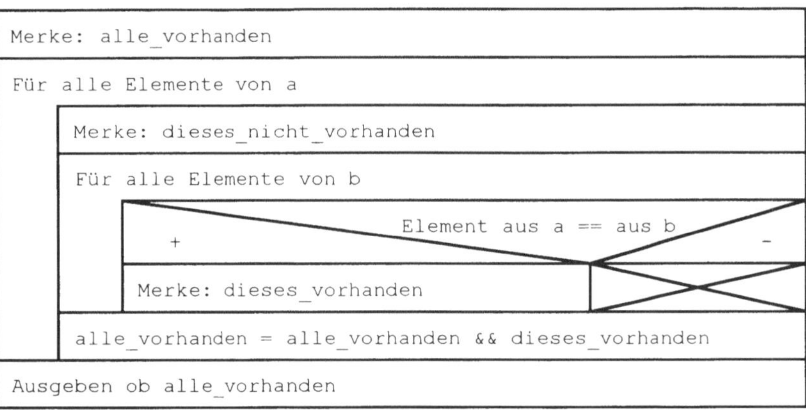

Abb. 12.9: Inklusion von Multibehältern

Hierbei können zweifelsohne Optimierungsmöglichkeiten wahrgenommen werden:
- vorzeitiger Abbruch der äußeren Wiederholung, falls nicht alle_vorhanden eintritt
- vorzeitiger Abbruch der inneren Wiederholung, falls dieses_vorhanden eintritt

Der Preis für den schnelleren Algorithmus ist:
- keine Zählschleife wird verwendet
- kompliziertere Programmierung der Abbruchbedingungen.

Besonders dieses letztere kann ein Grund sein, auf die Optimierung zu verzichten. Vermutlich ist die Arbeitszeit des Programmierers und besonders dessen, der das Programm für die Wartung lesen, verstehen und nachvollziehen muß, deutlich teurer, als die Ersparnisse an Prozessorzeit durch den schnelleren Programmablauf.

---

[1] mit verbalen Aktionsbeschreibungen

Dies gilt nur dann nicht, wenn das Programm sehr oft[1] ausgeführt wird oder wenn die Laufzeitersparnis enorm groß ist[2].

68. **Übung:** Implementieren Sie eine neue Methode „Inklusion" (z.B. als der Operator <=) für die Mengenschablone nach dem obigen Struktogramm. Sie stellt fest, ob alle Elemente der Menge, der als erstes Argument übergeben wurde, in der zweiten Menge enthalten sind.

69. **Übung:** Entwerfen Sie den Algorithmus in Form von Struktogrammen für die 61. Übung (Wertetabelle).

70. **Übung:** Entwerfen Sie den Algorithmus in Form von Struktogrammen, der entscheidet, ob alle Elemente in einem Sack[3] nur einfach vorkommen[4] oder es auch mehrfach vorkommende Elemente gibt. Auf die Elemente des Sacks können sie mit folgenden Methoden zugreifen: erstes_lesen (liefert es ein beliebiges Element des Sacks), naechstes_lesen (liefert ein seit dem letzten erstes_lesen noch nicht gelesenes Element; wenn es keine mehr gibt, liefert ein beliebiges Element) sowie alle_gelesen (liefert True, wenn seit dem letzten erstes_lesen alle Elemente gelesen wurden, sonst False).

12.4. Sprünge

Ein veraltetes, sehr selten verwendetes Sprachelement, das aber auch von *C++* unterstützt wird, ist die *Sprunganweisung*:

```
goto suende;
```

Das *Sprungziel* soll dabei durch eine *Sprungmarke* gekennzeichnet werden:

```
suende: ... // Anweisungen
```

Die einzige Berechtigung, dieses Sprachelement in einem *C++*-Programm zu benutzen, ist, wenn dadurch wesentliche Laufzeitverbesserungen entstehen[5]. Es sollte dann einleuchtend kommentiert werden.

12.4.1. Unstrukturierte Algorithmen

Es wurde bewiesen[6], daß jeder Algorithmus, der mit Hilfe von Sprüngen formuliert wurde, auch ohne Sprünge[7] formuliert werden kann[8]. Die *Strukturierung* von unstrukturierten Algorithmen ist wichtig beim *software recycling*, d.h. bei der Ent-

---

[1] z.B. im Betriebssystem
[2] was selten der Fall ist
[3] Multimenge, s. Kap 7.2.; hier mit anderer Schnittstelle
[4] wie in einer Menge
[5] ähnlich wie ein geschachteltes **break** oder ein **return** nicht vor Blockende
[6] s. z.B. [Dij] im Literaturverzeichnis
[7] nur mit Fallunterscheidungen und Wiederholungen
[8] d.h. ein äquivalenter Algorithmus entworfen werden kann

wicklung einer Neufassung alter Programme, die unstrukturiert entwickelt wurden.
Die allgemeine Methode ist recht komplex, einfachere unstrukturierte Algorithmen
können jedoch durch Nachvollziehen des Ablaufs strukturiert werden:

```
if (bedingung_1) goto marke_1:                                    // (12.26)
    ... // Anweisungsfolge_1
if (bedingung_2) goto marke_2:
marke_1: ... // Anweisungsfolge_2
marke_2: :
```

Dieser Programmausschnitt *ohne Rücksprung*[1] kann durch die Verdopplung einer
Anweisungsfolge strukturiert werden:

```
if (bedingung_1)
    ... // Anweisungsfolge_2
else {
    ... // Anweisungsfolge_1
    if (bedingung_2)
        ... // Anweisungsfolge_2 - Verdopplung
}
```

Wenn der Programmausschnitt auch einen *Rücksprung* enthält, kann er endlos laufen:

```
if (bedingung_1) goto marke_1:
marke_2: ... // Anweisungsfolge;
marke_1: if (bedingung_2)
    goto marke_2; // Rücksprung
```

Daher muß er mit Hilfe von Wiederholungen strukturiert werden:

```
if (bedingung_1)
    do
        ... // Anweisungsfolge;
    while (! bedingung_2):
else
    while (bedingung_2)
        ... // Anweisungsfolge;
```

71. **Übung:** Strukturieren Sie den folgenden Programmausschnitt mit einem geschachtelten Rücksprung; er muß mit einer geschachtelten Schleife strukturiert werden:

```
marke_1:
... // Anweisungsfolge_1;
marke_2:

if (bedingung_1)
    goto marke_1: // Rücksprung
... // Anweisungsfolge_2;
if (bedingung_2)
    goto marke_2: // Rücksprung
```

---

[1] die Ziele aller Sprünge liegen textuell nach dem Sprungbefehl

12.4.2. Steuerstrukturfreie Programmiersprachen

Sprünge werden trotzdem häufig verwendet: Es gibt eine Reihe von Programmiersprachen, die keine Steuerstrukturen als Sprachelemente anbieten. Sie sind meistens maschinennahe Sprachen wie eine *Maschinensprache* oder eine *Assemblersprache*. Ein Programmierer, der auf solchen Sprachen programmieren und daher goto's verwenden muß, kann trotzdem strukturierte Programme erstellen. Er muß dabei seinen Algorithmus auf einer höheren Sprache oder mit Hilfe von Struktogrammen ausformulieren. Anschließend kann er die Steuerstrukturen mit Hilfe der zur Verfügung stehenden Sprunganweisungen *simulieren*. Diesen Vorgang nennen wir *Entstrukturierung*.

Die meisten dieser einfachen Sprachen bieten eine Anweisung an, der *bedingter Sprung* heißt:

```
goto (bedingung) marke;  // nicht in C
```

Die Sprunganweisung in *C* ist ein Spezialfall mit der konstanten Bedingung True.

Mit Hilfe dieser einzigen Anweisung können alle Steuerstrukturen simuliert werden. Die allgemeine Fallunterscheidung

```
switch (diskreter_wert) {                        // (12.27)
    case wert_1: ... // Anweisungsfolge 1;
        break;
    case wert_2: ... // Anweisungsfolge 2;
        break;
        ...
    case wert_n: ... // Anweisungsfolge n;
        break;
    default: ... // Anweisungsfolge n+1;
}
```

kann folgendermaßen übersetzt werden:

```
goto (diskreter_wert == wert_1) marke_1; // Verteiler, nicht in C
goto (diskreter_wert == wert_2) marke_2; // nicht in C
    ...
goto (diskreter_wert == wert_n) marke_n; // nicht in C
goto (True) marke_n1; // nicht in C
marke_1: // Fall für wert_1
... // Anweisungsfolge 1
    goto (True) marke_n2;
marke_2: // Fall für wert_2
... // Anweisungsfolge 2
    goto (True) marke_n2;
    ...
marke_n: // Fall für wert_n
... // Anweisungsfolge n
    goto (True) marke_n2;
marke_n1: // Fall default
... // Anweisungsfolge n+1
marke_n2: ; // Ende der Fallunterscheidung
```

Hierbei müssen bei der Übersetzung jeder Fallunterscheidung neue Marken erzeugt werden. Die einfacheren Fallunterscheidungen (Einweg und Zweiweg) können als Sonderfälle, möglicherweise vereinfacht übersetzt werden.

Die allgemeinste, die rumpfgesteuerte Schleife

```
while (1) {                                              // (12.28)
    ... // Eins-Block
if (abbruchbedingung) break;
    ... // Null-Block
}
```

wird mit dem bedingten Sprung folgendermaßen ausgedrückt:

```
anfang:
    ... // Eins-Block
goto (abbruchbedingung) ende; // nicht in C
    ... // Null-Block
goto (True) anfang; // nicht in C
ende:
```

Die Marken anfang und ende stehen hier stellvertretend für irgendwelche[1] Marken. Die einfacheren Wiederholungen werden als Sonderfälle der rumpfgesteuerten Schleife, eventuell vereinfacht abgebildet.

Geschachtelte Steuerstrukturen werden geschachtelt übersetzt. Beispielsweise kann der Programmausschnitt

```
if (bedingung_1) {                                       // (12.29)
    while (1) {
        ... // Anweisung 1
        if (bedingung_2)
            ... // Anweisung 2
    if (bedingung_3) break;
        ... // Anweisung 3
    }
}
```

folgendermaßen übersetzt werden:

```
goto (! bedingung_1) not_bedingung_1; // nicht in C
    schleifenanfang:
        ... // Anweisung 1
        goto (! bedingung_2) not_bedingung_2; // nicht in C
            ... // Anweisung 2
        not_bedingung_2:
    goto (! bedingung_3) schleifenende; // nicht in C
        ... // Anweisung 3;
    goto (True) schleifenanfang; // nicht in C
    schleifenende:
not_bedingung_1:
```

Wenn man solche Programme mit einem *C*-Compiler übersetzen möchte, müssen die bedingten Sprünge der Art

---

[1] für jede Schleife individuell erzeugten

```
    goto (bedingung) marke;  // nicht in C
```

mit den *C*-Anweisungen
```
if (bedingung) goto marke;
```

ersetzt werden.

72. **Übung:** Entstrukturieren Sie das Programm, das Sie in der 71. Übung durch
Strukturierung erhalten haben.

73. **Übung:** Entstrukturieren Sie das Programm (12.18) `haeufigkeitszaehlung`. Ersetzen
Sie die bedingten Sprünge mit *C*-Anweisungen, und testen Sie das Ergebnis.

12.5. Rekursion

Unter *Rekursion*[1] verstehen wir den Fall, wenn ein Unterprogramm sich selbst aufruft. Wir unterscheiden zwischen *direkten* (unmittelbaren) und *indirekten*
(mittelbaren) Rekursionen. Im ersten Fall befindet sich der Aufruf im Rumpf der
betroffenen Prozedur:

```
void rekursiv() {                                          // (12.30)
    ... rekursiv();   ...
}
```

Bei der indirekten Rekursion befindet sich der rekursive Aufruf im Rumpf eines
aufgerufenen Unterprogramms. Dies ist nur durch eine getrennte Vereinbarung und
Definition der Unterprogramme möglich:

```
void rekursiv_1();
void rekursiv_2() {
    ... rekursiv_1(); ...
}
void rekursiv_1() {
    ... rekursiv_2(); ...
}
```

Die rekursive Formulierung von Algorithmen ist nur in Programmiersprachen möglich, die ihre Prozeduraufrufe über den Systemstapel abarbeiten[2]. Die Information
über die nicht abgeschlossenen rekursiven Aufrufe[3] wird auf dem Systemstapel
gespeichert[4].

Viele Rekursionen sind mit Hilfe von Schleifen simulierbar. Es gibt jedoch Aufgaben, die prinzipiell nur durch Rekursion lösbar sind. Dazu gehört sogar die Mehr-
zahl der möglichen Aufgaben, wenn auch nur wenige, die in der Praxis vorkommen. Umgekehrt gilt, daß alle Schleifen durch Rekursion simulierbar sind. Es gibt

---

[1] auf lateinisch *recurrere* heißt *zurückkehren*; aus *re* + *currere*, auf deutsch: *zurück
+ laufen*

[2] also nicht in *Fortran, Cobol* oder *Assembler*

[3] inklusive Argumente und lokaler Objekte

[4] s. Kapitel 3.4.2.

sogar Programmiersprachen[1], die keine Wiederholungen kennen, sondern alle Wiederholungen durch Rekursion ausgedrückt werden müssen.

Algorithmen, die neben Sequenzen, Fallunterscheidungen und Wiederholungen auch noch Rekursion enthalten, heißen *berechenbare Algorithmen*.

12.5.1. Fakultät

Als erstes Beispiel für rekursive Funktionen betrachten wir die im Kapitel 12.2.2. kennengelernte Funktion *Fakultät*. Eine zweite Implementierung basiert auf der rekursiven Formel

$$n! = 1 \cdot 2 \cdot 3 \cdot \ldots \cdot n\text{-}1 \cdot n = (n\text{-}1)! \cdot n$$

Diese Erkenntnis ermöglicht eine elegante Implementierung ohne Wiederholung:

```
int fak(const int n) {                                          // (12.31)
    if (n == 1)
        return 1;
    else
        return n * fak (n-1);
}
```

Der Nachteil dieser Lösung gegenüber dem im Kapitel 12.2.2. vorgestellten iterativen Programm ist der Verbrauch von zusätzlichem Speicher: Die rekursiven Aufrufe werden auf dem Systemstapel abgelegt. Die Größe des nötigen Speichers ist proportional mit dem Argument n. Man sagt, die *Speicherkomplexität* dieses Algorithmus ist linear. Die Speicherkomplexität der iterativen Lösung ist konstant[2].

12.5.2. Die Fibonacci-Zahlen

Es ist ein häufiges Phänomen, daß die Rekursion Wiederholungen ersetzt. Oft ist dies jedoch ineffektiv und es lohnt sich, doch die kompliziertere Schleife zu benutzen. Ein Musterbeispiel hierfür sind die *Fibonacci-Zahlen*. Sie werden durch die folgende (rekursive) Formel definiert:

$$f_0 = 0$$
$$f_1 = 1$$
$$f_n = f_{n-1} + f_{n-2} \text{ für } n \geq 2$$

Jede Fibonacci-Zahl ist also die Summe der beiden vorangehenden. Die ersten 12 Fibonacci-Zahlen sind:

n	0	1	2	3	4	5	6	7	8	9	10	11	...
f_n	0	1	1	2	3	5	8	13	21	34	55	89	...

Abb. 12.10: Fibonacci-Zahlen

Die folgende Funktion implementiert die Fibonacci-Zahlen nach der obigen Formel:

---

[1] z.B. *Prolog*
[2] hängt nicht von n ab

```cpp
    int fib_rek(const int n) {                                    // (12.32)
        if (n <= 0)
            return 0;
        else if (n == 1)
            return 1;
        else
➡           return fib_rek(n-1) + fib_rek(n-2);
    }
```

Wer jedoch diese Funktion mit Hilfe eines Testprogramms mit verschiedenen Argumentwerten aufruft, wird feststellen, daß die Rechenzeit für Argumente zwischen *20* und *30* unzumutbar stark wächst. Theoretische Überlegungen belegen, daß die *Zeitkomplexität* dieses Algorithmus durch die Formel 2^n ausgedrückt werden kann. Eine iterative Lösung ist angebracht, obwohl das Programm komplizierter, daher weniger lesbar ist:

```cpp
    int fib_iter(const int n) {                                   // (12.33)
        if (n > 0) {
            int aktuelle = 1, hilfe = 1, vorherige = 0;
➡           for (int i = 1; i < n; i++) {
                hilfe = aktuelle;
                aktuelle = aktuelle + vorherige;
                vorherige = hilfe;
            }
            return aktuelle;
        } else
            return 0;
    }
```

Die Zeitkomplexität von diesem Algorithmus ist linear, d.h. mit n proportional. Hier wird eine alternative rekursive Lösung mit linearer Zeitkomplexität vorgestellt. Dies wird durch das *Gedächtnis* möglich; es wird als globales Feldobjekt realisiert:

```cpp
    const int max = 10000;                                        // (12.34)
    int a;
➡   long int gedaechtnis[max]; // soll mit 0 vorbesetzt werden
    long int fib(const int n) throw(EUeberlauf) {
        if (n > max) { // wurde zu groß
            EUeberlauf e; throw e;
        }
        else if (gedaechtnis[n] != 0) // schon errechnet
            return gedaechtnis[n];
        else if (n < 2) { // 0 oder 1
            gedaechtnis[n] = long int(n); // explizite Typkonvertierung
            return gedaechtnis[n];
        }
        else
            gedaechtnis[n] = fib(n-1) + fib(n-2); // rekursiv
        return gedaechtnis[n];
    }
```

Die Fibonacci-Zahlen spielen in der Natur bei der Verteilung von Eigenschaften eine erstaunliche Rolle. Sie werden auch verwendet, um die Strategie des Mischens einer größeren Anzahl von vorsortierten Sequenzen[1] zu optimieren.

12.5.3. Die Türme von Hanoi

Ein drittes Standardbeispiel für rekursive Algorithmen ist die Lösung des Kinderspiels, das unter dem Namen *Türme von Hanoi* bekannt wurde. Hier muß eine gegebene Anzahl von gestapelten Ringen unterschiedlicher Größe von einer Stange auf eine andere mit Hilfe einer dritten übertragen werden. Hierbei darf nie ein größerer Ring auf einen kleineren gelegt werden.

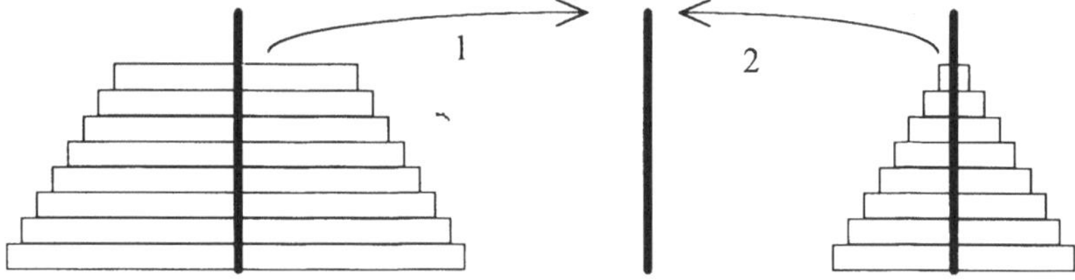

Abb. 12.11: Türme von Hanoi

Es gibt eine einfache, einleuchtende rekursive und eine komplizierte iterative Lösung. Die Zeitkomplexität beider Algorithmen ist jedoch 2^n, der Vorteil des iterativen Algorithmus liegt nur in seiner konstanten Speicherkomplexität (gegenüber der linearen). Hier ist eine Dialogversion:

```
int anzahl;                                                  // (12.35)
void uebertrage(int n, char* a, char * b, char * c) {
        // überträgt n Scheiben von a nach b mit Hilfe von c
    if (n > 0) {
        uebertrage(n-1, a, c, b);
        cout << "Übertragung vom " << a << " nach " << b << endl;
        uebertrage (n-1, c, b, a);
    }
}

void hanoi() {
    cout << "Bitte Scheibenzahl eingeben: ";
    cin >> anzahl;
    uebertrage(anzahl, "ersten", "zweiten", "dritten");
}
```

12.5.4. Binärbaum

Ein schönes Beispiel für rekursive Algorithmen ist der *Binärbaum*. Er ist eine dynamische Datenstruktur mit einem geordneten Elementtyp. Jeder Knoten enthält einen Wert und zwei Zeiger: einen zu einem Binärbaum mit allen kleineren, einen zu einem zweiten Binärbaum mit allen größeren (oder zumindest nicht kleineren) Knoten.

---

[1] s. Kapitel 12.2.9. und auch [Wirth], Kapitel 2.3.5.

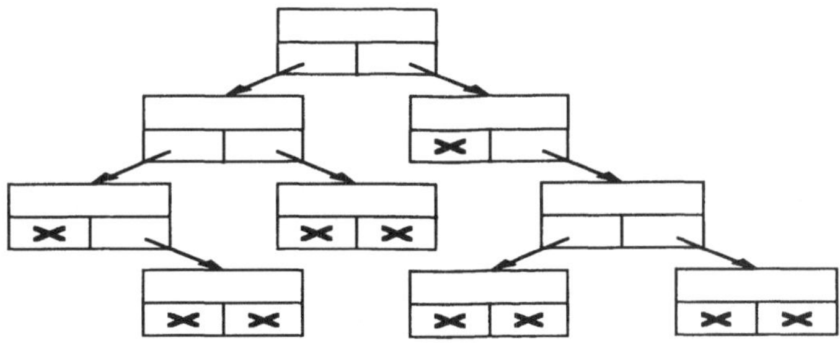

Abb. 12.12: Binärbaum

Das Aufbauen und Durchwandern eines Binärbaums ergibt ein schnelles Sortierverfahren:

```cpp
typedef int TElement;                                        // (12.36)
const int anzahl = 5000;
TElement vektor[anzahl]; // zu sortierende Zahlenmenge wird in main einlesen
struct TKnoten;
typedef TKnoten* TBaum;
struct TKnoten {
    TElement wert;
    TBaum links, rechts;
        // der Baum links enthält die kleineren, rechts die größeren Elemente
};
TBaum wurzel;
void aufbau(TBaum& baum, const TElement element) {
        // fügt element in den baum sortiert ein
    if (baum == NULL) { // Einfügestelle gefunden
        baum = new TKnoten;
        baum -> wert = element;
        baum -> links = NULL;
        baum -> rechts = NULL;
    }
    else
        if (element < baum -> wert) // evtl. Operator < des Ausprägungstyps
            aufbau (baum -> links, element); // links Platz suchen
        else
            aufbau (baum -> rechts, element); // rechts Platz suchen
}
int index = 0;

void abbau(TBaum baum) {
    // wandert den Baum rekursiv durch
    // und schreibt die Elemente nacheinander in den vektor zurück
    // vektor und index sind in abbau globale Objekte; index wurde mit 0 initialisiert
    if (baum != NULL) {
        abbau(baum -> links); // zuerst alle kleineren Elemente ausgeben
        vektor[index] = baum -> wert; // aktuelles Element ausgeben
        index++;
        abbau(baum -> rechts); // danach alle größeren (oder gleiche) Elemente ausgeben
    }
}
void baumsort() {
    // speichert die Komponenten von vektor in einen sortierten binären Baum
    // und schreibt diese sortiert zurück
    for (int i = 0; i <= anzahl; i++)
```

```
      // alle Elemente von a werden in den baum mit wurzel nacheinander einsortiert
➡        aufbau(wurzel, vektor[i]);
➡     abbau(wurzel); // die Elemente des Baumes werden in vektor zurückgeschrieben
   }
```

Ein Binärbaum kann auf drei verschiedene Arten durchsucht werden. Diese drei
Arten werden wir mit den englischen Bezeichnungen *Preorder, Inorder* und *Postorder* nennen. Bei der ersten Art wird die Wurzel <u>vor</u> den beiden Teilbäumen be-
sucht. Bei „Inorder"-Durchsuchen wird die Wurzel <u>zwischen</u> den beiden Teilbäumen manipuliert, während beim „Postorder" die notwendige Operation zuerst an
den beiden Teilbäumen, anschließend an der Wurzel durchgeführt wird. Die Algorithmen werden auf englisch *tree traversal* genannt.

Die drei Prozeduren können folgendermaßen formuliert werden:

```
void preorder(TBaum& baum) {
   if (baum != NULL) {
      operation (baum);
      preorder(baum -> links);
      preorder(baum -> rechts);
   }
}
void inorder(TBaum& baum) {
   if (baum != NULL) {
      preorder(baum -> links);
      operation(baum);
      preorder(baum -> rechts);
   }
}
void postorder(TBaum& baum) {
   if (baum != NULL) {
      preorder(baum -> links);
      preorder(baum -> rechts);
      operation(baum);
   }
}
```

Der obige Sortieralgorithmus verwendet die „Inorder"-Strategie.

74. **Übung**: Übersetzen Sie das obige Modul BAUMSORT in einem Testprogramm für
den Datentyp **float** aus, und sortieren Sie einen Vektor aus 20 Ganzzahlen.

75. **Übung**: Gestalten Sie die Implementierung Ihres Assoziativspeichers aus der 66.
Übung (Hash-Tabelle) zu einem Binärbaum um. Das Ergebnis der Hash-Funktion
können Sie für den <-Operator benutzen. Ihr Testprogramm sollte überwiegend
unverändert bleiben.

12.6. Zusammenfassung

12.6.1. Hierarchie der Algorithmen

Wir haben hiermit alle Steuerstrukturen kennengelernt, nach denen die Algorithmen
in folgende Hierarchie eingeordnet werden können:
- Der einfachste ist der *leere* Algorithmus; er enthält keine Anweisungen.
- Ein *elementarer* Algorithmus enthält eine Anweisung, i.A. einen Mutatoraufruf.
- Ein *sequentieller* Algorithmus enthält eine Sequenz von Anweisungen, die nach-
  einander ausgeführt werden.
- Ein *linearer* Algorithmus enthält Sequenzen und Fallunterscheidungen.
- Eine Festschleife ist dabei eine Abkürzung für die sequentiellen Wiederholung
  einer Sequenz.
- Ein *endlicher* Algorithmus enthält Sequenzen, Fallunterscheidungen und Zähl-
  schleifen.
- Ein *regulärer* Algorithmus enthält Sequenzen, Fallunterscheidungen und Wieder-
  holungen.
- Diese können durch Struktogramme ohne Prozeduraufruf dargestellt werden.
- Die *berechenbaren* Algorithmen enthalten Sequenzen, Fallunterscheidungen,
  Wiederholungen und Rekursion.

12.6.2. Terminologie

In diesem Kapitel haben wir folgende Begriffe kennengelernt:

- Fallunterscheidungen (Verzweigungen, Alternativen) und Wiederholungen
  (Schleifen) sind die beiden grundsätzlichen *Steuerstrukturen*.
- Die *Fallunterscheidungen* sind Mehrweg-, Zweiweg- und Einweg-Alternativen.
- Eine Schleife wird durch die Schleifenbedingung gesteuert.
- Sie kann am Anfang, in der Mitte oder am Ende der Schleife stehen.
- Zwei Sonderfälle der *rumpfgesteuerten* Schleifen sind die *kopf-* und die *fußgesteu-
  erte Schleife*.
- Ein Sonderfall der kopfgesteuerten Schleife ist die *Zählschleife*, wo die Anzahl der
  Schleifenschritte beim Schleifeneintritt feststeht.
- Ein Sonderfall der Zählschleife ist die *Festschleife*, wo die Anzahl der Schleifen-
  schritte zur Übersetzungszeit feststeht.
- *Endlosschleifen* können nur durch Ausnahmen unterbrochen werden.
- Die Mehrweg-Alternative wird in *C++* durch die `switch`-Anweisung implementiert.
- In einer `switch`-Anweisung können Alternativen (evtl. mit `default`) zusammengefaßt
  werden.
- *Geschachtelte Alternativen* können mit `else if` abgekürzt werden.
- Eine Ausnahmesituation kann mit einer Alternative (Abfrage) erkannt werden.
- Alternativen können für die *vorbeugende Ausnahmebehandlung* benutzt werden.
- *Geschachtelten Wiederholungen* sind eine wichtige Programmiertechnik.
- Felder wie Vektoren und Matrizen werden oft mit Zählschleifen abgearbeitet.

- Dateien werden typischerweise mit kopfgesteuerten Schleifen abgearbeitet.
- Die kopf-, fuß- und bedingungsgesteuerten Schleifen sind gleichwertig. Die Zählschleife ist schwächer.
- *Struktogramme* stellen die Steuerstrukturen grafisch dar.
- Die *Sprunganweisung* wird in einfachen Programmiersprachen für die Abbildung der Steuerstrukturen benutzt.
- Durch *Strukturierung* können unstrukturierte Algorithmen auf Struktogramme abgebildet werden.
- Programmausschnitte *ohne Rücksprung* werden ohne Schleife, mit Rücksprung auf eine Schleife abgebildet.
- *Rekursive Unterprogramme* rufen sich selbst *direkt* oder *indirekt* auf.
- Die *Speicherkomplexität* eines rekursiven Programms ist meistens größer als eines iterativen.
- Die *Zeitkomplexität* rekursiver Algorithmen ist oft größer als die der iterativen.

12.6.3. Aufgaben

41. Aufgabe: Finden Sie mindestens 10 Fehler in der folgenden *C++*-Funktion, die den größten gemeinsamen Teiler[1] zweier positiver Zahlen berechnet:

```
 1. unsigned int euklid(unsigned int w1, unsigned int w2) {
 2.     unsigned int g, teiler, a, b; // lokale Objekte
 3.     // a wird der kleinere von w1 und w2, b wird der größere
 4.     if (w1 < w2) then
 5.         a = w1;
 6.         b = w2
 7.     else
 8.         a = w2;
 9.         b = w1;
10.     while { // teilen solange teiler nicht null
11.         teiler = a % b;
12.         a = b;
13.         b = teiler;
14.         if teiler > 0
15.             g == teiler; // Zwischenergebnis speichern
16.     } while teiler != 0.0;
17.     euklid = g; /* das letzte Nichtnull wurde gesichert
18. }
```

42. Aufgabe: Erstellen Sie eine (rekursive) Funktionsdeklaration ackermann, die die Werte der *Ackermann-Funktion* liefert. Schreiben Sie ein menügesteuertes Testprogramm dazu. Überwachen Sie die Laufzeit des Funktionsaufrufs mit Hilfe der Klasse CUhr mit den Methodenaufrufen start (parameterlose Prozedur) und stop (parameterlose Funktion, liefert Hundertstelsekunden seit dem letzten start als int).

Die Ackermann-Funktion wird durch die folgende Formel definiert:

```
ackermann(n, m) =    n+1                                wenn m = 0
                     ackermann(m-1, 1)                  wenn m > 0 und n = 0
                     ackermann(m-1, ackermann(m, n-1))  ansonsten
```

---

[1] s. Programm (11.1)

43. Aufgabe: Erstellen Sie ein Modul, dessen Exportfunktion die Werte der Ackermann-Funktion mit Hilfe eines Gedächtnisses liefert. Modifizieren Sie das menügesteuerte Testprogramm aus der vorherigen Aufgabe dafür.

12.6.4. Prüfungsfragen

Entscheiden Sie, ob die folgenden Aussagen richtig oder falsch sind. Geben Sie dazu auch eine Begründung an.

- Alle Algorithmen, die nur Schleifen und Fallunterscheidungen enthalten, können als Struktogramme dargestellt werden.
- Alle Aufgaben, die mit Sprüngen lösbar sind, sind auch nur mit Schleifen und Fallunterscheidungen lösbar.
- Alle Steuerstrukturen können mit Hilfe von bedingten Sprüngen simuliert werden.
- Ausnahmen sollten immer, wenn nur möglich, vorgebeugt werden.
- `case` ist ein Spezialfall von `if`.
- Die Anzahl der Wiederholungen in einer Festschleife steht beim Eintritt in die Schleife fest.
- Die Anzahl der Wiederholungen in einer Zählschleife steht bei der Übersetzung fest.
- Die Fibonacci-Zahlen können ohne Rekursion nur sehr ineffektiv errechnet werden.
- Die kopfgesteuerte Schleife ist ein Spezialfall der Zählschleife.
- Ein Binärbaum ist ein dynamisches Datenobjekt (seine Größe kann zur Laufzeit verändert werden).
- Eine Zählschleife kann mit `return` abgebrochen werden.
- Eingelesene Eingabewerte können die Anzahl der Wiederholungen nur in einer rumpfgesteuerten Schleife bestimmen.
- Elemente von Vektoren und Matrizen können mit Hilfe von Festschleifen bearbeitet werden.
- Fußgesteuerte Schleifen können durch kopfgesteuerte simuliert werden und umgekehrt.
- Geschachtelte Schleifen sollten nicht mit `break` abgebrochen werden.
- Jede kopfgesteuerte Schleife kann mit einer Zählschleife simuliert werden.
- Jede Rekursion kann mit Hilfe von Schleifen simuliert werden.
- Jede Schleife kann mit Hilfe von Rekursion simuliert werden.
- Nach `switch` muß ein Ausdruck mit einem skalaren Ergebnis stehen.
- Rekursive Algorithmen haben i.A. eine höhere Speicherkomplexität als die äquivalenten nichtrekursiven Algorithmen.
- Zählschleifen können durch die Manipulation des Schleifenobjekts als Endlosschleifen laufen.
- Zählschleifen müssen mindestens einmal durchlaufen.

13. Vererbung und Polymorphie

Unter dem landläufigen Begriff *objektorientierte Programmierung* werden wir das verstehen, was korrekterweise *Vererbungsprogrammierung* heißt. Dies wird durch die Fähigkeit der Programmiersprache zur *Vererbung* und *Polymorphie* ermöglicht. In *C* ist die Programmierung von Objekten[1] sehr wohl möglich; Vererbung und Polymorphie kann aber nur per Hand nachgebaut werden. In *C++* wurden die nötigen Sprachelemente hinzugenommen.

Als Beispiel für diese wichtige Programmiertechnik werden wir einen *polymorphen Stapel*[2] Schritt für Schritt aufbauen. Die bis jetzt behandelten *Stapelschablonen* können zwar für einen beliebigen Datentyp ausgeprägt werden, ein bestimmter Stapel kann aber nur Objekte von dem Datentyp aufnehmen, für welchen er ausgeprägt wurde. Ein polymorpher Stapel kann jedoch Objekte von unterschiedlichen Datentypen[3] aufnehmen.

Zunächsteinmal brauchen wir zwei vollständige Implementierungen[4] der Klassenschablone GStapel, wie es gewöhnlich programmiert wird: eine mit Feld und eine mit verketteter Liste. Im Besitz der traditionellen Steuerstrukturen wollen wir jetzt die Ausnahme EUeberlauf nicht mehr mißbrauchen, um abzufragen, ob der Stapel voll oder leer ist, sondern wenden die Strategie der vorbeugenden Ausnahmebehandlung an. Außerdem verzichten wir jetzt auf `template`, um unseren Programmtext übersichtlicher zu gestalten. Einfachheitshalber programmieren wir die Schablone wie in *C* mit der Makrodefinition

```
#define TElement int
```

Die Schablonenversion ist fast ohne Veränderung programmierbar; auf die Unterschiede werden wir in Kommentaren hinweisen.

Somit wird unsere Stapelklasse CStapel folgendermaßen implementiert:

```
// CSTAPEL.HPP                                          // (13.1)
// Ausnahmeklassen:
class EStapel_voll {};
class EStapel_leer {};
class EFalscher_Dateiinhalt {};

class CStapel { public:
    CStapel(int); // Parameter = Größe des Stapels
    CStapel(const CStapel&);
    ~CStapel();
        ... // die Schnittstelle weiter wie im Programm (7.19)
protected:
    typedef int TIndex;
```

---

[1] als Objekte von abstrakten Datentypen
[2] oder *heterogenen Stapel*
[3] innerhalb einer *Klassenhierarchie*
[4] in den Dateien GSTAPEL.CPP und GLSTAPEL.CPP auf der Begleitdiskette

```cpp
        TIndex max; // Größe des Stapels
➡        TElement* speicher;
➡        TIndex spitze; // wird mit 0 vorbesetzt
    };

    // CSTAPEL.CPP
    CStapel::CStapel(int groesse) : max(groesse), spitze(0) { // Vorbesetzung: Stapel ist leer
        speicher = new TElement[groesse]; // genutzt wird von 1 bis groesse
    }
    CStapel::CStapel(const CStapel& quelle) {
        max = quelle.max;
➡        speicher = new TElement[max];
        spitze = quelle.spitze;
➡        for (int i=1; i<=spitze; i++) // Elementweise kopieren
            speicher[i] = quelle.speicher[i];
    }
    CStapel::~CStapel() {
        delete[] speicher; // das Gegenstück von new im Konstruktor
    }
    void CStapel::eintragen(const TElement element)throw(EStapel_voll) {
➡        if (spitze == max) { // kein Platz mehr
            EStapel_voll e; throw e;
        }
        else { // neues Element eintragen:
            spitze++;
            speicher[spitze] = element;
        }
    }
    ... // entfernen, lesen, leer, voll, entleeren ähnlich
    TBool CStapel::operator == (const CStapel& rechts) const {
        TBool ergebnis = max == rechts.max && spitze == rechts.spitze;
        if (ergebnis) // nur wenn Anzahl der Elemente gleich:
            for (int i=1; i<spitze; i++)
                if (speicher[i] != rechts.speicher[i])
                    ergebnis = False;
        return ergebnis;
    }
    void CStapel::operator = (const CStapel& rechts) {
➡        if (this != &rechts) { // Zuweisung identischer Objekte entgehen
            if (max != rechts.max) { // ungleiche Größe
                max = rechts.max;
                delete[] speicher; // alten Speicher zurückgeben
                speicher = new TElement[max]; // neu belegen
            }
            spitze = rechts.spitze; // elementweise kopieren:
            for (int i=1; i<=spitze; i++)
                speicher[i] = rechts.speicher[i];
        }
    }
    void CStapel::speichern (const char* dateiname) const { // Persistenzoperationen
        ostream datei; // fstream::ostream
        datei.open(dateiname);
        datei << max << endl;
        datei << speicher << endl;
➡        for (int i=1; i<=spitze; i++) // Elementweise ausgeben
            datei << speicher[i] << endl; // << für int
        datei.close();
    } ... // laden ähnlich
```

Aufmerksamkeit verdient die Abfrage am Anfang des Zuweisungsoperators, ob das Argumentobjekt dasselbe wie das aktuelle Objekt ist. Dies ist über den `this`-Zeiger möglich, der immer das aktuelle Objekt referiert. Ohne dies würde eine Zuweisung wie

```
a = a;
```

nicht, wie erwartet, wirkungslos bleiben, sondern zum Verlust des Speichers und zur Zerstörung des Objekts führen.

76. **Übung**: Implementieren Sie dieselbe Klasse als verkettete Liste. Einen Großteil der Algorithmen finden Sie im Programm (9.3) des Kapitels 9.4.2. Dort fehlen nur die Rümpfe der Methoden, die mit einer Schleife über alle Elementen laufen.

13.1. Der Weg zur Vererbung

Die Klassen bieten also einen Satz von Methoden an, mit denen auf die Komponenten eines Datenobjekts zugegriffen werden kann. In der Praxis kommt es aber oft vor, daß diese nicht ausreichen: Man bräuchte noch weitere Informationen vom Datenobjekt, die vom Anbieter nicht vorgesehen wurden.

Nehmen wir an, der Benutzer der Klasse `CStapel` braucht nicht nur das jeweils oberste Element, sondern auch noch die Summe aller gespeicherten Elemente. Er hat dann mehrere Möglichkeiten.

13.1.1. Die Urlösung

Entweder legt er für jeden seiner Stapel ein neues Ganzzahlobjekt an, in welchen er die Summe bei jedem Zugriff auf den Stapel selber aktualisiert. Diese Vorgehensweise entspricht aber den Sprachen der zweiten Generation.

13.1.2. Mit neuer Methode ergänzen

Es ist besser, die Klasse `CStapel` mit einer neuen Funktion `summe` zu ergänzen. Man kopiert dabei die alte Klasse `CStapel` in eine neue Klasse `CSummen_Stapel_Meth` mit einem Texteditor. In die Klasse wird die zusätzliche Methode `summe` aufgenommen, die die Summe aller Elemente in einem Objekt ausrechnet und liefert:

```
class CSummen_Stapel_Meth { public:                                    // (13.2)
          ... // die gesamte Schnittstelle wird von CStapel übernommen, s. (13.1), und zusätzlich:
➡       TElement summe(); // neu
protected: ... // der private Teil der Spezifikation ist unverändert
};

TElement CSummen_Stapel_Meth::summe () {
        TElement s = 0; // Ausprägungskonstante null, wenn TElement Ausprägungstyp
        for (int i = 1; i <= spitze; i++) s += speicher[i]; // Operator + für TElement
        return s;
}
... // alle weitere Zugriffsmethoden wie in CStapel, s. (13.1)
```

77. Übung: Entwickeln Sie ein menügesteuertes Programm summen_stapel_test für die Klasse CSummen_Stapel_Meth. Es soll Ganzzahlen einlesen und sie in zwei Stapeln (gerade oder ungerade) speichern. Bei entsprechender Menüauswahl soll es die Summe aller gespeicherten Zahlen ausgeben.

78. Übung: Ergänzen Sie Ihre Klasse als verkettete Liste aus der 76. Übung mit der neuen Methode. Ihr Testprogramm aus der vorherigen 77. Übung sollte unverändert ablaufen.

13.1.3. Mit neuer Komponente ergänzen

Eine andere Möglichkeit ist, die Summe nicht bei jedem Aufruf der Methode summe neu auszurechnen, sondern sie in jedem Stapelobjekt in einer *neuen Komponente* mitzuführen. Dazu müssen aber die Klasse CStapel zu einer neuen Klasse CSummen_Stapel_Komp ergänzt und die Methoden eintragen und auslesen modifiziert werden, um diese Komponente immer aktuell zu halten. Die neue Komponente wird im Konstruktor auf 0 gesetzt:

```
class CSummen_Stapel_Komp { public:                              // (13.3)
    CSummen_Stapel_Komp(int); // ergänzt
    ~CSummen_Stapel_Komp();// unverändert
    void entleeren(); // ergänzt
    void eintragen(const TElement) throw(EStapel_voll); // ergänzt
    TElement lesen() const throw(EStapel_leer); // unverändert
    void entfernen() throw(EStapel_leer); // ergänzt
    TBool leer() const; // unverändert
    TBool voll() const; // unverändert
    void operator = (const CSummen_Stapel_Komp&); // ergänzt
    TBool operator == (const CSummen_Stapel_Komp&) const; // unverändert
    void speichern(const char*) const; // Persistenzmethoden unverändert
    void laden(const char*) throw(EFalscher_Dateiinhalt);
    TElement summe() const; // neu
protected:
    typedef int TIndex;
    TIndex max;
    TElement* speicher;
    TIndex spitze; // wie gehabt, und noch:
    TElement s; // neue Komponente: die Summe aller Eintragungen
};

// CSSTAPEK.CPP
#include "CSSTAPEK.HPP" // eigene Schnittstelle
    ... lesen, leer, voll und == (d.h. die const-Methoden) wie in CStapel gehabt, s. (13.1)
// zusätzlich die Mutatoren ergänzt:
CSummen_Stapel_Komp::CSummen_Stapel_Komp(int groesse) {
    max = groesse;
    speicher = new TElement[groesse];
    spitze = 0; // alt
    s = 0; // neu; Ausprägungskonstante null, wenn TElement Ausprägungstyp
}
void CSummen_Stapel_Komp::entleeren() {
    spitze = 0; // alt
    s = 0; // neu; Ausprägungskonstante null, wenn TElement Ausprägungstyp
}
```

```
void CSummen_Stapel_Komp::eintragen(const TElement element)
        throw(EStapel_voll) {
    ... // wie in CStapel gehabt, und zusätzlich noch:
    s += element; // Operator + für TElement
}
void CSummen_Stapel_Komp::entfernen() throw(EStapel_leer) {
    // hier ist die Veränderung etwas komplizierter:
    if (spitze == 0) {
        EStapel_leer e; throw e;
    }
    else { // bis jetzt alles alt
        s -= speicher[spitze]; // neu
        spitze--; // alt
    }
}
void CSummen_Stapel_Komp::operator
        =(const CSummen_Stapel_Komp& rechts) {
    ... // wie in CStapel gehabt, und zusätzlich noch:
    s = rechts.s;
}
TElement CSummen_Stapel_Komp::summe() const { // neue Methode
    return s;
}
```

79. **Übung**: Ergänzen Sie Ihre Klasse als verkettete Liste aus der 76. Übung mit der neuen Komponente. Ihr Testprogramm aus der 77. Übung sollte unverändert ablaufen. Testen Sie auch die obige Feldimplementierung mit dem Testprogramm.

13.1.4. Einkaufen

Wenn eine Vielzahl von solchen Modifikationen mit dem Texteditor durchgeführt werden, entsteht eine Vielzahl von sehr ähnlichen Klassenvereinbarungen. Das Programm (oder Programmsystem) wächst, obwohl nicht viel Neues hinzukommt. Es wird auch nicht zwingend dokumentiert, welche Klassen aus welcher anderen und mit welchen Modifikationen entstanden ist. Dieser Entwicklung wird entgegengewirkt, indem das Vorhandene genutzt wird[1]. Beispielsweise kann die Klasse CSummen_Stapel_Eink selber eine Komponente vom Typ CStapel enthalten und die vorhandenen Methoden aufrufen. Diesen Weg nennen wir *Einkaufen*[2]:

```
// CSSTAPEE.HPP                                              // (13.4)
#include "CSSTAPEE.HPP" // eigene Schnittstelle
#include "CSTAPEL.HPP"  // Schnittstelle des eingekauften Moduls
class CSummen_Stapel_Eink(int) { public:
    CSummen_Stapel_Eink(int);
        ... // die Schnittstelle ist unverändert gegenüber CSummen_Stapel_Komp, s. (13.3)
protected:
    CStapel* innen_stapel; // das vorhandene wird genutzt
    TElement s; // neue Komponente
};
```

---

[1] nach dem Prinzip der *Wiederverwendbarkeit*
[2] als Gegenstück des bald einzuführenden *Erbens*

```cpp
    CSummen_Stapel_Eink::CSummen_Stapel_Eink(int groesse) : // Konstruktor
       s(0) {
       innen_stapel = new CStapel(groesse); // eingekaufter Konstruktor
    }
    CSummen_Stapel_Eink::~CSummen_Stapel_Eink() { // Destruktor
       delete innen_stapel;
    }
    void CSummen_Stapel_Eink::eintragen(const TElement element)
          throw(EStapel_voll) {
       innen_stapel -> eintragen(element); // das vorhandene wird genutzt
       s += element; // neue Komponente aktualisieren
    }
    TElement CSummen_Stapel_Eink::lesen() const throw(EStapel_leer) {
       return innen_stapel -> lesen(); // nichts Neues dazu
    }
    void CSummen_Stapel_Eink::entfernen() throw(EStapel_leer) {
       s -= innen_stapel -> lesen(); // neu
       innen_stapel -> entfernen(); // alt
    }
    TBool CSummen_Stapel_Eink::leer() const {
       return innen_stapel -> leer(); // nichts Neues dazu
    }
    void CSummen_Stapel_Eink::entleeren() {
       innen_stapel -> entleeren (); // alt
       s = 0; // neu
    }
    void CSummen_Stapel_Eink::operator = (const CSummen_Stapel_Eink& rechts){
       innen_stapel = rechts.innen_stapel; // alt
       s = rechts.s; // neu
    }
    TBool CSummen_Stapel_Eink::operator ==
             (const CSummen_Stapel_Eink& rechts) const {
       return innen_stapel == rechts.innen_stapel; // alte Gleichheit von CStapel
    }
    TElement CSummen_Stapel_Eink::summe() const {
       return s; // so einfach ist es diesmal
    }
```

Programmiertechnisch bedingt enthält die Klasse `CSummen_Stapel_Eink` nicht das Objekt von `CStapel` selbst, sondern einen Zeiger darauf. Das Objekt entsteht auf der Halde erst im Konstruktor, wo seine Größe schon bekannt ist. Der Zugriff auf dieses Objekt und auch auf seine Methoden ist über seinen Zeiger mit -> möglich, wie z.B. in der Methode `eintragen`.

Durch Einkaufen importiert man also die volle Leistung einer Klasse über seine Schnittstelle. Die benötigte[1] Leistung exportiert man dabei neu. Wichtig ist hierbei, daß beim Einkaufen der Importeur (selbstverständlich) keinen Zugriff auf die Klasseninterna[2] hat. Man sagt, daß die Klasse `CSummen_Stapel_Eink` *Kunde* der Klasse `CSta-pel` ist.

---

[1] oft die gesamte
[2] etwa auf die Stapelstruktur

80. **Übung**: Testen Sie die obige Implementierung mit dem Testprogramm aus der
77. Übung; es sollte unverändert ablaufen. Tauschen Sie nun die eingekaufte Klasse
auf die Stapelklasse als verkettete Liste aus der 76. Übung aus. Ihr Testprogramm
sollte wiederum unverändert laufen.

13.1.5. Modulvererbung

Die obige Vorgehensweise enthält viele nichtssagende Programmteile wie die
Rümpfe aller const-Methoden leer und lesen, wo einfach die vorhandenen Funktionen leer und lesen von CStapel aufgerufen[1] werden. Diese überflüssige Schreibarbeit
wird durch die Einführung der *Vererbung* vermieden. Im Kapitel 7.1.2. haben wir
schon die Modulvererbung ansatzweise kennengelernt.

Unter *Modulvererbung* versteht man die Erweiterung der Schnittstelle einer Klasse.
Unter *Typvererbung* versteht man die Ergänzung einer Klasse mit neuen Komponenten.

Die Schnittstelle der Klasse CStapel haben wir schon im Kapitel 13.1.2. erweitert, wo
eine neue Funktion summe hinzugefügt wurde. Mit Hilfe der Modulvererbung kann
dieser Weg viel kürzer begangen werden:

```
➡   class CSummen_Stapel_ModErb : public CStapel { public :                      // (13.5)
        // die gesamte Schnittstelle von CStapel wird automatisch übernommen und ergänzt mit:
➡       TElement summe() const;
    };
    TElement CSummen_Stapel_ModErb::summe() const {
        TElement s = 0; // Ausprägungskonstante null, wenn TElement Ausprägungstyp
        // bei Modulvererbung ist Zugriff auf die protected-Komponenten des Vererbers möglich:
        for (int i = 1; i <= spitze; i++)
            s += speicher[i]; // Operator + für TElement
        return s;
    }
```

Bei dieser Vorgehensweise ist es nötig, die interne Datenstruktur des Stapels zu
kennen. Einem *Erben* darf dies also nicht verborgen bleiben. Der Erbe hat die
Möglichkeit, auch auf die Datenelemente zugreifen zu können, die nicht über die
Schnittstelle erreichbar sind, wenn diese als protected deklariert wurden. Dies bringt
Sicherheitsgefahren mit sich: In die ausgetesteten Algorithmen können neue Fehler
hineinrutschen. Hierbei ist es sinnvoll, zwischen *Schreibzugriff* und *Lesezugriff* zu
unterscheiden. Unser obiges Beispiel CSummen_Stapel_ModErb greift auf die darunterliegende Datenstruktur von CStapel nur lesend zu, d.h. die geerbten Objekte werden
nicht verändert: Die Funktionsfähigkeit der geerbten Methoden wird nicht beein-
trächtigt.

Wenn der Zugriff auf die Datenelemente auch für die Erben verboten werden soll,
müssen sie als private deklariert werden. Dies wird jedoch vom Autor nicht empfohlen: Der Programmierer der Klasse kann nicht alle ihre möglichen Erweiterungen

---

[1] nach oben *weitergereicht*

voraussehen, und durch das Verbot kann er zukünftigen Erben den Weg verbauen, auf die Komponenten zugreifen zu können[1].

81. **Übung**: Testen Sie die obige Implementierung mit dem Testprogramm aus der 77. Übung; es sollte unverändert ablaufen. Tauschen Sie nun die vererbte Klasse auf die Stapelklasse als verkettete Liste aus der 76. Übung aus. Die Summierungsmethode müssen Sie nun neu programmieren. Ihr Testprogramm sollte aber wiederum unverändert laufen.

13.1.6. Typvererbung

Die zweite Erweiterung von CStapel zu einer neuen Klasse CSummen_Stapel_Komp erfolgte durch Hinzufügen einer neuen Komponente. Dies kann durch *Typvererbung* sehr ähnlich wie durch Einkaufen, jedoch eleganter gelöst werden. Es müssen nicht alle Zugriffsmethoden, sondern nur die ergänzten neu definiert werden: Sie werden *überladen*.

```
class CSummen_Stapel_TypErb : public CStapel { public:            // (13.6)
        // Mutatoren (nicht-const-Methoden) werden überladen:
    CSummen_Stapel_TypErb::CSummen_Stapel_TypErb(int);
    void eintragen(const TElement& element) throw(EStapel_voll);
    void entfernen() throw(EStapel_leer);
    void entleeren() throw(EStapel_leer);
    void operator = (const CSummen_Stapel_TypErb& rechts);
        // neue Methode:
    TElement summe() const;
        // alles andere (die const-Methoden) wird durch die Modulvererbung
        // automatisch exportiert und ist für CSummen_Stapel_TypErb gültig
protected:  // geerbte Komponenten, und noch:
    TElement s; // neue Komponente: Typvererbung
};

// alle überladenen und neuen Methoden:
CSummen_Stapel_TypErb::CSummen_Stapel_TypErb(int groesse) :
    CStapel(groesse), s(0) {};
        // geerbter Konstruktor + Vorbesetzungswert für die neue Komponente
void CSummen_Stapel_TypErb::eintragen(const TElement& element)
        throw(EStapel_voll) {
    CStapel::eintragen(element); // geerbte Methode
    // Parameter können an die geerbte Methode übergeben werden
    s += element; // Ergänzung
}
void CSummen_Stapel_TypErb::entfernen() throw(EStapel_leer) {
    s -= CStapel::lesen(); // Ergänzung mit Datenkapselung
    CStapel::entfernen(); // geerbte Methode
}
void CSummen_Stapel_TypErb::entleeren() throw(EStapel_leer) {
    CStapel::entleeren(); // geerbte Methode
    s = 0; // Ergänzung
}
```

---

[1] in der Programmiersprache *Eiffel* ist dies so vorgesehen

```
TElement CSummen_Stapel_TypErb::summe() const {
    return s;
}
```

Die Klasse `CSummen_Stapel_TypErb` ist ein *Nachkomme* der Klasse `CStapel`. Alle Komponenten und Methoden werden vom `CStapel` geerbt; es können zusätzliche Komponenten und Methoden hinzugefügt werden. Vorhandene Methoden wie `entleeren`, `eintragen` oder `entfernen` können *überladen* werden, d.h. für die Sohnklasse bekommen sie eine neue Bedeutung. Dadurch steht die alte Bedeutung nicht mehr zur Verfügung, was - wie im obigen Beispiel - ein Vorteil ist: Man soll nicht eintragen und entfernen können, ohne dabei `summe` zu aktualisieren.

In der Initialisierungsliste des Konstruktors `CSummen_Stapel_TypErb` wurde der geerbte Konstruktor `CStapel` mit geeigneten Argumenten aufgerufen. Auch im Rumpf der Mutatoren wurde jeweils der geerbte Mutator über den Bereichsoperator aufgerufen. Es ist eine verbreitete Programmiertechnik bei der Typvererbung, daß vor oder nach dem Aufruf der geerbten Methode nur noch die neue Komponente manipuliert wird, wie z.B. bei `entleeren`.

Ein Anwenderprogramm kann beide Klassen `CStapel` und `CSummen_Stapel_TypErb` parallel gebrauchen:

```
CStapel stapel(20);                                          // (13.7)
CSummen_Stapel_TypErb summen_stapel(30);
stapel.eintragen(5);
summen_stapel.eintragen(6);
```

Hier werden zwei unterschiedliche Methoden mit demselben Namen `entleeren` aufgerufen: `CStapel::eintragen` und `CSummen_Stapel_TypErb::eintragen`. Sie werden durch den Typ der Objekte `stapel` und `summen_stapel` identifiziert.

82. **Übung**: Testen Sie die obige Klasse `CSummen_Stapel_TypErb` mit dem Testprogramm aus der 77. Übung; es sollte unverändert ablaufen. Tauschen Sie nun die vererbte Klasse auf die Stapelklasse als verkettete Liste aus der 76. Übung aus. Welche Veränderungen müssen Sie unternehmen, um das Testprogramm unverändert laufen lassen zu können?

13.1.7. Das Geheimnisprinzip

Ein Vergleich der Klassen `CSummen_Stapel_TypErb` und `CSummen_Stapel_ModErb` in der letzten Übung zeigt einen wesentlichen Unterschied: Der Programmierer des letzteren muß wissen, daß in der importierten Klasse `CStapel` die Elemente im Feld abgelegt werden, während der des ersten auf diese Information verzichten kann: Bei der Definition von `CSummen_Stapel_TypErb` kann man die `#include`-Zeile auf

```
#include "CLSTAPEL.HPP"
```

austauschen, `CSummen_Stapel_ModErb` funktioniert aber damit nicht mehr: Das Prinzip der *Datenkapselung* wurde verletzt.

Einen Überblick über die verwendeten Methoden für die Erweiterung durch die Summenfunktion kann die folgende Tabelle verschaffen:

\ Speicherungstechnik in CStapel Lösung in CSummen_Stapel \	Feld	verkettete Liste
neue Funktion (ohne Kapselung) • nur durch Erben	Feldelemente aufsummieren	Listenelemente aufsummieren
neue Komponente (mit Kapselung) • Einkaufen oder Erben	gemeinsame Lösung	

Abb. 13.1: Stapelerweiterungen

Einkaufen[1] ist eine formale Beziehung, der Kunde darf nur die öffentlich vereinbarte Schnittstelle benutzen, während *Erben* eine familiäre Beziehung ist, der Erbe
hat Zugriff auch auf die inneren Angelegenheiten des Beerbten[2].

Beim Einkaufen wird also der Zugriff nur auf die öffentlichen Komponenten eines
Datentyps erlaubt, beim Erben auf alle, bis auf die privaten. Es ist jedoch vorteilhaft
und sinnvoll, auch beim Erben das Geheimnisprinzip so weit wie möglich, zu wahren, und wenn nicht, nur <u>lesend</u> auf die geerbten Komponenten zuzugreifen. Ein
Schreibzugriff würde nämlich die Funktionsweise der geerbten Methoden beein-
trächtigen.

13.1.8. Vererbung ohne Datenkapselung

Es gibt Situationen, wo die Verletzung der Datenkapselung wesentliche Effizienz-
vorteile bringt. In diesem Fall soll man nicht einkaufen, sondern erben. Das folgende Problem ist ein Beispiel dafür:

Eine von CStapel abgeleitete Klasse CMengen_Stapel soll vereinbart werden. Ihre Ob-
jekte speichern ganze Zahlen, jede jedoch nur einmal[3]. Wenn eine und dieselbe
Zahl mehrmals eingetragen wird, wird sie nicht gespeichert, sondern es wird eine
Fehlanzeige zurückgegeben. Die einfachste Lösung für dieses Problem ist folgende:

```
class CMengen_Stapel : public CStapel { public :                          // (13.8)
    void eintragen(const TElement element, TBool& erfolg)
        throw(EStapel_voll);
};
void CMengen_Stapel::eintragen (const TElement element, TBool& erfolg)
    throw(EStapel_voll) {
    erfolg = True;
    for (int i = 0; i <= spitze; i++) {
        if (speicher[i] == element)
            erfolg = False;
    }
    if (erfolg)
        CStapel::eintragen(element);
}
```

---

[1] d.h. ein Objekt vom gegebenen Datentyp zu vereinbaren
[2] außer die, die als **private** vereinbart wurden; nur in Ausnahmefällen empfohlen
[3] wie in einer Menge

Hier muß, ähnlich wie in der Klasse `CSummen_Stapel_TypErb`, die. Datenstruktur des Stapels bekannt sein; für den verketteten Stapel muß man `CMengen_Stapel` umprogrammieren. Eine Lösung mit Datenkapselung wäre deutlich komplizierter: ein Hilfsstapel müßte angelegt werden, in dem alle mit Hilfe von Auslesen ausgeräumten Elemente zwischengelagert werden, damit der Vergleich mit `element` stattfinden kann. Anschließend soll der Zwischenstapel geleert und der ursprüngliche zurückgeladen werden. Die Ursache für diese Anomalie ist, daß die Aufgabenstellung prinzipiell einer Grundeigenschaft des abstrakten Datentyps *Stapel* widerspricht: Nur das Spitzenelement hat Relevanz, alle darunterliegenden beeinflussen das Verhalten des Stapels nicht. Es wäre also nicht richtig, die oben gestellte Aufgabe durch *Einkaufen* mit Datenkapselung vom Datentyp `CStapel` lösen zu wollen; der richtige Weg ist *Erben*, also ohne Datenkapselung.

83. **Übung:** Implementieren Sie eine von der Sackschablone für Ganzzahlen abgeleitete Klasse, die den *Mittelwert* der gespeicherten Zahlen ausrechnen kann. Schreiben Sie ein menügesteuertes Testprogramm dazu.

13.2. Polymorphie

Wir kennen schon die Stapelschablone: Dies ist das für alle Elementtypen gemeinsame Schema, aus dem wir für die verschiedenen Elementtypen verschiedene Stapeltypen ausprägen können. Somit kann man einen Stapel für `int`, einen anderen für Zeichenketten und einen dritten für `TPerson`[1] erzeugen. In jeden einzelnen Stapel können aber Elemente nur von einem Datentyp gespeichert werden.

Wir stellen jetzt eine noch schwierigere Aufgabe. Wir wollen nicht nur einen eigenen Stapel für die verschiedenen Datentypen `int`, `char[]` und `TPerson`, sondern wir möchten Daten von verschiedenen Typen in einen und denselben Stapel speichern. Dieser *polymorphe* Stapel ist dann selbstverständlich auch als Stapelschablone geeignet.

Polymorphie[2] ist eine der mächtigsten Konzepte der OOP: Ein Objekt[3] kann in verschiedenen Gestalten[4] erscheinen und sich in Abhängigkeit seiner Gestalt verhalten. Um zu diesem Konzept zu führen, brauchen wir aber noch zwei weitere Eigenschaften der OOP, die Aufwärtskompatibilität und die *späte Bindung*. Diese letztere wird in *C++* mit Hilfe von *virtuellen Methoden* programmiert.

---

[1] wie auch immer dieser Verbundtyp definiert wurde

[2] πολυσ auf deutsch: *viel* (vgl.: *Polygon*, Vieleck); μορφη auf deutsch Gestalt (vgl.: *Morphologie*); *Polymorphie* auf deutsch: *Vielgestaltigkeit*

[3] etwa ein in den Stapel eingetragenes Element

[4] als `int`, `char[]` oder `TPerson`

13.2.1. Späte Bindung

Vielleicht ist es langweilig, sich mit den verschiedenen Stapeln zu beschäftigen. Objektorientiertes Programmieren wird oft in Grafikprogrammen verwendet; nehmen wir also ein neues Beispiel aus der Welt der geometrischen Figuren.

Ein Objekt der Klasse CPunkt stellt zwei Bildschirmkoordinaten in seinen Komponenten xkoord und ykoord dar. Die Klasse CQuadrat ist ein Nachkomme von CPunkt mit der zusätzlichen Komponente radius. Er besitzt alle Komponenten und alle Methoden von CPunkt, zusätzlich aber noch den Informator flaeche. Die Methoden erscheine und verschwinde wurden überladen, da man ein Quadrat auf andere Weise auf dem Bildschirm erscheinen oder verschwinden läßt als einen Punkt: einen Punkt durch den Aufruf der Prozedur put_pixel aus einem Grafikmodul GRAPHICS, ein Quadrat durch den Aufruf von GRAPHICS::rectangle:

```
const int max_schirm = 400; // Bildschirmbreite                              // (13.9)
typedef int TKoord; // Werte zwischen 1 und max_schirm
class CPunkt { public:
    CPunkt(const TKoord x, const TKoord y);
    ~CPunkt();
➡   virtual void erscheine(); // werde am Bildschirm sichtbar
➡   virtual void verschwinde(); // werde unsichtbar
    void springe (const TKoord neu_x, const TKoord neu_y);
protected:
    TKoord xkoord, ykoord; // zwei Koordinaten am Bildschirm
    TBool sichtbar;
private: // benutzbar nur innerhalb der Klasse
    void setze_xy(const TKoord x, const TKoord y);   // lokale Funktion
};

class CQuadrat : public CPunkt { public:
    CQuadrat(const TKoord x, const TKoord y, const TKoord r);
➡   virtual void erscheine();
➡   virtual void verschwinde();
    int flaeche() const; // neue Methode, Informator
protected:
    TKoord radius; // neue Komponente: halbe Seitenlänge
};
```

Die Methoden erscheine und verschwinde wurden mit Hilfe des reservierten Wortes virtual als *virtuelle Methoden* vereinbart; diese ihre Eigenschaft werden wir demnächst untersuchen.

Im Rumpf der Klasse werden alle Methoden ausprogrammiert. Hierzu wird das Grafikmodul GRAPHICS importiert, das in der Lage ist, Punkte und Quadrate auf den Bildschirm zu zeichnen:

```
#include "CQUADRAT.HPP" // eigene Schnittstelle
#include "GRAPHICS.HPP"; // Grafikbibliothek, um am Bildschirm zu zeichnen
void CPunkt::setze_xy(const TKoord x, const TKoord y) { // lokale Funktion
    xkoord = x;
    ykoord = y;
}
CPunkt::CPunkt(const TKoord x, const TKoord y) :
    sichtbar(False), xkoord(x), ykoord(y) {}
```

```
CPunkt::~CPunkt() {
    // Destruktoren vernichten oft alle im Konstruktor erzeugten Haldenobjekte explizit; hier nicht
    verschwinde();
}
void CPunkt::erscheine() { // der Punkt wird am Bildschirm dargestellt
    const TColor farbe = get_color(); // aktuelle Zeichenfarbe aus GRAPHICS
    sichtbar = True;
    put_pixel (xkoord, ykoord, farbe); // Punkt zeichnen: GRAPHICS::put_pixel
}
void CPunkt::verschwinde() { // der Punkt wird am Bildschirm gelöscht
    const TColor farbe = get_bk_color(); // aktuelle Hintergrundfarbe aus GRAPHICS
    sichtbar = False;
    put_pixel (xkoord, ykoord, farbe); // Punkt zeichnen mit Hintergrundfarbe
}
void CPunkt::springe(const TKoord neu_x, const TKoord neu_y) {
    // polymorphe Methode!
    verschwinde(); // wird die Version je nach Objekttyp aufgerufen; späte Bindung zur Laufzeit
    setze_xy (neu_x, neu_y);
    erscheine(); // späte Bindung
}
CQuadrat::CQuadrat(const TKoord x, const TKoord y, const int r) :
    CPunkt(x, y), // geerbter Konstruktor
    radius(r) // neue Komponente
{}
void CQuadrat::erscheine() { // der Quadrat wird am Bildschirm dargestellt
    sichtbar = True;
    const TColor farbe = get_color(); // aktuelle Zeichenfarbe aus GRAPHICS
    rectangle(xkoord - radius, ykoord - radius, xkoord + radius,
        ykoord + radius, farbe); // GRAPHICS::rectangle
}
void CQuadrat::verschwinde() { // der Quadrat wird am Bildschirm gelöscht
    ... // ähnlich wie verschwinde für CPunkt, jedoch Aufruf von GRAPHICS::rectangle
int CQuadrat::flaeche() const { // neuer Informator für CQuadrat
    return 4 * radius * radius;
}
```

Die Methode springe wird von CPunkt an CQuadrat direkt vererbt. Das Verständnis
ihrer Funktionsweise ist kritisch für das Verständnis von Virtualität und Polymorphie, deswegen untersuchen wir sie ausführlich.

Betrachten wir den folgenden Programmausschnitt aus einem Benutzerprogramm:

```
CPunkt punkt(10, 10);                                         // (13.10)
punkt.erscheine();
punkt.springe(15, 15);

CQuadrat quadrat(50, 50, 25);
quadrat.erscheine();
quadrat.springe(60, 60);
```

Zuerst wird ein punkt mit den Koordinaten (10, 10) angelegt; er ist aber zunächsteinmal unsichtbar[1]. Dann wird punkt am Bildschirm durch den Aufruf von erscheine

---

[1] im Rumpf des Konstruktors kommen keine Grafikanweisungen vor, der Bildschirm
    wird also nicht verändert; nur die Komponenten werden gesetzt, z.B. sichtbar
    auf False

sichtbar, dann springt er von (10, 10) nach (15, 15). Wie funktioniert die Methode springe? Zuerst wird die Methode verschwinde aufgerufen, um punkt auf (10, 10) unsichtbar zu machen, dann werden die neuen Koordinaten mit der lokalen Funktion setze_xy geschrieben, schließlich soll punkt auf (15, 15) erscheinen.

Nun wird quadrat auf (50, 50) mit einer halben Seitenlänge von 25 Pixeln initialisiert; am Bildschirm ist noch nichts sichtbar, erst nach dem Aufruf der Methode quadrat.erscheine. Diese ruft die Grafikprozedur rectangle auf, um quadrat auf den Bildschirm zu zeichnen. Nun wird die Methode springe aufgerufen. Sie wurde in der Klasse CQuadrat nicht überladen, sondern wurde geerbt. Sie ruft - ihrer Definition entsprechend, wie gerade gesehen - zuerst verschwinde auf, dann setze_xy und zum Schluß erscheine. Ja, aber <u>welche</u>? Vorhin wurde CPunkt::verschwinde aus, dann setze_xy und schließlich CPunkt::erscheine aufgerufen. Diesmal wäre das falsch, wir wollen jetzt nicht punkt auf dem Bildschirm verschwinden und erscheinen lassen, sondern quadrat.

Wenn wir in den Methodenvereinbarungen von CPunkt und CQuadrat die reservierten Wörter virtual weglassen, würde der *C++*-Compiler die Methodenaufrufe verschwinde und erscheine in die Methodenvereinbarung CPunkt::springe fest einbinden. Es wäre dann in der Implementierung von CPunkt::springe logisch anzunehmen, daß mit verschwinde der Methodenaufruf CPunkt::verschwinde gemeint ist. Tatsächlich, wenn wir virtual überall streichen, erscheint in einem Testlauf[1] nach quadrat.springe() nur ein Punkt am Bildschirm. Wir können das damit erklären, daß die Methodenaufrufe verschwinde und erscheine in den Methodenrumpf CPunkt::springe fest als CPunkt::verschwinde und CPunkt::erscheine zur Übersetzungszeit eingebunden werden. Wenn aber die Methoden verschwinde und erscheine als *virtuelle Methoden* vereinbart werden, läßt der Compiler die Frage offen, welche wohl gemeint sind: Es wird erst zur Laufzeit entschieden. Wird die Methode springe für ein Objekt der Klasse CPunkt aufgerufen, so werden an dieser Stelle CPunkt::verschwinde und CPunkt::erscheine angesprochen. Wenn sie aber für ein Objekt der Klasse CQuadrat aufgerufen wird, dann wird es *dynamisch*[2] für CQuadrat::verschwinde und CQuadrat::erscheine entschieden. Polymorphie bedeutet, daß diese Entscheidung erst zur Laufzeit stattfindet.

Diese Vorgehensweise mit den *statischen* und *virtuellen Methoden* heißt auch *frühe* bzw. *späte Bindung*, womit die Einbindung der Methoden verschwinde bzw. erscheine in die Methode springe gemeint ist[3].

Die späte Bindung wird oft durch eine *virtuelle Methodentabelle* (*VMT*) realisiert: jedes Objekt, in dessen Klassenvereinbarung virtuelle Methoden vorkommen, besitzt einen Zeiger auf die VMT seiner Klasse. Wenn zur Laufzeit eine vom Übersetzer offen gelassene (also virtuelle) Methode aufgerufen wird, wird die aktuelle Methode aus der VMT geholt. So können sich alle Objekte richtig verhalten. Der Zei-

---

[1] s. Testprogramm BILDTSNV.CPP auf der Begleitdiskette
[2] zur Laufzeit
[3] nicht etwa eine Tätigkeit des Binders

ger auf die VMT wird vom Konstruktor aufgefüllt. Der Destruktor löscht den Zeiger auf die VMT-Einträge.

Der folgende Programmausschnitt ist ein Beispiel dafür, wie man von importierten Klassen erben kann. Die Klasse CKreuzgang[1] beschreibt zwei konzentrische, ineinander liegende Quadrate:

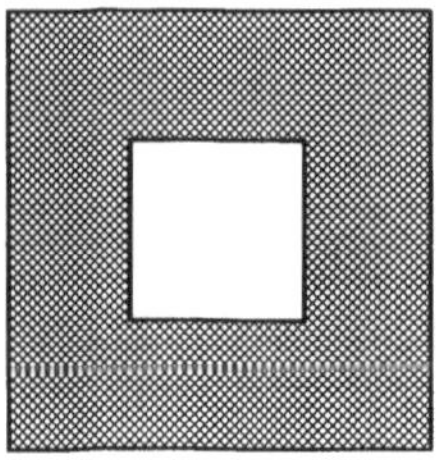

Abb. 13.2: Kreuzgang

```
class CKreuzgang : public CQuadrat { public: // (13.11)
    CKreuzgang(const TKoord x, const TKoord y, const TKoord r,
        const TKoord ir);
    virtual void erscheine();
    virtual void verschwinde();
    int flaeche() const;
protected:
    TKoord innen_radius; // halbe Seitenlänge des inneren Quadrats
};

CKreuzgang::CKreuzgang(const TKoord x, const TKoord y, const TKoord r,
    const TKoord ir) : CQuadrat(x, y, r), innen_radius(ir) {}
int CKreuzgang::flaeche() const {
    CQuadrat innen_quadrat(xkoord, ykoord, innen_radius); // lokales Objekt
    return CQuadrat::flaeche() - innen_quadrat.flaeche();
}
void CKreuzgang::erscheine() {
    CQuadrat innen_quadrat(xkoord, ykoord, innen_radius); // lokales Objekt
    sichtbar = True;
    CQuadrat::erscheine(); // geerbte Methode
    innen_quadrat.erscheine();
    fill(xkoord + (radius - innen_radius)/2, ykoord); // GRAPHICS::fill
            // füllt umrahmte Fläche
}
void CKreuzgang::verschwinde() {
    ... // ähnlich wie erscheine und beim CQuadrat
```

Dieses Programm importiert die Klasse CQuadrat, von der die Klasse CKreuzgang erbt. Ein Kreuzgang ist ja so etwas wie ein Quadrat, nur noch zusätzlich mit einer Innenseite.

Es ist typisch in der OOP, daß der Konstruktor überladen wird, wobei der geerbte Konstruktor für CQuadrat in der Initialisierungsliste des Konstruktors für CKreuzgang aufgerufen wird. Die Methoden erscheine, verschwinde und flaeche werden überladen.

Die Objekte quadrat und kreuzgang entsprechender Klassen können nun durch Mutatoraufrufe manipuliert werden, und ihre aktuellen Flächen werden ausgerechnet.

Für einen Methodenaufruf kreuzgang.springe gilt das über die virtuellen Methoden oben Gesagte: Die Methode springe wurde von CPunkt geerbt. Zur Übersetzungszeit des Programms mit der Definition der Klasse CQuadrat stehen die aufzurufenden Methoden CKreuzgang::verschwinde und CKreuzgang::erscheine noch gar nicht zur Verfü-

---

[1] wie in alten Klostern

gung, da sie erst in einem anderen Programm auftauchen. Die Aufrufe wurden offengelassen und erst zur Laufzeit ausgewählt.

Ähnlich können ganze Klassenhierarchien aufgebaut werden:

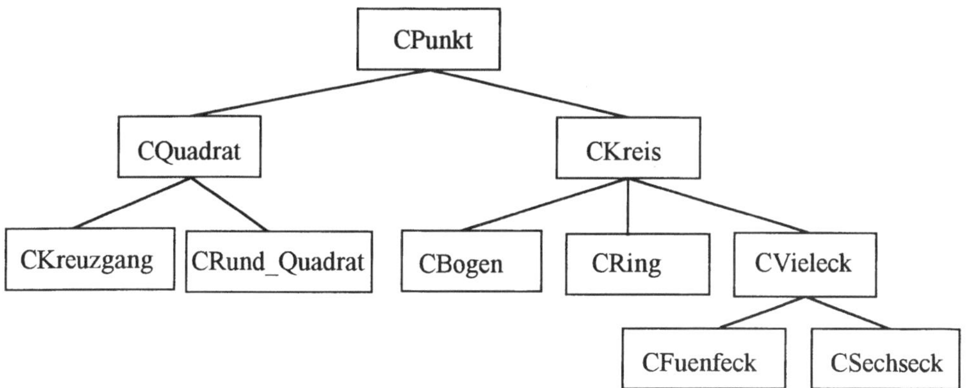

Abb. 13.3: Klassenhierarchie

Als Nachfolger von CPunkt können CKreis, CBogen, CRing, CFuenfeck, CSechseck, usw. vereinbart werden, als Nachfolger von CQuadrat neben CKreuzgang auch noch CRund_Quadrat[1], usw. Jeder neue Datentyp erbt alle Attribute[2] von seinem Ahnen, wobei Methoden überladen werden können. Die *polymorphen Methoden* sorgen dafür, daß sich die unterschiedlichen Objekte unterschiedlich[3] verhalten.

84. **Übung**: Implementieren Sie die Klasse CRund_Quadrat aus der obigen Klassenhierarchie. Test Sie sie mit einem Testtreiber. Testen Sie das Verhalten der Methode CRund_Quadrat::springe für den Fall, wo erscheine und verschwinde als statische nichtvirtuelle Methoden vereinbart wurden.

13.2.2. Aufwärtskompatibilität

Virtualität ist die eine Hälfte, die Polymorphie ausmacht: Die Methode springe hat sich polymorph (vielgestaltig) verhalten, d.h. in Abhängigkeit davon, für welches Objekt sie aufgerufen wurde. Die *Aufwärtskompatibilität* ermöglicht es den Objekten selbst, verschiedene Gestalten anzunehmen. Die beiden Eigenschaften zusammen erlauben es dann, in ein Objekt verschiedene Gestalten abzulegen, die sich dann auch richtig (ihrer eigenen Klasse entsprechend) verhalten.

Typkompabilität ist in *C* nicht unbekannt, wenn auch nur in einer sehr eingeschränkten Form. Mit den Vereinbarungen

```
int i; float f;                                              // (13.12)
```

sind die Zuweisung, der Vergleich und die Operation

---

[1] Quadrat mit abgerundeten Ecken
[2] d.h. Komponenten und Methoden
[3] ihrer Klasse entsprechend

```
f = i;
if (f == i) ... ;
... i + f ...
```

erlaubt, obwohl hier verschiedene Datentypen miteinander kombiniert werden. Die Kompatibilität von `int` nach `float` ist gewährleistet (umgekehrt jedoch nicht). Zwischen Klassen gibt es eine ähnliche Kompatibilität, und zwar von unten nach oben in der Klassenhierarchie. Werte von abgeleiteten Klassen können einem Objekt der Vaterklasse zugewiesen oder diese miteinander verglichen werden.

In einem Programm, das die Klasse `CQuadrat` importiert und auch noch die Klasse `CKreuzgang` (wie oben) vereinbart, können folgende Objekte angelegt werden:

```
CPunkt punkt(10, 10);
CQuadrat quadrat(80, 50, 30);
CKreuzgang kreuzgang(100, 100, 40, 10);
```

Nun, die *Aufwärtskompatibilität* erlaubt die Zuweisungen[1] der Art

```
punkt = quadrat;
```

umgekehrt jedoch nicht:

```
quadrat = punkt; // Fehler
```

ist ein Fehler. Warum? Im ersten Fall werden die beiden Koordinaten `xkoord` und `ykoord` von `quadrat` dem Objekt `punkt` zugewiesen. Im fehlerhaften Fall würde die Objektkomponente `quadrat.radius` keinen Wert bekommen, deshalb ist die Zuweisung unerlaubt.

Aufwärtskompatibilität funktioniert nicht nur unter Klassenobjekten, sondern auch unter Zeigern auf Klassenobjekte. Zeigerobjekten können auf folgende Weise Werte zugewiesen werden:

```
  CPunkt* punkt_zeiger = &punkt; // Adresse von punkt
  CQuadrat* kreuzgang_zeiger = new CKreuzgang(120, 30, 20, 10);
➡ CKreuzgang* kreuzgang_zeiger = quadrat_zeiger;
```

Dieses letztere zeigt Aufwärtskompatibilität: Ein Zeigerwert auf ein Objekt der Klasse unten in der Hierarchie kann einem Zeiger auf eine Instanz weiter oben zugewiesen werden. Die Zuweisung

```
quadrat_zeiger = kreuzgang_zeiger; // Fehler
```

ist aber fehlerhaft.

Allgemein kann man sagen, daß die meisten objektorientierten Sprachen wie auch C++ die Typstrenge innerhalb einer Klassenhierarchie aufweichen und die *Abwärtskompatibilität* von vererbten Typen einführen. Dies gilt auch für die Einsetzung von Argumenten. Nach den Vereinbarungen

---

[1] vorausgesetzt, der Zuweisungsoperator wurde für `CPunkt` vereinbart

```
    void operation_1(COriginal parameter);                          // (13.13)
    void operation_2(CAbgeleitete parameter);
    COriginal ur_objekt;
    CAbgeleitete abg_objekt;
```

ist der Aufruf

```
    operation_1(abg_objekt);  // Nachfolgetyp ist für Original einsetzbar
```

legal, jedoch ist der Aufruf

```
    operation_2(ur_objekt);  // nicht aber umgekehrt
```

fehlerhaft. Auch die Zuweisung

```
    ur_objekt = abg_objekt;
```

ist erlaubt, nicht aber umgekehrt. Man kann die erlaubte Richtung daran merken, daß bei einer Zuweisung

```
    abg_objekt = ur_objekt;  // Fehler
```

Komponenten von abg_objekt leer bleiben: Es breiter ist als ur_objekt.

Diese Regelung gilt auch für Zeiger auf Objekte:

```
    CAbgeleitete* zeiger_auf_abg = &abg_objekt;
    COriginal* zeiger_auf_original = zeiger_auf_abg;  // erlaubt
    zeiger_auf_abg = zeiger_auf_original;  // Fehler
```

13.2.3. Erzwungene Abwärtskompatibilität

Auch in *C* gibt es Konvertierungsfunktionen wie int, die Zuweisungen der Art

```
    i = int(f);
```

ermöglichen. Es liegt dann in der Verantwortung des Programmierers, dafür zu sorgen, daß im Bruchobjekt r ein Ganzzahlwert gespeichert wird, ansonsten gehen seine Daten[1] verloren.

Für Zeiger auf Objekttypen gibt es ähnliche Möglichkeiten, die verbotene Abwärtskompatibilität zu erzwingen. Wenn der Programmierer sicher ist, daß er in seinem quadrat_zeiger die Adresse eines Objekts der Klasse CKreuzgang gespeichert hat (was ja erlaubt ist), dann kann er

```
    kreuzgang_zeiger = CKreuzgang*(quadrat_zeiger);
```

schreiben: Abwärtskompatibilität wurde durch die *explizite Typkonvertierung*[2] CKreuzgang* erzwungen. Sie ist auch für Zeiger ist also möglich:

```
    zeiger_auf_abg = CAbgeleitete*(zeiger_auf_original);  // erlaubt
```

Hier muß der Programmierer die Verantwortung dafür tragen, daß zeiger_auf_original auf ein Objekt vom Typ CAbgeleitete zeigt[1].

---

[1] Dezimalstellen
[2] auf englisch *type cast*

13.3. Der polymorphe Stapel

Jetzt haben wir fast alle Sprachelemente, um den polymorphen Stapel in *C++* zu programmieren. Als Hinführung betrachten wir aber zuerst den typenlosen Stapel.

13.3.1. Der typenlose Stapel

Die Stapelschablone aus dem Kapitel 9.4.2. kann für einen beliebigen Datentyp ausgeprägt werden. Objekte nur von diesem Datentyp werden vom Stapel aufgenommen. Objekte von anderen Datentypen können in einem typisierten Stapel nicht gespeichert werden.

Wir haben uns als Ziel gesetzt, einen Stapel zu entwickeln, in dem Objekte von unterschiedlichen Typen gelagert werden. Wir können dieses Ziel auf zwei Wegen erreichen: Entweder schalten wir die Typprüfung des Compilers aus und erlauben, Objekte von beliebigen Typen aufzunehmen. Wir nennen diese Datenstruktur *typenloser Stapel*. Er ist der Vorläufer des *polymorphen Stapels*, der Objekte nur von unterschiedlichen, aber bestimmten Datentypen aufnimmt. Alle diese Datentypen sind Erben eines gemeinsamen Vatertyps.

Der typenlose Stapel wird mit Hilfe des ansonsten nicht empfohlenen Sprachelements *typenloser Zeiger* realisiert. Die bis jetzt untersuchten Zeiger waren alle typisiert: Ein Zeigerobjekt vom Typ int* kann nur auf Objekte vom Typ int verweisen. *C* erlaubt jedoch die Definition des typenlosen Zeigers vom Typ void*; dieser kann auf ein Objekt vom beliebigen Datentyp verweisen:

```
int* ip = new int (5); // typisierter Zeiger                              // (13.14)
float f;
void* vp = &f; // typenloser Zeiger, zeigt auf ein Objekt vom Typ float
vp = ip; // zeigt auf ein Objekt vom Typ int
ip = vp; // Typfehler, verboten
ip = (int*) vp; // explizite Typumwandlung, erlaubt
```

Der typenlose Stapel besteht aus einer verketteten Liste von typenlosen Zeigern; diese zeigen auf Objekte von beliebigen Typen:

---

[1] z.B. infolge einer vorherigen Zuweisung, wo die implizite Abwärtskompatibilität ausgenutzt wurde

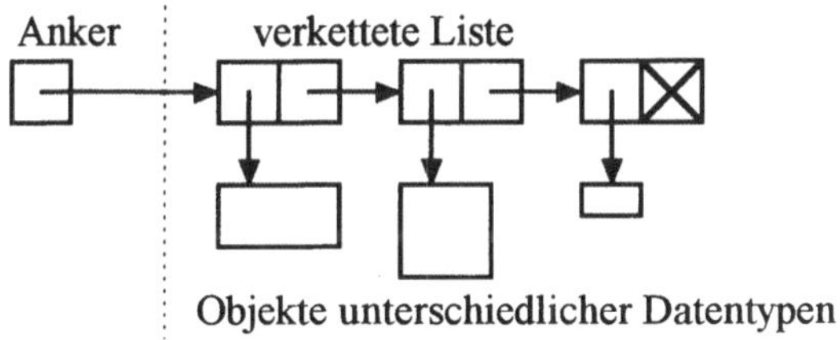

Abb. 13.4: Typenlose Liste

Die zu verkettenden Objekte beliebiger Datentypen müssen außerhalb der Stapelklasse erzeugt und ihre Adressen an die Methode eintragen (als typenlose Zeiger)
übergeben werden:

```
int* ip = new int;
cin >> *ip;
typenloser_stapel.eintragen(ip); // Parameter ist vom Typ void*
struct TPerson {
    char* name;
    char* vorname;
    int alter;
};
TPerson* pp = new TPerson;
pp -> name = new char[80];
pp -> vorname = new char[80];
cin >> pp -> name; // ohne new zuvor zeigt name nirgendwohin!
cin >> pp -> vorname;
cin >> pp -> alter;
typenloser_stapel.eintragen(pp);
```

Hier können also Objekte von beliebigen Datentypen erzeugt und gespeichert werden. Als Parameter kann der Methode eintragen ein beliebiger Zeiger übergeben
werden. Hierdurch wird jedoch die Typprüfung des Compilers gänzlich ausgeschaltet: Es wird gar nicht geprüft, ob der übergebene Zeiger auf irgendwas zeigt; es
wird einfach gespeichert, was erhalten wurde:

```
CTypenloser_Stapel::eintragen(void*);
```

Diese Objekte aus dem Stapel herauszulesen ist jedoch problematisch. Die Operation auslesen liefert nämlich auch nur einen typenlosen Zeiger. Die Information, auf
welchen Datentyp dieser zeigt, ist nicht mehr vorhanden. Derjenige, der diesen
Zeiger erhält, kann nicht wissen, ob er an dieser Adresse eine Ganzzahl, einen TPer-
son-Verbund oder etwas ganz anderes vorfindet.

Es ist also notwendig, in der verketteten Liste diese Information zusätzlich zu speichern. Hierzu wird am einfachsten das Kettenglied mit einer Aufzählungskompo-
nente marke ergänzt. Diese kann Aufzählungswerte aufnehmen; jeder entspricht
einem speicherbaren Datentyp. Dadurch wird ihre Menge durch den Programmtext
eingeschränkt: Es ist nicht mehr möglich, einen beliebigen Datentyp zu speichern:

```
enum TDatentyp {ganzzahl, zeichenkette, person};
struct TKnoten {
        TDatentyp marke;
        void* wert; // Zeiger auf ganzzahl, zeichenkette oder person
```

```
        TKnoten* verbindung; // Rückwärtsverbindung
    };
    TKnoten* anker;
};
void CStapel::eintragen (const TDatentyp datentyp, void* element) {
    TKnoten temp = {datentyp, element, anker};
    anker = new TKnoten(temp); // neuer Knoten wird erzeugt
}
```

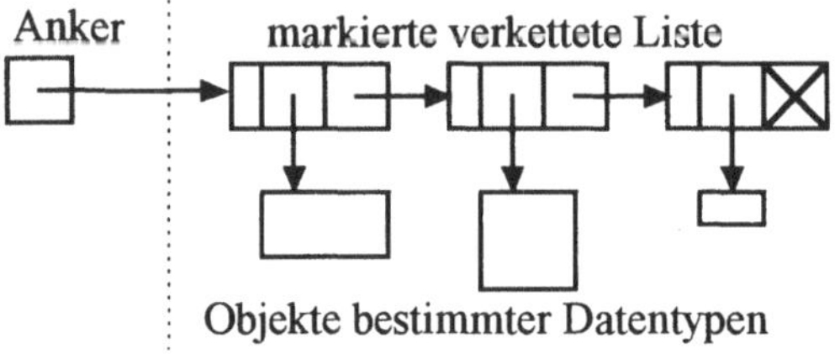

Abb. 13.5: Markierte Liste

Dies ist genau die Idee der *polymorphen Datentypen*: zusätzlich zu den vom Programmierer definierten Komponenten erhalten die Objekte von polymorphen Klassen eine zusätzliche (unsichtbare) Komponente, die Information über den aktuellen Datentyp des Objekts enthält.

13.3.2. Die Struktur des polymorphen Stapels

Der polymorphe Stapel enthält also Objekte nicht beliebiger, sondern bestimmter Datentypen. Diese sind alle Erben einer gemeinsamen Oberklasse:

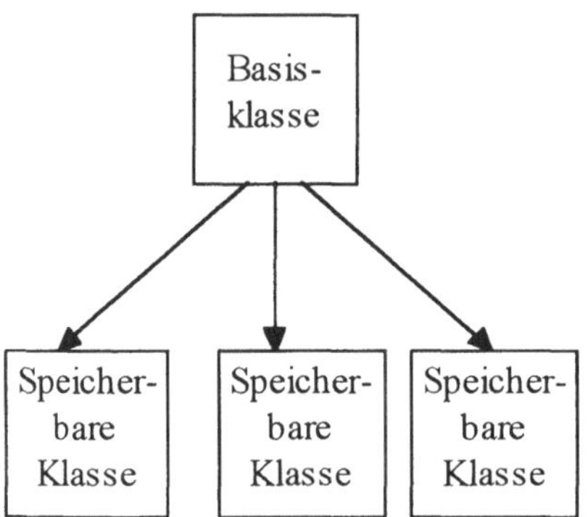

Abb. 13.6: Speicherbare Klassen

Die verschiedenen Methoden eintragen des polymorphen Stapels übernehmen diesmal keine Zeiger, sondern die Datenobjekte selbst. Für jeden speicherbaren Datentyp gibt es eine eigene Methode eintragen, die die erhaltenen Daten auf Typsicherheit überprüft und in die polymorphe verkettete Liste einfügt.

Die Basisklasse selbst enthält keine Daten, nur die Verkettung. Dies ist eine Klasse, aus der keine Objekte angelegt werden, da eine verkettete Liste ohne Daten keinen Sinn ergibt. Solche Klassen nennen wir *abstrakt.*

Aus dieser wird der Basisstapel gebildet: Dies ist die verkettete Liste ohne Daten, also ebenfalls eine abstrakte Klasse:

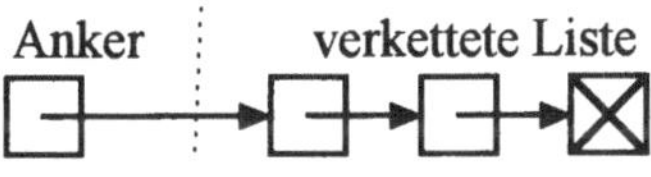

Abb. 13.7: Liste ohne Daten

Durch Vererbung bilden wir nun aus der Klasse für die Listenelemente Sohnklassen, die zusätzliche Daten erhalten: für jeden Datentyp, den wir speichern möchten, eine eigene:

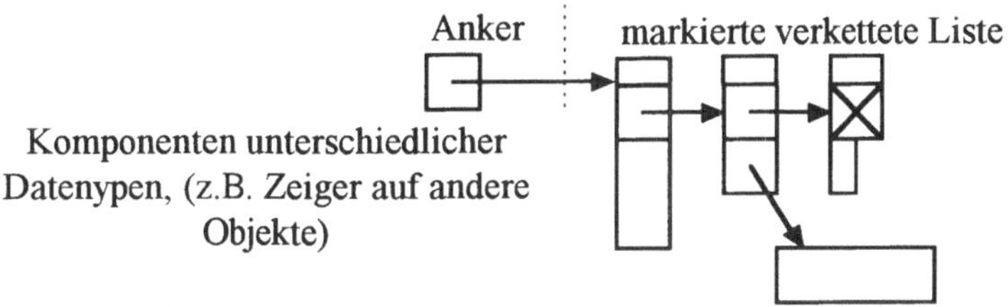

Abb. 13.8: Polymorphe Liste

13.3.3. Die Methoden des polymorphen Stapels

Der polymorphe Stapel wird als eine rückwärts verkettete Liste aus Elementen, die alle Nachfahren des Datentyps TElement sind, implementiert. TElement ist das Listenelement ohne Daten; diese kommen als neue Komponenten erst im Anwenderprogramm hinzu, wenn die zu speichernden Datentypen schon bekannt sind. Es werden keine Objekte vom Typ TElement erzeugt, erst die aus ihm abgeleiteten Datentypen werden fürs Anlegen von Objekten benutzt.

Solche Datentypen können *aufgeschobene* oder, wie es in *C++* heißt, *abstrakte Methoden* haben. Eine aufgeschobene Methode hat keinen Rumpf; dies wird bei der Vereinbarung mit dem Zusatz = 0 angezeigt. Klassen mit aufgeschobenen Methoden heißen *aufgeschobene Klassen*. Man bildet keine Objekte von solchen Klassen, wohl aber von den Nachkommen. Diese müssen dann alle aufgeschobenen Methoden der Vaterklasse überladen. Die aufgeschobenen Klassen beschreiben bloß die Gemeinsamkeiten aller ihrer Nachfahren und sichern ihr polymorphes Verhalten.

Hier werden wir auch den Begriff *Freundklasse* gebrauchen. Im Kapitel 7.1.5. haben wir Freundfunktionen kennengelernt; dort waren es die Operatoren << und >>. Wie diese, dürfen auch die als friend vereinbarten Klassen auf die privaten Komponenten einer Klasse zugreifen.

```
class CElement { protected: // aufgeschobener Urahn aller Elementtypen      // (13.15)
    CElement* rueckwaerts; // keine Daten, nur Rückwärtsverkettung
public: // kein Konstruktor für eine aufgeschobene Klasse
    virtual ~CElement() = 0; // Methoden sind aufgeschoben: Sie müssen überladen werden
    virtual void ausgabe() const = 0; // Element auf dem Bildschirm ausgeben
    virtual TBool operator == (const CElement&) const;
    friend class CPoly_Stapel; // Zugriff auf rueckwaerts erlauben
};
```

```
// Ausnahmeklassen:
class EStapel_voll {};
class EStapel_leer {};
class EFalscher_Dateiinhalt {};

class CPoly_Stapel { protected: // aufgeschobener Urahn aller polymorpher Stapel
    CElement* anker; /* besteht nur aus einem polymorphen Zeiger,
        der auf unterschiedliche Elementtypen zeigen kann */
public:
    CPoly_Stapel();
    virtual ~CPoly_Stapel();
    void eintragen(CElement*) throw(EStapel_voll);
    CElement* lesen() const throw(EStapel_leer);
    void entfernen() throw(EStapel_leer);
    void entleeren();
    TBool leer() const;
    TBool voll() const;
    void operator = (const CPoly_Stapel&);
    TBool operator == (const CPoly_Stapel&) const;
    void speichern(const char*) const;
    void laden(const char*) throw(EFalscher_Dateiinhalt);
};
```

Wir wenden unsere Aufmerksamkeit auf die aufgeschobene virtuelle Methode *aus-gabe*, da ihre überladenen Varianten das polymorphe Verhalten demonstrieren werden.

Die Implementierung der Methoden dürfte im Kenntnis unserer bisherigen Stapel-implementierungen kein Problem mehr darstellen. Im Programm (9.3) haben wir auch die Technik der verketteten Liste kennengelernt.

```
CPoly_Stapel::CPoly_Stapel() : anker(NULL) {}
CPoly_Stapel::~CPoly_Stapel() { entleeren(); }

void CPoly_Stapel::eintragen(CElement* element)
        throw(EStapel_voll) {
    element -> rueckwaerts = anker; // Zugriff auf rueckwaerts erlaubt, da friend
    anker = element;
}
void CPoly_Stapel::entfernen() throw(EStapel_leer) {
    if (anker == NULL) { EStapel_leer e; throw e; }
    else {
        CElement* freizugebender_knoten = anker;
        anker = anker -> rueckwaerts; // das Spitzenelement wird ausgekettet
        delete freizugebender_knoten; // Destruktor von CElement wird aktiviert
    }
}

CElement* CPoly_Stapel::lesen() const throw(EStapel_leer) { ... // ähnlich

void CPoly_Stapel::entleeren() {
    while (anker != NULL) // alle Knoten freigeben
        entfernen();
}
TBool CPoly_Stapel::operator == (const CPoly_Stapel& rechts) const {
    CElement* p1 = anker;
    CElement* p2 = rechts.anker;
    while (p1 != NULL && p2 != NULL) {
        if (!(*p1 == *p2)) // Aufruf des aufgeschobenen Operators ==
```

```
            return False;
        p1 = p1->rueckwaerts;
        p2 = p2->rueckwaerts;
        }
    return p1 == p2; // True wenn beide NULL
}
```

In der Schleife der letzten Methode wird mit *p1 == *p2 der aufgeschobene Operator == für CElement aufgerufen; deswegen ist es nötig, ihn überhaupt zu vereinbaren. Da er virtuell ist, wird an dieser Stelle der Aufruf zur Laufzeit eingesetzt. Zur Übersetzungszeit existiert die aufzurufende Methode nämlich noch gar nicht. Erst im Anwenderprogramm werden die zu speichernden Datentypen definiert, mit dem Operator == zusammen. Im nächsten Kapitel werden wir sehen, daß diese sehr unterschiedlich sein werden.

Die Implementierung der weiteren Methoden kann aufgrund der Datei CPSTAPEL.CPP nachvollzogen werden.

13.3.4. Registrierung

Die obige Definition der Klasse CPoly_Stapel wird zum Beispiel in das Programm PSTAPTST.CPP eingebunden, das ganze Zahlen, Zeichenketten und Personen in den Stapel ablegt. Dafür werden drei lokale Klassen implementiert, die von CElement abgeleiteten werden: CInt_Element, CStr_Element und CPerson_Element. Diese alle besitzen einen Konstruktor und überladen alle aufgeschobenen Methoden: den Destruktor, die Methode ausgabe und den Gleichheitsoperator. Hierbei gilt die Eselsbrücke: *einmal virtuell, immer virtuell*; d.h. alle virtuellen Methoden müssen mit virtuellen Methoden überladen werden.

Einfachheitshalber implementieren wir die Methoden „inline“; auf der Begleitdiskette sind jedoch die Spezifikationen und Rümpfe der in der Datei PSTAPTST.CPP sauber getrennt. Hierzu werden wir einige Operationen aus dem Standardmodul string.h aufrufen, wie es im Kapitel 8.2.8. vorgestellt wurde:

```
#include "CPSTAPEL.HPP" // CElement und CPoly_Stapel            (13.16)
#include <iostream.h>
    <string.h> // für strlen, strcpy und strcmp

// Aufbau der Klasse CInt_Element:
class CInt_Element : public CElement { protected:
    int wert; // neue Komponente neben dem Rückwärtszeiger: eine Ganzzahl
public:
    CInt_Element(const int x) : wert(x) {}
    ~CInt_Element() {} // leerer Destruktor
    virtual TBool operator == (const CInt_Element& rechts) const
        { return wert == rechts.wert; }
    virtual void ausgabe() const {
        cout << "Ganzzahl" << wert << endl;
    }
};
```

```cpp
// Aufbau der Klasse CStr_Element:
class CStr_Element : public CElement { protected:
    char* wert; // neue Komponente neben dem Rückwärtszeiger: Zeiger auf eine Zeichenkette
public:
    CStr_Element(const char* x) {
        wert = new char[strlen(x)]; // string::strlen = Länge der Zeichenkette
        strcpy(wert, x); // string::strcpy = Zeichenkette wird kopiert
    }
    ~CStr_Element(){ delete[] wert; } // Zeichenkette wird gelöscht
    virtual void ausgabe() const {
        cout << "Zeichenkette:" << wert << endl;
    }
    virtual TBool operator == (const CStr_Element& rechts) const {
        return strcmp (wert, rechts.wert); // string::strcmp = string compare
    }
};

// Aufbau der Klasse CPerson_Element:
struct TPerson {
    char* name;
    char* vorname;
    int alter;
};
class CPerson_Element : public CElement { protected:
    TPerson* wert; // neue Komponente: Zeiger auf Verbund
public:
    CPerson_Element(const TPerson& x) {
        wert = new TPerson;
        wert -> name = x.name; // referierte Parameterkomponente wird übernommen
        wert -> vorname = x.vorname;
        wert -> alter = x.alter;
    }
    ~CPerson_Element(){ delete wert; } // Verbund wird gelöscht
    virtual void ausgabe() const {
        cout << "Person:" << wert -> vorname << ", " << wert -> name <<
            wert -> alter << endl;
    }
    virtual TBool operator == (const CPerson_Element& rechts) const {
        return strcmp(wert -> vorname, rechts.wert -> vorname) &&
            strcmp(wert -> name, rechts.wert -> name) && // string::strcmp
            wert -> alter = rechts.wert -> alter; // Vergleich dreier Komponenten
    }
};
```

Da `CStr_Element` und `CPerson_Element` in ihrem Konstruktor mit **new** Speicherplatz anfordern, ist es angebracht, diesen im Destruktor zurückzugeben; deswegen wird er überladen. Der Destruktor für `CInt_Element` hat keine weitere Aufgabe: Hier wird der aufgeschobene (abstrakte) Destruktor von `CElement` mit einem leeren Rumpf überladen.

Nach der Definition der speicherbaren Elementklassen wird die Klasse `CPoly_Stapel` mit drei neuen Methoden ergänzt, die in der Lage sind, Objekte dieser drei Klassen zu stapeln. Diesen Vorgang nennen wir *Registrierung*[1]: Die zu speichernden Klassen werden der polymorphen Datenstruktur dadurch bekanntgegeben.

```
class CISP_Stapel : public CPoly_Stapel { public:              // (13.17)
    void int_eintragen(const int);
    void str_eintragen(const char*);
    void person_eintragen(const TPerson&);
};
void CISP_Stapel::int_eintragen(const int element) {
    CInt_Element* eintrag = new CInt_Element(element);
    CPoly_Stapel::eintragen(eintrag); // geerbte Methode
} ... // str_eintragen und person_eintragen ähnlich
```

Zuerst wird mit **new** ein neues Objekt des Elementtyps angelegt. Dabei werden im Konstruktor dieser Klasse programmierte Anweisungen ausgeführt: evtl. Speicherplatz bestellt, dann die Komponenten besetzt.

Wann werden die Destruktoren für die drei Elementtypen aufgerufen? Logischerweise soll der bestellte Speicherplatz beim entfernen zurückgegeben werden. Die Anweisung **delete** im CPoly_Stapel ruft den Destruktor für das aktuelle Element auf. Im Destruktor von CPoly_Stapel wird nur der aufgeschobene Destruktor für CElement aufgerufen. Sie wurde nicht bei der Übersetzung von CPoly_Stapel in entfernen eingebunden; die Verbindung entsteht erst zur Laufzeit beim Aufruf des Konstruktors[2] für jedes Element. Polymorphie ermöglicht, daß schon im CPoly_Stapel eine Methode aufgerufen wird, die erst im Hauptprogramm implementiert wird.

Dieser Mechanismus erinnert daran, wie ein *Prozedurparameter*[3] funktioniert. Tatsächlich wurde es ähnlich gelöst; der Unterschied ist, daß sich hier der Programmierer nicht um das Einsetzen der richtigen Prozeduren kümmern muß, es geschieht automatisch.

Im Rest des Hauptprogramms werden nach den globalen Objekten die Rückrufprozeduren für das Menü definiert:

```
const int max_laenge = 80;                                     // (13.18)
CISP_Stapel stapel;

void ganzzahl_eingeben() {
    cout << "Bitte Ganzzahl eingeben: ";
    int zahl;
    cin >> zahl;
    stapel.int_eintragen(zahl); // kein polymorpher Aufruf
}
void zeichenkette_eingeben() {
    cout << "Bitte Zeichenkette (maximal " << max_laenge <<
        " Zeichen) eingeben: ";
    char zeile[max_laenge];
    cin >> zeile;
    stapel.str_eintragen(zeile);
}
```

---

[1] in manchen Klassenbibliotheken wird die Registrierung zur Laufzeit vorgenommen
[2] der Konstruktor füllt die VMT, oder sorgt für einen ähnlichen Mechanismus
[3] im Kapitel 4.4.1. vorgestellt

```cpp
void person_eingeben() {
    cout << "Bitte Person eingeben" << endl;
    char name[max_laenge];
    cout << "Name (maximal " << max_laenge << " Zeichen): ";
    cin >> name;
    TPerson person;
    person.name = new char[strlen(name)];
    strcpy(person.name, name);
    cout << "Vorname (maximal " << max_laenge << " Zeichen): ";
    cin >> name;
    person.vorname = new char[strlen(name)];
    strcpy(person.vorname, name);
    cout << "Alter (Ganzzahl): ";
    cin >> person.alter;
    stapel.person_eintragen(person);
}
void ausgeben() {
    if (! stapel.leer()) {
        stapel.lesen() -> ausgabe(); // polymorpher Aufruf
        stapel.entfernen(); // polymorpher Aufruf
    }
    else
        cout << "Fehler: Stapel ist leer" << endl;
}

void main () {
    menue(ganzzahl_eingeben, zeichenkette_eingeben,
        zeichenkette_eingeben, ausgeben); // generiert für 4 Menüpunkte
}
```

Eine besondere Aufmerksamkeit verdient der Aufruf `stapel.auslesen() -> ausgabe();` in der Rückrufprozedur `ausgeben`. Was geschieht hier? Objektorientiert gesehen folgendes: An das Objekt `stapel` der Klasse `CISP_Stapel` wird die Nachricht `auslesen` geschickt. Die Methode `auslesen` liefert einen Wert vom Typ `CElement*`, also einen Zeiger auf ein Objekt der Klasse `CElement`[1]. Der Zeiger wird mit -> dereferenziert; an das referierte Objekt wird die Nachricht `ausgabe` geschickt. Wenn dieses Objekt vom Typ `CElement` wäre, wäre dies unmöglich, da `ausgabe` für `CElement` aufgeschoben ist. Aus diesem Grund kann es keine Objekte von der aufgeschoben Klasse `CElement` geben. Im `stapel` gibt es nur Objekte der Klassen `CInt_Element`, `CStr_Element` oder `CPerson_Element`; weil `ausgabe` eine polymorphe Methode ist, wird nicht `CElement::ausgabe` aufgerufen, sondern diejenige, die der Klasse des referierten Objekts entspricht. Alle diese Methoden kennen die Datenstruktur des Objekts, und die Ausgabe wird dieser entsprechend durchgeführt: Das aktuelle Objekt im Stapel verhält sich *polymorph*.

85. **Übung:** Implementieren Sie eine polymorphe *vorwärts verkettete Liste* und die *polymorphe Warteschlange* als Sohnklasse davon.

86. **Übung:** Implementieren Sie zuerst eine *doppelt verkettete Liste*; implementieren Sie den *polymorphen Stapel* und die *polymorphe Warteschlange* als Sohnklassen der doppelt verketteten Liste. Überprüfen Sie ihre Funktionalität, indem Sie die Stapel

---

[1] oder, wegen der Aufwärtskompatibilität, einem Nachfolger davon

klasse im Programm CPSTAPTS.CPP und die Warteschlangen-Klasse im Programm aus der vorherigen Übung gegen die neuen austauschen.

13.4. Klassenbibliotheken

Die wirtschaftliche Verwendung der Vererbungsmechanismen und der Polymorphie ist erst möglich, wenn eine ausreichend große Anzahl von Klassen in *Klassenbibliotheken*[1] zur Verfügung steht. Das ungelöste Problem hierbei ist die *Navigation*: Es stehen noch keine ausgereiften Mechanismen zur Verfügung, die einen Programmierer zu der Klasse führen, die seinem Problem am nächsten steht. Dann kann er die Klasse mit Hilfe der Vererbung mit minimalem Aufwand zu seinem Zwecke modifizieren. Zur Zeit leistet nur das Kennenlernen der Klassenbibliothek Abhilfe.

Kommerzielle Klassenbibliotheken bieten eine Vielzahl von Klassen an, die vor allem für die oberste und für die unterste Schicht einer typischen Klassenhierarchie Lösungen anbieten: für die Oberfläche und für die Datenhaltung eines Anwenderprogramms. So wird z.B. der oben vorgestellte polymorphe Stapel (wie auch andere Datenstrukturen[2]) in einer solchen Klassenbibliothek zu finden sein. Die grafische Bedienungsoberfläche (oder wie es üblicherweise heißt: die *Benutzeroberfläche*[3]) kann sehr schnell und ergonomisch[4] erstellt werden, da Klassen für Menüs, Fenster, usw. zur Verfügung stehen.

Die Portabilität zwischen Klassenbibliotheken und somit Plattformen[5] ist ebenfalls noch ungelöst. Wird ein Softwareprodukt für eine bestimmte Plattform mit einer gegebenen Klassenbibliothek entwickelt, kann es schwer auf eine andere Plattform mit einer meistens ganz anders strukturierten Klassenbibliothek portiert werden.

13.4.1. Stromklassen in *C++*

Ein schönes Beispiel für die Ausnutzung der Stärke von Polymorphie ist die Standard-Klassenbibliothek in *C++*, die *Ströme* realisiert. Ein *Strom* ist eine *polymorphe Datei*, d.h. eine persistente Datenstruktur, die Objekte unterschiedlicher Klassen (mit einer gemeinsamen Oberklasse) speichern kann. Im Gegensatz zum oben vorgestellten polymorphen Stapel erfolgt hier die Registrierung zur Laufzeit.

Die Definition der Stromklassen befindet sich in der Spezifikationsdatei iostream.h. Die Komponenten dieser Klassenbibliothek stellen die notwendigen Mechanismen für die Ein- und Ausgabe vieler Datentypen zur Verfügung, ermöglichen aber auch die Definition eigener Ein- und Ausgabeoperationen für selbstdefinierte Klassen als Freundfunktionen.

---

[1] manchmal: *Objektbibliotheken*
[2] Behälterklassen, auf englisch: *container classes*
[3] auf englisch: GUI, *graphical user interface*
[4] arbeitsfreundlich
[5] Hardware und Betriebssystem

Die Basisklasse dieser Klassenhierarchie ist `ios`; aus ihr werden die anderen Klassen abgeleitet:

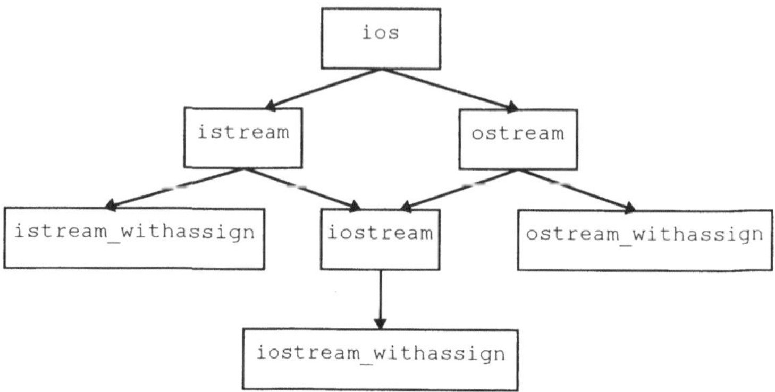

Abb. 13.9: Stromklassen

Die Klassen mit `_withassign` exportieren den Zuweisungsoperator =. Wichtige Objekte dieser Klassen sind:

```
istream_withassign cin;  // Standardeingabe                          // (13.19)
ostream_withassign cout; // Standardausgabe
ostream_withassign cerr; // Fehlerausgabe
```

Wichtige Operatoren dieser Klassen sind die Verschiebeoperatoren >> und <<:

```
class ostream : public virtual ios { public:
    ostream& operator << (const char*); // für Zeichenketten
    ostream& operator << (const char);
    ostream& operator << (const float);
    ostream& operator << (const int);
    ...
// ähnlich >> in istream
```

Der Ergebnistyp dieser Operatoren ermöglicht die Verkettung:

```
cerr << " x = " << x;
```

wird somit interpretiert als

```
(cerr.operator<<(" x = ")).operator<<(x);
```

Das Überladen dieser Operatoren für eigene Klassen erfolgt als Freundfunktion, wie das im Kapitel 7.1.5. vorgestellt wurde.

Eine Reihe von weiteren Ausgabe- und Formatierungsfunktionen (sog. *Manipulatoren*) werden von diesen Klassen exportiert; hier wird auf die einschlägige Literatur[1] oder auf die Online-Hilfe der Entwicklungsumgebungen hingewiesen.

---

[1] z.B. [Str] oder [Brey]

13.4.2. Programmrahmen

Zunehmende Bedeutung, insbesondere für die industrielle Programmerstellung, haben die Klassenbibliotheken, die einen Programmrahmen einschließen. Hier wird auf das *Application Framework ET++* [1] hingewiesen. Es wurde an der Universität Zürich entwickelt und steht als öffentliche[2] Software zur Verfügung, d.h. darf frei kopiert und vervielfältigt werden. Es bietet neben einer Klassenbibliothek mit über 200 Klassen eine integrierte Entwicklungsumgebung an.

Für *MS-Windows* stehen ähnliche Entwicklungsumgebungen bereit, die einen Programmrahmen generieren. Hierzu können die Systeme *Borland C++* und *Microsoft Visual C++* erwähnt werden.

Auch die vom Hilfsprogramm MENUEGEN.EXE auf der Begleitdiskette generierte Prozedur menue kann als ein sehr einfacher Programmrahmen angesehen werden.

13.5. Zusammenfassung

13.5.1. Terminologie

In diesem Kapitel haben wir folgende Begriffe kennengelernt:

- Ein *Kunde* importiert beim *Einkaufen* eine Klasse und legt ein Objekt davon an.
- Hierbei wird das *Geheimnisprinzip* gewahrt: kein Zugriff auf die Datenkomponenten.
- Beim *Erben* sollte das *Geheimnisprinzip* (*Datenkapselung*) so weit wie möglich gewahrt bleiben.
- Es ist zweckmäßig, auf die geerbten Datenkomponenten nur *lesend* zuzugreifen.
- Die Schnittstelle einer Klasse wird bei der *Modulvererbung* ergänzt.
- Bei *Typvererbung* wird die Klasse mit Datenkomponenten erweitert.
- Objekte einer abgeleiteten Klasse sind zur Urklasse *kompatibel*, umgekehrt aber nicht.
- Die *überladende Methode* eines Nachkommen kann die *überladene Methode* aufrufen.
- Eine virtuelle Methode ist *polymorph*: Sie wird erst zur Laufzeit (*spät*) *gebunden*.
- In einer *Klassenhierarchie* wird die polymorphe Methode nach der Klasse des aktuellen Objekts ausgewählt.
- In einer *polymorphen Datenstruktur* können Objekte von *registrierten* Klassen gespeichert werden.
- In einer *typenlosen Datenstruktur* können Objekte von beliebigen Datentypen gespeichert werden.
- Wurde eine Methode virtuell definiert, muß sie virtuell überladen werden.
- *Aufwärtskompatibilität* ist innerhalb der Klassenhierarchie gegeben.

---

[1] s. [Wei] im Literaturverzeichnis
[2] auf englisch: *public domain*

- *Abwärtskompatibilität* kann durch explizite Typkonvertierung erzwungen werden.
- Ein *typenloser Zeiger* kann Datenobjekte aller Typen referieren.
- *Aufgeschobene (abstrakte)* Methoden müssen überladen werden.
- Es gibt keine Objekte von *aufgeschobenen (abstrakten)* Klassen.
- Eine *Freundklasse* hat Zugriff auf die privaten Komponenten.
- Ein *Strom* ist eine *polymorphe Datei.*
- *Manipulatoren* sind Methoden des Stroms zur Formatierung der Ein-/Ausgabe.

13.5.2. Aufgaben

44. Aufgabe: Speichern Sie Eimer und Kreise im polymorphen Stapel.

45. Aufgabe: Entwerfen Sie eine polymorphe positionierbare Klasse als doppelt verkettete Liste.

13.5.3. Prüfungsfragen

Entscheiden Sie, ob die folgenden Aussagen richtig oder falsch sind. Geben Sie dazu auch eine Begründung.

- Eine polymorphe Datenstruktur kann Objekte beliebiger Datentypen speichern.
- Der Nachkomme einer Klasse hat immer mehr Komponenten als der Vorfahre.
- `private` und `protected` unterstützen das Geheimnisprinzip.
- Eine virtuelle Methode ist nur scheinbar, existiert reell nicht.
- Eine Freundklasse hat Zugriff auf die privaten Komponenten.
- Späte Bindung bedeutet, daß der Binder zur Laufzeit Programmteile einbindet.
- Bei Modulvererbung wird die Klasse um genau eine neue Methode erweitert.
- Aufwärtskompatibilität kann in *C*++ erzwungen werden.
- Einkaufen schließt das Anlegen eines Objekts ein.
- Ein Destruktor löst die im Konstruktor angelegten Haldenobjekte automatisch auf.
- Bei Typvererbung wird die Klasse um genau eine Datenkomponente erweitert.
- Auch ohne Vererbungsmechanismus sind Klassen erweiterbar.
- Nur virtuelle Methoden werden zur Laufzeit aufgerufen.
- Bei später Bindung werden Module zur Laufzeit miteinander verbunden.
- Bei Vererbung muß immer eine neue Klassenmethode vereinbart werden.
- `this` ist ein Zeiger, der das aktuelle Objekt referiert
- Es gibt Zeiger, die Objekte beliebiger Datentypen referieren können.
- Virtuelle Methoden werden immer spät gebunden
- Der geerbte Konstruktor muß immer explizit aufgerufen werden.
- Ein Objekt der Sohnklasse ist immer größer als das der Vaterklasse.
- Die überladene Methode bleibt sichtbar.
- Durch Registrierung wird ein Datentyp in die verkettete Liste eingefügt.
- Die Registrierung erfolgt immer zur Laufzeit.
- Bei Polymorphie kann ein Parameter verschiedene Datentypen haben.
- Die Stromklassen implementieren eine polymorphe Datenstruktur.
- Abstrakte Methoden werden immer spät gebunden.

- In *C* ist Vererbung nur mit Tricks möglich.
- Die virtuelle Methodentabelle enthält Einträge zu jedem Datentyp.
- Der Konstruktor der Vaterklasse muß immer überladen werden.
- Vererbungsprogrammierung ist ein Synonym zur objektorientierten Programmierung.
- Bei jeder Vererbung gibt es eine Lösung mit Datenkapselung.
- Bei Vererbung muß immer eine neue Datenkomponente vereinbart werden.
- Aufwärtskompatibilität ermöglicht das Einsetzen unterschiedlicher Argumenttypen.
- Es gibt Zeiger, die Objekte unterschiedlicher, aber nicht aller Datentypen referieren können.
- Abwärtskompatibilität muß explizit programmiert werden
- Es gibt kein Zugriff auf die geschützten Attribute einer eingekauften Klasse.
- Eine Freundklasse hat Zugriff nicht nur auf die geschützte, sondern auch auf die privaten Attribute.
- Bei Polymorphie kann ein Objekt seinen Datentyp wechseln.

Die Bibliothek

Namenskonventionen

In diesem Lehrbuch wurden folgende Namenskonventionen verwendet:

Anfang	Bedeutung
T	Datentyp
M	Modul
M1	Modul für ADO
M2	Modul für zwei ADO
C	Klasse
G	Schablone
P	Zeiger

Inhalt

Hier folgt eine Übersicht über die im Lehrbuch erwähnten Bibliothekseinheiten. Außer denjenigen, die mit einem * gekennzeichnet sind, befinden sie sich auf der Begleitdiskette. Die Spezifikationen befinden sich jeweils in einer .HPP-Datei; ihre
Rümpfe befinden sich jeweils in einer .CPP-Datei. Das Dienstprogramm MENUE-
GEN.EXE ist hierbei eine Ausnahme. Die Dokumentation der mit einem + gekenn-
zeichneten Einheiten befindet sich in einer .DOC-Datei.

Kapitel 2

MLEER+	leeres Modul
MHALLO	begrüßt die Welt mit Feuerwerk
MFAUL	begrüßt die Welt nach Aufruf
M1EIMER+	ADO Datenbehälter für Getränke
M2EIMER	ADO zwei Datenbehälter für Getränke
MEIMER+	ADT für Getränke
CEIMER	Klasse für Getränke
MTOLEIM	fehlertolerantes ADO für Getränke
MKREIS+	ADT für Kreise

Kapitel 4

LEHRBUCH	Datentyp TBool, Makro AUFZ, usw.
EIMMENUE	Festes Menü für zwei Eimer
FREIMENUE	Menü mit einem freien Menüpunkt
MENUE4	Menü mit 4 Menüpunkten
MENUEGEN.EXE+	Menügenerator

Kapitel 7

MFARBMEN	ADT Farbenmenge
CFARBMEN	Klasse für Farbenmengen

CFARBMIS*	Klasse Farbenmenge mit Farbmischung
CFARBMOD*	Klasse für Farbenmengen mit Oder-Operation
CFARBERB*	Klasse für Farbenmengen mit Mengenoperationen
CZEICHM	Klasse für Zeichenmengen
CPERSZM	Klasse für persistente Zeichenmengen
GMENGE	Klassenschablone für Mengen
CZSACK	Klasse für Zeichensäcke
GMULTI*	abstrakte Klassenschablone für Multibehälter
CZFOLGE	Klasse für Zeichenfolgen
GWARTSCH	Klassenschablone für Warteschlangen
GSTAPEL	Klassenschablone für Stapel
GPOSLIST	Klassenschablone für positionierbare Listen
GSEQDAT	Klassenschablone für sequentielle Dateien
GSORTKAN	Klassenschablone für Sortierkanäle
CTELBUCH*	Klasse für Telefonbücher
GASSOSP	Klassenschablone für Assoziativspeicher
GDIRDAT	Klassenschablone für direkte Dateien

Kapitel 8 / 9

GFELD	Klassenschablone für Felder
M1STAPEL*	ADO Stapel
CSTAPEL*	Klasse für Ganzzahlstapel
GZSACK	Klassenschablone für Säcke
GLSTAPEL	Klassenschablone für Stapel als verkettete Liste

Kapitel 10 / 11

CZAHLEIM	Klasse für Ganzzahleimer
CRAT*	Klasse für rationale Zahlen
CGLBRUCH*	Klasse für Gleitkomma-Brüche
CFBRUCH*	Klasse für Festkommabrüche
GVEKTOR	Klassenschablone für Vektoren
GMATRIX	Klassenschablone für Matrizen

Kapitel 13

CSTAPEL	Stapelklasse mit Feldimplementierung
CLSTAPEL	Stapelklasse mit Listenimplementierung
CSSTAPEH	Klasse Summenstapel mit neuer Methode
CSSTAPEK	Klasse Summenstapel mit neuer Komponente
CSSTAPEE	Klasse Summenstapel mit Einkaufen
CSSTAPEM	Klasse Summenstapel mit Modulvererbung
CSSTAPET	Klasse Summenstapel mit Typvererbung
CMSTAPEL*	Klasse für Mengenstapel
GRAPHICS	Grafikbibliothek
CQUADRAT	Klasse für Quadrate
CKREZUG	Klasse für Kreuzgänge
CPSTAPEL	Klasse für polymorphe Stapel

Literatur

[Au]   Aupperle, M.: Programmierhandbuch Borland C++ 4.5 (Vieweg, 1995)
[Balz]   Balzert, H.: Die Entwicklung von Software-Systemen
               (Wissenschaftsverlag, 1989)
[Boo]   Booch, G.: Object-Oriented Analysis and Design, with Applications
               (Benjamin/Cummings, 1994)
[Bor]   Borland C++ 4.5 (tewi, 1995)
[Brey]   Breymann, U.: C++ - Eine Einführung (Hanser, 1994)
[Cox]   Cox: Object-Oriented Programming: An Evolutionary Approach
               (Addison-Wesley, 1991)
[Co1]   Coad - Yourdan: Objektorientierte Analyse
[Co2]   Coad - Yourdan: Objektorientiertes Design
[Dahl]   Dahl - Dijkstra - Hoare: Structured Programming (Academic Press, 1972)
[Dam]   Damberger, A.: C/C++ Werkzeugkasten (Vieweg, 1994)
[Dij]   Dijkstra, F.: A Method of Programming (Addison-Wesley, 1988)
[Eff]   Effektiv Programmieren mit C/C++ (Vieweg, 1995)
[Ell],   Ellis - Stroustrup: The Annotated C++ Reference Manual
               (Addison-Wesley, 1990)
[Fai]   Faison, T.: Borland C++ 4.5 Object Oriented Programming (Sams, 1995)
[Joh]   Johnsonbaugh - Kalin: Object Oriented Programming in C++
               (Prentice Hall, 1995)
[Ker]   Kernighan, B. - Ritschie, D.: The C Programming Language
               (Prentice Hall, 1978)
[Lip]   Lippmann, S.: C++: Einführung und Leitfaden (Addison-Wesley, 1992)
[Kess]   Kessler - Solymosi: Ohne Glauben kein Wissen (Schwengeler, 1995)
[Kn]   Knuth: The Art of Computer Programming (Addison-Wesley, 1981)
[Mey]   Meyer, B.: Objektorientierte Softwareentwicklung (Hanser, 1990)
[Mey2]   Meyer, B.: Eiffel: The Language (Prentice Hall, 1992)
[Mor]   Morley, L.: Programmer's Guide to C++ (ITP, 1995)
[Rum]   Rumbough: Objektorientiertes Modellieren und Entwerfen (Hanser, 1994)
[Sch]   Schildt, H.: C++: The Complete Reference (McGraw-Hill, 1995)
[Sed]   Sedgewick, R.: Algorithmen in C++ (Addison-Wesley, 1992)
[Sol]   Solymosi, A.: Objektorientiertes Plug and Play in Ada (TFH Berlin, 1996)
[Sol2]   Solymosi, A.: Objektorientiertes Plug and Play in Object Pascal
               (TFH Berlin, 1996)
[Str]   Stroustrup, B.: Die C++-Programmiersprache (Addison-Wesley, 1995)
[Str2]   Stroustrup, B.: The Design and Evolution of C++ (Addison-Wesley, 1994)
[Sw]   Swan, T.: Mastering Borland C++ 4.5 (Sams, 1994)
[Web]   Webster's New Encyclopedic Dictionary (BD&L, New York, 1996)
[Wei]   Weinand, A. - Gamma, E. - Marty, R.: Design and Implementation of
               ET++, a Seamless Object-Oriented Application Framework
               (Structured Programming 10/2, 1989)
[Wirth]   Wirth, N.: Algorithmen und Datenstrukturen (Teubner, 1983)

Glossar

Hier werden die in diesem Lehrbuch verwendeten Begriffe knapp definiert. *Kursive Schrift* ist ein Verweis auf einen (synonymen oder ähnlichen) Eintrag in diesem Glossar. Das Zeichen ↔ bedeutet das Gegenteil des erläuterten Begriffs. Mit dem Zeichen 📖 wurden die nicht allgemein gebräuchlichen, sondern in diesem Lehrbuch definierten oder geprägten Begriffe (oft aus der *Ada-* oder *Eiffel-*Terminologie) markiert. Das Zeichen © markiert *C/C++*-spezifische Begriffe.

Abbruchbedingung: ein *logischer Wert*, der in jedem Schritt einer *Wiederholung* errechnet wird. Wenn dieser False ist, wird die *Wiederholung* fortgesetzt.

abgeleiteter Typ: ein dem Urtyp ähnlicher, jedoch unterschiedlicher *Datentyp*. Vom *C/C++*-Compiler wird er nicht als unterschiedlich erkannt.

absolute Genauigkeit: *Genauigkeit* eines *Festkommatyps*; der Abstand zwischen zwei seiner *Werten*; ↔ *relative Genauigkeit*

abstrakte Klasse ©, **aufgeschobene Klasse** 📖: unvollständige *Klasse*, von der keine *Objekte* angelegt werden (können); typischerweise mit *abstrakten Methoden*, die *überladen* werden müssen

abstrakte Methode ©, **aufgeschobene Methode** 📖: *Methode* ohne *Operationsrumpf.* Sie muß *überladen* werden. Sie gehört einer *abstrakten Klasse.*

abstrakter Datentyp, ADT: ein *Datentyp*, dessen *Komponenten* dem *Benutzer* nicht zugänglich, sondern nur über *Operationen* manipulierbar sind

abstrakter Feldtyp 📖: ein *abstrakter Datentyp*, dessen *Objekte* ähnlich wie *Felder* benutzt werden können

abstraktes Datenobjekt 📖, **ADO**: ein *Datenobjekt* ohne Namen, das dem *Benutzer* nicht zugänglich, sondern nur über *Operationen* manipulierbar ist. Typischerweise wird von einem *Modul* realisiert.

abstraktes Stapelobjekt 📖: ein *abstraktes Datenobjekt*, das wie ein *Stapel* benutzt werden kann

Abstraktion: Vorgang, wobei das (aus einem Gesichtspunkt) Unwesentliche weggelassen wird, um sich auf das Wesentliche konzentrieren zu können

Abwärtskompatibilität: die Eigenschaft vieler *objektorientierter Sprachen* (so auch *C++*), daß ein *Datentyp* oben in einer *Klassenhierarchie kompatibel* zu einem anderen *Datentyp* weiter unten in der *Hierarchie* ist

Adresse: Eigenschaft jedes *Datenobjekts*, mit der es (bzw. sein Inhalt) im *Speicher* des *Rechners* wiedergefunden werden kann

ADT: *abstrakter Datentyp*

aktive Programmelemente 📖: Teil des *Programms*, das *ausgeführt* wird; *Anweisungen*

aktueller Ausprägungsparameter 📖: *Datentyp* oder *Wert* (in manchen *Programmiersprachen* wie **Ada** auch *Unterprogramm*), der bei der *Ausprägung* einer *Schablone* als *Parameter* angegeben werden muß; s. auch *Schablonenparameter*

aktueller Parameter, Argument ©: *Objekt* (für *Referenzparameter*) oder von einem Ausdruck gelieferter *Wert* (für *Werteparameter*), das bzw. der beim *Aufruf* eines *Unterprogramms* angegeben werden muß; wird für den *formalen Parameter* eingesetzt

Algorithmus: Beschreibung von Aktionen; *Anweisungen*, die *ausgeführt* werden

Allokator ©: *Erzeugeranweisung*; in *C* ist er der Funktionsaufruf `malloc`, während in *C++* der *Operator* `new` hierfür benutzt werden kann

Alternative: *Fallunterscheidung* mit zwei Zweigen

Anfangswert: *Vorbesetzungswert*

Anker: ein *Zeiger* auf das erste (oder letzte) Glied einer *verketteten Liste*

anonym: namenlos

Anweisung, Befehl: Grundelement des *imperativen Programmierparadigma*; elementarer Bestandteil eines *Algorithmus*; typischerweise ein *Aufruf*, evtl. eine von der *Programmiersprache* definierte *Anweisung* (wie `goto`)

Anweisungsteil: der aktive Teil eines *Programms*; Darstellung eines *Algorithmus*

Anwender: Person, die ein Softwareprodukt benutzt, ohne seine Funktionsweise zu kennen; s. auch *Bediener*

Arbeitsspeicher: Teil eines *Computers*, in dem schnell zugreifbare *Daten* gespeichert werden können

Argument ⌑: *aktueller Parameter*

Argument ©: *Parameter*

arithmetischer Datentyp: Datentyp mit Werten, die Zahlen (*Ganzzahl-* oder *Bruchwerte*) darstellen. Typischerweise werden dazu *arithmetische Operationen* (z.B. *Operatoren*) definiert.

arithmetischer Operator: *Operator* mit *Operanden* vom *arithmetischen* Typ und Ergebnis. Typischerweise Addition, Subtraktion, Multiplikation, Division u.ä.

array: *Feld*

Assemblersprache: eine *Programmiersprache*, deren Struktur an die Hardware eines bestimmten *Rechners* angepaßt ist. Typischerweise entspricht eine *Anweisung* der Sprache einem *Maschinenbefehl*.

Assoziativspeicher: ein *Multibehälter* mit parametrisierter Lese- und Schreiboperation. Das zu speichernde Datenelement wird mit Hilfe eines zusätzlich anzugebenden (oder erhaltenen) *Schlüssels* wiedergefunden.

Attribut (einer Klasse): *Methode* (*Operation* der *Klasse*) oder *Datenkomponente*

aufgeschobene Klasse / Methode ⌑: *abstrakte Klasse / Methode*

Aufruf: eine *Anweisung*; die Aktivierung eines *Unterprogramms*, d.h. *Ausführung* seines *Rumpfs*; kann parametrisiert werden

Aufzählugsklasse ⌑: *Klasse*, deren *Objekte* die in der *Typdefinition* aufgelisteten *Werte* aufnehmen können

Aufzählungsliteral ⌑: *Wert* eines *Aufzählungstyps*

Aufzählungstyp: *Datentyp*, dessen *Werte* bei seiner *Definition* aufgelistet werden

Aufzählungstyp ©: Umbenennung des Datentyps `int` mit Angabe von *Konstanten* als Aufzählungswerten

Ausdruck: hierarchisch geschachtelter *Aufruf* von *Operatoren*, evtl. *Funktionen*

ausführen: beim *Aufruf* eines *Unterprogramms* werden die in seinem *Rumpf* enthaltenen *Anweisungen* (d.h. die durch sie beschriebenen Aktionen) nacheinander erledigt, indem die durch ihre *Semantik* definierte Verarbeitung von Daten durchgeführt wird

Ausführer: eine (u.U. abstrakte) Maschine, die die *Anweisungen* eines *Algorithmus* (z.B. eines *Programms*) *ausführt*

Ausgabedaten: Ergebnisse eines *Programm*(abschnitt)s, die außerhalb davon (z.B. am Bildschirm, auf dem Drucker oder in einer *externen Datei*) erscheinen

Ausgabeparameter: *Schreibparameter*

auslösen: in einer unerwünschten Situation wird die *Ausführung* eines *Unterprogramms* unterbrochen und eine *Ausnahme* wird ausgelöst

Ausnahme: Programmelement, das dazu dient, in einer vorgesehenen, aber unerwünschten Situation (z.B. bei einem Fehler) den unkontrollierten Abbruch des Programms zu verhindern

Ausnahmebehandlung: Teil eines *Blocks*, der ausgeführt wird, wenn bei der *Ausführung* einer *Anweisung* im *Block* eine *Ausnahme ausgelöst* wird.

Ausprägung, Instanziierung: ein (u.U. mit *aktuellen Ausprägungsparametern* versehene) Exemplar einer *Schablone*

Ausprägungsparameter: *formaler* oder *aktueller Ausprägungsparameter*

Auswahlliste: eine auf dem Bildschirm erscheinende Liste von möglichen Aktionen oder Werten, aus der eine vom *Bediener* des *Programms* (d.h. zur *Laufzeit*) ausgewählt werden muß; u.U. aktiviert sie eine *Subroutine*

auswärtiger Name 📖, **extern** ©: ein im anderen *Modul definierter*, aber hier *vereinbarter* Name (eines *Objekts*, einer *Funktion*, usw.)

automatisches Objekt: *Stapelobjekt*

äquivalente Algorithmen: *Algorithmen*, die für alle *Eingabedaten* dieselbe *Ausgabedaten* liefern

Backus-Naur-Form: eine leicht lesbare, allerdings nicht sehr genaue Art von Beschreibung der *Syntax* einer *Programmiersprache*

Basistyp: *Datentyp* der Elemente (*Komponenten*) eines *homogenen Konglomerats*

Baustein 📖, **Programmbaustein**: wiederverwendbarer, halbfertiger Bestandteil eines *Programms*; *Modul* oder *Unterprogramm*; eine *Übersetzungseinheit*

Bausteinhierarchie: Darstellung des Zusammenhangs der *Bausteine*, *Modulhierarchie* oder *Klassenhierarchie*

Bediener 📖: Person, die mit dem fertigen, ablaufenden *Programm* arbeitet; typischerweise vor dem Bildschirm; s. auch *Anwender*

bedingter Sprung: *Anweisung* in steuerstrukturfreien Sprachen wie *Assemblersprachen*; *Sprunganweisung*, die beim Zutreffen einer Bedingung ausgeführt wird

bedingungsgesteuerte Schleife: *Wiederholung*, deren Abbruch oder Fortsetzung an eine *Schleifenbedingung* geknüpft ist: Sie wird in jedem Schleifenschritt überprüft; *kopf-*, *fuß-* oder *rumpfgesteuerte Schleife*; ↔ *Zählschleife*

Befehl: *Anweisung*

benannte Ausprägung 📖: die *Ausprägung* einer *Schablone*, die mit einem Namen versehen wird; ↔ *anonyme Ausprägung*

Benutzer 📖: eine *Übersetzungseinheit*, die einen *Baustein importiert* und seine exportierte Leistung in Anspruch nimmt; manchmal: sein Programmierer. Er hat keinen Zugriff auf die *privaten* Teile des Bausteins. S. auch *Kunde*

Benutzer: *Anwender*

Benutzeroberfläche (besser: Bedieneroberfläche): mit grafischen Elementen versehenes Bildschirmfenster, die mit der Tastatur oder Maus angesprochen werden
können. Hierdurch wird der Ablauf des Programms gesteuert.

berechenbarer Algorithmus: ein *Algorithmus*, der nachweisbar endet und ein Ergebnis liefert

Berechnungsfunktion 📖: eine *Funktion* mit einem Ergebnis, das in ihren *Argumenten* nicht vorhanden ist

Bereichsoperator ©, **Sichtbarkeitsoperator**: in *C* zwei Doppelpunkte, die die
Sichtbarkeit eines Namens erweitern

Bezeichner: ein Name, der ein Programmelement (*Objekt, Unterprogramm, Datentyp*, usw.) innerhalb seiner *Sichtbarkeit* identifiziert (bezeichnet)

Bibliothek: *Objektbibliothek, Klassenbibliothek* oder *Funktionsbibliothek*

Binärbaum: eine dynamische Datenstruktur, in der jedes Element auf zwei nachfolgende Elemente zeigt

Binärbruch: Darstellung des Wertes eines *Bruchtyps* mit Hilfe der Ziffern 0 und 1

binäre Datei: eine *Datei* mit binärem *Basistyp*

binärer Operator: *diadischer Operator*

Bindemodul: **Objektmodul**

Binder: ein *Werkzeug*, das aus *Bindemodulen* ein *ausführbares Programm* produziert, indem es die Verweise (*Aufrufe* und *auswärtige Namen*) zusammenfügt

Bit: 0 oder 1; Einheit der *Information*

Block: eine (in *C* durch geschweifte Klammern) zusammengefaßte Folge von *Vereinbarungen* und *Anweisungen*; die vereinbarten Namen sind hierin *sichtbar*

BNF-Syntax: *Backus-Naur-Form*

Boolescher Datentyp, Objekt, Operator, Wert: *logischer Datentyp, Objekt,
Operator, Wert*

Bruchliteral: stellt den *Wert* eines *Bruchtyps* dar; neben Ziffern enthält einen Dezimalpunkt, evtl. auch einen *Exponenten*; ↔ *Ganzzahlliteral*

Bruchtyp (**-objekt**): ein *arithmetischer Datentyp* (↔ *Ganzzahltyp*); geeignet für die
annähernde Darstellung reeller Zahlen; *Festkommatyp* oder *Fließkommatyp*

Byte: 8 *Bits*; oft hat eine *Adresse* in einem *Rechner*

Cobol: ältere *Programmiersprache*, primär für die *kommerzielle Datenverarbeitung*

Compiler: Alternative zum ↔ *Interpreter*; ein selbständig ablaufendes *Programm*,
das eine *Übersetzungseinheit* auf vorhandene Fehler überprüft und diese anzeigt.
Falls es keine gibt, erzeugt es daraus ein *Objektmodul*, das semantisch (sinngemäß) dem übersetzten *Programm* entspricht, jedoch auf einer anderen Sprache
(typischerweise auf einer *Maschinensprache*). Hieraus erzeugt der *Binder* ein ablauffähiges *Programm*, das sich bei der *Ausführung* (hoffentlich) so verhält, wie
dies der Absicht des Programmierers entspricht.

Computer: *Rechner*

Datei: (internes) *Dateiobjekt* oder *externe Datei; sequentielle* oder *direkte Datei*

Dateiobjekt: Objekt von einem *Dateityp*, das mit einer *externen Datei* verbunden
werden kann, um Daten *persistent* zu machen. Mit den *Operationen* des *Dateityps* können *Daten* in die *externe Datei* geschrieben oder können von dort gelesen werden.

Dateityp: ein *Datentyp* mit geeigneten *Operationen* für die Erzeugung und Manipulation von *Dateiobjekten*

Daten, passive Programmelemente: im *Programm* gespeicherte *Information*; vom Programmierer nicht festgeschriebene *Werte*, die von *Ausführung* zu Ausführung unterschiedlich sein können

Datenabstraktionsmodul: ein *Modul*, das ein *abstraktes Datenobjekt* realisiert

Datenbehälter 📖: *Datenobjekt*

Datenelement (einer Klasse): *Datenkomponente*

Datenkapselung: Verbergen von *Datenkomponenten*, die hierdurch nicht direkt, sondern nur über *Operationen* manipuliert werden können

Datenkomponente: ein *Datenobjekt*, Bestandteil jedes *Objekts* eines *zusammengesetzten Datentyps* (z.B. eines *Feldes*, eines *Verbundes* oder einer *Klasse*)

Datenobjekt: passiver Bestandteil eines *Programms*, der geeignet ist, die in der *Wertemenge* seines *Datentyp* enthaltenen *Daten* (*Werte*) zu speichern

Datentyp: die Beschreibung und ein Erzeugungsmechanismus von *Datenobjekten* ähnlicher Art und ähnlicher (oder gleicher) interner Struktur. Er bestimmt die in den *Objekten* speicherbare *Wertemenge*.

Datum: Singular von *Daten*

Debugger: *Spurverfolger*

Definition: gibt den Inhalt (z.B. den *Rumpf* oder die *Komponenten*) eines Namens (eines *Unterprogramms* oder eines *Datentyps*) an, während die ↔ *Vereinbarung* nur den Namen bekanntgibt

Deklaration: *Vereinbarung*

Dereferenzierung: Auffinden eines *Datenobjekts*, das von einem *Zeiger* referiert wird

Destruktor ©: *Klassenmethode*, die beim Löschen eines *Klassenobjekts* (in *C++* automatisch) ausgeführt wird

diadischer Operator: *Operator* mit zwei *Operanden*; ↔ *monadischer Operator*

Dialogtest: Testverfahren ohne vorher festgelegte *Testfälle*; sie werden während des *Tests* eingegeben; ↔ *Stapeltest*

direkte Datei: *Datei*, deren *Komponenten* nicht nur nacheinander (wie in einer ↔ *sequentiellen Datei*), sondern in beliebiger Reihenfolge (wie eines *Feldes*) erreichbar (lesbar oder beschreibbar) sind

direkte Rekursion: *Rekursion* mit nur einem Beteiligten (*Unterprogramm* oder *Datentyp*), der sich selbst aufruft bzw. benutzt; ↔ *indirekte Rekursion*

Disjunktion: *logische Operation* (meistens *Operator*) mit zwei *Operanden*, deren Ergebnis dann und nur dann False ist, wenn beide *Operanden* False sind.

diskreter Datentyp: *Datentyp*, dessen *Wertemenge* eine diskrete (aufzählbare) Reihe bildet; *Aufzählungstyp* oder *Ganzzahltyp*

doppelt verkettete Liste: *verkettete Liste*, deren Glieder einen *Zeiger* sowohl auf das vorangehende, wie auch auf das nachfolgende Glied enthalten

dynamische Schachtelung: das Prinzip, wonach vor dem Ende jedes aktivierten *Blocks* alle in ihm aktivierten Blöcke beendet sein müssen. Es ermöglicht die Stapelung aller vereinbarten *Objekte*.

dynamischer Datentyp: *Datentyp* mit *Objekten*, deren Größe beim Anlegen nicht festgelegt und zur *Laufzeit* verändert werden kann; ↔ statischer Datentyp

dynamisches Datenobjekt, Haldenobjekt 📖: ein *Datenobjekt* ohne Namen, erreichbar durch *Zeiger*, entsteht durch expliziten Aufruf eines *Allokators*

dynamisches Ende: Abbruch eines Unterprogramms vor dem Erreichen des textuellen (statischen) Endes; in *C*: `return`

Editor: *Werkzeug* für die Erfassung von Texten, so auch von Quellprogrammen

einbinden: ein *Baustein* (*Modul* oder *Unterprogramm*) muß explizit (in *C* mit einem *Einschlußbefehl*) in ein *Benutzerprogramm* eingebunden werden, um seine Leistungen (*Export*) in Anspruch nehmen (*importieren*) zu können

einfache Anweisung: elementarer Bestandteil eines *Programms*; typischerweise ein *Aufruf*, aber auch eine in der Sprache definierte *Anweisung* (z.B. `goto`)

einfacher Datentyp: *skalarer* oder *Zeigertyp*; Datentyp ohne Bestandteile; wird typischerweise von der *Programmiersprache* bereitgestellt; ↔ *Konglomerat*

einfaches Datenobjekt: *Datenobjekt* von einem *einfachen Datentyp*

Eingabedaten: *Daten*, deren *Werte* nicht im Programmtext bestimmt werden, sondern während des Ablaufs von außen eingegeben werden müssen

Eingabemaske, -fenster: Bildschirmelement, mit dessen Hilfe die *Eingabedaten* dem Programm zugeführt werden können

Eingabeparameter: *Leseparameter*

einkaufen 📖: Verwendung eines *Datentyps*, indem ein *Datenobjekt* von ihm angelegt (erzeugt) wird; ↔ *erben*

Eins-Block 📖: Teil des *Schleifenrumpfs*, der mindestens einmal (vor der Prüfung der *Schleifenbedingung*) ausgeführt wird

Einschlußbefehl 📖, **include-Befehl** ©: *Übersetzeranweisung* für das textuelle Einfügen einer *Datei* in das *Programm*

Einweg-Alternative 📖: *Alternative* mit einem leeren Zweig (typischerweise im `False`-Fall)

elementarer Algorithmus 📖: *Algorithmus*, der aus einer einzigen *Anweisung* besteht; typischerweise ein *Aufruf*

endlicher Algorithmus 📖: *Algorithmus* aus *elementaren Algorithmen*, *Sequenzen*, *Fallunterscheidungen* und *Zählschleifen*; er geht garantiert zu Ende; ein Sonderfall der *regulären Algorithmen*

Endlosschleife: *Wiederholung*, deren *Abbruchbedingung* nie erfüllt wird

Endsymbol: *terminales Symbol*

Entstrukturierung 📖: Ersetzung der *Steuerstrukturen* durch *bedingte Sprünge*

Entwicklungsumgebung: ein *Werkzeug*, das die für die Programmentwicklung notwendigen Werkzeuge wie *Editor*, *Compiler*, *Binder*, usw. unter einer *Benutzeroberfläche* zusammenfaßt

erben: eine *Klasse* erbt von einer anderen, wenn alle ihre *Attribute* (*Datenkomponenten* und *Methoden*) automatisch (durch den *Compiler*) übernommen werden; ↔ *einkaufen*

Ergebnistyp: der *Datentyp* des *Werts*, den eine *Funktion* als Ergebnis liefert

Erzeugeranweisung: eine *Operation*, die Speicherplatz für ein neues *dynamisches Datenobjekt* auf der *Halde* verschafft; *Allokator*, ↔ *Löschanweisung*

Erzwingen der Gleichheit: klassische (nicht überladene) *Zuweisung*

Exponent: möglicher Bestandteil eines *numerischen Literals*; bedeutet die Multiplikation der *Mantisse* mit einer Zehnerpotenz

exportieren: die Leistung eines *Moduls* einem *Benutzer* anbieten, typischerweise über die *Schnittstelle*

exportierte Funktion: *Funktion*, die auch außerhalb einer *Übersetzungseinheit aufgerufen* werden kann, da ihr Name *exportiert* wird; ↔ *lokale Funktion*

externe Datei: Speicherplatz im *Rechner* (z.B. auf einer Festplatte), in dem *persistente Daten* von einer *Ausführung* des *Programms* zur anderen hinübergerettet werden

externer Name (einer *Datei*) 📖: der Name (oft inkl. Pfad), durch den eine *externe Datei* im Betriebssystem aufgefunden werden kann

externes Objekt ©: ein *Objekt*, das in einer anderen *Übersetzungseinheit* vereinbart wurde. Der *Binder* setzt den Verweis ein; s. auch *auswärtiger Name*

Fakultät: mathematische Funktion; das Produkt der ersten *n* natürlichen Zahlen

Fallunterscheidung, **Verzweigung**: eine der drei Arten von *Steuerstrukturen*. Sie besteht aus zwei Arten von Bestandteilen: aus einem *diskreten* (oft *logischen*) *Ausdruck* und mehreren (oft zwei) geschachtelten *Steuerstrukturen* (Zweigen). Bei einem logischen Ausdruck und zwei Zweigen sprechen wir von einer *Alternative*.

Fehlerausgang: *Ausnahmebehandlung*

fehlertolerant: *Programm*, das beim Auftritt eines Fehlers (einer *Ausnahme*) geeignete Maßnahmen (*Ausnahmebehandlung*) durchführt

Feld, Reihung, **array**: *homogenes Konglomerat* mit nach dem Anlegen unveränderbarer Größe; *zusammengesetztes Datenobjekt* (oder -typ) mit einer bestimmten Anzahl von *Komponenten* gleicher *Datentypen*; ↔ *Verbund*. Die *Selektion* einer *Komponente* erfolgt mit einem *Indexwert*.

Feldklasse: eine *Klasse*, die wie ein *Feld* benutzt werden kann; in *C++* typischerweise mit dem *Indexoperator* [ ]

Feldliteral: ein im Programmtext feststehender *Wert* (in *C/C++* nur *Vorbesetzungswert*) eines *Feldes*; in *C/C++* in geschweiften Klammern aufgelistete Werte des *Basistyps*

Feldschablone 📖: eine *Klassenschablone*, deren *Ausprägung* eine *Klasse* ergibt, die wie ein *Feld* benutzt werden kann: eine *Feldklasse* ohne Festlegung des *Basistyps*

fensterorientierter Dialog: die Eingaben des *Bedieners* (für die Programmsteuerung oder als *Eingabedaten*), sowie die (kürzeren) *Ausgabedaten* werden auf dem Bildschirm in Fenstern angezeigt; ↔ *textorientierter Dialog*

Festkommatyp: *Bruchtyp* mit *absoluter Genauigkeit* („delta"); kann intern als *Ganzzahltyp* dargestellt werden; ↔ *Fließkommatyp*

Festschleife 📖: *Wiederholung* mit einer im Programmtext festgelegten Anzahl von Schritten; kann durch eine (i.A. längere) *Sequenz* ersetzt werden

Fibonacci-Zahlen: eine unendliche Reihe von natürlichen Zahlen, in der jede die Summe der beiden vorherigen ist

FIFO-Behälter („first in, first out"): *Warteschlange*

Fließkommatyp: *Gleitkommatyp*

Folge 📖: ein *Multibehälter* mit einer relevanten Reihenfolge der Komponente

formale Schnittstelle: der Teil einer *Schnittstelle*, der auf einer *Programmiersprache* formuliert wird; typischerweise wird durch *verbale* Information (wie *Kommentare*) ergänzt

formaler Ausprägungsparameter 📖, **Schablonenparameter** 📖: *Parameter* einer *Schablone*, muß bei der *Ausprägung* durch einen *aktuellen Ausprägungsparameter* (z.B. durch einen *Datentyp*) besetzt werden

formaler Parameter: Platzhalter für ein *Objekt* oder einen *Wert* in einem *Unterprogramm*; muß beim *Aufruf* durch einen *aktuellen Parameter* besetzt werden, außer wenn ein *Vorbesetzungswert* vorliegt

Fortran: ältere *Programmiersprache*, primär für die *technisch-wissenschaftliche Datenverarbeitung*

fortschreiben: *Operation* an einer *Datei*, die ihr ein neues Element hinzufügt; ihr vorhandener Inhalt wird nicht gelöscht

Fortsetzungsbedingung: *Negation* der *Abbruchbedingung*

Freund (einer *Klasse*): eine andere *Klasse* oder *Funktion*, die auch auf die *privaten Komponenten* der *Klasse* zugreifen darf

frühe Bindung: das auszuführende *Unterprogramm* wird zur Übersetzungszeit des *Aufrufs* festgelegt; ↔ *späte Bindung*

Funktion: neben ↔ *Prozeduren* eine Art der *Unterprogramme*; sie kann in einem *Ausdruck* aufgerufen werden und liefert einen Wert.

Funktionsbibliothek: ein *Modul*, das *Funktionen* exportiert

Funktionsbibliothek ©: ein Satz von *Spezifikationsdateien* und *Objektbibliotheken*

Funktionsparameter: ein *Funktionsprofil*, das beim *Aufruf* einer aktuellen *Funktion* mit dem gleichen Profil zum *Rückruf* als *Parameter* übergeben wird; s. auch *Prozedurparameter*

Funktionsdeklaration, -vereinbarung: *Prototyp* einer *Funktion*; Festlegung der Anzahl und der *Datentypen* der *Parameter*, manchmal auch des *Ergebnistyps*

Funktionsschablone: eine *Schablone*, deren *Ausprägung* eine *Funktion* ergibt; eine *Funktion* ohne festgelegten *Datentyp* eines *Parameters* und/oder des *Ergebnisses*

fußgesteuerte Schleife 📖, **post-check Schleife**: *Wiederholung*, deren *Rumpf* mindestens einmal ausgeführt wird; die *Abbruchbedingung* wird nach dem *Rumpf* überprüft; ↔ *kopfgesteuerte Schleife*

Ganzzahlliteral: stellt den *Wert* eines *Ganzzahltyps* dar; kann neben den Ziffern der *Mantisse* auch einen *Exponenten* enthalten

Ganzzahltyp (**-objekt**): ein *arithmetischer Datentyp* (↔ *Bruchtyp*), dessen *Werte* natürliche Zahlen (1, 2, 3, usw.), negative Zahlen oder 0 sind

Gedächtnis: *Modulgedächtnis*

Geheimnisprinzip: verlangt, daß die *Daten* und *Algorithmen* eines *Moduls* nicht veröffentlicht werden

Genauigkeit: Eigenschaft von Bruchtypen, die ihre *Wertemenge* bestimmt; *relative* (für *Fließkommatypen*) oder absolute (für Gleitkommatypen) *Genauigkeit*

generisch: *Schablone*

geordneter Datentyp 📖: Datentyp mit *Ordnungsoperator* (manchmal: *Operation*)

geschachtelter Funktionsaufruf: als *aktueller Parameter* eines *Aufrufs* wird das Ergebnis eines weiteren *Aufrufs* angegeben

geschachtelte Wiederholung: eine *Wiederholung* im *Rumpf* einer *Wiederholung*

geschützt: *Klassenattribut*, auf das keine *Kunden*, nur *Erben* zugreifen können; in *C++*: protected; ↔ *öffentlich*, *privat*

Gleichheit: ein *logischer Operator*, der feststellt, ob zwei Objekte eines Datentyps denselben Wert enthalten oder nicht; in *C++* kann *überladen* (umdefiniert) werden

Gleitkommatyp, **Fließkommatyp**: *Bruchtyp* mit festgelegter *relativer Genauigkeit* („precision"); ↔ *Festkommatyp*

globales Objekt: ein außerhalb eines *Unterprogramms* vereinbartes *Datenobjekt* (z.B. das *Gedächtnis* eines *Moduls*); sein *Lebensdauer* ist größer als die des *Unterprogramms* (in *C/C++*: die *Laufzeit* des *Programms*); ↔ *lokales Objekt*

Halde: Speicherbereich, wo *dynamische Datenobjekte* gespeichert werden

Haldenobjekt: ein von einer *Erzeugeranweisung* geliefertes *Datenobjekt*; wird an der *Halde* gespeichert; ↔ *Stapelobjekt*

Hauptfunktion ©, **-programm**: diejenige *Funktion* (i.A. *Prozedur*), die aus keiner anderen Funktion, sondern vom Betriebssystem aufgerufen wird; der *Binder* erzeugt aus ihr ein *ausführbares Programm*

heap: *Halde*

heterogen ⌨, **inhomogen**: aus *Objekten* von unterschiedlichen *Datentypen* zusammengesetzt; ↔ *homogen*

Hierarchie von Bausteinen: *Bausteinhierarchie*

homogen ⌨: aus *Objekten* vom gleichen *Datentyp* zusammengesetzt; ↔ *heterogen*

Identifikator: *Bezeichner*

imperative Programmiersprache: verwirklicht das klassische *Programmierparadigma* mit der Grundidee des *Aufrufs* bzw. des *Befehls* (als Imperativ); stellt die Formulierung von Funktionalitäten in den Vordergrund

Implementierungsteil (eines *Moduls* / einer *Klasse*) ⌨: der *private Teil* der *Spezifikation* zusammen mit dem *Rumpf*; beschreibt das „Wie" eines *Bausteins*; ist dem *Benutzer* unbekannt; ↔ *Schnittstelle*

Importeur: *Benutzer*

importieren: einen *Baustein* für Benutzung in Anspruch nehmen; *einbinden*

include-Befehl ©: *Einschlußbefehl*

Index: dient zur *Selektion* der *Komponenten* eines *Feldes* (oder evtl. eines *Assoziativspeichers*); bei *Feld*: *diskreter Wert*

Indexoperator ©: der *Operator* [] für die *Selektion* einer *Komponente* aus einem *Feld*; in *C++* kann für *Klassen* überladen werden

indirekte Rekursion: *Rekursion* mit mindestens zwei Beteiligten (*Unterprogramm* oder *Datentyp*), die einander aufrufen bzw. benutzen; ↔ *direkte Rekursion*

Infix-Funktion: ein *diadischer Operator*, eine *Funktion*, deren Name ein(e) Zeichen(folge) ist und deren zwei *Parameter* beim *Aufruf* nicht in Klammern nach dem Funktionsnamen, sondern links und rechts von ihm stehen

Information: abstrakter Begriff; Bestandteil der *Daten*; Gegenstand der Informatik; wird von *Rechnern* verarbeitet

Informator ⌨: *Operation*, die das *Datenobjekt* nicht verändert, sondern nur *Information* über seinen Zustand liefert; ↔ *Mutator*

inhomogen: *heterogen*

Initialisierungsliste ©: *Vorbesetzungswerte* der *Datenkomponenten* eines *Klassenobjekts*, die im *Konstruktor* vor dem *Rumpf* aufgelistet werden; in einer *Sohnklasse* kann auch der *Konstruktor* der *Vaterklasse* sein

Initialwert: *Vorbesetzungswert*

Inkarnation: *Instanz*

inline: Eigenschaft eines *Unterprogramms*, daß sie zur *Laufzeit* nicht angesprungen wird, sondern seine *Anweisungen* auf die Aufrufstelle zur *Übersetzungszeit* kopiert werden

Instanz(iierung): *Ausprägung* (einer *Schablone*) oder *Objekt* einer *Klasse*

interaktiv: ein *Programm*, das *Ausgabedaten* vor dem Einlesen von *Eingabedaten* produziert

interner Name (eines *Haldenobjekts*) 📖: *Zeigerwert*, die *Adresse* des *Objekts* im *Arbeitsspeicher*

interner Name (einer *Datei*): *Dateiobjekt*

Interpreter: ein *Programm*, das einen Programmtext liest und *ausführt*, ohne ihn vorher übersetzt zu haben; Alternative zum ↔ *Compiler*

Intervallarithmetik: mathematische Theorie für gesicherte Berechnung mit ungenauen Brüchen.

Iteration: *Wiederholung*

Iteratormethode 📖: führt eine *Operation* über alle Elemente eines *Multibehälters* aus

Kapselung: Verbergen von *Daten* (*Datenkapselung*) und *Algorithmen* vom *Benutzer* eines *Moduls*

Kardinalität: Anzahl der unterschiedlichen *Werte* eines *Datentyps*

Keller: *Stapel*

Kettenoperator: liefert als Ergebnis ein *Objekt* vom Typ des linken *Operands*, mit dem ein weiterer *Operator* (z.B. *Zuweisung*) *aufgerufen* werden kann

Klasse: Zusammenfassung eines (*abstrakten*) *Datentyps* (i.A. *Verbundtyps*) mit seinen *Operationen*, zusammen mit dem Mechanismus der *Vererbung* und *Polymorphie*

Klassenattribut: *Methode* oder *Datenkomponente*

Klassenbibliothek: ein *Modul*, das *Klassen exportiert*

Klassenimplementierung: *Implementierungsteil* einer *Klasse*

Klassenhierarchie: Anordnung von *Klassen* und ihrer Beziehungen „*erben*"

Klassenkonstruktor: *Methode*, die beim Erzeugen eines *Klassenobjekts* implizit *aufgerufen* wird; *Standardkonstruktor, Kopierkonstruktor* oder *parametrisierter Konstruktor*

Klassenobjekt: *Datenobjekt* vom Typ einer *Klasse*

Klassenoperation: *Methode*

Klassenrumpf: die *Rümpfe* der *Klassenoperationen*; ↔ *Klassenvereinbarung*

Klassenschablone: eine *Schablone*, deren *Ausprägung* eine *Klasse* ist; eine Klasse ohne festgelegten *Datentyp* einer *Komponente* und/oder des *Parameters* einer *Methode*

klassenspezifische Komponente: gemeinsame *Datenkomponente* aller *Klassenobjekte*; existiert nur einmal pro *Klasse*

klassenspezifische Methode: *Methode*, die auch ohne ein *Klassenobjekt* aufgerufen werden kann; manipuliert oft *klassenspezifische Komponenten*; ↔ *objektspezifische Methode*

Klassenvereinbarung: formale Beschreibung der *Klasse* mit *privaten, geschützten* und *öffentlichen Klassenattributen*; enthält die *Methodenrümpfe* nicht (außer in *C++* die *inline*-Rümpfe); ↔ *Klassenrumpf*

Klassifikation 📖: Festlegung der Beziehung „ist eine Art von" zwischen *Klassen* bzw. *Objekten*; primäre Vorgehensweise beim *objektorientierten Programmierparadigma*; ↔ *Komposition*

Kommentar: Text in einem *Programm* ohne Auswirkung auf seine *Semantik*; erleichtert das Verständnis des Programms für einen menschlichen Leser, z.B. für den *Benutzer*

kommerzielle Datenverarbeitung: Aufgaben mit relativ viel *Ein-* und *Ausgabedaten* sowie vergleichsweise wenigen Berechnungen; ↔ *technisch-wissenschaftliche Datenverarbeitung*

Kommunikation: Vermittlung von *Information*

kompatibel 📖: einsetzbar. Ein *Objekt* von einem kompatiblen *Datentyp* kann als *aktueller Parameter* (z.B. der *Zuweisung*) eingesetzt werden.

Komplement: *Operation* über eine *Menge*. Das Ergebnis enthält alle Elemente, die die *Menge* nicht enthält.

komplexes Objekt 📖: *Datenobjekt* von einem nicht ↔ *einfachem Datentyp*; i.A. *Konglomerat*

Komponente: *Datenkomponente*

Komponentenname: Name, mit dem eine *Datenkomponente* aus einem *Verbund* oder aus einer *Klasse selektiert* wird

Komposition 📖: Festlegung der Beziehung „besteht aus" („ist Teil von") zwischen *Klassen* bzw. *Objekten*; primäre Vorgehensweise beim *imperativen Programmierparadigma*; ↔ *Klassifikation*

Komposition: Bildung eines *Konglomerats* aus *Objekten* des *Basistyps*

Konglomerat 📖, **zusammengesetztes Datenobjekt (-typ)**: enthält *Komponenten* von einfacheren *Datentypen*; *homogen* (wie *Feld* und *Datei*) oder *inhomogen* (wie *Verbund*); ↔ *einfaches Datenobjekt*

Konjunktion: *logische Operation* mit zwei *Operanden*, deren *Wert* dann und nur dann True ist, wenn beide *Operanden* True sind

konkreter Datentyp 📖: *Datentyp*, dessen *Komponenten* für den *Benutzer* bekannt sind; *einfacher* oder *zusammengesetzter Datentyp*; ↔ *abstrakter Datentyp*. Er kann auf sie direkt (d.h. nicht nur über *Operationen*) zugreifen.

konkretes Datenobjekt 📖: *Datenobjekt* mit oder ohne Namen (*Stapel-* bzw. *Haldenobjekt*) von einem bestimmten *Datentyp*; im Gegensatz zum ↔ *abstrakten Datenobjekt*, das von einem *Modul* realisiert wird

Konstante (-s Datum): *Datenobjekt*, dessen *Wert* während der *Ausführung* nicht verändert wird

konstanter Algorithmus 📖: läuft jedesmal gleich ab; ohne *Eingabedaten*

konstante Methode ©: verändert das *Klassenobjekt*, für das sie aufgerufen wurde, nicht; z.B. *Informator*

konstanter Referenzparameter ©: Implementierung eines *Leseparameters*, der nicht ins *Unterprogramm* kopiert, sondern nur seine *Adresse* übergeben werden soll; ↔ *Werteparameter*

Konstruktor: *Klassenkonstruktor*

Kontextbedingungen: steuern die Verwendbarkeit einer *Regel* in der *Syntax*

Kopf (des *Moduls*): *Spezifikation*

kopfgesteuerte Schleife ▢, **pre-check Schleife**: *Wiederholung*, deren *Rumpf* möglicherweise gar nicht ausgeführt wird; die *Abbruchbedingung* wird vor dem *Rumpf* überprüft; s. auch *bedingungsgesteuerte Schleife*; ↔ *fußgesteuerte Schleife*

Kopierkonstruktor ©: *parametrisierter Klassenkonstruktor*, dessen *Parameter* eine *Referenz* auf die *Klasse* ist; typischerweise kopiert die *Werte* der *Komponenten* des *Argumentobjekts*

Kunde ▢: Programmeinheit, in dem ein *Klassenobjekt* angelegt und/oder die *Schnittstelle* der *Klasse* benutzt wird; *Benutzer*

kurzgeschlossene Operation ▢: *Disjunktion* oder *Konjunktion*, deren linker *Operand* berechnet wird; anschließend wird der rechte *Operand* nur dann berechnet, wenn das Ergebnis dadurch noch beeinflußt werden kann

Lader: *Programm* (Teil des Betriebssystems) für das Übertragen einer ausführbaren Datei (produziert vom *Binder*) in den *Arbeitsspeicher* des *Rechners*, um den darin dargestellten *Algorithmus* auszuführen

Laufvariable:

Laufzeit: während der *Ausführung* eines *Programms*; ↔ *Übersetzungszeit*

Laufzeitfehler: Fehler, der während der *Übersetzung* und *Bindens* nicht entdeckt wird, wohl aber zur *Laufzeit*. Er kann entweder vom *Laufzeitsystem* entdeckt werden (und vielleicht eine *Ausnahme* auslösen) oder führt zu einem unkontrollierten Abbruch des Programms (evtl. auch des Betriebssystems).

Laufzeitsystem: Programmteil, die jedem *Programm* (entwickelt mit einem bestimmten *Compiler*) zur Verfügung steht, um verschiedene Dienste (wie Ein- und Ausgabe, Beschaffung von Arbeitsspeicher, Ausnahmebehandlung, usw.) auszuführen

Lebensdauer (eines *Objekts*): Zeitraum während der *Ausführung* des *Programms*, in dem die im *Objekt* gespeicherten *Daten* zum Lesen zur Verfügung stehen; i.A. breiter als seine ↔ *Sichtbarkeit*

leerer Algorithmus ▢: die einfachste Art von *Algorithmen*; tut nichts

Leseparameter ▢: *formaler Parameter*, der vom *Unterprogramm* nicht verändert wird; ↔ *Schreibparameter*. Etwaige Veränderungen bleiben im *Unterprogramm* lokal, d.h. sie wirken sich auf den *aktuellen Parameter* nicht aus. Er sollte als *Konstante* definiert werden: *Werteparameter* oder *konstanter Referenzparameter*. Nicht nur ein *Datenobjekt*, auch ein *Ausdruck* darf als *aktueller Parameter* eingesetzt werden.

Lesezugriff ▢: *geschützte Datenkomponenten* einer *Klasse* werden vom *Erben* mit einem *Informator* (im Gegensatz zum ↔ *Schreibzugriff* mit einem *Mutator*) erreicht

LIFO-Behälter: („last in, first out"): *Stapel*; ↔ *FIFO-Behälter*

linearer Algorithmus ▢: *Algorithmus* aus *elementaren Algorithmen*, *Sequenzen* und *Fallunterscheidungen*; ein Sonderfall der *endlichen Algorithmen*

Linker: *Binder*

Liste 📖: *Folge* mit eingeschränktem Zugriff auf Elemente; z.B. *Stapel* oder *Warteschlange*

Literal: von der *Programmiersprache* definierte Zeichenfolge für *Werte* von *Standard-Datentypen*; manchmal auch *Aufzählungsliteral*

logischer Datentyp: *Datentyp* mit zwei *logischen Werten* und den *Operatoren Konjunktion, Disjunktion* und *Negation*; in *C* wird durch den *Ganzzahltyp* int implementiert

logischer Fehler: Programmfehler, der vom *Compiler* und *Binder* nicht entdeckt, jedoch (im Gegensatz zum ↔ *Laufzeitfehler*) nicht zum Programmabbruch führt. Das *Programm* produziert jedoch mit einigen *Eingabedaten* nicht die erwarteten *Ausgabedaten*.

logischer Operator: *Operator* (Infix-Funktion) mit *Operanden* (*Parametern*) und Ergebnis vom *logischen Datentyp*

logischer Wert: „wahr" oder „falsch"; in vielen *Programmiersprachen* True oder False; in *C* wird durch die Ganzzahlwerte 1 und 0 dargestellt

lokale Funktion: *Funktion*, die nur innerhalb einer *Übersetzungseinheit* aufgerufen werden kann; ↔ *exportierte Funktion*

lokale Prozedur: *lokale Funktion* ohne *Ergebnistyp*

lokale Variable: *lokales Objekt*

lokales Objekt: *Datenobjekt* mit *Lebensdauer* eines *Aufrufs*; ↔ *globales Objekt*. Es kann nur innerhalb eines *Unterprogramms* benutzt werden.

Lokalität: Prinzip, wonach sich zusammengehörige Programmbestandteile textuell nahe zueinander befinden sollen

Löschanweisung: dient zum Auflösen eines *dynamischen Objekts* und der Freigabe des von ihm belegten Speicherplatzes; in *C++* delete; ↔ *Erzeugeranweisung*

Makro: eine *Übersetzeranweisung*; Mechanismus des *Compilers* für das Ersetzen einer Zeichenfolge durch eine andere vor der Übersetzung; in *C* wird vom *Präprozessor* bearbeitet

Manipulator ©: *Methode* einer *Stromklasse* in *C++* für die Formatierung der Aus- oder Eingabe

Mantisse: Bestandteil eines *numerischen Literals*; besteht aus Ziffern und (für *Bruchliterale*) einem Dezimalpunkt. ↔ *Exponent*

Maschinenbefehl/anweisung: *elementarer Algorithmus* auf einer *Maschinensprache*

Maschinensprache: *Programmiersprache*, die von der Hardware eines *Rechners* *interpretiert* werden kann. Der *Rechner* ist hier der *Ausführer*.

Matrix: *mehrdimensionales Feld* mit zwei Dimensionen; Tabelle

mehrdimensionales Feld: *Feld*, dessen *Komponenten Felder* sind

Mehrfachbenennung: ein *Objekt* kann auf mehrere Weise (z.B. über seinen Namen und über einen *Zeiger*) erreicht werden

mehrfaches Erben: Bildung einer *Klasse* mit mehr als einer *Oberklasse*

Mehrweg-Alternative 📖: *Fallunterscheidung* mit einem *Ausdruck* von nicht-*logischem Datentyp*, sowie mit mehreren Zweigen; in *C*: switch

Meldungsfenster 📖: Fenster, um *Ausgabedaten* (geringes Umfangs) auf dem Bildschirm darzustellen

Menge: reihenfolgefreier *Multibehälter*, der jede seiner *Komponenten* nur einmal enthalten kann; ↔ *Sack*

Menü: (evtl. hierarchisierte) Auflistung von Funktionalitäten eines *Programms* für seine interaktive Steuerung. Eine Auswahl (mit der Maus oder Tastatur) aus der Liste aktiviert die Funktionalität. S. auch *Auswahlliste*

Menügenerator: *Werkzeug*, das ein *Menü* (typischerweise in Form eines *Moduls* oder einer *Prozedur*) erzeugt

Metasprache: Sprache zur Beschreibung einer Sprache (z.B. *Programmiersprache*). Ein Beispiel ist die *BNF-Syntax*.

Metazeichen: Bestandteil einer *Metasprache*, erscheint nicht im beschriebenen Programmtext

Methode: (oft nur *virtuelle*) *Operation* einer *Klasse*

Methodenrumpf: *gekapselter Algorithmus* einer *Methode*, bleibt dem *Benutzer* einer *Klasse* verborgen

Mischen: Verfahren, aus mehreren sortierten Folgen in eine sortierte Folge zu verwandeln

Mischmodul 📖: *Modul*, das nicht nur einen *abstrakten Datentyp* oder ein *abstraktes Datenobjekt* implementiert, sondern mehrere, evtl. beide

Modul: *Baustein* mit *Schnittstelle* und *Implementierungsteil*, typischerweise mit *Spezifikation* und *Rumpf*

Modulbenutzer: *Benutzer* eines *Moduls*

Modulgedächtnis: *Datenobjekte* im *Modulrumpf*, in denen sich das *Modul* an seine Vergangenheit (d.h. an frühere *Aufrufe*) erinnert; die *Operationen* des *Moduls* haben Zugriff hierauf

Modulhierarchie: Anordnung von *Modulen* und ihrer Beziehungen „*benutzt*"

modulinterne Daten: *globale Datenobjekte*, die aus den *Operationen* heraus *sichtbar*, von außerhalb des Moduls unsichtbar sind

Modulrumpf: *Übersetzungseinheit*, die ein *Modul implementiert*; schließt das *Modulgedächtnis* und die *Operationsrümpfe* mit ein; ↔ *Modulspezifikation*

Modulschnittstelle: *Schnittstelle* eines *Moduls*, Teil der *Modulspezfikation*; exportiert typischerweise *Datentypen* und *Operationen* (oft zusammen als *Klassen*) sowie *Konstanten*, manchmal auch *Datenobjekte*, *Ausnahmen* und andere *Module*

Modulspezifikation: *Spezifikation* eines *Moduls*; beinhaltet die *Modulschnittstelle* und den *privaten Teil*; ↔ *Modulrumpf*

Modultest: *Testen* eines *Moduls* mit Hilfe eines *Testtreibers*, der seine *Schnittstelle* mit *Daten* (typischerweise als *aktuelle Parameter*) versorgt

Modulvererbung: Mechanismus, der die *Schnittstelle* einer *Klasse* (typischerweise durch neue *Operationen*) erweitert; ↔ *Typvererbung*

monadischer Operator: *Operator* mit einem *Operanden*; ↔ *diadischer Operator*

Multibehälter 📖: *Datenbehälter*, wo eine Schreiboperation nicht unbedingt zum Löschen des vorherigen Inhalts führt; er kann mehr als ein *Datenelement* speichern; ↔ *Unibehälter*

Multimenge: *Sack*

Mutator 📖: *Operation*, die das *Datenobjekt* (im Gegensatz zum ↔ *Informator*) verändert und *Information* im *Objekt* speichert

Nachkomme: eine *Klasse*, die von einer *Oberklasse erbt*

nachladen: Teile des Programms (typischerweise *Module*), die während seiner *Ausführung* bei Bedarf vom *Lader* bearbeitet werden.

Name: ein Bezeichner oder Zeichen(folge); dient zur Identifizierung von Programmelementen wie *Objekte, Datentypen, Unterprogramme, Module*, usw.

Namenskonflikt: der Fall, wenn bei *Mehrfachvererbung* mehrere *Oberklassen* denselben Namen enthalten

Nassi-Shneidermann-Diagramme: grafische Darstellungsmethode von *strukturierten Algorithmen; Struktogramm*

Navigation 📖: gezielte *Selektion* von Komponenten aus *Multibehältern*

Negation: *logische Operation* mit einem *Operanden*; aus True wird False und umgekehrt

nichtterminales Symbol, Zwischensymbol: Symbol der *Metasprache*, das nicht im beschriebenen Programmtext erscheint, sondern durch eine Folge von *terminalen Symbolen* ersetzt wird

Null-Block 📖: Teil des *Schleifenrumpfs*, der möglicherweise keinmal (nach der Prüfung der *Schleifenbedingung*) ausgeführt wird

numerischer Typ: *Ganzzahltyp* oder *Bruchtyp; konkreter Datentyp*

numerisches Literal: *Literal* für die Darstellung von *Werten* von *numerischen Typen; Ganzzahlliteral* oder *Bruchliteral*

Oberklasse: *Vaterklasse*

Objekt: *Datenobjekt*

Objektbibliothek: eine *Datei*, in der vom *Compiler* übersetzte Programmteile (*Module, Funktionen*, usw.) ablegt werden. Der *Binder* kann sie hier auffinden.

Objektmodul, Objektcode: das Ergebnis der Arbeit des *Compilers*, einer Übersetzung; die *Eingabedaten* des *Binders*; befindet sich in einer eigenen *Datei* oder in einer *Objektbibliothek*

objektorientiertes Programmieren, OOP: *Vererbungsprogrammieren*

objektorientiertes Programmierparadigma: stellt die *Kapselung* von *Daten* und ihrer *Operationen* sowie ihre *Klassifikation* in den Vordergrund

objektorientierte Programmiersprache: *Programmiersprache*, die Elemente für *Vererbung* und *Polymorphie* zur Verfügung stellt

objektspezifische Methode: *Klassenmethode*, die nur mit einem *Klassenobjekt* aufgerufen werden kann; ↔ *klassenspezifische Methode*

OOP: *Vererbungsprogrammieren*

Operand: *aktueller Parameter* eines *Operators*

Operation: *Mutator* oder *Informator* (*Prozedur* oder *Funktion*, evtl. als *Operator*) eines *abstrakten Datentyps* (oder *Klasse*), mit dem seine *gekapselten Komponenten* manipuliert (beschrieben oder gelesen) werden können; erscheint typischerweise in der *Schnittstelle*

Operationsaufruf: *Aufruf* einer *Operation* wie einer *Prozedur* oder einer *Funktion*

Operationsrumpf: die *lokalen Variablen* und die *Anweisungen* der *Prozedur* oder *Funktion*, die die *Operation* implementiert

Operator: eine *Funktion* mit spezieller *Syntax*: ihr Name ist ein(e) Zeichen(folge), und die *aktuellen Parameter* (die *Operanden*) stehen nicht in Klammern nach dem Funktionsnamen, sondern um ihn herum (vor und/oder nach); es gibt *monadische* oder *diadische* (*Infix-Funktion*)

Optimierung: Austausch eines *Algorithmus* gegen eines effizienteren (schnelleren und/oder speichersparenderen, evtl. einfacheren) *äquivalenten Algorithmus*

Ordnungsoperator 📖: *logischer Operator* (typischerweise der *Operator* <) , der zwei *Werte* eines *Datentyps* vergleicht und festlegt, welcher „kleiner" ist

öffentlich: *Klassenattribut*, auf das alle (*Kunden* und *Erben*) zugreifen können; ↔ *privat*

öffentlicher Teil (der *Spezifikation*): *Schnittstelle*

Paradigma: Denkweise

Parameter: *aktueller* oder *formaler Parameter*

parametrisierter Konstruktor: *Klassenkonstruktor* mit *Parametern*; z.B. *Kopierkonstruktor*

passives Programmelement: *Daten*

persistente Daten: *Daten* mit einem *Lebensdauer* länger als der Programmlauf

Persistenzmethode 📖: *Klassenmethode*, deren *Aufruf* die *Klasse persistent* macht

Pointer ©: *Zeiger*

polymorphe Datenstruktur: besteht aus *Komponenten* von nicht nur einem *Datentyp*, sondern unterschiedlicher *Datentypen* mit einer gemeinsamen *Vaterklasse*

Polymorphie: unterschiedliches (typabhängiges) Verhalten eines *Objekts* bei einem (gemeinsamen) *Aufruf*

positionierbare Liste: *Liste* mit *Operationen* für *Navigation*

post-check-Schleife: *fußgesteuerte Schleife*; ↔ *pre-check-Schleife*

Präfix: wird vorne angehängt; ↔ *Postfix*

Präprozessor ©: Teil des *Compilers*, der vor der Übersetzung den Programmtext gemäß den *Präprozessoranweisungen* bearbeitet

Präprozessoranweisung ©: *Übersetzeranweisung*, die vor der Übersetzung interpretiert wird

pre-check-Schleife: *kopfgesteuerte Schleife*; ↔ *post-check-Schleife*

Priorität: *Vorrang*

privat: *Klassenattribut*, auf das weder *Kunden* noch *Erben*, nur eigene *Klassenmethoden* und *Freunde* zugreifen können; ↔ *öffentlich*

private Vererbung: die geerbten *Attribute* werden als *privat* übernommen

privater Teil (der *Spezifikation*): Teil der *Implementierung*; befindet sich aus compilertechnischen Gründen in der *Spezifikation*; ↔ *öffentlicher Teil*

Profil, Signatur: Anzahl und *Datentypen* von *Parametern* (in einigen Sprachen auch des *Ergebnistyps*); wird durch den *Prototyp* beschrieben

Programm: Ausdrucksform eines *Algorithmus* in einer Sprache, oft in *Maschinensprache*

Programmbaustein: *Baustein*

programmieren: einen *Algorithmus* auf einer *Programmiersprache* formulieren

Programmierparadigma: das *Paradigma*, das die Vorgehensweise prägt, wie ein *Programm* formuliert wird: *imperativ, objektorientiert* oder andere

Programmiersprache: Vorgehensweise, um *Algorithmen* textuell auszudrücken

Projektverwaltung: Teil der *Entwicklungsumgebung*; definiert u.a., welche *Objektmodule* vom *Binder* zusammengefügt werden

Prototyp ©: *Vereinbarung* eines *Unterprogramms*; beschreibt sein *Profil* und andere Eigenschaften wie *Ergebnistyp* und auslösbare *Ausnahmen*.

Prozedur: *Unterprogramm* ohne *Ergebnistyp*; wird als *Anweisung* aufgerufen; ↔ *Funktion*

prozedurales Programmierparadigma: *imperative Programmiersprachen*

Prozedurparameter: eine *Prozedur*, die beim *Aufruf* einer anderen *Prozedur* zum *Rückruf* als *Parameter* übergeben wird; ↔ *Funktionsparameter*

Prozedurschablone: eine *Schablone*, deren *Ausprägung* eine *Prozedur* ergibt; eine *Prozedur* mit einem nicht festgelegten *Datentyp*, typischerweise eines *Parameters*; muß *ausgeprägt* werden

Quelle: rechte Seite der *Zuweisung*; wird nicht verändert; ↔ *Ziel*

Quellprogramm: Programmtext auf einer *Programmiersprache*; *Eingabe* für den *Compiler*

rationale Zahl: das Verhältnis zweier *Ganzzahlen*

Rechner: Gerät für die *Ausführung* von *Programmen*; *Ausführer*

record: *Verbund*

Referenz: *Zeiger*

Referenzparameter: *Parameter*, dessen *Adresse* (*Referenz*) in das *Unterprogramm* übergeben wird; geeignet als *Schreibparameter*. Ein konstanter Referenzparameter definiert einen *Leseparameter*. ↔ *Werteparameter*

Referenzparameter ©: *Zeigerparameter* mit in *C++* vereinfachter *Syntax*

referieren: *verweisen*

Regel: Teil der *Syntax*; bestimmt, wie *nichtterminale Symbole* durch *terminale* ersetzt werden

Registrierung 📖: Bekanntgabe eines *Datentyps* an eine *polymorphe Struktur*, oft zur *Laufzeit*

regulärer Algorithmus 📖: *Algorithmus* aus *elementaren Algorithmen*, *Sequenzen*, *Fallunterscheidungen* und *Wiederholungen* (d.h. ohne *Rekursion*); ein Sonderfall der *berechenbaren Algorithmen*

Reihung: *Feld*

Rekursion: *Aufruf* (oder Benutzung) von sich selbst; *direkte* oder *indirekte Rekursion*. *Unterprogramme* oder *Datentyp*en können rekursiv sein.

relationale Operation: *Operation* mit zwei *Operanden* desselben *Datentyps*

relative Genauigkeit: *Genauigkeit* eines *Gleitkommatyps*; das Verhältnis des Abstands zwischen zwei *Werten* und des absoluten Werts; ↔ *absolute Genauigkeit*

reserviertes Wort, Schlüsselwort: von der *Programmiersprache* festgelegte Zeichenfolge, die i.A. zu keinem anderen Zweck benutzt werden darf

Ressource: verbrauchbare Mittel eines Vorgangs; für *Programme*: Speicherplatz, Zeit oder Einrichtungen (wie Prozessor, Geräte, usw.)

Ringpuffer: Implementierungsmöglichkeit der *Warteschlange*

Rückgabetyp: *Ergebnistyp*

Rückruf 📖: *Aufruf* eines *Unterprogramms* aus dem aufrufenden *Modul*

Rumpf: *Operationsrumpf*, *Schleifenrumpf* oder *Modulrumpf*

Rumpf (eines *Unterprogramms*): *Anweisungen*, die beim *Aufruf ausgeführt* werden; ↔ *Spezifikation*

rumpfgesteuerte Schleife 📖: *Wiederholung* mit einem *Eins-Block* und einem *Null-Block*; die *Abbruchbedingung* wird zwischen den beiden überprüft

Sack 📖, **Multimenge**; *Multibehälter* ohne Reihenfolge der Elemente

Schablone, generisch, Template ©: *Klasse*, *Modul* oder *Funktion* mit undefinierten *Datentypen* oder *Werten* als *formale Schablonenparameter*, muß durch Angabe von *aktuellen Schablonenparametern* (*Datentypen* oder *Werte*) *ausgeprägt* werden

Schablonenparameter 📖: *formaler Ausprägungsparameter*

Schleife: *Wiederholung*

Schleifenbedingung: *Abbruchbedingung* oder *Fortsetzungsbedingung*

Schleifenrumpf: die *Anweisung*(en), die wiederholt ausgeführt werden soll(en)

Schlüssel: *Wert*, mit dessen Hilfe eine *Datenkomponente* im *Assoziativspeicher* gefunden werden kann

Schlüsseltransformationstabelle: spezieller *Assoziativspeicher*, der jedem *Schlüsselwert* einen *Index* der Tabelle zuordnet

Schlüsselwort: *reserviertes Wort*

Schnitt: *Operation* über zwei *Mengen*; ihr Ergebnis enthält diejenigen Elemente, die in beiden Elementen enthalten sind; entspricht der *Konjunktion*

Schnittstelle: beschreibt das „Was" eines *Bausteins* (z.B. eines *Moduls*); ↔ *Implementierung*; ist dem *Benutzer* bekannt; besteht aus der *formalen* und der *verbalen Schnittstelle*; typischerweise beinhaltet die *Prototypen* der *Unterprogramme* sowie die *Datentypen* und *Konstanten* für ihre *Parameter*. Siehe auch *veröffentlichte Schnittstelle*.

Schreibparameter 📖: *formaler Parameter*, der (im Gegensatz zum ↔ *Leseparameter*) vom *Unterprogramm* verändert wird; in *C++* kann als *Referenzparameter* oder als *Zeigerparameter* implementiert werden; als *aktueller Parameter* kann nur ein *Objekt* (kein *Ausdruck*) übergeben werden

Schreibzugriff 📖: *geschützte Datenkomponenten* einer *Klasse* werden vom *Erben* auch mit einem *Mutator* erreicht; ↔ *Lesezugriff*

Schriftzeichen: Buchstaben, Ziffer und Sonderzeichen

schwach typisiert 📖: *Programmiersprache*, die *Kompatibilität* ungleicher Datentypen zuläßt; z.B. *C*; ↔ *stark typisiert*

Scope-Operator ©: *Bereichsoperator*

Seiteneffekt: Veränderung von *globalen Objekten* von einem *Unterprogramm* heraus

selbstmodifizierendes Programm: *Programm*, das zur *Laufzeit* nicht nur seine *Daten*, sonder auch seine *Algorithmen* verändert.

Selektion: Auswahl einer *Komponente* aus einem *Konglomerat*; beim *Feld* durch ein *Index* (in *C* in eckigen Klammern), beim *Verbund* (oder *Klasse*) durch einen *Komponentennamen* (nach einem Punkt), bei der *Datei* durch eine Leseoperation

selektives Export: die Möglichkeit einer *Programmiersprache*, einzelne *Attribute* an ausgewählte (genannte) *Benutzer* zu *exportieren*; in *C++* nur über *Freund*

Semantik: Bedeutung

sequentielle Datei: *Datei*, aus der die *Komponenten* nur nacheinander erreicht werden können; ↔ *direkte Datei*

sequentieller Algorithmus: *Algorithmus* aus *elementaren Algorithmen* und *Sequenzen*; ein Sonderfall der *linearen Algorithmen*

Sequenz: nacheinander auszuführende Folge von *elementaren Algorithmen (Anweisungen)*

sichere Zahl: ein Zahlenwert, der durch eine Implementierung der *Intervallarithmetik* genau dargestellt werden kann. *Modellzahlen* sind sichere Zahlen

Sichtbarkeit: textueller Abschnitt eines *Programms*, in dem ein Name (*Datentyp, Objekt, Unterprogramm*, usw.) bekannt ist; i.A. kleiner als seine ↔ *Lebensdauer;* der *Block*, in dem er definiert wurde, sowie alle eingeschlossenen *Blöcke*, außer denen, wo der Name *überladen* wurde

Sichtbarkeitsoperator 📖: *Bereichsoperator*

Signatur: *Profil*

skalarer Datentyp: *Aufzählungstyp* oder *arithmetischer Datentyp;* Spezialfall des *einfachen Datentyps;* ↔ *Zeigertyp*

Skalarprodukt: ein zwei Vektoren zugeordneter Basiswert

software engineering: Ingenieurwissenschaft über die Vorgehensweisen, qualitative Software zu produzieren

software recycling: Verfahren, um alte Software zu modernisieren

Sohnklasse: *Erbe* der *Vaterklasse*

Sonderzeichen: druckbare *Schriftzeichen* (z.B. von der Tastatur), die keine Buchstaben oder Ziffern sind; beispielsweise sind das ^ ° ! " § $ % & / ( ) = ? { [ ] } \ + * # ' - _ . , : : < > |

Sortierkanal 📖: *Multibehälter,* dessen kleinstes (oder größtes) Element lesbar ist

späte Bindung: bei einem *Aufruf* wird das auszuführende *Unterprogramm* erst zur *Laufzeit* festgelegt; ↔ *frühe Bindung*

Speicher: *Arbeitsspeicher*

Speicherkomplexität: mathematische Funktion; bestimmt das Wachstum des einem *Algorithmus* benötigten Speicherplatz in Abhängigkeit der Menge der Eingabedaten; ↔ *Zeitkomplexität*

Spezifikation: die *Schnittstelle* und der *private Teil* (der für die *Definition* nötiger Abschnitt der *Implementierung*); enthält typischerweise (*abstrakte* oder *konkrete*) *Datentyp-* oder *Klassenvereinbarungen* sowie *Prototypen* von *Exportoperationen;* ↔ *Rumpf*

Spezifikationsdatei 📖, **header-Datei** ©: enthält die *Spezifikation* eines *Moduls*

Sprunganweisung: veraltetes Sprachelement für von der textuellen abweichenden Ausführungsreihenfolge; in *C* goto

Spurverfolger, **Debugger**; *Werkzeug* für die Verfolgung des Ablaufs eines *Programms;* dieses kann schrittweise *ausgeführt* und angehalten werden, sowie der Inhalt der *Datenobjekte* kann untersucht und verändert werden

stack: *Stapel*

Standardbibliothek: die mit dem *Compiler* zusammen ausgelieferte *Klassen-* oder *Funktionsbibliothek*

Standard-Datentyp: ein von der *Programmiersprache* definierter *Datentyp;* in *C:* int, float, double, char, usw.

Standardkonstruktor: parameterloser *Klassenkonstruktor,* der ohne explizite *Vereinbarung* vorhanden ist

Stapel 📖, **Keller**, **stack**, **LIFO-Behälter**: *Multibehälter,* in dem nur das jüngste (zuletzt eingetragene) Element erreichbar ist; ↔ *Warteschlange*

Stapel: *Systemstapel*

Stapelobjekt, statisches Objekt, automatisches Objekt: vereinbartes *Datenobjekt* mit *Namen*; entsteht beim Eintritt ins *Block*, in dem es vereinbart wurde und wird beim Austritt hieraus aufgelöst; wird am *Systemstapel* gespeichert; ↔ *Haldenobjekt*

Stapeltest: Testverfahren mit im *Testtreiber* einprogrammierten *Testfällen*; sie werden; ↔ *Dialogtest*

stark typisiert 📖: *Programmiersprache*, die *Kompatibilität* ungleicher *Datentypen* nicht zuläßt; z.B. **Pascal, Ada** oder **Eiffel**; ↔ *schwach typisiert*

statische Methode: *früh gebundene, (keine ↔ virtuelle) Methode*

statische Schachtelung: ein *Unterprogramm* oder ein *Block* kann in einem anderen textuell enthalten sein

statischer Datentyp: *Datentyp* mit *Objekten*, deren Größe beim Anlegen festgelegt und nicht mehr verändert werden kann; ↔ *dynamischer Datentyp*

statisches Ende: textuelles Ende eines *Blocks*; in *C* dargestellt durch das Zeichen }

statisches Objekt, automatisches Objekt: *Stapelobjekt*

statisches Objekt ©: *globales Objekt* mit eingeschränkter *Sichtbarkeit*; in *C*: static

Steuerstuktur: Technik für die Erstellung von *strukturierten Algorithmen*; *Sequenz, Fallunterscheidung* oder *Wiederholung*

Steuerzeichen: nicht druckbares Zeichen; wird z.B. von Ausgabegeräten interpretiert

String: *Zeichenkette*

Strom ©: *polymorphe Datei*

Stromklasse ©: Standardklasse in *C*++ für Ein- und Ausgabe von *Strömen*

Struktogramm: Zeichnungselement für die Darstellung eines (Teiles eines) *Algorithmus* im *Nassi-Shneidermann-Diagramm*

strukturierter Algorithmus: enthält keine *Sprunganweisungen*, nur *Sequenzen, Fallunterscheidungen, Wiederholungen* und *Aufrufe* (und damit *Rekursionen*)

Strukturierung: Verfahren, aus *unstrukturierten Algorithmen strukturierte* zu machen

Subroutine 📖: parameterlose *Prozedur*

Syntax: formale Beschreibung einer *(Programmier-)Sprache*; die in der Praxis brauchbare *Syntaxe* beschreiben die Sprache nur ungenau; sie müssen durch verbale Erläuterungen ergänzt werden; enthält *Regeln, terminale* und *nichtterminale Symbole*

Syntaxfehler: Fehler, der der *Syntax* der Sprache widerspricht; wird vom *Compiler* entdeckt

Systemstapel: Speicherbereich eines Programms für die Speicherung von *Stapelobjekten*

technisch-wissenschaftliche Datenverarbeitung: Aufgaben mit relativ wenig *Ein-* und *Ausgabedaten* und vielen Berechnungen; ↔ *kommerzielle Datenverarbeitung*

template: *Schablone*

temporäre Datei: *Multibehälter* mit denselben *Operationen*, wie die *Datei*, jedoch nicht *permanent*

temporäres Objekt 📖: *Datenobjekt* mir *Lebensdauer* innerhalb eines *Ausdrucks*

terminales Symbol: Symbole, aus denen die durch die *Syntax* beschriebene Programme bestehen

Testdaten: ein Satz von *Werten*, die als *Eingabedaten* für das *Testen* eines Programmsystems, *Programms*, *Moduls*, usw. dienen

Testdrehbuch: Beschreibung von Szenarios, durch die ein fertiges *Programm* so gründlich wie nur möglich getestet werden

testen: aufspüren von Fehlern in einem *Programm*

Testfall: besteht aus einer Reihe von *Aufrufen* mit durch die *Testdaten* bestimmten *Parametern*

Testtreiber 📖: *Hauptprogramm*, das ein zu testendes *Modul einbindet* und seine *Operationen* mit geeigneten *Testdaten* als *Parameter* aufruft

Testumgebung: Werkzeuge zum Generieren und Ausführen von *Testtreibern*, Verwalten von *Testdaten* und Testergebnisse

Textdatei: *Datei* mit *Zeichen* (in *C*: char) als *Basistyp*

Texteditor: *Editor*

textorientierter Dialog: die Eingaben des *Bedieners* (für die Programmsteuerung oder als *Eingabedaten*) sowie die *Ausgabedaten* werden auf dem Bildschirm zeilenweise als Text nacheinander angezeigt; ↔ *fensterorientierter Dialog*

Trennzeichen: von der *Syntax* der *Programmiersprache* definierte *Schriftzeichen*, die *Bezeichner* voneinander trennt; z.B. das Leerzeichen, Tabulator u.a.

typenlose Datenstruktur: *Multibehälter* mit *Komponenten* (Elementen) vom beliebigen *Datentyp*; kann nur mit *typenlosen Zeigern* implementiert werden

typenloser Zeiger: *Zeiger*, in den die *Adresse* eines beliebigen *Datenobjekts* (oder gar eine beliebige Adresse) gespeichert werden kann; ↔ *typisierter Zeiger*

Typfehler: Programmierfehler, indem nicht *kompatible Objekte* miteinander kombiniert werden; meistens wird vom *Compiler* (leider oft nicht vom *C*-Compiler) entdeckt

typisierter Zeiger: *Zeiger*, in den die *Adresse* (*interner Name*) von *Objekten* nur eines bestimmten *Datentyps* (im Falle der *Polymorphie* auch *Erben* davon) gespeichert werden kann; ↔ *typenloser Zeiger*

Typkompabilität: die Eigenschaft der Sprache, daß bestimmte unterschiedliche *Datentypen* (insbesondere *Erben* einer *Klasse*) *kompatibel* sind

Typkonvertierung: *Funktion*, die aus einem *Wert* eines bestimmten *Datentyps* den gleichen *Wert* eines anderen (i.A. verwandten) *Datentyps* erzeugt; in *C* der Name des Zieltyps

Typvereinbarung: *Vereinbarung* eines *Datentyps*

Typvererbung: *Vererbung*, die die *Schnittstelle* der *Klasse* nicht erweitert, jedoch neue *Komponenten* hinzufügt; ↔ *Modulvererbung*

umdefinieren: *überladen*

unärer Operator: *monadischer Operator*

Ungleichheit: *logischer Operator*, liefert die *Negation* der ↔ *Gleichheit*

Unibehälter 📖: *Datenbehälter*, wo eine Schreiboperation zum Löschen des vorherigen Inhalts führt; er kann nur ein Datenelement speichern; ↔ *Multibehälter*

union: *Vereinigung*

union ©: *Datentyp*, der mehreren anderen *Datentypen kompatibel* ist; vereinigt ihre *Wertemengen*

Universalsprachen: *Programmiersprachen*, an denen jeder *Algorithmus* formuliert werden kann, der auf einer beliebigen (anderen) Sprache formuliert werden kann

unstrukturierter Algorithmus: enthält verzwickte *Sprunganweisungen*

Unterprogramm: *Funktion* oder *Prozedur*, hat einen *Prototyp* und einen *Rumpf*; beim *Aufruf* werden die *formalen Parameter* durch die *aktuellen Parameter* ersetzt, anschließend die im *Rumpf* definierten *Anweisungen* ausgeführt

unvollständige Typvereinbarung: *Typvereinbarung* ohne *Typdefinition*

Übergaberichtung 📖: Eigenschaft eines *Parameters*, ob er im aufgerufenen Unterprogramm gelesen (*Leseparameter*), beschrieben (*Schreibparameter*) oder beides wird

Übergabemechanismus 📖: Eigenschaft eines *Parameters*, ob er beim *Aufruf* des *Unterprogramms* als ganzes kopiert (*Werteparameter*) oder nur seine Adresse (*Zeigerparameter* oder *Referenzparameter*) übergeben wird

überladen („dazuladen"): den Namen eines Unterprogramms mit unterschiedlicher Signatur für einen anderen Zweck verwenden; das ursprüngliche Unterprogramm bleibt erreichbar

überschreiben: einen Namen (typischerweise eines Unterprogramms) für einen anderen Zweck (mit demselben Signatur) verwenden; hierdurch wird die ursprüngliche Bedeutung nicht erreichbar

Übersetzer: *Compiler*

Übersetzeranweisung: *Anweisung*, die vor dem Übersetzungsvorgang vom *Compiler* ausgeführt wird; z.B. *Einschlußbefehl* oder *Makro*; typischerweise für Ersetzung oder Manipulation des Programmtexts; in *C* fängt mir dem Zeichen # an

Übersetzungseinheit: Die kleinste Menge vom *Programm*, die vom *Compiler* in einem Durchgang übersetzt werden kann; z.B. *Modul*, *Unterprogramm* oder *Hauptprozedur*

Übersetzungszeit: während der *Übersetzung* eines *Programms*; ↔ *Laufzeit*

Variable: *Objekt* vom *einfachen Datentyp*; oft auch *Feldobjekt* oder *Verbundobjekt*

variabler Teil 📖 (eines *Programms*): *Datenobjekte*, die bei der *Ausführung* verändert werden können

Vaterklasse, Oberklasse: bei der *Vererbung* werden ihre *Attribute* an die *Sohnklasse* übertragen

Vektor: *Feldklasse*, i.A. mit *arithmetischen* oder anderen *Operationen*

verbale Schnittstelle 📖: ein für den *Benutzer* auf einer natürlichen Sprache geschriebenes Dokument; manchmal eingebettet in die *formale Schnittstelle* als *Kommentar*

Verbund, record: *heterogenes Konglomerat*; zusammengesetztes *Datenobjekt* (oder -typ) mit *Komponenten* von unterschiedlichen *Datentypen*; ↔ *Feld*. Die *Selektion* einer *Komponente* erfolgt mit einem *Komponentennamen*.

verdecken: *überladen*

Vereinbarung, Deklaration: Bekanntgabe eines Namens; kann vor der *Definition*, d.h. ohne Angabe der *Semantik* des Namens erfolgen

Vereinigung, union: *Operation* über zwei *Mengen*; ihr Ergebnis enthält diejenigen Elemente, die in einer der beiden Elemente enthalten sind; entspricht der *Disjunktion*

Vererbung: *Vereinbarung* einer *Klasse* mit Hilfe einer anderen; die *Attribute* dieser *Klasse* werden automatisch übernommen, außer denen, die *überladen* werden; realisiert die *Klassifikation*

Vererbungsprogrammieren 📖, **OOP**: *Programmierparadigma*, das *Klassifikation* vor *Komposition* betont. Hieraus ergibt sich *Polymorphie*.

Vergleichsoperator: *Ordnungsoperator* oder *Gleichheit* (und *Ungleichheit*)

verkettete Liste: eine Reihe von *Haldenobjekten* mit einer *Zeigerkomponente*, die jeweils auf das nächste Glied zeigt

veröffentlichte Schnittstelle 📖: manchmal wird dem *Benutzer* nicht dieselbe *Schnittstelle* bekanntgegeben, wie dem *Compiler*; der Grund hierfür kann das *Geheimnisprinzip* oder eine wirtschaftliche Überlegung sein

Verteiler: *Fallunterscheidung*

Verweis, -objekt, -typ: *Zeiger*

Verzweigung: *Fallunterscheidung*

virtuelle Methode: für *polymorphes* Verhalten gekennzeichnete *Methode*; welche der *Methoden* aufgerufen wird, wird erst zur *Laufzeit* (*späte Bindung*) in Abhängigkeit des aktuellen *Objekts* entschieden; ↔ *statische Methode*

virtuelle Methodentabelle, **VMT**: Technik, die in einigen *Compilern* verwendet wird, um *Polymorphie* zu realisieren

Vorbesetzungswert: der *Wert*, der einem einfachen *Objekt* oder *formalen Parameter* beim Erzeugen zugewiesen wird

vorbeugende Ausnahmebehandlung 📖: eine erwartete *Ausnahme* wird nicht *ausgelöst*, sondern die Ausführbarkeit einer *Methode* durch die Abfrage eines *Informators* sichergestellt

Vorfahre: *Oberklasse*

Vorrang, Priorität: das Verhältnis zweier *Operatoren*, welcher innerhalb eines *Ausdrucks* als erster ausgewertet wird

Vorwärtsvereinbarung: *unvollständige Typvereinbarung*

Warteschlange, FIFO-Behälter: *Multibehälter*, in dem nur das älteste Element erreichbar ist; ↔ *Stapel*

Werkzeug: *Programm*, das die Entwicklung von Softwareprodukten unterstützt; z.B. *Compiler*, *Editor*, usw.

Wert: abstrakte (undefinierbare) Eigenschaft eines *Datentyps*; die *Semantik* der Inhalte von *Datenobjekten*

Wertemenge: die Menge von *Werten*, in *Objekten* eines *Datentyps* gespeichert werden können

Werteparameter: *Leseparameter*, der beim Aufruf in ein *lokales Objekt* des Unterprogramms kopiert wird; etwaige Veränderungen (in manchen Sprachen wie **Ada** nicht möglich) bleiben im Unterprogramm und haben keine Auswirkungen auf die Daten des Aufrufers; ↔ *Referenzparameter*

Wiederholung: *Steuerstruktur* für die Programmierung von *regulären Algorithmen*; der *Rumpf* wird solange wiederholt ausgeführt, bis die *Schleifenbedingung* den Abbruch bewirkt; *Zählschleife* oder *bedingungsgesteuerte Schleife*

Wiederholung (Metazeichen): in der *Syntax* von *Programmiersprachen* verwendetes Zeichen, die eine beliebige Anzahl (auch 0) von hintereinandergeschriebe-
nen Programmelementen erlaubt

wiederverwendbar: Eigenschaft eines *Programmbausteins*, der in anderen Projekten evtl. nach (leichter) Modifikation benutzt werden kann

Zählschleife: spezielle Art von *Wiederholung*, wo die Anzahl der Schritte beim Eingang in die Schleife festgestellt wird; ↔ *bedingungsgesteuerte Schleife*

Zeichen: elementarer Bestandteil einer *Programmiersprache*

Zeichen, character: von *Programmiersprache* definierter *Datentyp* für die Darstellung von Texten

Zeichenkette: *Feld* aus *Zeichen*; in *C* mit '\0' abgeschlossen

Zeichenliteral: Name eines *Werts* für den *Datentyp Zeichen*

Zeiger, -objekt, -typ: Speicherung der *Adresse* (des *internen Namens*) eines *Objekts*

Zeigerparameter ©: *Parameter* von einem *Zeigertyp*; als *aktueller Parameter* kann
ein *Zeigerobjekt* oder die *Adresse* eines *Objekts* eingesetzt werden; s. auch *Referenzparameter*; ↔ *Werteparameter*

Zeitkomplexität: mathematische Funktion; bestimmt das Wachstum der in einem
Algorithmus durchgeführten Programmschritte in Abhängigkeit der Menge der
Eingabedaten; ↔ *Speicherkomplexität*

Ziel: linke Seite der *Zuweisung*; wird verändert; ↔ *Quelle*

Zielprogramm: das Ergebnis der Arbeit des *Compilers* bzw. *Binders*

Zugriffschutz ©: Eigenschaft von *Klassenkomponenten*, die bestimmt, wer auf sie
direkt zugreifen kann. In *C++*: `public` (für alle, auch für *Kunden*) `protected` (für
Erben) oder `private` (nur für die *Klasse*)

zusammengesetzter Datentyp, -objekt: *Konglomerat*

zusammengesetztes Literal 📖: *Literal* eines *zusammengesetzten Datentyps*, das
aus einfacheren *Literalen* besteht; in *C/C++* nur für *Vorbesetzungswert*

Zuweisung: *Operator*, der meistens (so auch in *C*) für alle *Datentypen* definiert ist;
überträgt typischerweise alle Daten der *Quelle* ins *Ziel*; kann für *Klassen überladen* werden

Zwischensymbol: *nichtterminales Symbol*

Zyklus: *Wiederholung*

Sachwortverzeichnis